国家出版基金项目
NATIONAL PUBLICATION FOUNDATION

"十四五"国家重点出版物出版规划项目

砂砾岩强非均质稠油油藏开采机理及
提高采收率基础研究丛书

丛书主编　孙新革

卷　一

砂砾岩强非均质稠油油藏多相协同蒸汽驱技术

Multi-phase Coordinated Steam Flooding Technologies of Glutenite Strong Heterogeneous Heavy Oil Reservoir

郑爱萍 梁向进 刘慧卿 宋 栋 游红娟 蒋 旭 等 著

中国石油大学出版社
CHINA UNIVERSITY OF PETROLEUM PRESS
山东·青岛

图书在版编目(CIP)数据

砂砾岩强非均质稠油油藏多相协同蒸汽驱技术 / 郑爱萍等著. --青岛:中国石油大学出版社,2023.12
(砂砾岩强非均质稠油油藏开采机理及提高采收率基础研究丛书;卷一)
ISBN 978-7-5636-7691-0

Ⅰ.①砂… Ⅱ.①郑… Ⅲ.①砾岩—稠油开采—蒸汽驱 Ⅳ.①TE357.44

中国国家版本馆 CIP 数据核字(2023)第 252322 号

书　　名: 砂砾岩强非均质稠油油藏多相协同蒸汽驱技术
SHALIYAN QIANGFEIJUNZHI CHOUYOU YOUCANG DUOXIANG XIETONG ZHENGQIQU JISHU
著　　者: 郑爱萍　梁向进　刘慧卿　宋　栋　游红娟　蒋　旭　等

策划统筹: 李　锋(电话 0532-86983571)
责任编辑: 张　廉(电话 0532-86981531)
责任校对: 秦晓霞(电话 0532-86983567)
封面设计: 王凌波

出 版 者: 中国石油大学出版社
(地址:山东省青岛市黄岛区长江西路 66 号　邮编:266580)
网　　址: http://cbs.upc.edu.cn
电子邮箱: shiyoujiaoyu@126.com
排 版 者: 青岛友一广告传媒有限公司
印 刷 者: 山东临沂新华印刷物流集团有限责任公司
发 行 者: 中国石油大学出版社(电话 0532-86983440)
开　　本: 787 mm×1 092 mm　1/16
印　　张: 21
字　　数: 544 千字
版 印 次: 2023 年 12 月第 1 版　2023 年 12 月第 1 次印刷
书　　号: ISBN 978-7-5636-7691-0
印　　数: 1—1 000 册
定　　价: 148.00 元

序 一

新疆准噶尔西北缘浅层稠油发现于20世纪50年代，探明地质储量5.8×10^8 t，油藏具有埋藏浅、储层疏松、原油以“半固-固态”赋存的特点，油品属优质环烷基原油，是国家重大工程和国防尖端装备急需产品的稀缺战略资源。在当时的技术条件下，此类“浅、薄、稠、松、小”的油藏无有效开发手段。为此，新疆油田科技工作者开展了历时半个多世纪的艰难求索，从20世纪60年代在黑油山浅层稠油开展火烧油层矿场试验探索，到80年代普通稠油注蒸汽吞吐试验成功，拉开了准噶尔盆地浅层稠油工业化开发的序幕。到1996年，准噶尔盆地稠油年产量达到200×10^4 t，初步满足了国内对环烷基油品的需求。

进入21世纪以来，面对稠油吞吐老区持续稳产、超稠油效益开发以及注蒸汽尾矿大幅度提高采收率等稠油开发领域的世界级难题，在几代稠油科研工作者的共同努力下，特别是在孙新革带领的稠油开发科研团队的不懈钻研下，先后开展了一系列技术攻关和先导试验，包括在克拉玛依油田九区部署的特稠油蒸汽驱试验、在风城油田部署的超稠油SAGD试验、在红山嘴油田砂砾岩特稠油油藏注蒸汽后部署的火驱试验陆续取得突破，创新形成了以多介质复合蒸汽驱、多井型SAGD、高温火驱为代表的新一代浅层稠油开发系列关键技术，推动了稠油产量不断跨越新的高峰，2014年年产量突破500×10^4 t，之后保持年产量在400×10^4 t以上稳产至今，为国家重大工程建设、国防重器铸造、新疆地区国民经济发展和社会稳定做出了巨大贡献。准噶尔盆地稠油资源丰富，形成的稠油开发提高采收率技术系列将有力支撑新疆油田稠油长期稳产。

新疆油田通过梳理多年来浅层稠油开发取得的成果和经验，凝练形成了“砂砾岩强非均质稠油油藏开采机理及提高采收率基础研究丛书”。该丛书汇聚了几代石油科技工作者的成果与智慧，形成的创新成果和技术装备可以为从事稠油开发的科技工作者提供重要借鉴和示范。该丛书的出版将为我国稠油的高效开发和科技进步做出重要贡献。

中国工程院院士

2023 年 11 月

序 二

环烷基原油属稀缺资源，其储量仅占全球原油总储量的2.2%。目前，世界上只有美国、委内瑞拉和中国拥有环烷基原油资源。新疆浅层稠油是我国唯一的环烷烃含量高达69.7%的优质环烷基原油，资源总量超过10×10^8 t，占我国环烷基原油资源总量的70%，是生产火箭煤油、冷冻机油等国防用高端特种油品的稀缺原材料，其规模效益开发对保障我国国防尖端装备建设和新疆地区稳定发展具有重大的战略意义。

新疆浅层稠油油藏以陆相近源辫状河沉积为主，岩性混杂多样，孔隙结构复杂，储层物性复杂，非均质性极强，具有温度低、压力低、孔渗低、流度低、产量低、采收率低的特点，其渗透率仅为国外海相稠油油藏的1/4。与我国东部中深层稠油相比，新疆浅层稠油的黏度更高，且地层温度低，地层压力低，原油黏温反应不敏感，储层的复杂性、流体的特殊性国内外罕见，其规模效益开发技术难度非常大，是公认的世界级难题。

为破解上述难题，从1996年开始，新疆油田联合30余家科研院校，依托多个国家、中石油集团公司级项目，建立了14个稠油开发先导试验区，持续开展了20余年技术攻关，突破了多渗流屏障超稠油SAGD开发、多相协同注蒸汽提高采收率、注蒸汽尾矿高温火驱以及注蒸汽开发绿色节能增效四大核心技术，形成了新一代稠油、超稠油开发技术系列，使原油产量显著增加，并已连续稳产12年，累计为国家生产优质环烷基稠油1×10^8 t以上，支撑了国内高端特种油品原材料的持续有效供给。这些业绩的取得是石油科技工作者"把能源的饭碗牢牢端在自己手里"的具体实践，也是能源行业走自主创新、高质量发展之路的有力践行。

“砂砾岩强非均质稠油油藏开采机理及提高采收率基础研究丛书”是对陆相强非均质稠油、超稠油开发机理、技术、工艺和装备的系统梳理与总结，相信该丛书的出版将对推动稠油开发技术的进步发挥重要作用。

中国工程院院士

2023 年 11 月

丛书前言

能源是国民经济发展的命脉,石油天然气是当今社会发展最重要的能源之一。习近平总书记高度重视石油工业的发展,2021年10月21日,他在考察调研胜利油田时强调:“石油能源建设对我们国家意义重大,中国作为制造业大国,要发展实体经济,能源的饭碗必须端在自己手里。”为保障国家能源安全,广大石油战线科研人员持续推进技术进步,近年来非常规油气资源开发迅速扩大,开发理论、技术与装备取得大的突破,石油工业进入新阶段。

稠油、致密油、煤层气、页岩气和天然气水合物并称为五大非常规油气资源,是公认的21世纪最具前景和最为现实的接替资源。其中,稠油探明储量约为8 150×10^8 t,占全球石油剩余储量的70%,但优质环烷基稠油仅占全球资源量的0.15%。环烷基稠油是炼制火箭煤油、军用柴油、高等级变压器油、耐极寒机油等的最优质原材料,是国防军工和国家重大工程建设不可替代的资源,被誉为石油中的“稀土”。随着国民经济的快速发展、世界政治格局的变化,航空航天、尖端装备、极地科考等重大领域对高端特种油品需求的迅猛增加,优质环烷基稠油规模保供意义重大!

我国优质环烷基稠油主要分布在新疆准噶尔盆地西北缘,三级储量超过10×10^8 t,原油中沥青质含量(1.1%)低,环烷烃含量高达69.7%,在世界上极为罕见。新疆准噶尔盆地西北缘稠油资源,从红山嘴油田到风城油田,绵延150 km,多为砂砾岩强非均质稠油油藏,以陆相近源辫状河沉积为主,岩性混杂多样,孔隙结构复杂,储层物性差,非均质性极强,具有温度低、压力低、孔渗低、流度低、产量低、采收率低的“六低”特点。随着开发的不断深入,开发对象日趋复杂,开发难度日益加大,开发理论、技术不相适应,急需发展新一代砂砾岩强非均质稠油油藏开发理论、技术与先进装备，大幅提高优质环烷基稠油产量及采收率，满足国家重大工程需要。

自 1996 年起，新疆油田依托国家、中石油集团公司 18 个重大科技专项，建立 14 个稠油开发先导试验区，持续开展技术攻关 20 余年，攻克了一批瓶颈技术，形成了砂砾岩强非均质稠油油藏多相协同蒸汽驱、蒸汽辅助重力泄油、火烧驱油三大技术系列及配套工程技术体系，2006 年年产量突破 400×10^4 t，并连续稳产 12 年，新增可采储量 2×10^8 t，奠定了再稳产 20 年以上的理论、技术支撑和物质基础，建成了国内规模最大的强非均质稠油油藏蒸汽驱、蒸汽辅助重力泄油及火烧驱油开发基地，开发技术整体达到了国际领先水平，技术、装备全面实现自主化。总体来看，主要取得以下 4 个方面的重大进展：

（1）发展气-汽-液-固多相协同耦合驱油理论与方法，揭示砂砾岩强非均质稠油油藏多重孔隙结构储层蒸汽窜流机制和扩大热波及机理，发明低成本耐高温颗粒封堵汽窜通道体系，形成多相协同自适应扩大蒸汽热波及体积技术，工业化应用提高采收率 35 个百分点；

（2）创新砂砾岩强非均质稠油油藏多渗流屏障双水平井蒸汽辅助重力泄油理论与方法，发明井网优化、升级扩容启动、高温汽液界面精准控制等核心技术，形成强非均质超稠油油藏高效泄油技术系列，突破了 6×10^8 t 超稠油难采储量开发“禁区”；

（3）建立砂砾岩强非均质稠油油藏高温火驱提高采收率理论与方法，发明低饱和度油层高效点火核心技术，创新火驱井网优化设计和火线监测调控等关键技术，延长尾矿开发周期 15 年，提高采收率 36 个百分点；

（4）研发浅层砂砾岩强非均质稠油油藏配套工程技术，创新超浅层钻井、高温高压采油工艺和高温复杂采出液高效处理技术，形成绿色节能降耗技术系列，取得 13 项自主创新产品、105 种新设备。

这些科技成果的取得是国家实施建设创新型国家战略的成果，是广大石油员工和科技人员发扬“为国分忧、一心为油”的爱国情怀和“安下心、扎下根、不出油、不死心”的克拉玛依石油精神的实践结果，充分体现了石油人独立自主、艰苦奋斗的创业精神。在实施攻关过程中，创建“产学研用”相结合的创新团队，创新科技研发平台，创新先导试验基地建设，创新人才队伍建设，促进了石油领域科技创新能力的大幅提升。

为了系统总结砂砾岩强非均质稠油油藏研究成果，推动该类油藏开发水平的提高，组织撰写了本丛书。丛书共 4 卷，第一卷《砂砾岩强非均质稠油油藏多相协同蒸汽驱技术》，系统介绍砂砾岩强非均质稠油油藏剩余油分布规律、流场精细表征、蒸汽驱全生命周期开发体系、多相协同提高采收率机理及开发效果评价、配套工艺技术等方面的研究成果；第二卷《砂砾岩强非均质稠油油藏蒸汽辅助重力泄油技术》，在系统分析开发实例的基础上，提出 SAGD 蒸汽腔扩展和流体泄流的关键参数设计思路，描述 SAGD 蒸汽腔发育与产量上升、稳定和递减之间的内在联系，深化浅层超稠油双水平井 SAGD 开采机理，制定油藏工程研究技术政策，形成生产调控、立体井网模式和储层升级扩容等关键技术；第三卷《砂砾岩强非均质稠油油藏高温火烧驱油技术》，着重阐述注蒸汽后油藏火驱的地质和开发特点，深入研究原油氧化动力学特征以及火驱过程中的物理化学变化过程，创新注蒸汽后稠油油藏高温火驱开发机理，并总结油藏工程优化、高效点火、高温燃烧前缘监测与优化调整等核心技术；第四卷《砂砾岩强非均质稠油油藏开发工程技术》，总结不同开发方式下的钻采工程技术，阐述地面工程中注汽、密闭集输、原油脱水、采出水处理、采出气处理以及形成的核心装备等。

丛书内容翔实、资料丰富，展示了砂砾岩强非均质稠油油藏开发的重大标志性成果，是科学研究与现场试验的真实记录，是科研成果的提升和总结，凝聚了众多专家与科研人员的智慧。

中国工程院罗平亚院士、孙金声院士、李阳院士等专家和中国石油大学（北京）王志章、岳大力教授，西南石油大学张烈辉教授在本丛书撰写过程中给予了多次指导，在此一并表示感谢！

新疆油田公司企业首席专家

2023 年 11 月

前言

新疆准噶尔盆地西北缘具有丰富的稠油资源，从红山嘴到风城，绵延150 km，均有稠油油藏分布，且多为砂砾岩强非均质稠油油藏，具有油层埋深浅（180～600 m）、剖面含油层系多、储层中—高孔渗（油层孔隙度高达25%～36%、空气渗透率达300×10^{-3}～$5\ 000\times10^{-3}$ μm^2）、沿超覆不整合面呈叠瓦状分布等特点。截至目前，新疆准噶尔盆地西北缘和东部两大油区6个油田共探明稠油含油面积330.10 km^2，地质储量3.7×10^8 t。准噶尔盆地西北缘浅层稠油油藏于1984年起陆续注蒸汽吞吐热采，1987—1996年开展普通—特稠油蒸汽吞吐转蒸汽驱试验和井网加密规模转驱，2008—2009年开展超稠油小井距蒸汽驱试验，均取得了较好效果。截至目前，克拉玛依油田六、九区及克浅井区浅层稠油油藏规模转驱521井组，蒸汽吞吐+蒸汽驱表现出平均单井产油量较高、累积油汽比较高、采出程度较高、采注比较高、含水上升率较低、油量综合递减率较低、采油速度适中的特点。吞吐阶段和蒸汽驱阶段分别产油654.0×10^4 t和692.6×10^4 t，采出程度分别为21.1%和22.4%，形成了国内规模最大的蒸汽驱开发基地。

新疆准噶尔盆地西北缘浅层稠油油藏多数已处于蒸汽驱开发后期，具有原油黏度高、注入蒸汽窜扰频繁、蒸汽波及效率低、治理难度大等问题，迫切需要开展砂砾岩强非均质稠油油藏蒸汽驱后期综合治理系列攻关，进一步提升油藏采收率和开发效益。在上述背景下，中国石油新疆油田公司联合相关科研院所及高校，依托“稠油/超稠油开发关键技术”等项目开展系列攻关，历时20余年，在多相协同蒸汽驱室内理论研究、矿场试验等方面形成了多项原创性成果，有力推动了砂砾岩强非均质稠油油藏多相协同蒸汽驱理论发展和技术进步。

本书从室内物理模拟实验、数值模拟实验及矿场实践应用入手，结合动静态分析，建立多模态储层注蒸汽开发后期剩余油物理模拟、数值模拟实验方法，探索蒸汽驱汽窜通道形成机制、流动规律及主控因素，系统介绍砂砾岩强非均质稠油油藏剩余油分布规律、流场精细表征、蒸汽驱全生命周期开发体系、多相协同提高采收率机理及开发效果评价、配套工艺技术等方面的研究成果，同时介绍相关技术在准噶尔盆地的应用实例，为国内外稠油开发提供借鉴。

全书共10章，第一章介绍国内外稠油资源分布、稠油开发技术现状、蒸汽驱存在的问题及改善蒸汽驱技术研究进展，第二章介绍准噶尔盆地西北缘浅层稠油油藏分布及特点、储层动态变化及开发矛盾，第三章介绍注蒸汽开发后期剩余油微观赋存状态及剩余油分布形成机制，第四章介绍蒸汽驱开发后期水淹层和汽窜通道识别及剩余油、流场精细表征，第五章介绍多相协同蒸汽驱提高采收率物理模拟实验与技术，第六章介绍多相协同蒸汽驱全生命周期开发体系，第七章介绍稠油蒸汽驱监测技术与方法，第八章介绍蒸汽驱采油工艺设计及配套工艺，第九章介绍注汽地面工程，第十章介绍蒸汽驱提高采收率矿场应用实例。

本书第一章和第二章由郑爱萍、梁向进撰写，第三章由刘慧卿、宋栋撰写，第四章由刘慧卿、梁向进撰写，第五章由刘慧卿、宋栋撰写，第六章和第七章由郑爱萍撰写，第八章由游红娟撰写，第九章由蒋旭撰写，第十章由郑爱萍、梁向进撰写。全书由孙新革、郑爱萍、刘慧卿统稿并定稿。本书撰写过程中，得到了罗平亚院士、孙金声院士、李阳院士等专家的指导，在此一并表示感谢！

由于作者水平有限，书中难免存在错误与不妥之处，敬请读者批评指正。

目录

第一章
绪 论

随着国民经济的快速增长，我国对石油、天然气等能源的需求也日益增长。2020 年，我国原油对外依存度已超过 70%，显然，我国原油产量已不能满足当前国民经济发展的需求，制约了经济的快速健康发展。常规能源的短缺促进了非常规油资源如稠油、超稠油和沥青砂等的开采，非常规油资源的开采在原油开采中有着举足轻重的地位。

通常把相对密度大于 0.92(20 ℃)、地下黏度大于 50 mPa・s 的原油称作稠油，它具有高黏度和高凝固点的特性。稠油油田开发技术可分为热采和冷采两类，其中以蒸汽吞吐、蒸汽驱、火烧油层等热采方法应用最为广泛，但这些常规技术应用于强非均质稠油油藏时在驱替和体积驱油方面往往存在效率低下的问题，无法实现经济高效开采。

本章从稠油资源分布出发，总结稠油开采技术现状，重点突出蒸汽驱存在的问题，并对改善蒸汽驱的相关技术进行介绍。

第一节 稠油油藏分布

1. 国外稠油油藏分布

世界稠油和沥青资源极为丰富，其地质储量远超常规原油。据统计，世界上已证实的常规原油地质储量约为 $4\ 200\times10^{8}$ t，而稠油（包括沥青）地质储量高达 $15\ 500\times10^{8}$ t，世界稠油资源丰富的国家有委内瑞拉、加拿大、俄罗斯、美国和印度尼西亚等。

委内瑞拉的稠油资源主要分布在东委内瑞拉盆地的奥里诺科稠油带和马拉开波盆地，加拿大的稠油资源主要分布在阿尔伯塔省和劳埃德名特斯省，俄罗斯的稠油资源主要分布在东西伯利亚盆地和伏尔加-乌拉尔盆地，美国的稠油资源主要分布在加利福尼亚州和阿拉斯加州，印度尼西亚的稠油资源主要分布在 Duri 油田。

2. 国内稠油油藏分布

从全球范围来看，稠油主要沿两个带展布，即环太平洋带和阿尔卑斯带，我国稠油资源的分布受环太平洋构造域和阿尔卑斯构造域的控制，主要分布在东部地区和西部地区。我国稠油资源比较丰富，截至 2015 年底，已探明稠油地质储量约 20.6×10^{8} t，在松辽盆地、二连盆地、渤海湾盆地、南阳盆地、苏北盆地、江汉盆地、四川盆地、准噶尔盆地、塔里木盆地、吐哈盆地等盆地中发现了 70 多个稠油油田，稠油储量最多的是东北的辽河油田，其次是东部的胜利油田和西北的新疆油田。我国稠油油藏具有陆相沉积的特点，地质构造复杂，油藏类型多，油层非均质现象严重。如何经济高效地开发稠油油藏已成为油气开发领域的重要研究内容。

第二节　稠油开发技术研究进展

稠油自20世纪50年代开始进行工业化生产，在近70年时间里，稠油开发技术快速发展。目前稠油油藏开发以蒸汽吞吐、蒸汽驱、火烧油层、携砂冷采(CHOPS)、蒸汽辅助重力泄油(SAGD)、蒸汽萃取技术(VAPEX)等方法为主。

1. 蒸汽吞吐

蒸汽吞吐是目前稠油注蒸汽开发的主要方法，通过在同一口井中注入大量蒸汽，随后关井一段时间，待蒸汽热能向油藏扩散后再开井生产。蒸汽吞吐是周期性的，当采油量低于目标值后开展下一轮注汽。蒸汽吞吐是一种相对成熟的注蒸汽开采稠油的技术，但蒸汽吞吐只能采出生产井近井地带的原油，井间还有大量稠油未被采出，且经过多轮次吞吐后，开发效果变差，因此蒸汽吞吐的采收率不高，仅10%～20%。近几年蒸汽吞吐技术的发展主要在于使用各种助剂改善吞吐效果，注入的助剂主要有天然气、溶剂及高温泡沫剂等。

2. 蒸汽驱

蒸汽驱技术是在稠油油藏蒸汽吞吐后为进一步提高稠油采收率而进行的一项热采技术，通过向地层中注入高温蒸汽加热油层，降低地层中稠油的黏度，并将加热降黏后的稠油驱替至生产井附近，从而将稠油采出。目前，蒸汽驱技术是国内外应用规模最大，也最为有效的稠油热采技术，美国的Ken River油田、印度尼西亚的Duri油田、委内瑞拉的Bare油田等几个大型蒸汽驱开发油田的采收率可达60%以上。

3. 火烧油层

火烧油层技术又称地下(层内)燃烧，亦称火驱开发技术，是热采中应用最早的技术。该技术通过注空气、氧气或富氧气体，直接在地层中燃烧，在油层内形成一个狭窄的高温燃烧带，从而将稠油驱出。当空气注入油层后，会同时发生驱油和原油氧化两种过程，火烧油层实际上就是高温氧化非混相空气驱，根据其燃烧前缘方向和是否注水可分为正向、反向、湿式和干式等。火烧油层法的驱油效率是其他采油方法无法比拟的。近几年火烧油层技术呈现出由常规火驱变为复合驱的发展趋势，如利用水平井进行重力辅助火烧油层、火驱与蒸汽驱复合驱等。

4. 携砂冷采

携砂冷采工艺是较为成功的低成本稠油开采技术，在工艺上不注热、不防砂，利用螺杆泵将油和砂一同举升至地面。该工艺属于一次采油，采收率一般在10%左右。

5. 蒸汽辅助重力泄油

SAGD的基本原理是：在油层中下部部署水平井，在油层上部连续注入高干度蒸汽，蒸汽腔的边缘在加热原油的同时形成冷凝水，原油加热后在重力的作用下流入水平井并举升至地面。水平井SAGD的井配置可分为3种形式：第一种是双水平井，即上部水平井注汽，下部水平井采油；第二种是水平井和垂直井组合，上部垂直井注汽，下部水平井采油；第三种是单井SAGD，即在同一口水平井注汽和采油，采用两套管柱，通过注汽管柱向水平井顶端注汽，使蒸汽腔沿水平井逆向发展。

6. 蒸汽萃取技术

蒸汽萃取技术的基本原理是：向上部注入井中注入烃类溶剂，以降低地层中的原油黏度，原油在重力作用下流入下部生产井并采出。目前该技术正处于现场试验和研究阶段，该技术成功的关键除了要进行精细油藏描述外，还需注意注入溶剂与原油的配伍性，以及提高注入溶剂在地层中的扩散速度。

第三节 蒸汽驱存在的问题

目前，蒸汽驱已是稠油开采的一种有效的常规方法，在现场得到了广泛应用，并且蒸汽驱采收率比蒸汽吞吐高20%～30%，但蒸汽驱技术还存在以下问题。

1. 波及效率低，汽窜严重

造成蒸汽驱过程中蒸汽波及效率低的原因主要为：一是蒸汽与高黏度原油极为不利的流度比引起黏滞指进，且二者极为不利的密度差引起蒸汽超覆；二是由于油藏的非均质性，高渗透层或裂缝存在，致使蒸汽沿高渗透大孔道迅速窜至生产井，发生汽窜。汽窜的最大危害是蒸汽直接从汽窜井产出，注入热量不能充分有效利用，蒸汽绕过高含油区域，从生产井产出，驱替波及体积小，开发效果差。尤其是对于蒸汽吞吐开发转蒸汽驱开发的区块，各井之间还存在温度场及压力场分布不均匀的现象，蒸汽窜流问题更为突出。

2. 蒸汽波及地带依然有较高的剩余油饱和度

在注蒸汽开采稠油过程中，尤其是蒸汽驱过程中，蒸汽注入地层后，在油层中形成不同的驱替带，从蒸汽前端到后部分别是蒸汽带、凝析混相带、热水带和冷水带，油水间较大的界面张力导致蒸汽驱的驱替效率不高。从驱替机理分析，热水驱会使油层温度升高，从而引起原油热膨胀，改变油层润湿性，提高驱油效率，一般热水驱同冷水驱相比可提高采收率9%～15%。蒸汽驱的驱油机理除一部分与热水驱相同外，还增加了蒸馏的机理。实验结果表明，蒸汽驱与同温度热水驱相比，驱替效率提高10%～15%，剩余油饱和度降低10%，但依然有大量的剩余油残留在地层深部。

3. 蒸汽注入过程中热损失较为严重

单纯注入蒸汽即便采用隔热油管及耐热封隔器，蒸汽的热损失也会较大，从而导致注入地层的蒸汽温度和干度达不到预期标准，致使热采效率降低，开发效果变差。由于我国稠油油藏普遍埋藏较深、稠油黏度高、沥青质及胶质含量高，导致蒸汽注入压力高，甚至无法注入，即使注入蒸汽，其蒸汽干度也较低，热值低。

第四节　改善蒸汽驱技术研究进展

改善蒸汽驱开采稠油技术主要包括两大类：第一类是以减少蒸汽指进、超覆、窜流，提高蒸汽波及效率为目的的蒸汽驱封窜技术；第二类是以降低蒸汽注入压力、提高注入蒸汽干度及洗油效率为目的的化学辅助蒸汽驱技术。

一、蒸汽驱封窜技术研究进展

汽窜会严重影响稠油蒸汽驱的开发效果，因此蒸汽驱过程中的高温调剖封窜技术得到广泛关注和发展，目前常用的封窜剂（堵剂）主要有以下几类。

1. 固体颗粒类封窜剂

该类封窜剂价格便宜，封堵强度大，但封堵没有选择性，在封堵蒸汽或过热水的窜流通道的同时，也将含油通道封堵，严重降低稠油的采收率。

2. 树脂及高分子凝胶类封窜剂

该类封窜剂封堵能力强，可到达远井地带，但此类化学剂大多价格昂贵，在使用量上受到影响，无法达到较好的效果。此外，该类封窜剂对温度敏感，成胶条件苛刻，操作难度大。

3. 木质素凝胶和栲胶类封窜剂

该类封窜剂原料来源广，价格相对便宜，而且在地层条件下易成胶，耐温性较好，可长时间有效封堵，因此在现场有较好的应用。

4. 高温泡沫

高温泡沫是一种高效的选择性封窜剂，具有“堵水不堵油”和“堵大不堵小”的特点。泡沫在封堵高渗通道、提高波及效率的同时，还能有效提高洗油效率，因此泡沫可以较好地实现油层中深部的调剖调驱。

二、化学辅助蒸汽驱技术研究进展

受稠油油藏储层性质、稠油本身特性及蒸汽汽窜的影响，单纯注蒸汽开采的最终开采效果并不理想。针对稠油油藏单纯蒸汽驱开发所存在的问题，在实际稠油蒸汽驱过程中，通过添加不同类型的化学剂及气体进一步提高稠油蒸汽驱采收率。稠油注蒸汽开采中常添加的化学剂及气体主要有以下几类。

1. 辅助蒸汽驱化学剂

矿场上应用的化学剂主要有有机烃类溶剂、聚合物、碱、热敏凝胶、表面活性剂等，各种化学剂的辅助机理及应用条件各不相同。

(1) 有机烃类溶剂，主要是乙烷、丙烷等，其作用是稀释高黏度的稠油，从而提高采收率。有机溶剂在化学降黏过程中，其分子扩散的时间远大于注热过程的热扩散时间，要想充分发挥其降黏作用，往往需要热蒸汽的伴随来实现复合降黏。另外，有机溶剂的成本较高，在目前阶段不利于大规模现场应用。

(2) 聚合物主要凭借大分子来封堵大的孔喉，改善波及效率，但其在抗盐性和耐温性(低于 100 ℃)方面有所欠缺，制约了在稠油热采技术中的应用。

(3) 碱由于成本低，矿场实施简单，早在 20 世纪 80 年代就出现其与蒸汽复合驱替的研究。碱的主要作用是降低油水界面张力，并且与蒸汽混合，增加重力，延迟蒸汽超覆时间。但由于碱在高温下损耗很大，并且其本身具有较强的腐蚀性，会造成地层伤害，所以该项技术并未在现场得到有效推广。

(4) 热敏凝胶是一种随温度升高而缔结成的具有较高黏度的凝胶体系，具有一定可逆性，其主要用于深部调剖，改善蒸汽波及效率。由于热敏凝胶对地层环境敏感，成胶时间和条件需要精准控制，所以目前该项技术仍主要处于实验室研究阶段，大规模现场应用较少。

(5) 表面活性剂(如降黏剂、起泡剂等)已在常规油藏提高采收率开发过程中广泛应用，近年来其耐高温性得到了很好发展，因此适用范围可扩展至稠油热采。通过降低油水界面张力、改变岩石表面润湿性、增强剩余油流动能力、提高油相相对渗透率等一系列作用机理，表面活性剂能够复合高温蒸汽进一步提高驱油效率，改善稠油注蒸汽热采效果。相比于其他化学剂，在稠油热化学驱领域，表面活性剂是应用最为广泛的。在应用蒸汽 表面活性剂复合体系时，选择何种表面活性剂进行辅助取决于油藏类型、蒸汽注入方式和所侧重的提高采收率效果(提高驱油效率或提高波及效率)。此外，表面活性剂的耐温性、注入方式等也是影响复合体系作用效果的关键因素。因此，需要对热采用表面活性剂进行系统评价，对注入方式进行详细论证，对作用机理进行深入剖析。

2. 非凝析气

目前矿场上广泛应用的非凝析气主要有氮气、二氧化碳、烟道气及空气。

(1) 氮气的物理性质稳定，密度较小，压缩系数和体积系数较大，在水和原油中的溶解能力较低，导热系数较小。氮气的注入有利于减缓蒸汽温度和干度的降低速度，可以降低热损，强化蒸馏效应。氮气在多孔介质注入过程中易被分散为氮气气泡并被包裹进稠油而实现捕集，起到压缩膨胀作用。氮气的密度比蒸汽低，在注入过程中可优先占据储层上部，迫使后续注入蒸汽转向中、下部油层，从而抑制蒸汽超覆，提高蒸汽的纵向波及。在矿场实施氮气辅助蒸汽驱的油藏，氮气和发泡剂按照一定的比例混注，在地下多孔介质中形成泡沫，对大的窜流通道形成有效封堵，从而改善波及效率，提高采收率。

（2）二氧化碳在一定温度和压力条件下可溶解于稠油并使稠油黏度显著降低。二氧化碳在稠油中的溶解度随体系压力的增加而增大，即二氧化碳的加入可极大地提高稠油流体的膨胀能力，降低稠油的流动阻力。在一定压力条件下，二氧化碳在与稠油接触过程中能够萃取和汽化稠油中的轻烃组分，从而实现混相。

（3）烟道气的主要成分是氮气和二氧化碳，其提高采收率机理也是综合发挥两种气体各自的作用，如氮气的压缩、膨胀、隔热性能以及二氧化碳的溶解、降黏、萃取性能。

（4）空气中的氧气与原油发生氧化反应，在形成氮气驱的同时产生大量热量，且生成的二氧化碳溶于原油，降低原油黏度。可见，空气提高采收率机理可综合发挥氮气和二氧化碳两种气体各自的作用。

第二章 注蒸汽开发稠油油藏分布及特点

准噶尔盆地西北缘具有丰富的稠油资源，从红山嘴到风城，绵延 150 km，均有稠油油藏分布，主要包括克拉玛依油田九区、六区、四$_2$ 区、克浅 10 井区、黑油山区，红山嘴油田红浅 1 井区，百口泉油田百重 7 井区及风城油田重 1、重 32 井区等。截至目前，新疆油区共在准噶尔盆地西北缘和东部两大油区 6 个油田（克拉玛依油田、红山嘴油田、百口泉油田、风城油田、三台油田、车排子油田）探明稠油含油面积 330.10 km^2，地质储量 3.7×10^8 t。

准噶尔盆地西北缘浅层稠油油藏分布具有以下特征：

(1) 分布广，埋藏浅，资源丰富。目前已发现的稠油油藏埋深一般在 120～700 m 之间，油层主要分布在 180～600 m 之间。准噶尔盆地累积探明稠油地质储量的 97%以上分布在西北缘。

(2) 剖面上含油层位多，储层物性好。目前已发现的稠油油藏在中三叠统克拉玛依组（T_2k）、下侏罗统八道湾组（J_1b）、上侏罗统齐古组（J_3q）、下白垩统吐谷鲁群（K_1tg）及推覆体主部石炭系（C）火山岩中均有发育，层系多，规模较大。储层岩性以砂岩为主，分选好；埋藏浅，欠压实，胶结疏松；物性好，孔隙度高达 25%～36%，空气渗透率为 300×10^{-3}～$5\ 000\times10^{-3}$ μm^2，属中—大容量、中—高渗透性储层。

(3) 各油藏位于推覆体主部上覆地层超覆尖灭带上，主要沿超覆不整合面呈叠瓦状分布。油藏总是分布在砂层尖灭线的下倾部位，呈自北向南、由新到老逐级下降展布。

第一节 注蒸汽开发稠油油藏开发阶段的划分

从 1984 年九$_1$ 区注蒸汽热采起，准噶尔盆地西北缘浅层稠油油藏陆续开发了九$_1$、九$_2$、九$_3$、九$_4$、九$_5$、九$_6$、九$_{7+8}$、九$_9$、六$_1$、六东、红一 1、红一 2、红一 3、红一 4、红一 5、红一 6、四$_2$、百重 7、克浅 10、风城等 20 个层块，1987—1990 年，克拉玛依油田先后在九$_1^1$ 区、九$_1^2$ 区、九$_3$ 区、九$_6$ 区开辟了 4 个不同井距、不同井网类型的蒸汽驱先导试验区，取得了稠油注蒸汽开采采收率 31%～52%、油汽比 0.18～0.45、采油速度 3.8%～8.5%的较好开发效果。在蒸汽驱试验取得较好效果的基础上，六、九区普通稠油、特稠油油藏于 1991 年大面积转入注采井距为 100 m×140 m 的反九点蒸汽驱，由于井距偏大，效果不理想。1996 年开始对九$_1$～九$_6$ 区和六$_1$ 区侏罗系齐古组油藏进行大规模加密，转换成 70 m×100 m 反九点蒸汽驱井网，取得了较好的效果。2001 年，蒸汽驱产量达到最高峰，年产油量达到 90×10^4 t，2010 年递减

至 62.1×10^4 t，蒸汽驱开发面积达到 20 km^2 以上，形成了全国最大的蒸汽驱开发基地。截至 2010 年底，全油田已规模蒸汽驱九$_1$～九$_6$ 区、六$_1$ 区、克浅 10 井区、红浅 1 井区和检 230 井区等 11 个砂岩普通稠油和特稠油油藏，蒸汽驱井组 877 个，累计动用地质储量 $6\ 050\times10^4$ t，累计注汽 $8\ 838.5\times10^4$ t，累计产油 $1\ 306.4\times10^4$ t，累积油汽比 0.15，蒸汽驱阶段平均采出程度为 21.59%，蒸汽驱开发区蒸汽吞吐＋蒸汽驱累积平均采出程度 40.96%，最高达到 58%，与同类吞吐油藏相比，提高采收率 10%～25%，年产量递减率从蒸汽吞吐末期的 24%降至 11%，有效减缓了稠油产量的递减。2008 年在九$_8$ 区超稠油油藏开辟了 70 m×100 m 井距的 9 井组蒸汽驱试验区，2009 年在风城重 32 井区超稠油油藏开辟了 50 m×70 m井距的 9 井组蒸汽驱试验区，到 2013 年底，两个试验区均取得了较好的开发效果，这证明当油藏油层厚度、渗透率等参数较好，井网井距和注采参数合理时，砂岩超稠油油藏蒸汽吞吐后转蒸汽驱开发是可行的。截至 2016 年，六、九区共 415 个井组蒸汽驱生产，形成国内规模最大的蒸汽驱开发油藏。

六、九区齐古组稠油油藏投产期可分为两个阶段：

第一阶段投产期自 1989 年正式开始，投产区块包括六$_1$ 区及九$_6$ 区齐古组，至 1991 年蒸汽驱范围内吞吐年产油量达到最高峰，为 64.89×10^4 t，年注汽 116.8×10^4 t，综合含水 60.5%，油汽比 0.56，回采水率 85.1%，含水上升率 10.5%，采油速度达到最高峰，为 2.65%，年采注比 1.41；随后进入递减期，在无新井情况下，至 1996 年年产油量递减至 29.92×10^4 t，油汽比 0.21，回采水率 94.0%，含水上升率 5.8%，采油速度 1.22%，年采注比 1.15。折算年产油综合递减 14.3%。

第二阶段投产期自 1999 年正式开始，投产区块包括九$_8$ 西区、J230 井区、克浅井区齐古组，至 2003 年蒸汽驱范围内吞吐＋蒸汽驱年产油量回升到高值，为 63.5×10^4 t，年注汽 330.62×10^4 t，综合含水 83.0%，油汽比 0.19，回采水率 93.6%，含水上升率 3.0%，采油速度回升到高值 2.59%，年采注比 1.13；递减期自 2004 年至 2010 年，年产油 22.17×10^4 t，油汽比 0.07，回采水率 100.7%，含水上升率 2.4%，采油速度 0.9%，年采注比 1.07。折算年产油综合递减 14.0%。

六、九区齐古组蒸汽吞吐＋蒸汽驱总体开发效果较好，呈现出“四高两低一适中”的开发效果及特点，即平均单井产油量较高、累积油汽比较高、采出程度较高、采注比较高，含水上升率较低、油量综合递减较低，采油速度适中。其中蒸汽吞吐及蒸汽驱阶段累积注汽量分别为 $2\ 920.3\times10^4$ t 和 $6\ 288.9\times10^4$ t，累积产油量分别为 654.0×10^4 t 和 692.6×10^4 t，累积油汽比分别为 0.22 和 0.11，采出程度分别为 21.1%和 22.4%，回采水率分别为 82.5%和 120.0%，采注比分别为 1.05 和 1.31。

基于物理模拟和数值模拟研究结果和前期转蒸汽驱开发动态，确定采用油汽比、采注比、井底流压、产液温度、注入 PV 数、可动油采出程度等 6 个参数划分蒸汽驱全生命周期不同开发阶段，明确各阶段蒸汽超覆和窜流治理关键点（表 2-1-1）。

表 2-1-1 蒸汽驱全生命周期阶段划分表

阶段划分	油汽比	采注比	井底流压/MPa	产液温度/℃	注入 PV 数	可动油采出程度/%
热连通阶段	<0.15	<0.7	<0.5	<60	<0.10	3～6

续表

阶段划分	油汽比	采注比	井底流压/MPa	产液温度/℃	注入 PV 数	可动油采出程度/%
蒸汽驱替阶段	0.20～0.35	1.0～1.3	0.6～1.0	60～95	0.10～0.70	20～30
蒸汽扩展与剥蚀阶段	0.10～0.20	1.5～2.0	0.6～0.8	95～110	0.70～0.85	5～10
低效蒸汽驱阶段	＜0.10	＞2.0	＜0.6	＞110	＞0.85	＜5

观察蒸汽驱生产效果较好的九$_1$ 试验区和九$_5$ 试验区可知，蒸汽驱开发明显表现为 4 个阶段：热连通（补充能量）阶段、蒸汽驱替阶段、蒸汽扩展与剥蚀阶段、低效蒸汽驱阶段。热连通（补充能量）阶段一般为投产后 3～5 个月，动态特征表现为产油量低、含水高；蒸汽驱替阶段即生产井见效后的高产稳产阶段，动态特征为产油量上升且稳定，含水下降，油汽比提高，属蒸汽驱早期阶段；蒸汽扩展与剥蚀阶段的出现主要是受储层非均质性的影响，蒸汽发生了不均匀推进，使部分井出现汽窜干扰，采取控关汽窜井等措施后仍可维持整个区块的相对高产，属蒸汽驱中期阶段；低效蒸汽驱阶段即快速递减后的低产阶段，表现为单井产油量低、含水高、递减慢，属蒸汽驱后期阶段。

第二节　注蒸汽开发稠油油藏储层变化特征及规律

一、储层岩石学基本特征

九$_6$ 区齐古组储层整体上呈极低成分成熟度、低结构成熟度、高杂基含量、高胶结物的“两低两高”特征。下面以该区块为例，详细阐述开发早期、开发后期储层岩石学特征。

1. 开发早期

储层岩性以中细粒岩屑砂岩、细中粒岩屑砂岩为主，其次为不等粒岩屑砂岩、粗中粒岩屑砂岩、泥质粉砂岩、细粒岩屑砂岩、砾质不等粒岩屑砂岩、砂砾岩等（图 2-2-1）。其中，石英

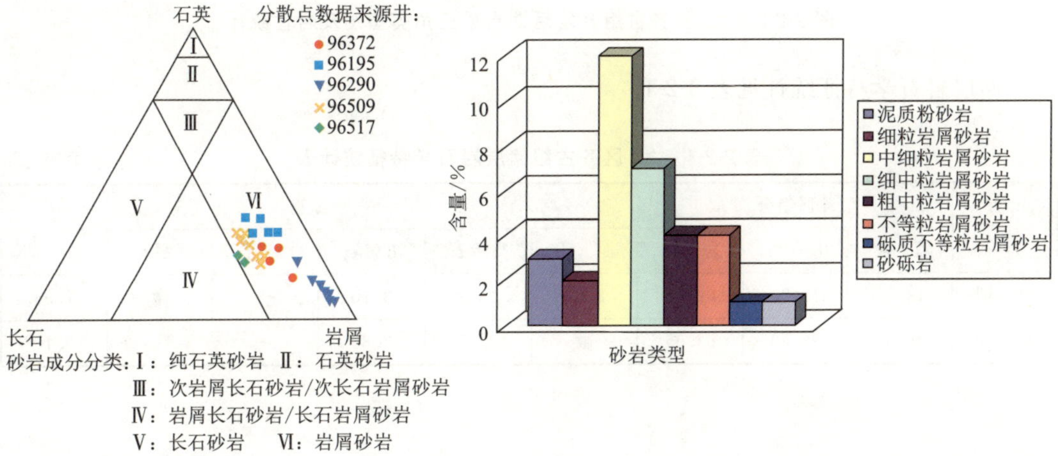

图 2-2-1　九$_6$ 区齐古组开发早期岩矿三角类型图及岩性统计

含量6%～35%，平均19.55%；长石含量2%～24%，平均10.80%；岩屑含量50%～90%，平均69.65%。岩屑以凝灰岩为主（含量13%～73%，平均45.93%），其次为千枚岩+板岩（含量2%～20%，平均8.76%）、硅质岩（含量2%～16%，平均6.77%），霏细岩、安山岩、泥岩、花岗岩等含量少。碎屑颗粒以次棱角状为主，分选中等。杂基以泥质为主，含量0%～12%，平均3.67%；其次为高岭石，含量0%～12%，平均1.19%；绿泥石含量微。岩石中胶结物主要为方解石，含量0%～18%，平均3.10%；其次为黄铁矿，含量微。胶结类型主要为孔隙型和压嵌型，颗粒接触方式主要为点接触和线接触。

2. 开发后期

储层岩性以细中粒长石岩屑砂岩为主，其次为不等粒长石岩屑砂岩、细粒岩屑砂岩等（图2-2-2）。其中，石英含量20%～39%，平均26.65%；长石含量15%～25%，平均20.40%；岩屑含量43%～62%，平均52.95%。岩屑以凝灰岩为主（含量30%～43%，平均37.5%），其次为花岗岩、千枚岩、安山岩、泥岩等，平均含量小于3%。碎屑颗粒以次棱角为主，分选以好、中为主。杂基以高岭石为主，含量微至3%，平均2.29%；其次为水云母化泥质，含量一般为微量，局部泥质富集。岩石中胶结物主要为方解石，含量微至11%，平均2.86%。胶结类型主要为压嵌型，颗粒接触方式主要为线接触。

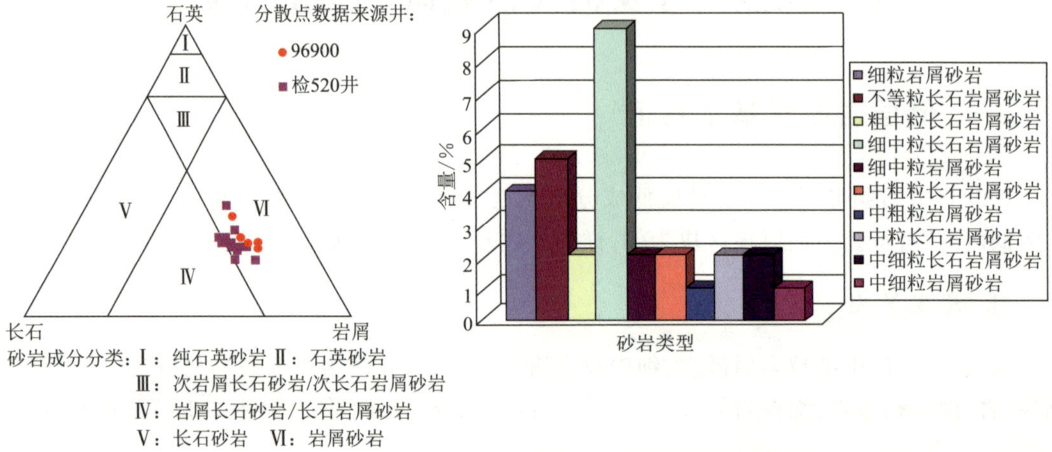

图2-2-2 九$_6$区齐古组开发后期岩矿三角类型图及岩性统计

储层岩石学特征统计见表2-2-1。

表2-2-1 九$_6$区齐古组储层岩石学特征统计表 单位：%

开发期次	碎屑组分			填隙物					
	石英	长石	岩屑	泥质	高岭石	方解石	白云石	黄铁矿	总量
早期	19.55	10.80	69.65	3.67	1.19	3.10	—	微	7.96
后期	26.65	20.40	52.95	微	2.29	2.86	—	—	5.15

二、储集空间类型

1. 开发早期

孔隙类型有原生粒间孔、剩余粒间孔、粒内溶孔、胶结物内溶孔和微裂缝 5 种，以原生粒间孔（15%～85%，平均 62.8%）、剩余粒间孔（14%～85%，平均 37.1%）为主（图 2-2-3～图 2-2-6）。储集空间的总面孔率平均为 5.98%，孔径为 13～163.28 μm，平均孔径为 101.97 μm；喉道宽度为 4.37～23.75 μm，平均喉道宽度为 13.84 μm。喉道主要为中喉，孔喉配位数为 0.09～0.69，平均孔喉配位数为 0.31；孔喉比为 5.56～17.36，平均孔喉比为 8.79。扫描电镜资料表明孔隙较发育，孔喉连通性较好。

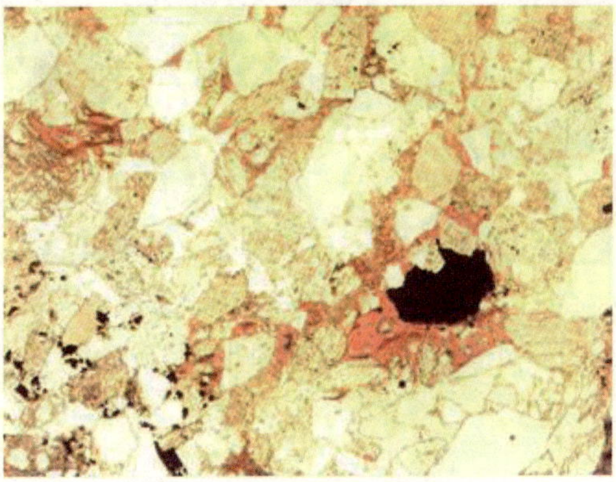

图 2-2-3　96195 井孔隙类型图
(230.32 m 深度，5 倍面孔率扫描电镜)

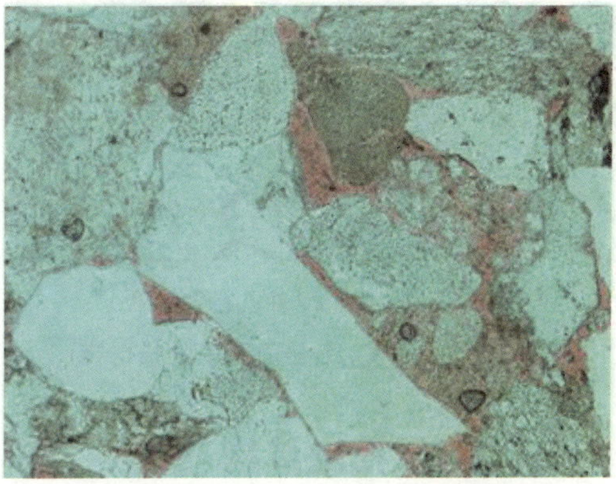

图 2-2-4　96195 井孔隙类型图
(230.32 m 深度，10 倍面孔率扫描电镜)

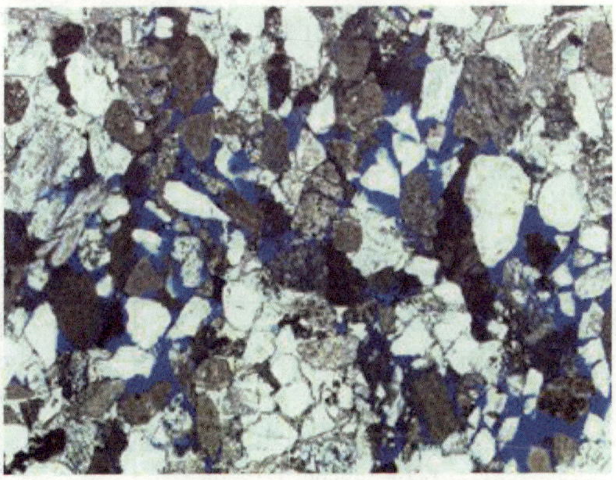

图 2-2-5　96509 井孔隙类型图
(188.81 m 深度，25 倍面孔率扫描电镜)

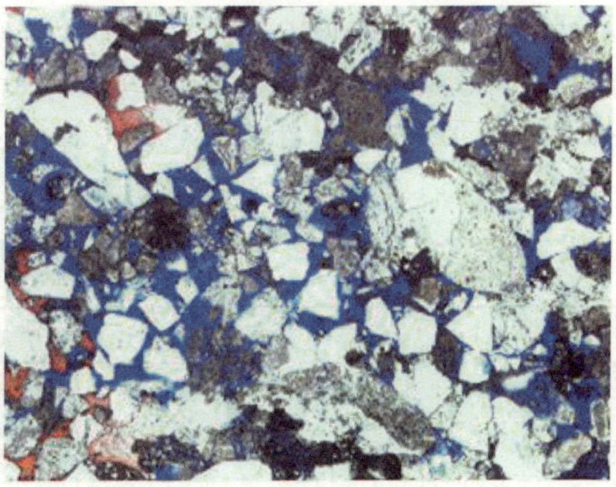

图 2-2-6　96509 井孔隙类型图
(171.83 m 深度，25 倍面孔率扫描电镜)

2. 开发后期

孔隙类型以原生粒间孔（3%～98%，平均 69.9%）、剩余粒间孔（2%～95%，平均

29.8%)为主(图 2-2-7 和图 2-2-8),粒内溶孔普遍存在,但含量低,高岭石晶间孔、方解石溶孔、微裂缝零星极少量出现。储集空间的总面孔率平均为 7.83%,孔径为 42.38～238.81 μm,平均为 109.14 μm;喉道宽度为 4.54～43.22 μm,平均为 14.26 μm。喉道主要为中粗喉,孔喉配位数为 0.21～1.81,平均为 0.89;孔喉比为 3.86～20.78,平均为 10.61。扫描电镜资料表明孔隙发育,孔喉连通性较好。

齐古组储层孔隙组合类型多为原生粒间孔＋剩余粒间孔组合型,两者占总孔隙的 99% 以上。

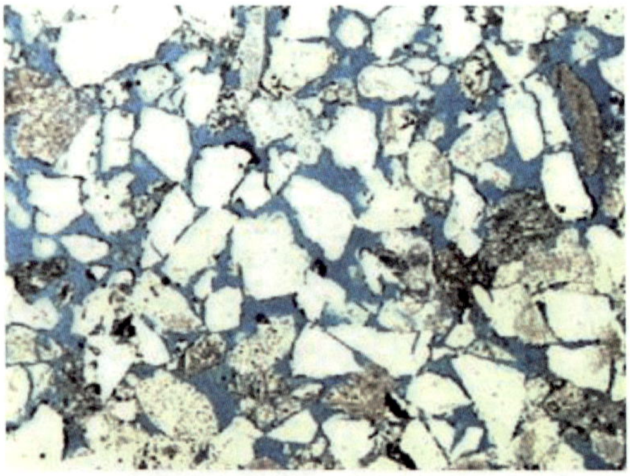

图 2-2-7　检 520 井孔隙类型图
(143.21 m 深度,25 倍面孔率扫描电镜)

图 2-2-8　96988 井孔隙类型图
(211.04 m 深度,25 倍面孔率扫描电镜)

三、储层孔隙结构

1. 开发早期

齐古组储层饱和度中值压力为 0.08～5.02 MPa,平均为 1.65 MPa;饱和度中值半径为 0.15～9.24 μm,平均为 2.30 μm;排驱压力为 0.02～1.73 MPa,平均为 0.24 MPa;最大孔喉半径为 0.43～43.85 μm,平均为 17.86 μm;平均毛管半径为 0.13～15.11 μm,平均为 6.33 μm;非饱和孔隙体积百分数为 1.15%～86.88%,平均为 25.01%(表 2-2-2、图 2-2-9 和图 2-2-10)。储集层原始润湿类型以中亲水为主。

表 2-2-2　九$_6$区齐古组储层孔隙结构特征表

阶　段	毛管压力特征							毛管压力曲线特征
	中值压力/MPa	中值半径/μm	排驱压力/MPa	最大孔喉半径/μm	平均毛管半径/μm	非饱和孔隙体积百分数/%	孔喉类型	
早　期	0.08～5.02 (1.65)	0.15～9.24 (2.30)	0.02～1.73 (0.24)	0.43～43.85 (17.86)	0.13～15.11 (6.33)	1.15～86.88 (25.01)	中等偏粗—中等偏细	Ⅱ—Ⅲ
后　期	0.05～3.28 (0.50)	0.22～14.34 (4.43)	0.01～0.16 (0.05)	4.55～74.89 (24.83)	1.41～24.87 (9.03)	1.74～24.17 (9.67)	偏粗—粗	Ⅰ

注:括号内为平均值。

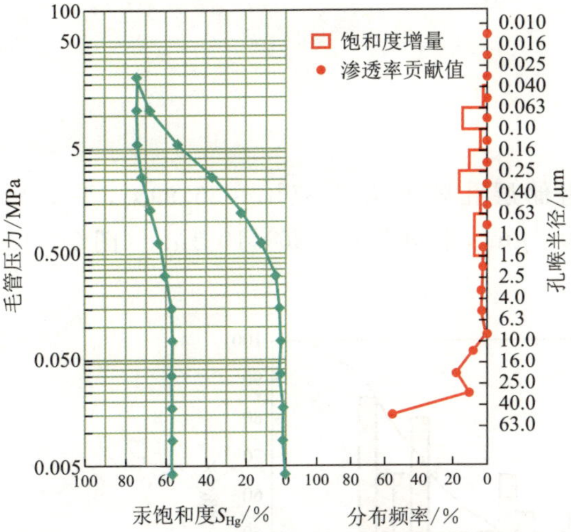

图 2-2-9　96298 井齐古组开发早期毛管压力曲线及孔喉分布频率贡献图

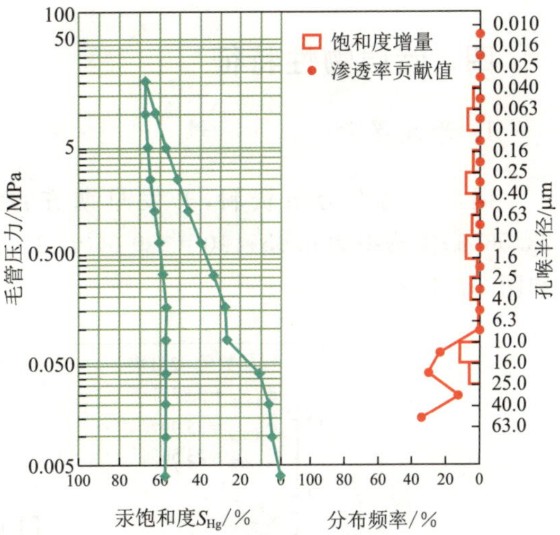

图 2-2-10　96372 井齐古组开发早期毛管压力曲线及孔喉分布频率贡献图

2. **开发后期**

齐古组储层饱和度中值压力为 0.05～3.28 MPa，平均为 0.50 MPa；饱和度中值半径为 0.22～14.34 μm，平均为 4.43 μm；排驱压力为 0.01～0.16 MPa，平均为 0.05 MPa；最大孔喉半径为 4.55～74.89 μm，平均为 24.83 μm；平均毛管半径为 1.41～24.87 μm，平均为 9.03 μm；非饱和孔隙体积百分数为 1.74%～24.17%，平均为 9.67%（表 2-2-2、图 2-2-11 和图 2-2-12）。注蒸汽后，储层润湿类型以强亲水为主。

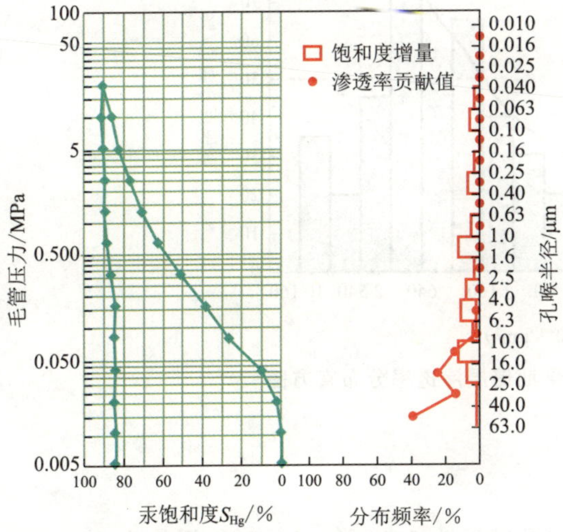

图 2-2-11　96988 井齐古组开发后期毛管压力曲线及孔喉分布频率贡献图

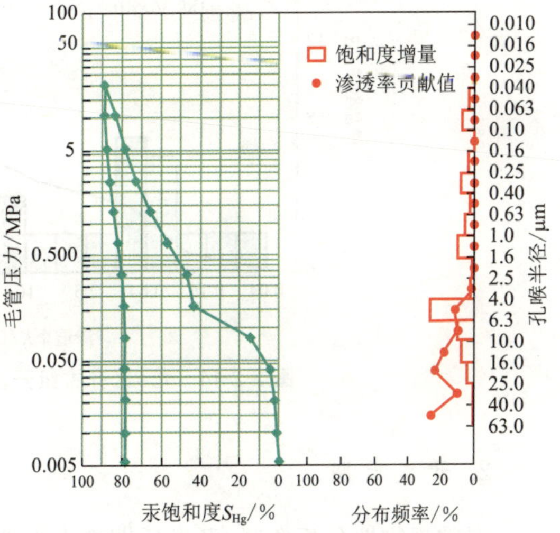

图 2-2-12　检 520 井齐古组开发后期毛管压力曲线及孔喉分布频率贡献图

四、储层物性特征

1. 开发早期

据常规物性分析资料，开发早期齐古组储层孔隙度为 3.87%～35.99%，平均为 23.56%；渗透率为 0.05×10^{-3}～$9\ 660.63\times10^{-3}\ \mu m^2$，平均为 $189.36\times10^{-3}\ \mu m^2$（图 2-2-13 和图 2-2-14）。

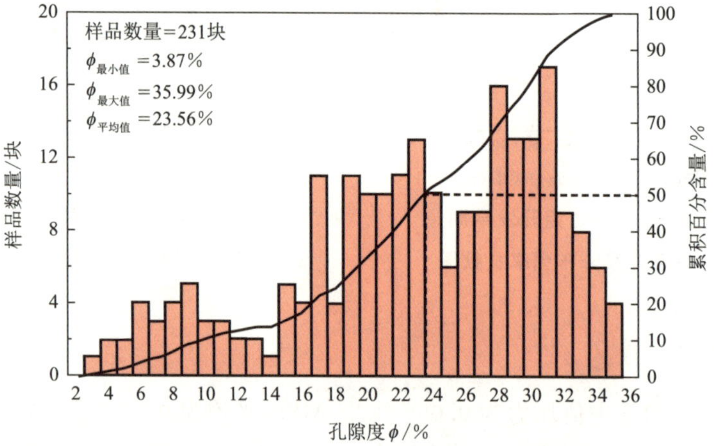

图 2-2-13　九$_6$ 区齐古组开发早期储层孔隙度分布直方图

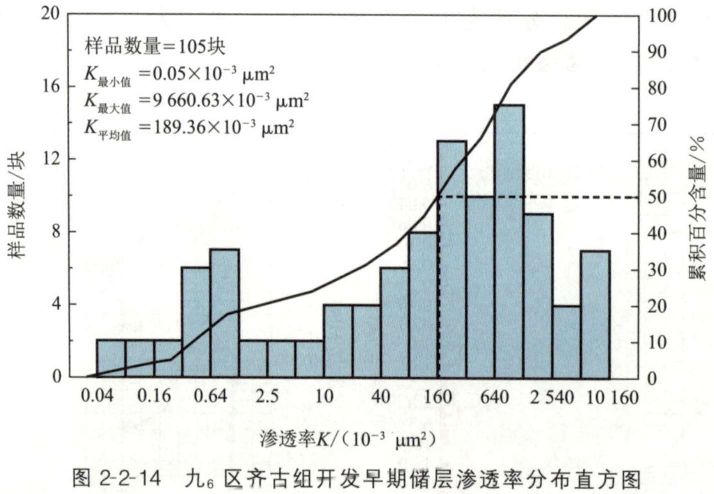

图 2-2-14　九$_6$ 区齐古组开发早期储层渗透率分布直方图

2. 开发后期

据常规物性分析资料，开发后期齐古组储层孔隙度为 10.2%～34.7%，平均为 26.3%；渗透率为 0.664×10^{-3}～$5\ 000.63\times10^{-3}\ \mu m^2$，平均为 $419.49\times10^{-3}\ \mu m^2$（图 2-2-15 和图 2-2-16）。

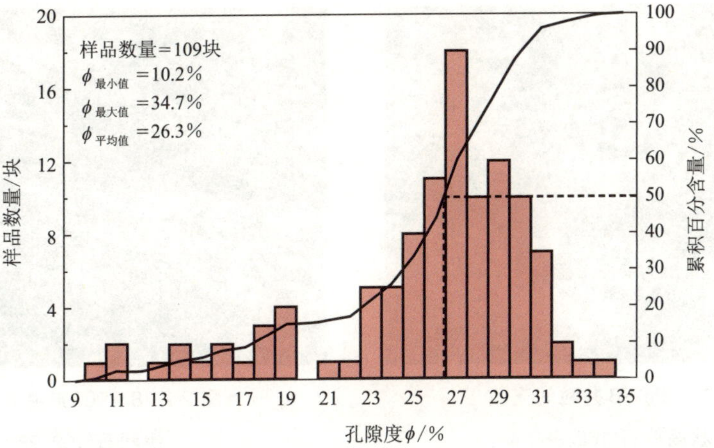

图 2-2-15　九$_6$区齐古组开发后期储层孔隙度分布直方图

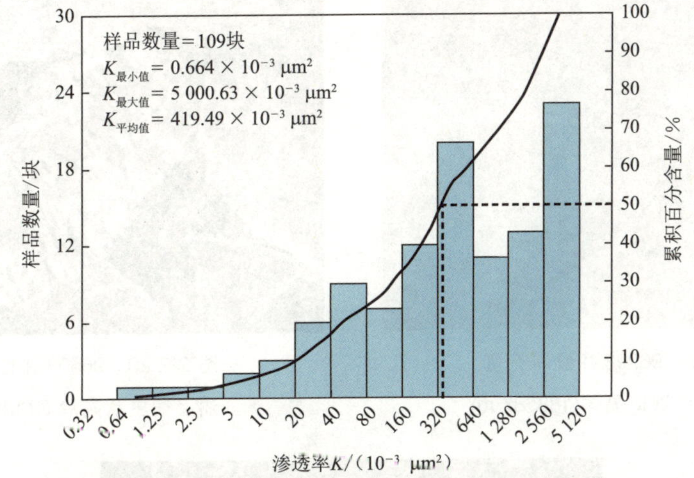

图 2-2-16　九$_6$区齐古组开发后期储层渗透率分布直方图

五、黏土矿物及潜在敏感性分析

1. 开发早期

根据X衍射和扫描电镜分析，开发早期齐古组储层以高岭石（10%～47%，平均27.6%）和伊/蒙混层（0%～54%，平均23.0%）为主，其次为蒙脱石（0%～58%，平均19.7%）、伊利石（7%～39%，平均16.6%）和绿泥石（0%～26.4%，平均13.5%）。扫描电镜显示，高岭石产状主要为充填式，形貌特征以蠕虫状、不规则状为主；镜下见粒间孔较发育—发育，孔隙连通性较好—好（图2-2-17～图2-2-21）。结合岩石薄片镜下认识，该区潜在敏感性以中等的速敏和中等偏强—强的水敏为主，而伊利石、绿泥石对储层的伤害相对较弱。

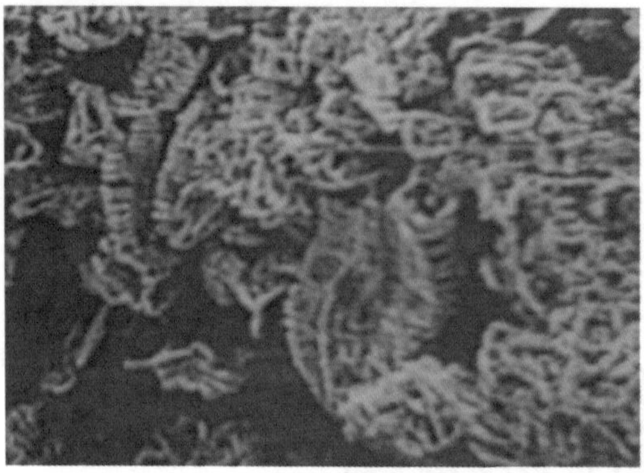

图 2-2-17　96298 井粒间充填蠕虫状高岭石(162.98 m)

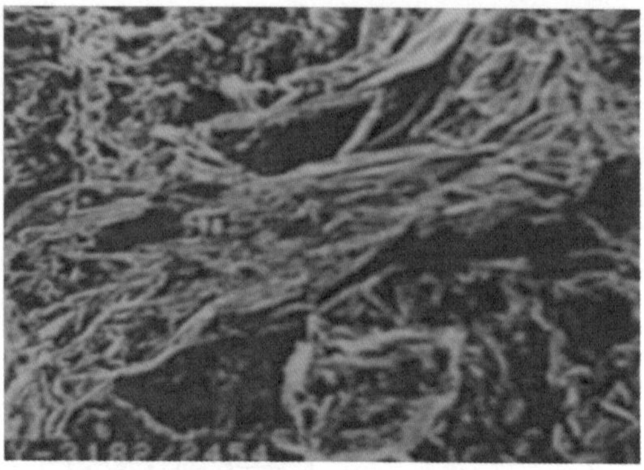

图 2-2-18　96298 井弯曲片状伊利石(162.98 m)

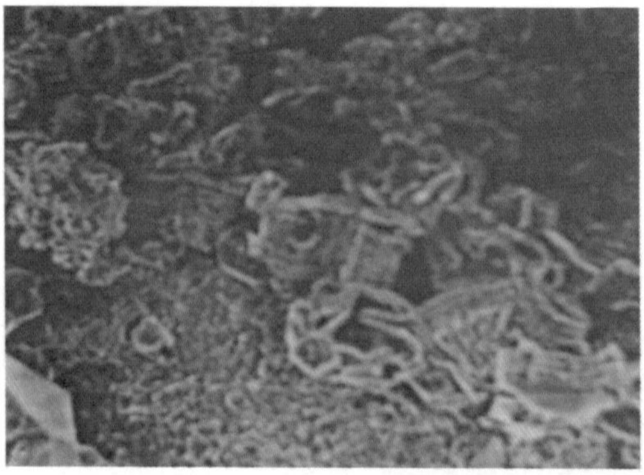

图 2-2-19　96298 井粒间充填高岭石与黄铁矿晶体(188.87 m)

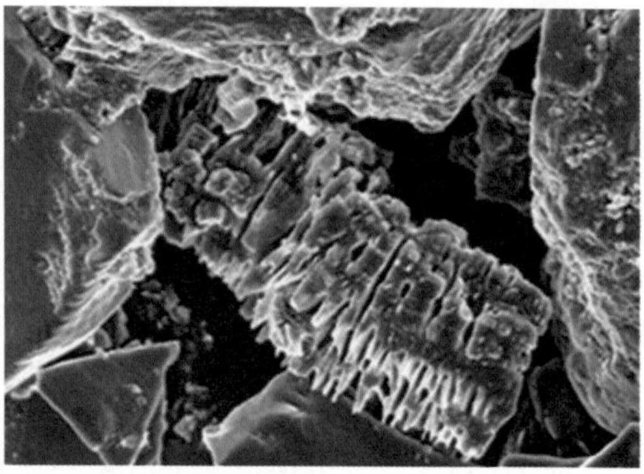

图 2-2-20　96509 井粒间充填油浸蠕虫状高岭石(181.40 m)

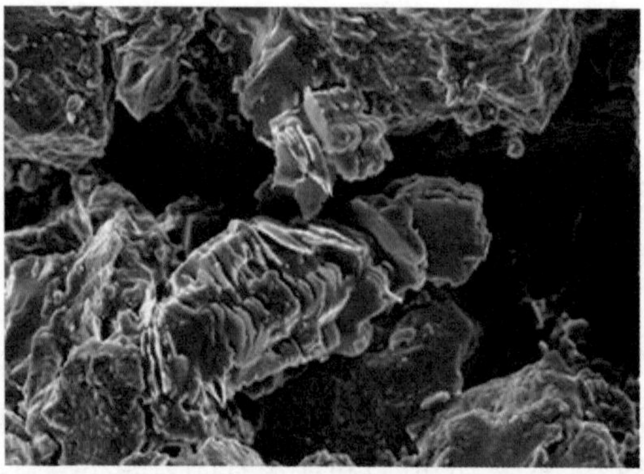

图 2-2-21　96517 井粒间充填蠕虫状高岭石(174.72 m)

2. 开发后期

根据 X 衍射和扫描电镜分析，开发后期齐古组储层以伊/蒙混层(8%～72%，平均 40.0%)和高岭石(10%～56%，平均 33.2%)为主，其次为绿泥石(7%～29%，平均 14.6%)和伊利石(4%～30%，平均 12.2%)。伊/蒙混层比 65%～95%，平均 81.3%，为无序伊/蒙混层。扫描电镜显示，高岭石产状主要为粒间充填式，形貌特征以蠕虫状为主；见少量弯曲片状伊利石及粒表不规则状伊/蒙混层；镜下粒间孔发育，孔隙连通性好（图 2-2-22 和图 2-2-23）。结合岩石薄片镜下认识，该区潜在敏感性以中等偏强的速敏和中等偏强—强的水敏为主，而伊利石、绿泥石对储层的伤害相对较弱。敏感性流动性实验也证实储层具有强水敏、中等偏强的速敏。

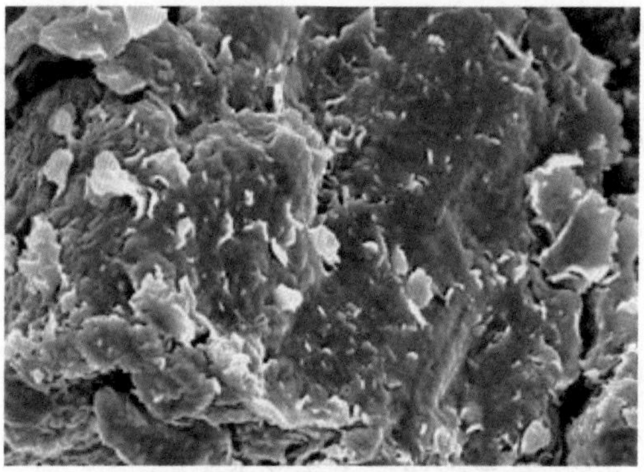

图 2-2-22　检 520 井粒表不规则状伊/蒙混层矿物(161. 34 m)

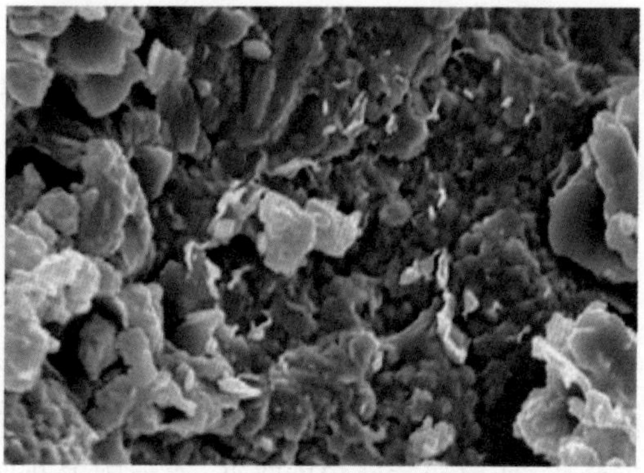

图 2-2-23　检 520 井粒表不规则状伊/蒙混层矿物(195. 99 m)

第三节　注蒸汽开发稠油油藏储层动态非均质表征

在稠油油藏注蒸汽开发过程中，注入蒸汽主要沿着阻力较小的高渗层位或高渗通道流动，但随着蒸汽的持续注入，原先高渗层/通道内的温度、流体物性、饱和度甚至储层渗透率等先发生较大变化，导致油藏的非均质程度进一步加剧，即原先高渗层/通道内的渗透率越来越高，渗流阻力越来越小，导致平面/层间矛盾越来越突出，进一步导致蒸汽无效循环，影响注蒸汽开发效果。具体来说，该动态非均质性特征主要表现为储层物性的变化和流体（原油）物性的变化。

一、储层颗粒脱落导致的储层物性变化

1. 窜流通道形成机理分析

1）弱胶结粉状砂颗粒的迁移

在疏松砂岩油藏地层中存在大量胶结程度弱、颗粒细小的粉状砂。由于油藏埋藏浅，缺少上覆岩石的压实作用，地层成岩性差，细小粉状砂在产液量很低、生产压差很小的情况下易于迁移，随流体在储层孔隙中发生运移，随采出液从生产井中采出。粉状砂的产出会减少游离在空隙中的砂粒，使流体流动阻力降低，容易形成窜流。

2）压力的作用

压力的作用主要是：

（1）比较高的注采压差会促使地层砂发生迁移及剥离，导致油井出砂，形成窜流通道。在稠油油藏蒸汽吞吐阶段采用强注强采的开采方式，注入压力大而开采压力低，导致生产压差大，在较短时间内打破地层的平衡状态，使油井出砂加剧。另外，由于稠油黏度大，注热后黏度降低，产量增大，流速增加，流体流动的拖拽力会大于岩石的固结强度，导致骨架砂被剥离，使得窜流通道进一步扩大。

（2）油藏开采后地层压力降低，地层应力结构改变，导致油井出砂。在稠油油藏蒸汽吞吐过程中，随着流体不断采出，地层压力总体上不断下降，上覆岩石的压力转嫁给地层骨架，使地层颗粒及胶结物所承受的有效应力增加，从而打破原始的应力平衡，导致胶结物被破坏，油井出砂，产生窜流大孔道，形成汽窜。

3）高温蒸汽热采的作用

高温蒸汽热采的作用主要是：

（1）注热过程中，反复的注热激励作用会破坏岩石结构，高温高压蒸汽对地层有较强的冲刷作用。在高温高压下将蒸汽注入地层后，井底饱和湿蒸汽 pH 很高，经过多周期的蒸汽吞吐后，地层的胶结程度降低，会加剧近井地带的出砂，易于窜流通道的形成。

（2）高温蒸汽使沥青发生热裂解，砂粒从岩块脱离。稠油油层颗粒靠沥青黏结在一起，在不断向地层注热的过程中，沥青质发生热裂解，会降低原油的黏度，使流体携砂流动。原油黏度越高，携砂能力越强，出砂越严重。

（3）在高温蒸汽的作用下，地层发生水岩反应，部分矿物颗粒和胶结物被溶解。在蒸汽吞吐或蒸汽驱过程中，注入的蒸汽为高碱性，在高温高压的条件下，蒸汽不但会改变岩石表面的润湿性，而且对地层中的石英、长石具有溶解软化作用，对黏土矿物具有溶蚀作用，从而降低地层的固结程度，使砂粒容易从岩块中脱离，随流体一起流出，形成窜流通道。

2. 窜流规律研究

1）模型建立

选取克拉玛依油田九$_8$区齐古组加密试验区 T98017 井组（50 m×70 m 小井距反九点井网），基于实际油藏物性分布资料，建立单井组数值模拟模型，其中 X 方向和 Y 方向网格步长为 2.5 m，Z 方向网格步长为 1 m（图 2-3-1）。应用 CMG 软件的 STARS 模块，开展注蒸汽开发后井组窜流规律特征研究。

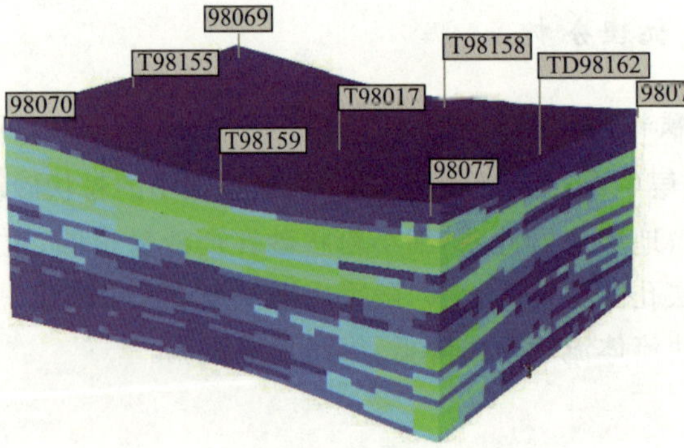

图 2-3-1　T98017 井组数值模拟模型

(1) 相对渗透率模型。

相渗曲线如图 2-3-2 所示。

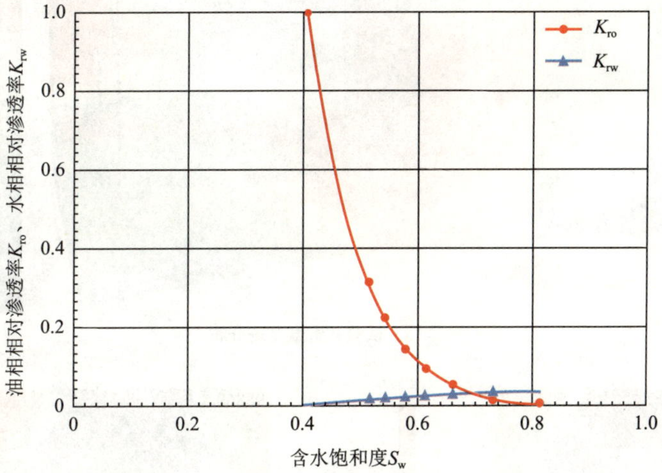

图 2-3-2　相渗曲线

(2) 黏温关系模型。

黏温曲线如图 2-3-3 所示。

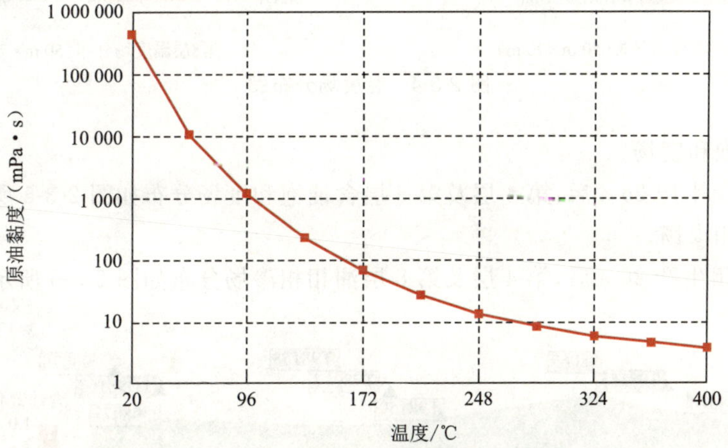

图 2-3-3　黏温曲线

2) 典型流场发育特征

基于克拉玛依油田九$_8$区齐古组加密试验区 T98017 井组数值模拟模型,重点分析稠油蒸汽热采流场发育特征。

(1) 温度场。

该试验井组生产 26 a 后,第 4 层及第 8 层温度场分布如图 2-3-4 所示。

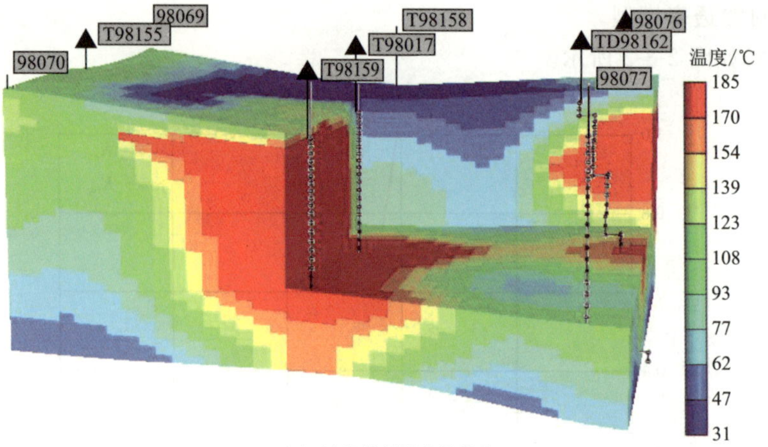

（a）试验井组温度场分布

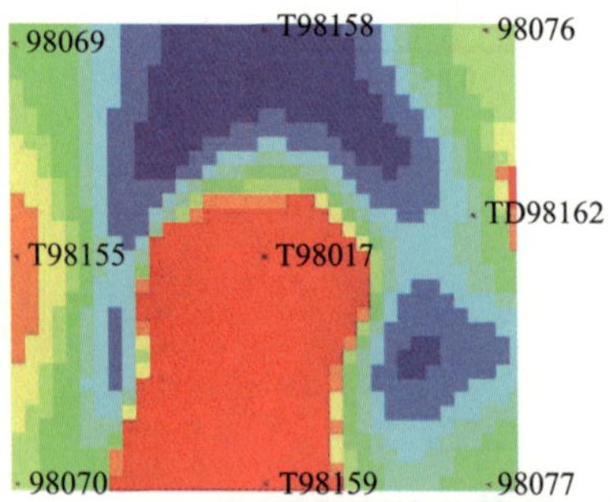

（b）第4层温度场分布（50 m×70 m）

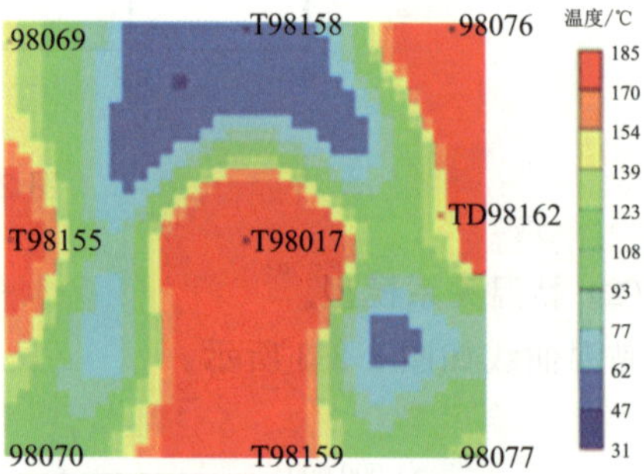

（c）第8层温度场分布（50 m×70 m）

图 2-3-4　温度场分布图

（2）含油饱和度场。

该试验井组生产 26 a 后，第 4 层及第 8 层含油饱和度场分布如图 2-3-5 所示。

（3）油相相渗场。

该试验井组生产 26 a 后，第 4 层及第 8 层油相相渗场分布如图 2-3-6 所示。

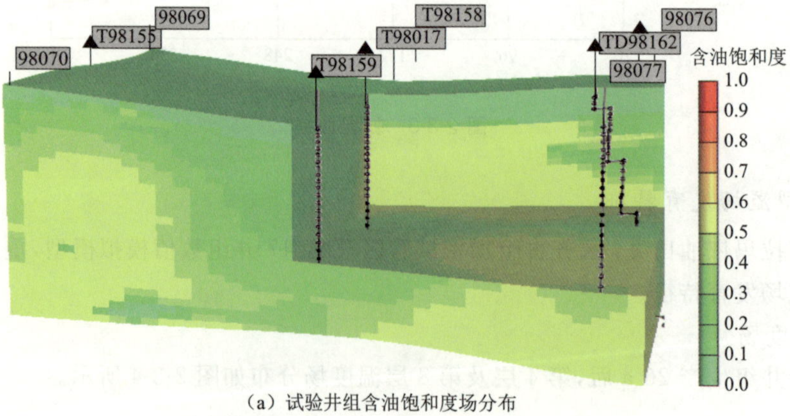

（a）试验井组含油饱和度场分布

图 2-3-5　含油饱和度场分布图

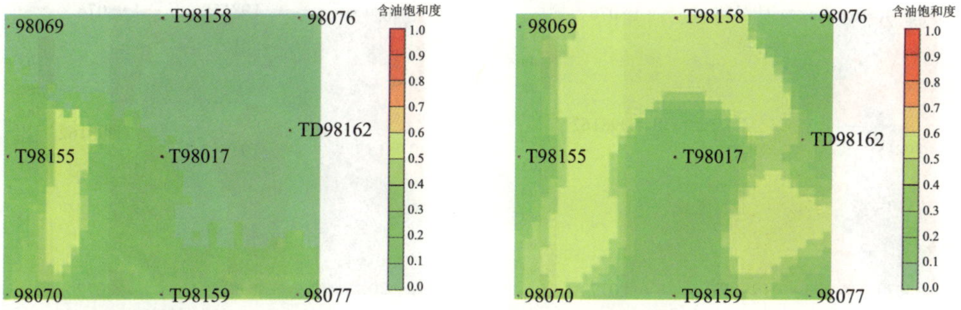

（b）第4层含油饱和度场分布（50 m×70 m）　　（c）第8层含油饱和度场分布（50 m×70 m）

图 2-3-5(续)　含油饱和度场分布图

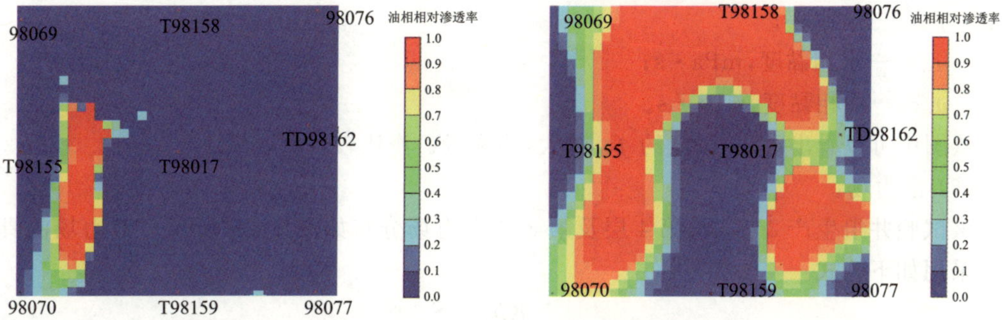

（a）第4层油相相渗场分布（50 m×70 m）　　（b）第8层油相相渗场分布（50 m×70 m）

图 2-3-6　油相相渗场分布图

（4）水相相渗场。

该试验井组生产 26 a 后，第 4 层及第 8 层水相相渗场分布如图 2-3-7 所示。

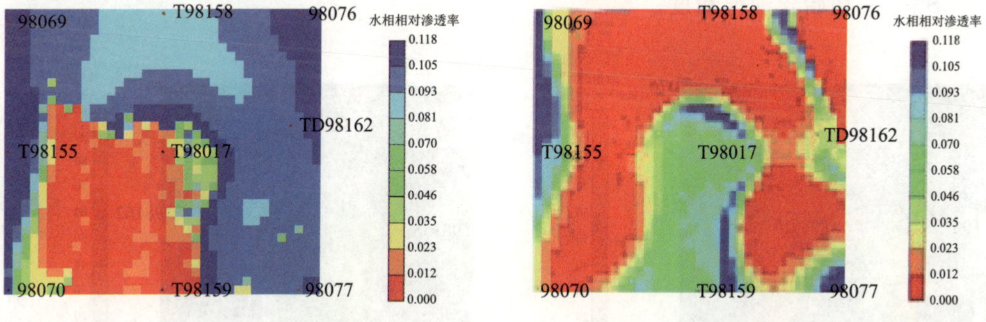

（a）第4层水相相渗场分布（50 m×70 m）　　（b）第8层水相相渗场分布（50 m×70 m）

图 2-3-7　水相相渗场分布图

（5）水（汽）淹场。

该试验井组生产 26 a 后，第 4 层及第 8 层水（汽）淹场分布如图 2-3-8 所示。水（汽）淹场的具体表达采用如下公式：

$$f_w = \frac{K_{rw}/\mu_w}{K_{rw}/\mu_w + K_{ro}/\mu_o} \tag{2-3-1}$$

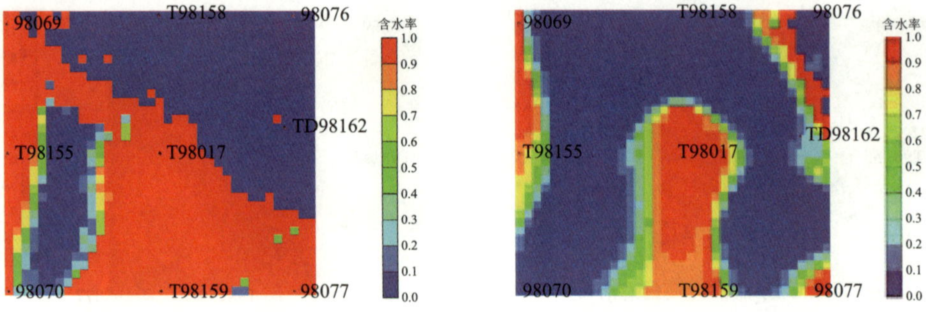

(a) 第4层水（汽）淹场分布(50 m×70 m)　　(b) 第8层水（汽）淹场分布(50 m×70 m)

图 2-3-8　水(汽)淹场分布图

式中　f_w——含水率；

μ_w——水相黏度，mPa·s；

μ_o——油相黏度，mPa·s。

从图中可以看出，红色区域的 f_w 较大，为水(汽)淹比较严重区域。

(6) 潜力场。

该试验井组生产 26 a 后，第 4 层及第 8 层潜力场分布如图 2-3-9 所示。潜力场的具体表达采用如下公式：

$$J_o = \frac{Kh_e}{\mu_o} \cdot \frac{S_o}{S_{oi}} \tag{2-3-2}$$

式中　J_o——油相潜力因子，$\mu m^2 \cdot m/(mPa \cdot s)$；

K——渗透率，μm^2；

h_e——油层有效厚度，m；

S_o——含油饱和度；

S_{oi}——初始含油饱和度。

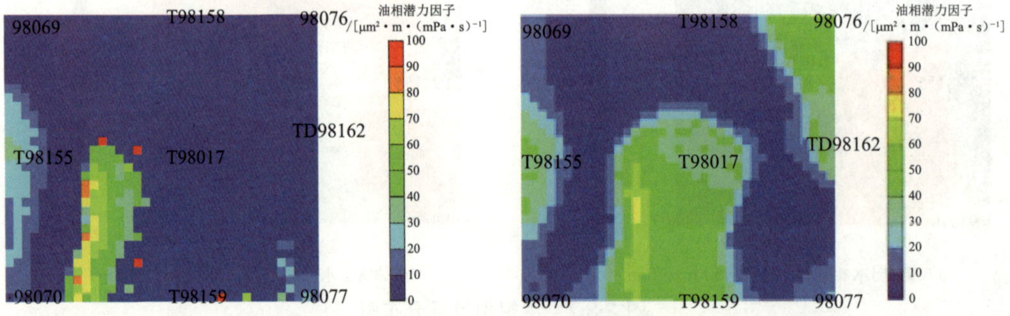

(a) 第4层潜力场分布(50 m×70 m)　　(b) 第8层潜力场分布(50 m×70 m)

图 2-3-9　潜力场分布图

从图中可以看出，红色区域的 J_o 最大，为潜力比较大含油区域，可通过配套措施挖潜；绿色区域的 J_o 较大，表示仍可通过措施开采；蓝色区域潜力差，不易开采。

(7) 窜流场。

该试验井组生产 26 a 后，第 4 层及第 8 层窜流场分布如图 2-3-10 所示。窜流场的具体表达采用如下公式：

$$J_w = \frac{Kh_e}{\mu_w} \cdot \left(1 - \frac{S_o}{S_{oi}}\right) \tag{2-3-3}$$

式中　J_w——水（汽）窜流因子，$\mu m^2 \cdot m/(mPa \cdot s)$。

从图中可以看出，浅绿色区域的 J_w 较大，为窜流较强区域，可通过措施来抑制窜流，进行剩余油挖潜。

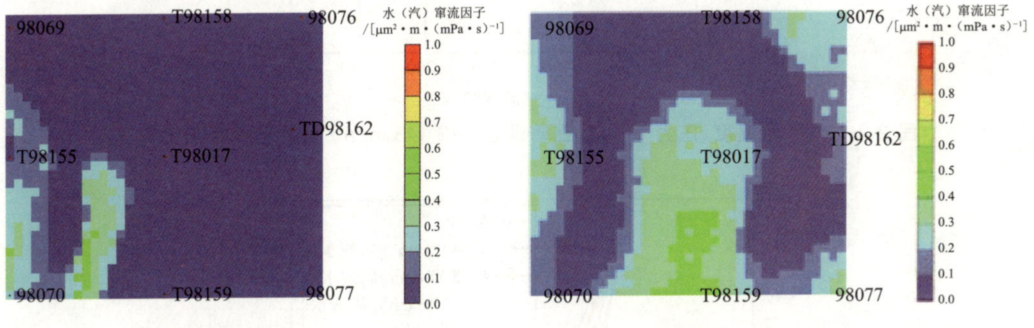

（a）第4层窜流场分布（50 m×70 m）　（b）第8层窜流场分布（50 m×70 m）

图 2-3-10　窜流场分布图

二、原油物性组成变化特征

稠油中的胶质、沥青质在高温条件下发生热裂解反应，分子链断裂后生成饱和烃和芳香烃，对稠油进行改质降黏，这对稠油开发是非常有利的，但热裂解反应要求温度较高。常规蒸汽吞吐和蒸汽驱的温度一般低于 300 ℃，热裂解程度低。加拿大学者 Hyne 和 Viloria 最早提出了稠油的水热裂解反应，认为在 200～300 ℃温度范围内高温热解反应较弱，这可能是因为水的存在使反应受到抑制，但此时稠油与蒸汽发生酸聚合反应、加氢脱硫和水煤气转换等一系列化学反应。在稠油水热裂解反应过程中，重质组分胶质和沥青质会转换为轻质组分饱和烃和芳香烃，同样能够发挥降低稠油黏度的作用。稠油水热裂解过程还会发生脱羧作用和水煤气变换反应，反应产生的 CO_2 对降低稠油的黏度也有着积极的作用。

CO_2 气体在原油中的溶解能力强，降黏效果明显。在 2～8 MPa，100 ℃条件下，CO_2 在普通稠油中溶解度达到 10～23 m³/m³（标准状况下），原油黏度下降 25%～50%；CO_2 溶于水后，能起到油水间的传质作用，可以明显改善油水相渗（图 2-3-11 和图 2-3-12）。

2013—2015 年，克拉玛依油田完成 63 井次 CO_2 辅助蒸汽吞吐，共注 CO_2 2 643.1 t，累计增油 6 893.5 t，阶段换油率为 2.61，在新区吞吐开发中应用效果较好（图 2-3-13）。

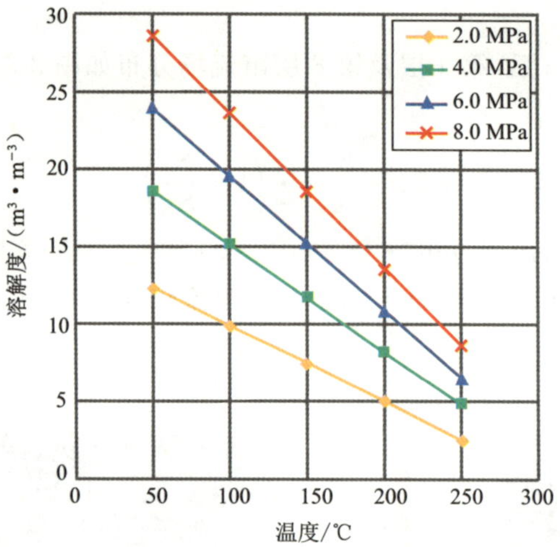

图 2-3-11　不同温度、压力下 CO_2 在普通稠油(3 143 mPa·s)中溶解度变化情况

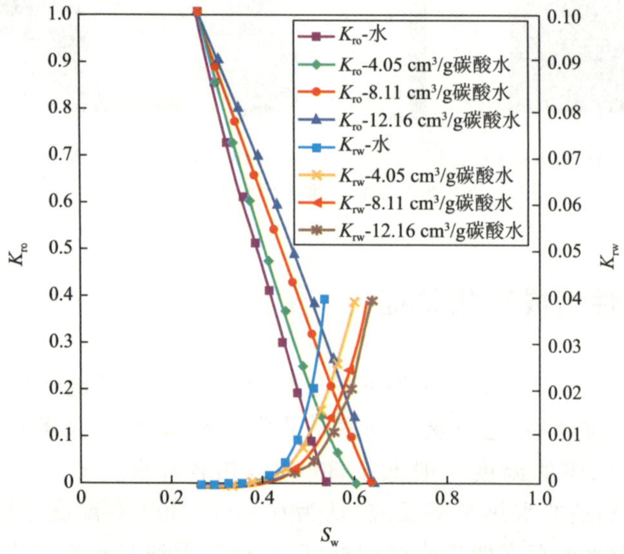

图 2-3-12　50 ℃条件下不同含量碳酸水对油水相渗的改变

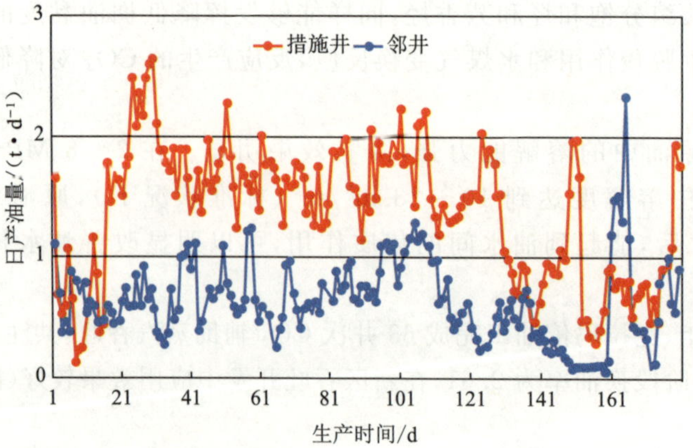

图 2-3-13　措施井与同地质条件下邻井日产油水平对比曲线

第四节　注蒸汽热采稠油油藏蒸汽窜流特征理论研究

在注蒸汽热采过程中，注入的热流体出现定向流动，蒸汽或其凝析流体在周围井产出，导致注入热量的热效率降低，注入井油层吸汽不均，井间油层热波及范围和原油受热程度相对较低，注蒸汽热采效果较差，同时窜通井的正常生产也受到干扰。

矿场通常根据以下注采动态判断汽窜：相邻井注汽时，生产井产液量增加，含水率上升，井口温度上升；汽窜严重时，相邻井注汽，生产井产水量急剧增加，含水率接近 100%，并伴有一定蒸汽。注采井间出现窜流现象一般首先表现为井间压力干扰，生产井动液面上升，产液量上升。

注蒸汽井间窜流统称为汽窜，汽窜主要包括蒸汽窜和热水窜两种形式；发生蒸汽窜的原因可能是存在层内或层间强非均质性、厚油层内严重蒸汽超覆或注汽参数不合理而产生非目的性压裂等，发生热水窜的原因可能是注入流体沿井间主流线舌进、连续注蒸汽出现井间热连通或压力连通等。在稠油注蒸汽热采过程中，大部分汽窜发生在井间所形成的高含水通道中，此时注入的蒸汽凝析水发生指进，即热水很快窜到生产井。当发生热水窜时，如果井口温度较高，达到 100 ℃以上时，则可从井口见到闪蒸出来的蒸汽，但这并不是真正的蒸汽窜。

根据注采井间窜流干扰程度的不同，窜通井可以分为 3 类：第 1 类为因严重汽窜造成油井不能正常生产，注汽井需要停注；第 2 类为因汽窜造成的油井液量、温度、含水等上升幅度较大，需要通过油井调参等措施控制汽窜，防止蒸汽突破到油井；第 3 类为因汽窜造成的油井液量、温度、含水等上升幅度不大，油井不需要采取措施。

根据油气渗流力学知识可以推导出倾斜地层中驱替界面的稳定性条件为：

$$(M_0 - 1)v_c < \frac{K_1}{\mu_1}(\rho_1 - \rho_2)g\sin\alpha \tag{2-4-1}$$

$$M_0 = \frac{\mu_2}{\mu_1}\frac{K_1}{K_2} \tag{2-4-2}$$

式中　K_1, K_2——驱替流体和被驱替流体的有效渗透率，μm^2；

μ_1, μ_2——驱替流体和被驱替流体的黏度，mPa·s；

ρ_1, ρ_2——驱替流体和被驱替流体的密度，kg/m^3；

g——重力加速度，9.8 m/s^2；

M_0——流度比；

v_c——临界渗流速度，$10^{-3}\mu m/s$；

α——油层倾角，(°)。

对于水平油层，$\sin\alpha=0$，由于 $v_c \neq 0$，则驱替前缘的稳定性可以简化为：

$$M_0 < 1$$

对于水驱油过程，驱替相是水，被驱替相是油，则有：

$$M_0 = \frac{\mu_o}{\mu_w}\frac{K_w}{K_o} \tag{2-4-3}$$

式中　K_w, K_o——水和油的有效渗透率，μm^2；

μ_w，μ_o——水和油的黏度，mPa·s。

由式(2-4-3)可以看出，增加水的黏度(如聚合物驱)或降低原油黏度(如热力采油)或降低水的有效渗透率(如利用堵水技术)都可以降低驱替流度比，这对于提高或改善开发效果都是有利的。

对于注蒸汽热力采油，在蒸汽驱过程中蒸汽会在驱替前缘凝结，汽液界面处将发生相变，使得前缘上游和下游的流动速度不同，因此不能简单地沿用水驱流度比来分析汽液界面特征。定义等效流度比为：

$$M_{eq}^{*}=\frac{\mu_o^{*}}{\mu_s}\frac{K_s}{K_o}\frac{i_{oe}}{i_{sb}}\frac{\rho_s}{\rho_o} \tag{2-4-4}$$

上式可以改写为：

$$M_{eq}^{*}=\frac{\mu_o^{*}}{\mu_s}\frac{K_s}{K_o}\frac{v_{oe}}{v_{sb}}=\frac{\nabla p_o}{\nabla p_s} \tag{2-4-5}$$

式中　M_{eq}^{*}——等效流度比；

μ_o^{*}——被驱替流体黏度，mPa·s；

μ_s——蒸汽黏度，mPa·s；

K_s——蒸汽有效渗透率，μm^2；

i_{oe}——原油质量速率，kg/s；

i_{sb}——蒸汽质量速率，kg/s；

ρ_s——蒸汽密度，kg/m^3；

ρ_o——原油密度，kg/m^3；

v_{oe}——加热原油和凝析液渗流速度，m/s；

v_{sb}——注入蒸汽渗流速度，m/s；

∇p_o——汽液界面下游流体渗流压力梯度，MPa/m；

∇p_s——蒸汽渗流压力梯度，MPa/m。

式(2-4-5)表明等效流度比即压力梯度比，其大小与黏度比、渗透率比和渗流速度比有关。由于蒸汽凝析效应，汽液界面处的渗流速度比较小。蒸汽与油层原油的初始黏度虽相差很大，但对于蒸汽驱来说，由于蒸汽的凝析和汽液界面的侧向传热作用，界面处的原油黏度将较大幅度降低，被驱替流体的黏度 μ_o^{*} 可以近似取对应蒸汽温度 T_s 下的原油黏度 $\mu_o(T_s)$，因此汽液界面处黏度比 μ_o^{*}/μ_s 也较低。由于蒸汽黏度等物性参数与压力有关，因此等效流度比或汽液界面特征也随压力和温度变化，在一定压力和温度范围内 $M_{eq}^{*}\leqslant 1$。

若驱替界面速度为 v_f，则单位时间内含油区被驱替原油质量为：

$$i_{oe}=v_f Bh\phi\frac{S_{oi}-S_{or}}{B_o}\rho_o \tag{2-4-6}$$

考虑热效率后，单位时间内加热相同体积的油层所需蒸汽量为：

$$i_{sb}=\frac{v_f BhM_R(T_h-T_i)}{H_m E_{hs}} \tag{2-4-7}$$

被驱替原油质量速率与驱替蒸汽质量速率之比，即驱替油汽比为：

$$\frac{i_{oe}}{i_{sb}}=F_{OSR}=\frac{\phi(S_{oi}-S_{or})\rho_o H_m E_{hs}}{B_o M_R(T_h-T_i)} \tag{2-4-8}$$

式中　F_{OSR}——驱替油汽比；

B——油层宽度，m；

h——油层厚度，m；

ϕ——孔隙度；

S_{or}——残余油饱和度；

B_o——原油体积系数；

M_R——油层热容量，kJ/(m^3·K)；

T_h——蒸汽腔温度，K；

T_i——油层初始温度，K；

H_m——蒸汽热焓，kJ/kg；

E_{hs}——油层热效率。

由式(2-4-4)和式(2-4-8)可以得到：

$$M_{eq}^{*}=\frac{\mu_o^{*}}{\mu_s}\frac{K_s}{K_o}\frac{\rho_s}{\rho_o}F_{OSR} \tag{2-4-9}$$

由式(2-4-9)可以得到不同原油黏度和渗透率级差 Ω 条件下等效流度比随压力的变化，如图 2-4-1 和图 2-4-2 所示。

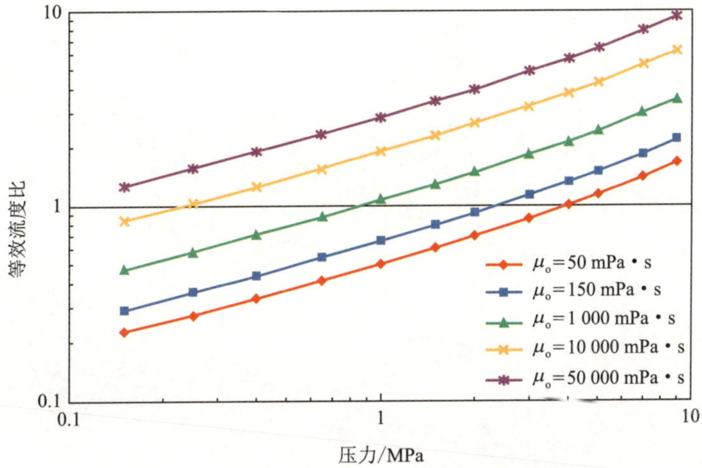

图 2-4-1　不同原油黏度下等效流度比随压力变化

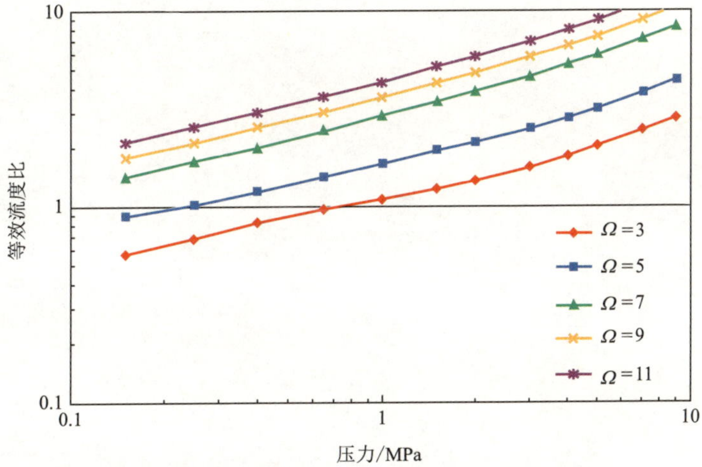

图 2-4-2　不同渗透率级差下等效流度比随压力变化

从图中可以看出，等效流度比在一定的驱替压力或油藏压力范围内有可能保持较低值，热水驱在所有压力范围内等效流度比都大于1，表明驱替都是不稳定的，而蒸汽驱在较小压力范围内汽液界面是稳定的。蒸汽驱下等效流度比随压力的变化特征为蒸汽吞吐转蒸汽驱的油藏压力条件筛选提供了理论依据。

汽液界面可能处于非稳定导热过程，实际上被驱替流体的黏度 μ_o^* 一般大于对应蒸汽温度下的原油黏度 $\mu_o(T_s)$，而且原油黏度越大，二者的差异也越大。对于原油黏度较大的稠油油藏，等效流度比大于1，汽液界面表现出不稳定驱替特征。因此，原油黏度越大越容易产生汽窜。

第三章
注蒸汽开发后期剩余油物理模拟实验

随着稠油油藏热采开发的持续深入，块状、高丰度等高品质稠油油藏越来越少，且经过先期注蒸汽开发，大部分稠油油藏已进入注蒸汽开发的后期，面临着开发方式转换的重大挑战。新发现及未开发的稠油油藏，其储层条件更为复杂，储层内部水体、隔夹层发育，且部分稠油油藏的储层厚度较薄，这些不利因素使得开发中对注蒸汽热采过程的要求更高。基于此，考虑到现有稠油热采物理模拟实验平台的缺陷，研发大尺寸三维及微观可视化热采物理模拟实验平台，并在此基础上通过能量等效原理提出边、底水稠油油藏能量仿真技术，实现边、底水等复杂构造条件的油藏模拟，进而开展复杂稠油油藏在多种热采方式下的开发机理仿真模拟，为后期提高采收率措施优选提供依据。

第一节　物理模拟实验模型及相似准则

一、注蒸汽热采物理模拟设备

1. 多功能三维物理模型腔体

三维物理模拟实验装置是开展稠油热采室内物理模拟的重要保证。目前稠油室内三维物理模拟实验装置很多，但通过调研发现，这些模拟装置主要存在以下缺陷：

（1）模型功能单一。稠油油藏类型的多样性决定了稠油油藏有多种开发方式，现有稠油热采三维物理模拟实验装置普遍存在模拟油藏类型单一、模拟开发方式单一的问题。例如，目前尚未见到有关稠油底水油藏注蒸汽热采开发方式物理模拟实验装置的报道。

（2）现有稠油热采三维物理模拟实验装置不能有效模拟蒸汽吞吐开发过程中能量的储集与释放。稠油油藏蒸汽吞吐过程主要依靠地层弹性能量，这要求对应的物理模拟实验装置能够有效地储集蒸汽注入过程增加的弹性能量，以便在生产过程予以释放，从而完整地表征蒸汽吞吐过程的能量转换及传递。目前部分三维物理模拟实验装置利用橡胶等弹性材料作为能量缓冲材料，但由于其存在耐温差、能量损耗大等缺点，致使实验过程不能对能量缓冲过程进行有效表征。

（3）不能进行较高温度及变温条件下的物理模拟。受到能量缓冲模拟材料等因素的限制，稠油室内三维物理模拟实验装置不能进行较高油藏温度的模拟。

本书提出一种多功能注蒸汽热采三维物理模拟实验装置，以克服现有技术的缺陷。该多功能注蒸汽热采三维物理模拟实验装置包括三维模型本体、温控箱体、注采装置、能量存储及缓冲装置和数据采集装置(图 3-1-1)。三维模型本体放置在温控箱体内,包括相互套设的内腔体和外腔体,内、外腔体之间有环形空间,外腔体由外筒体和外筒盖密封连接构成,内腔体由内筒体和内筒盖密封连接构成,内、外筒体的对应侧壁上分别相对设有多个插设温度传感器或压力传感器的第一测量孔眼以及设有多个模拟水平井的第一井筒孔眼,内、外筒体的底面分别相对设有多个插设温度传感器或压力传感器的第二测量孔眼以及设有多个模拟直井的第二井筒孔眼,外筒体上的第一测量孔眼、第二测量孔眼、第一井筒孔眼和第二井筒孔眼上分别设有密封连接接头;温控箱体中的温度传感器和压力传感器与数据采集装置连接;注采装置与模拟水平井或模拟直井连接;能量存储及缓冲装置通过外筒体上的第一井筒孔眼与环形空间连通。

多功能注蒸汽热采三维物理模拟实验装置采用套设的金属内、外腔体,耐温耐压能力强,能够同时承受 20 MPa 的压力和 300 ℃的温度,能够满足稠油油藏注蒸汽热采开发方式的模拟。通过设置内、外腔体,并将内、外腔体与外部能量缓冲装置相连,将模型内腔压力的变化转为环形空间内流体的弹性能,进而传递至外部能量缓冲装置,实现能量的储存及释放。通过设置不同相对位置的模拟直井和模拟水平井来模拟直井(单井模拟和井网模拟)、水平井(单井模拟和井网模拟)以及多种直井与水平井组合井网开发方式和效果。

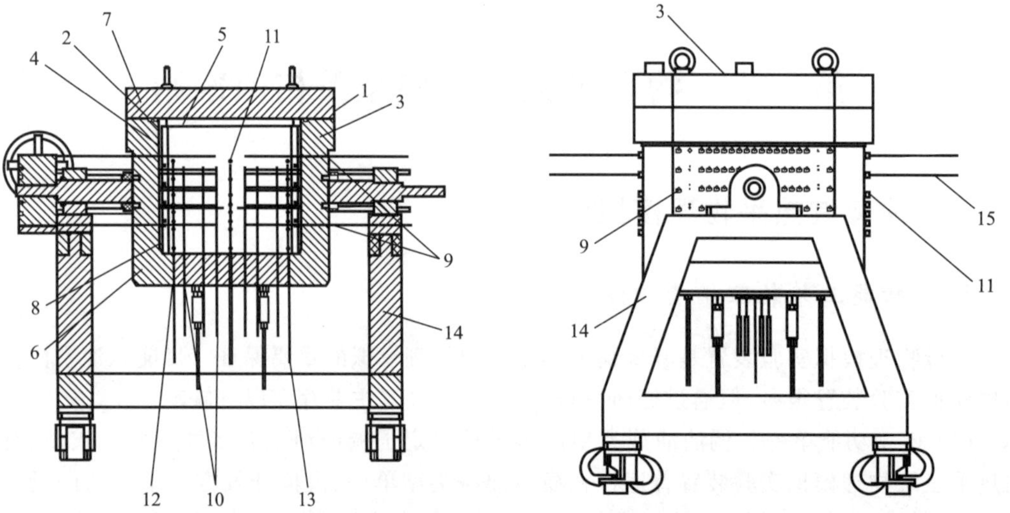

1—三维模型本体;2—内腔体;3—外腔体;4—内筒体;5—内筒盖;6—外筒体;7—外筒盖;
8—内外腔体之间环形空间;9—第一测量孔眼;10—第二测量孔眼;11 第一井筒孔眼;
12—第二井筒孔眼;13—模拟直井;14—三维旋转装置;15—模拟水平井。

图 3-1-1 多功能注蒸汽热采三维物理模拟实验装置示意图

2. 热补偿井模型

在进行稠油热采开发的室内模拟时,需要向模型内部注入流体(液体或气体)。由于稠油黏度对温度有极强的敏感性,在一定范围内,随着温度的升高,稠油黏度大幅降低,从而有利于稠油的开采,因此在注入过程中需要将流体加热到某一特定温度,实现现场开采条件的模拟。然而由于实验过程中往往涉及高温高压，模型主体因耐温耐压设计而具有一定的壁厚，且制作模型的金属具有良好的导热性，当液体或气体流经模型釜壁时会产生热传导，流体热量沿模型釜壁向外散失，致使注入液体或气体进入模型内部时注入温度降低，达不到实验要求的温度，因此如何保证注入流体的温度满足实验要求是稠油三维物理模拟的一个重大课题。

为了保证注入模型内的热流体（液体或气体）的温度，相关人员从多方面提出了改善措施：① 实验过程中，在模型外部包上一层电加热套，将电加热套的温度设置为实验要求的温度，通过对模型釜体持续的电加热来保证实验温度；或者把整个模型放置于恒温箱中，并将恒温箱的温度设置为实验要求的温度。② 在注入流体的管线上包覆加热带，以管线伴热的形式对注入流体进行加热，加热带通过温控仪外接电源来控制加热温度。

改善措施①虽可改善液体及气体流经釜体时所产生的温度下降，但同时会对模型内部温度产生影响，改变模型模拟环境条件，并且如果流体注入温度高于釜体保温套加热温度，则仍然会出现釜壁的热传导效应。稠油热采往往涉及高温高压，具有一定的危险性，在具体实验过程中不宜在模型上进行包覆操作。另外，热采物理模型往往比较笨重，移动起来很不方便。改善措施②可以保证流体在注入釜壁之前的温度，但是仍然不能解决由于釜壁导热而造成的流体温度下降问题。虽然可以通过提高加热带的温度来提高注入流体的温度，从而补充注入流体的温度损失，但是这样既增加功耗，也难以实施。

为减小热流体流经釜壁时由于导热而造成的严重温度降低，避免大面积加热造成模型内部环境变化以及能量浪费，设计釜体专用隔热保温密封装置，如图 3-1-2 所示。

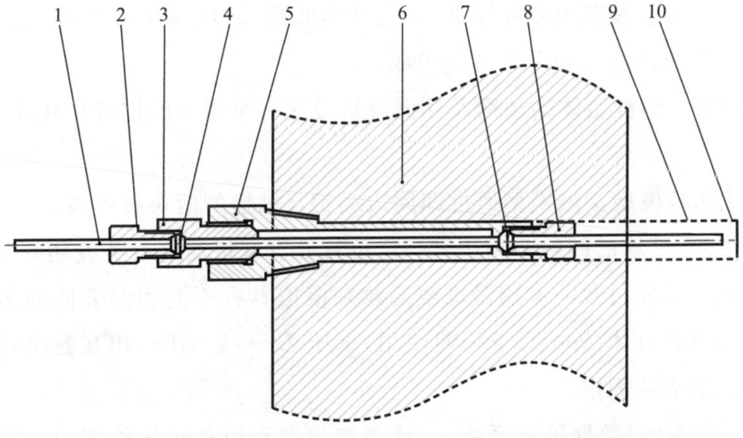

1—ϕ3 mm 管线；2，8—压帽；3—接头；4—卡套；5—NPT 结构密封管；
6—釜壁；7—卡套；9—模拟井；10—射孔。

图 3-1-2　釜体专用隔热保温密封装置

釜体专用隔热保温密封装置结构简单、操作轻便、密封性能良好，能够有效保证不同注入速度、不同温度和压力条件下注入流体在实验过程中的温度，使得注入流体的温度满足实验要求。使用该装置不会对热采物理模型内部温度造成重大改变，不会对实验条件造成影响。同时，该装置内部填充良好的绝热材料，在使用过程中不需要通过外接电源加热注入管线来保持流体的温度，可避免额外的功耗。

二、可视化物理模拟实验装置

可视化物理模拟实验装置能够直观、真实地反映所研究物理现象的宏观和微观过程，因此被广泛应用于油气田开发领域，用于不同油藏条件、不同开发方式、不同注入流体的作用机理和效果研究。目前，国内外主要采用微观刻蚀模型对开发方式和注入流体作用效果进行模拟。这类模型主要存在以下缺陷：

(1) 孔隙和喉道通过平面玻璃上不同形态的凹槽进行模拟，为二维模型，与油藏真实孔隙喉道形态差别较大，不能真正模拟流体在多孔介质中的流动特征。

(2) 微观刻蚀模型通常采用玻璃薄片制成，这种薄片承压能力较弱，一般仅能进行低压条件下的注入效果及机理研究。

(3) 模型耐温能力较弱，一般不能模拟高温流体的注入过程。

(4) 微观刻蚀模型模拟驱替过程通常用显微镜或监视器跟踪观测，而显微镜或监视器对操作环境温度有一定要求，环境温度不能过高(通常≤45 ℃)。因此，微观刻蚀模型一般只能模拟常温条件下的物理过程，不能进行较高温度及变温条件下的物理模拟。

基于以上可视化模型所存在的缺陷，为进一步观测稠油与化学添加剂之间的相互作用机理，研究不同热采开发方式下稠油与添加剂就地乳化形成乳状液滴、泡沫、气体等的微观运移机理，设计得到微观尺度孔隙级热采可视化物理模拟实验装置。该微观尺度孔隙级热采可视化物理模拟实验装置由温控箱体、可视化实验模型、图像采集系统(数据采集系统)、压力采集系统以及流体注入和采集系统组成。

(1) 温控箱体。温控箱体的顶面及侧面分别设有一个用于固定可视化实验模型的嵌入式透槽。

(2) 可视化实验模型。该模型通过四周边缘相互黏接的两块石英玻璃(280 ℃下承压 3 MPa)加工而成。在玻璃的四角距离边缘一定位置处设有贯通该石英玻璃的穿孔；在玻璃表面通过铺设相同或不同目数的玻璃微珠或陶粒来模拟具有不同润湿表面的多孔介质；两块石英玻璃由高温密封胶体(300 ℃下长期使用，承压 2.5～5 MPa)相互黏接，并最终由两块镂空金属框架二次夹持固定。

(3) 图像采集系统(数据采集系统)。该系统设置于温控箱体外部，且与可视化实验模型相对设置，其主要组成部分为高清高倍数微距镜头。

(4) 压力采集系统。该系统连接在可视化实验模型流体注入端，并与数据采集系统相连，进行压力数据的实时采集。

(5) 流体注入和采集系统。该系统由恒压恒速泵、流体存放耐压活塞容器和量筒组成。

可视化物理模拟实验装置的实验流程如图 3-1-3 所示，可视化实验模型结构如图 3-1-4 所示，可视化实验模型实物如图 3-1-5 所示。

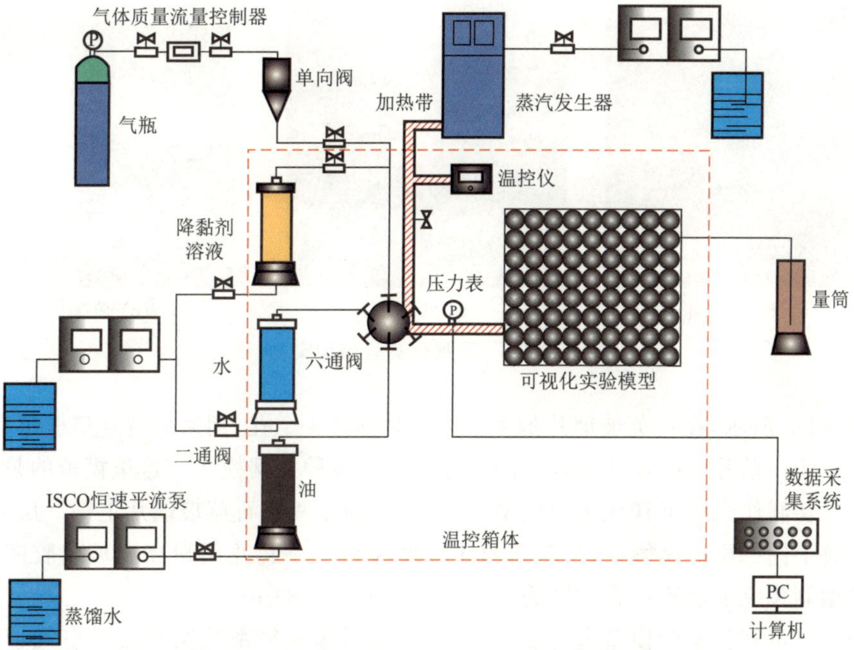

图 3-1-3　可视化物理模拟实验装置实验流程图

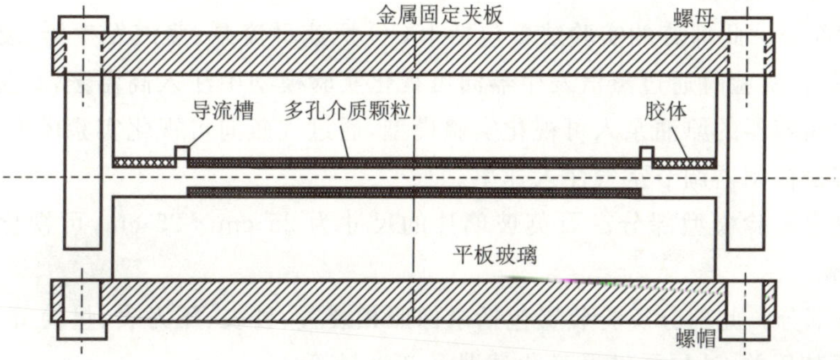

（a）主体结构侧视图

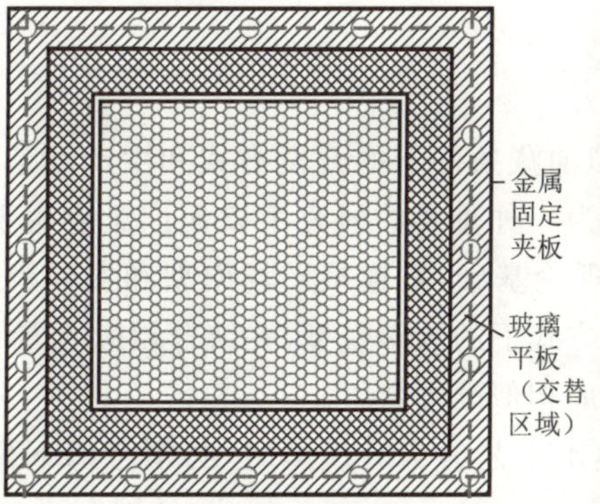

（b）主体结构俯视图

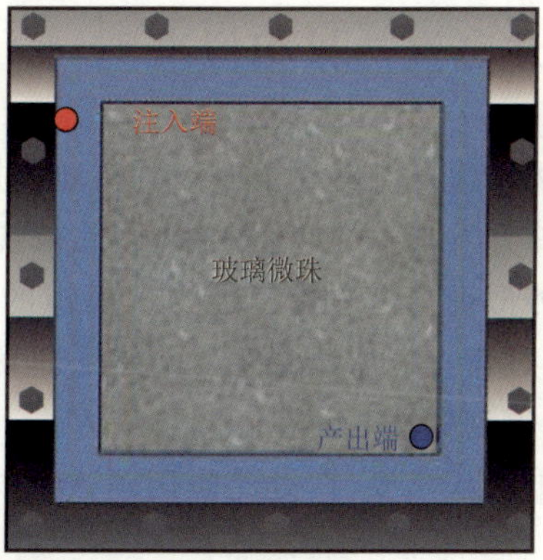

（c）主体装置图

图 3-1-4　可视化实验模型结构示意图

(a) 石英玻璃片　　(b) 侧视图　　(c) 俯视图

图 3-1-5　可视化实验模型实物

如图 3-1-5 所示，在石英玻璃片的 4 个角上对称打 4 个孔，用来放置 4 口模拟直井，由此可以模拟一注一采井网以及九点井网的四分之一等多种井网模式。这里模拟的是一注一采井网模式。在制作二维可视化实验模型时，首先分别在两块石英玻璃片上贴一层双面胶，然后在双面胶上铺一层玻璃微珠，最后将两块玻璃片扣在一起并用耐高温玻璃胶密封。可视化实验模型制作完成后测得孔隙度为 0.41，渗透率为 2.85 μm^2。

利用二维可视化实验模型进行驱油实验，通过图像采集系统实时记录空气辅助蒸汽驱前后油层受波及的情况，并分析此过程中的微观驱油特征。实验流程如图 3-1-3 所示，整个实验装置由 3 部分组成：

（1）驱替部分。此部分的实验装置包括 ISCO 恒速平流泵、蒸汽发生器、装有原油的中间容器、气瓶等。实验时通过蒸汽发生器向可视化实验模型中注入高温蒸汽，通过 ISCO 恒速平流泵将中间容器的原油泵入可视化实验模型，通过气瓶向可视化实验模型注入空气，并由气体质量流量控制器调节空气注入速率。

（2）可视化实验模型部分。石英玻璃片的尺寸为 25 cm×25 cm，可视化区域尺寸为 20 cm×20 cm。

（3）计量部分。此部分实验装置包括录像照相装置、秒表、压力表、量筒等，主要记录实验过程中的驱替压差、油层受波及变化情况及产液量等。

三、注蒸汽热采相似准则

三维物理模拟能够更全面和真实地模拟油藏条件下的开发方式和生产动态，更直观和综合地反映开发技术的应用效果，因此被视为一种重要的研究手段而广泛应用于油气田开发领域。相似理论是进行二维物理模拟的理论基础，是连接矿场原型和实验模型的桥梁。基于此，通过建立稠油油藏在不同热采开发方式下的数学模型，并结合相应的方程进行量纲分析，可以得到稠油油藏在不同热采方式下的相似准则数组。

从相似分析出发，在设计使用蒸汽和热水工艺的实验模型时，必须考虑下列无因次参数。

独立变量：

$$\bar{X}=\frac{x}{L_x},\quad \bar{Y}=\frac{y}{L_y},\quad \bar{Z}=\frac{z}{L_z},\quad \bar{t}=\frac{vt}{\phi L_x} \tag{3-1-1}$$

因变量：

$$S_o,\quad S_w,\quad S_g,\quad \bar{p}=\frac{Kp}{v\mu_o L_x},\quad \bar{T}=\frac{T-T_y}{T_i-T_y} \tag{3-1-2}$$

相似(比例)项：

$$\frac{L_y}{L_x},\ \frac{L_z}{L_x},\ \frac{\rho_w}{\rho_o},\ \frac{\rho_g}{\rho_o},\ \frac{\mu_g}{\mu_o},\ \frac{\mu_w}{\mu_o},\ \frac{C_w}{C_o},\ \frac{\rho_r C_r}{\rho_t C_t},\ \frac{\lambda_w}{\lambda_o},\ \frac{\lambda_r}{\lambda_o},\ S_{oi},\ S_{wi},\ S_{gi},$$

$$\phi,\ K_o,\ K_w,\ K_g,\ J,\ \frac{\lambda_r}{vL_x},\ \frac{Kp_c}{vL_x\mu_w},\ \frac{Kg(\rho_o-\rho_g)}{v\mu_o},\ \frac{Kg(\rho_w-\rho_g)}{v\mu_w} \tag{3-1-3}$$

式中 $\bar{X}$——实验室模型无因次长度；

$\bar{Y}$——实验室模型无因次宽度；

$\bar{Z}$——实验室模型无因次厚度；

$\bar{t}$——实验室模型无因次时间；

L_x——实验室模型长度，m；

L_y——实验室模型宽度，m；

L_z——实验室模型厚度，m；

v——表观速度，m/s；

ϕ——孔隙度；

$\bar{p}$——无因次压力；

p——压力，MPa；

p_c——围压，mPa；

t——时间，s；

g——重力加速度，9.8 m/s^2；

$\bar{T}$——无因次温度；

T——温度，℃；

T_y——注汽井蒸汽温度，℃；

T_i——原始油层温度，℃；

ρ_w——水相密度，kg/m^3；

ρ_o——原油密度，kg/m^3；

ρ_g——气相密度，kg/m^3；

ρ_r——岩石密度，kg/m^3；

ρ_t——油层密度，kg/m^3；

μ_o——油相黏度，mPa·s；

μ_w——水相黏度，mPa·s；

μ_g——气相黏度，mPa·s；

C_o——油相比热容，kJ/(kg·℃)；

C_w——水相比热容，kJ/(kg·℃)；
C_r——油藏岩石比热容，kJ/(kg·℃)；
C_t——油层比热容，kJ/(kg·℃)；
λ_w——水相导热系数，W/(m·℃)；
λ_o——水相导热系数，W/(m·℃)；
λ_r——油藏岩石导热系数，W/(m·℃)；
S_o——含油饱和度；
S_w——含水饱和度；
S_g——含气饱和度；
S_{oi}——原始含油饱和度；
S_{wi}——束缚水饱和度；
S_{gi}——原始含气饱和度；
K_o——油相渗透率，μm^2；
K_w——水相渗透率，μm^2；
K_g——气相渗透率，μm^2；
K——模型绝对渗透率，μm^2；
J——莱弗勒特(Leverett)函数。

这些无因次比例参数同蒸汽与水相间有质量迁移情况下的导热和换热过程有关，不考虑如原油蒸馏这种油气间的质量传递，也没有热裂解、焦化或燃烧，如果需考虑其他过程，则在设计实验模型时还必须包含附加的相似项。大部分比例参数与温度有关，如果模型和油田为同样的流体，那么这些项可自动实现按比例的关系。同样，如果为同样的流体，对一些剩余的项可进一步简化。

导热与传热之比$\frac{\lambda_r}{vL_x}$(有时称为热项)变为：

$$(vL_x)_m=(vL_x)_p \tag{3-1-4}$$

$$v=\frac{q}{A}$$

式中 下标 m——实验模型；
下标 p——油藏条件；
q——流量，m^3/s；
A——截面面积，m^2。

毛管力与黏性力之比$\frac{Kp_c}{vL_x\mu_w}$变为：

$$\left(\frac{Kp_c}{vL_x}\right)_m=\left(\frac{Kp_c}{vL_x}\right)_p \tag{3-1-5}$$

确定重力与黏性力之比的参量$\frac{K\Delta\rho g}{v\mu}$变为：

$$\left(\frac{K}{v}\right)_m=\left(\frac{K}{v}\right)_p \tag{3-1-6}$$

整理式(3-1-4)～式(3-1-6)可以得到下列相似关系：

$$\frac{p_{cm}}{p_{cp}}=\frac{K_p}{K_m}=\frac{v_p}{v_m}=\frac{L_{xm}}{L_{xp}} \tag{3-1-7}$$

式中　p_{cm}——实验模型毛管力，dyn/cm²，1 dyn=10^{-5} N；

p_{cp}——现场油藏毛管力，dyn/cm²；

K_p——油藏绝对渗透率，cm²；

K_m——实验模型绝对渗透率，cm²；

v_p——油藏流体表观速度，m/s；

v_m——实验流体表观速度，m/s；

L_{xm}——实验模型的长度，m；

L_{xp}——现场油藏的长度，m。

油藏和实验模型中的相渗透率 K_o，K_w，K_g 与莱弗勒特函数（J 函数）必须相等，它们是流体饱和度和孔隙大小分布的函数。在不同系统中，相渗透率难以精确地重复，仅能期望进行合理匹配。油层物理中 J 函数的定义为：

$$J=\frac{p_c}{\sigma\cos\theta}\sqrt{\frac{K}{\phi}} \tag{3-1-8}$$

式中　σ——界面张力，dyn/cm；

θ——接触角，(°)。

当实验模型所用流体与油藏中流体相同时，由于相似比中有 $\phi_m=\phi_p$ 的要求，并假设 $(\sigma\cos\theta)_m=(\sigma\cos\theta)_p$，于是得到：

$$(p_c\sqrt{K})_m=(p_c\sqrt{K})_p \tag{3-1-9}$$

从而有：

$$\left(\frac{p_{cm}}{p_{cp}}\right)^2=\frac{K_p}{K_m}=\frac{v_p}{v_m}=\frac{L_{xm}}{L_{xp}} \tag{3-1-10}$$

由于

$$\left(\frac{p_{cm}}{p_{cp}}\right)^2=\frac{L_{xm}}{L_{xp}} \tag{3-1-11}$$

由式(3-1-11)得：

$$\frac{p_{cm}}{p_{cp}}=\sqrt{\frac{L_{xm}}{L_{xp}}} \tag{3-1-12}$$

由上式可见，大多数情况下毛管力与黏性力不成比例关系，但当流体界面张力变化而不影响任何其他参量时，二者成比例，这需要界面张力服从下式：

$$\frac{\sigma_m}{\sigma_p}=\sqrt{\frac{L_{xm}}{L_{xp}}} \tag{3-1-13}$$

如果式(3-1-12)和式(3-1-13)成立，则热项、毛管力与黏性力之比、重力与黏性力之比以及 J 函数将会是相等的。但做这样的改变却不影响其他比例项是不可能的。由此可知，高温高压蒸汽吞吐的相似准则数组与高温高压多元热流体驱相似准则数组相同，见表 3-1-1。

表 3-1-1 蒸汽吞吐物理模拟相似准则数组

阶 段	相似准则数	物理意义	模化参量
注入蒸汽阶段	$\pi_1=\frac{(\rho_o-\rho_s)gK}{v_o\mu_o}$	重力与黏性力之比	渗透率
	$\pi_2=\frac{v_o\mu_o}{v_s\mu_s}$	控制油汽置换稳定	蒸汽注入速率
	$\pi_3=\frac{C_w\Delta T}{f_s\Delta H_s}$	损失热能与注入热能之比	蒸汽干度
	$\pi_4=\frac{\alpha t}{L^2}$	对流与热传导之比	生产时间
	$\pi_5=\frac{q_o\mu_o}{\Delta pKL}$	压力与黏性力之比	压 差
吞吐生产阶段	$\pi_6=\frac{\lambda_r t}{\rho_r C_r L^2}$	导热与比热容之比	注汽时间
	$\pi_7=\frac{i_s t}{\phi\Delta S\rho_w L^3}$	无因次质量注入量	蒸汽注入速率

注：ΔT—温差；f_s—蒸汽干度；ΔH_s—蒸汽潜热；L—模型特征长度，一般选取注采井距；α—热扩散系数；Δp—压差；t—时间；q_o—油相流量；i_s—蒸汽注入速率；ΔS—可动油饱和度。

第二节 注蒸汽开发后期剩余油微观赋存状态

可视化实验模型蒸汽注入过程宏观采集图像如图 3-2-1 所示。从图 3-2-1(a)可以看出，在较大的油水流度比及模型内压力波传播主要方向的综合影响下，注入蒸汽及冷凝热水的指进现象非常明显，注入流体沿主流线方向向压力梯度最大方向突进；主流通道的形成将制约驱替流体涉及面积进一步扩大。从图 3-2-1(b)和(c)可以看出，当注入量增加 0.023 PV（即达到 0.535 PV）和 0.034 PV（即达到 0.546 PV）后，蒸汽和凝析水窜流的形成致使主流通道两侧留有大量未波及的剩余油，并且主流通道的形成对于其他方向流动通道的扩展具有很强的抑制作用。在蒸汽进一步注入以及模型内压力分布不断平衡变化的作用下，蒸汽及凝析水的驱扫区域发生一定变化，如图 3-2-1(d)所示。但可以看出，主要的波及范围仍集中在对角主流通道附近。因此总体来看，纯蒸汽的波及效率较为有限。

(a) 0.512 PV　　(b) 0.535 PV

图 3-2-1 蒸汽注入过程部分采集图像(宏观)

（c）0.546 PV　　（d）0.705 PV

图 3-2-1(续)　蒸汽注入过程部分采集图像(宏观)

图 3-2-2 所示为模型内部局部区域放大后得到的蒸汽驱后期剩余油类型。图中圆形较亮的为玻璃微珠，黑色的为原油。可以把剩余油划分为以下 6 类：油膜状剩余油、孔道状剩余油、聚合型堵剂剩余油、多联孔簇状剩余油、联孔状剩余油及油滴状剩余油。

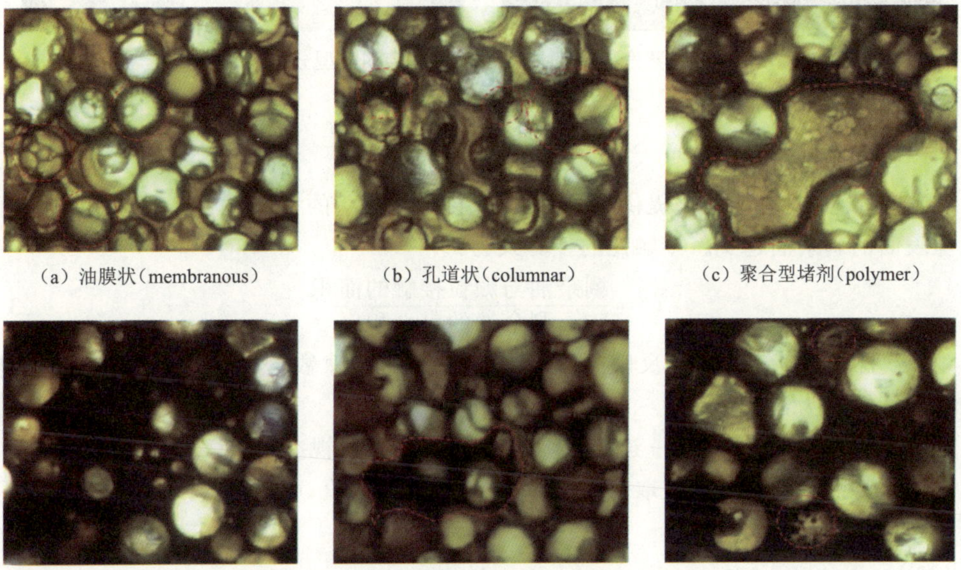

（a）油膜状（membranous）　（b）孔道状（columnar）　（c）聚合型堵剂（polymer）

（d）多联孔簇状（cluster）　（e）联孔状（multi-porous）　（f）油滴状（droplet）

图 3-2-2　蒸汽驱后期剩余油赋存类型划分

图 3-2-3 所示为蒸汽驱后期堵剂注入后不同位置处的剩余油类型分布示意图。从图中可以看出，在主汽窜通道附近，由于堵剂的存在，聚合型堵剂剩余油、油膜状剩余油和孔道状剩余油是主要的剩余油类型；在远离主汽窜通道的位置，堵剂量较少，多联孔簇状剩余油、联孔状剩余油及油滴状剩余油是主要的剩余油类型。

为进一步表征剩余油特征，采用下面 3 个参数对蒸汽驱后油藏内部的剩余油进行量化处理。

(1) 形状因子(S)。形状因子用于表征剩余油单块形状接近球体的程度。S 越大，形状越不规则。球的形状因子为 1。形状因子的计算式为：

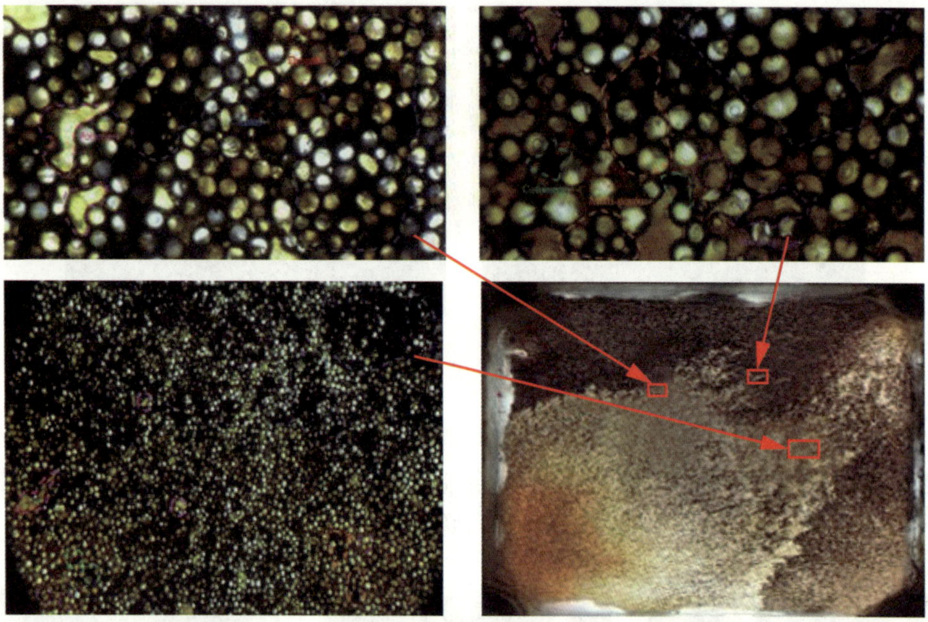

图 3-2-3 蒸汽驱后期堵剂注入后剩余油类型分布示意图

$$S = \frac{残余油表面积的3次方}{36\pi \times 体积的平方} \tag{3-2-1}$$

(2) 接触比(C)。接触比提供平面片状剩余油与孔壁的接触关系。接触比越小，附着在孔隙表面的剩余油越少。接触比的计算式为：

$$C = \frac{剩余油与颗粒接触的面积}{剩余油的表面积} \tag{3-2-2}$$

(3) 欧拉数(E)。欧拉数反映平面片状剩余油的孔隙数量。欧拉数越小，孔隙越多。欧拉数的计算式为：

$$E = 1 - 连接孔隙喉道数 + 平面可视空腔数 \tag{3-2-3}$$

不同类型剩余油特征参数取值见表 3-2-1。依据该取值，可以对蒸汽驱后的油藏剩余油进行定量处理。

表 3-2-1 不同类型剩余油特征参数取值

剩余油类型	喉道个数及油膜厚度界限	S	C	E
油膜状	平均油环厚度<1/3 孔隙喉道半径	>2	<0.4	>0
油滴状	连接孔隙喉道数≤1	≤2	=0	>0
孔道状	连接孔隙喉道数≤1	>2	≥0.4	>0
联孔状	1<连接孔隙喉道数≤5	>2	≥0.4	>−1
多联孔簇状	连接孔隙喉道数>5	>2	≥0.4	≤−1

注：聚合型堵剂只在封堵措施时出现，模型实验基本没有。

为保证图片识别的效果及准确性，将整张图片分为若干小图，分别进行不同类型剩余油的识别，得出不同类型剩余油在图片中的分布以及不同类型剩余油的占比，再据此进行有针对性的改进措施，如图 3-2-4 所示。

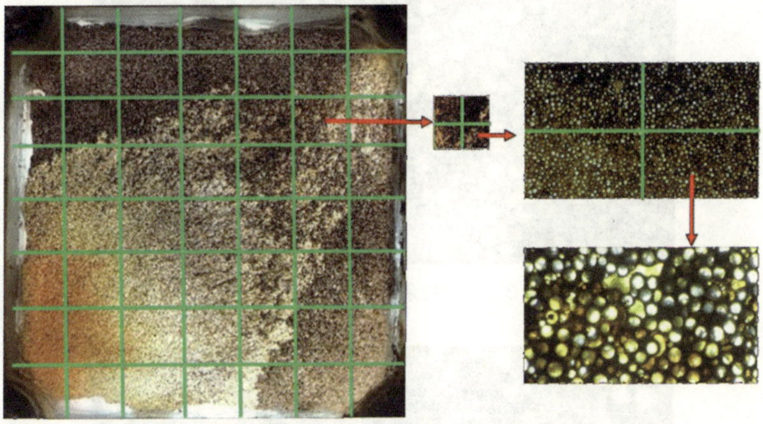

图 3-2-4　分区化处理

编制相应程序对剩余油的占比进行定量分析。图 3-2-5 所示为图片识别程序框架，具体的识别流程为：

(1) 在图片视野范围内，预测 6 种类型剩余油的占比，获取整体的剩余油分布概率和类型及不同阶段剩余油的分布规律。

(2) 生成检出剩余油类型的二进制掩码，识别不同类型剩余油的边界，得到各类剩余油精确位置和形状。

(3) 对检出的不同类型剩余油进行矩形框体定位，采用阈值约束减少框体间的重叠。

(4) 识别并输出检测框体内所预测的剩余油类型概率。

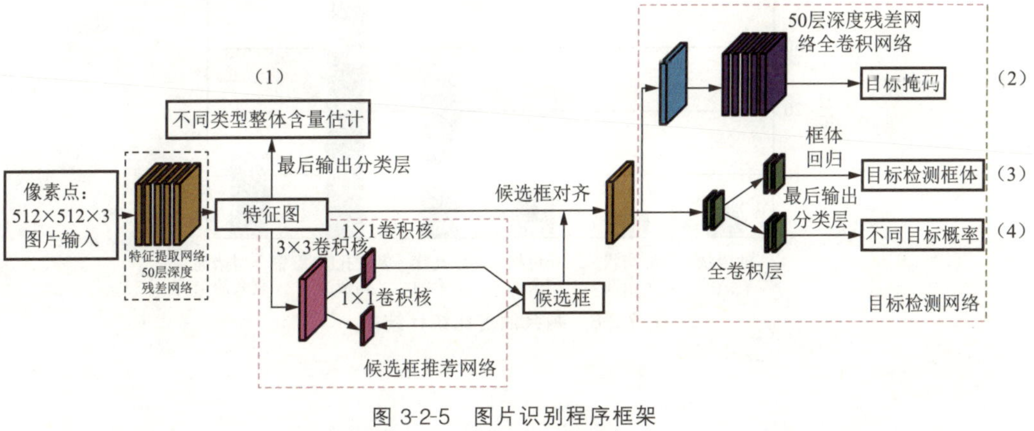

图 3-2-5　图片识别程序框架

图 3-2-6 和图 3-2-7 所示为两个剩余油类型识别结果的典型图片。在对全部区域的剩余油类型进行识别后，可以得到最终的剩余油类型统计结果，如图 3-2-8 所示。在微观孔隙尺度条件下，多联孔簇状和联孔状剩余油比例最高，油滴状和油膜状剩余油比例最低，蒸汽驱后期提高采收率方向应仍以提高波及面积为主，扩大对多联孔簇状和联孔状剩余油的动用。

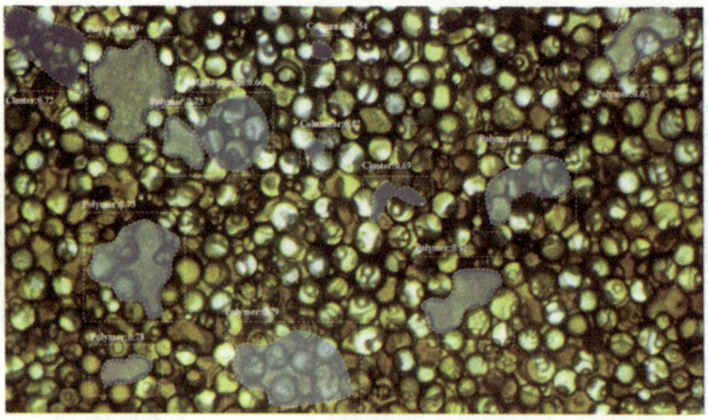

图 3-2-6　剩余油类型识别结果 1

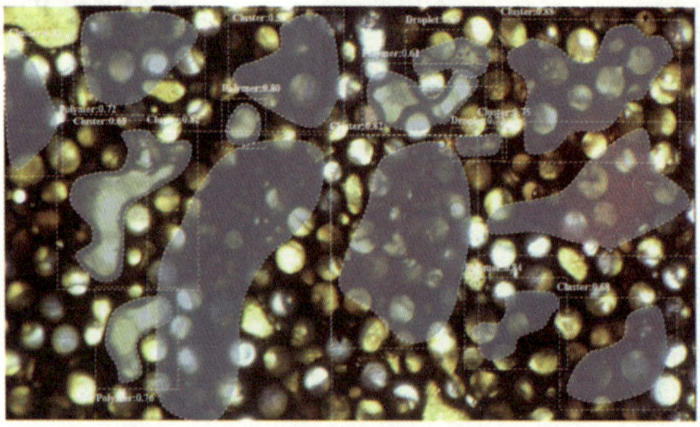

图 3-2-7　剩余油类型识别结果 2

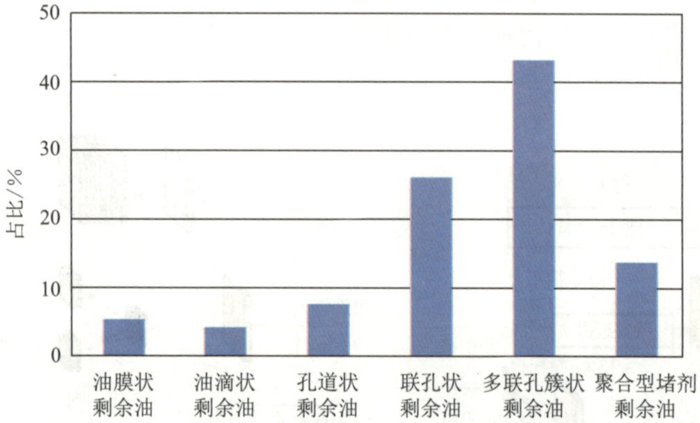

图 3-2-8　剩余油占比统计结果

第三节　注蒸汽开发后期剩余油分布形成机制及关键因素

基于本章第一节介绍的相似设计理论，选取反九点井网的 1/4 对实际均质油藏进行物理模拟。首先通过各井轮流蒸汽吞吐来构造剩余油饱和度场、温度场分布条件；然后根据井周围剩余油分布特征选取注采井，进行蒸汽驱；最后在发生汽窜后，通过节流及改变注采井网来改善开发效果。

实验装置主要由注入系统、模型主体、产出系统、采集系统、辅助部分等 5 部分组成。实验装置图如图 3-3-1 所示，实验流程图如图 3-3-2 所示。其中，注入系统包括高压恒速泵、蒸汽发生器及中间容器等装置；模型主体包括三维模型和提供弹性能的中间容器，三维模型可以自加热，且耐高温高压；产出系统主要由量筒和控制阀门组成；采集系统主要包括压力传感器、数据采集箱和计算机；辅助部分主要包括填砂管、黏度计及天平等。油藏原型与比例模型参数转换见表 3-3-1。

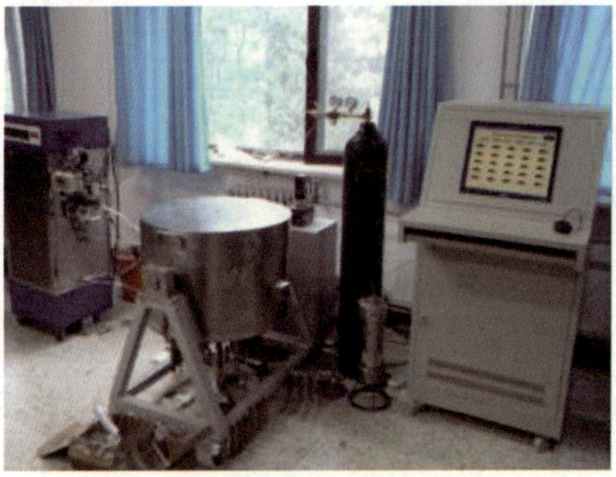

图 3-3-1　实验装置图

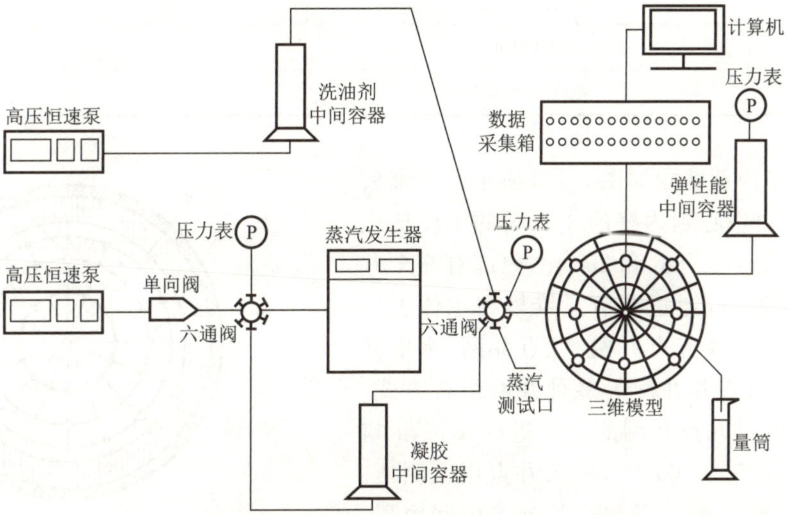

图 3-3-2　实验流程图

表 3-3-1　油藏原型与比例模型参数转换表

阶段名称	参数名称	原　型	模　型
基本参数	井网类型	反九点井网	反九点井网的 1/4
	井　距	50 m	25 cm
	平均有效厚度	10 m	5 cm

续表

阶段名称	参数名称	原　型	模　型
基本参数	孔隙度/%	30	60
	初始含油饱和度/%	70	100
	可动油饱和度/%	40	90
	绝对渗透率/($10^{-3}\mu m^2$)	1 500	57 990
	束缚水饱和度/%	30	0
	30 ℃原油黏度/(mPa·s)	15 000	6 013
	30 ℃原油密度/($g \cdot cm^{-3}$)	0.94	0.94
	注入蒸汽温度/℃	250	250
	地层温度/℃	26	26
	蒸汽干度	0.7	0.7
	综合压缩系数/MPa^{-1}	0.000 05	0.009
	岩石热扩散系数/($m^2 \cdot h^{-1}$)	0.001 97	0.001 97
	饱和蒸汽汽化潜热/($kJ \cdot kg^{-1}$)	1 402.2	1 402.2
	时　间	1 a	27.25 min
蒸汽吞吐阶段	蒸汽注入速率	100 t/d	188 mL/min
	注蒸汽时间	10 d	45 s
	焖井时间	4 d	18 s
蒸汽驱阶段	蒸汽注入速率	16 t/d	30 mL/min

三维模型内部结构如图 3-3-3 所示。三维模型高 20 cm，由中心到内壁的 4 个圆的半径依次为 10 cm，17 cm，22 cm 和 25 cm，内部有 9 个井点和 40 个测温点，通过调节三维模型主体上的井网排布可以实现五点井网、九点井网、水平井井网、水平井与直井井网等多种井网组合方式。本次实验选取反九点井网的 1/4 进行模拟，4 口井分别为 1#，2#，3# 和 4#，其余井点用于测压。另外，模型内部分布一系列孔眼连接中间容器，当内部压力增大时流体受压缩而进入中间容器，当内部压力减小时流体重新进入模型。

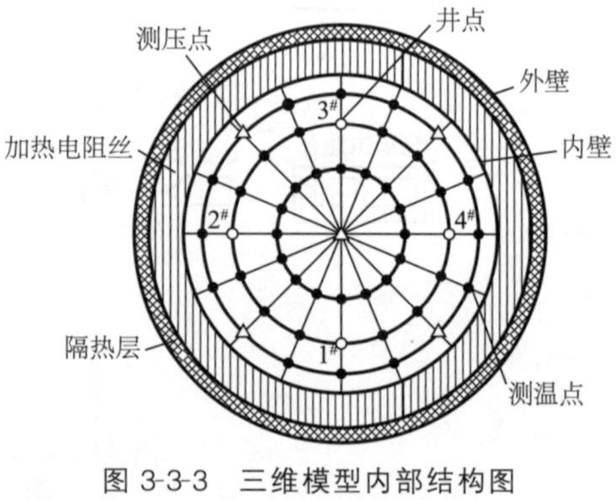

图 3-3-3　三维模型内部结构图

4 口吞吐井轮流吞吐 12 轮次后，模型采出程度达 19.1%，此时 1# 累产油 218.3 mL，2# 累产油 93.9 mL，3# 累产油 180.3 mL，4# 累产油 174.8 mL。最后一轮次各井吞吐结束后，模型顶、底温度场（模型顶部温度场代表油汽井上部层位温度特征，模型底部温度场代表油汽井下部层位温度特征）分布如图 3-3-4 所示。

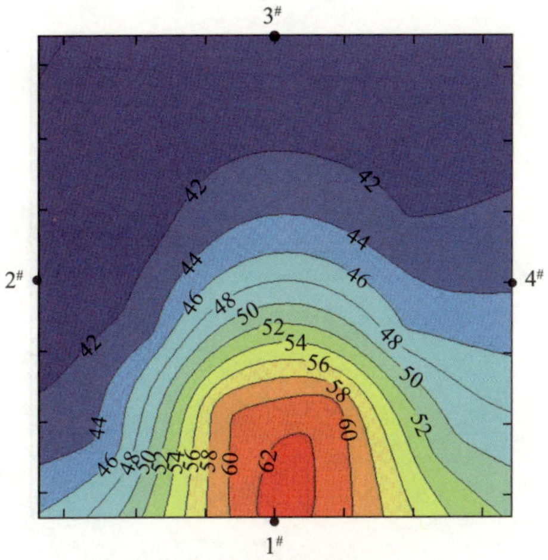

（a）1#吞吐后模型顶部温度场分布

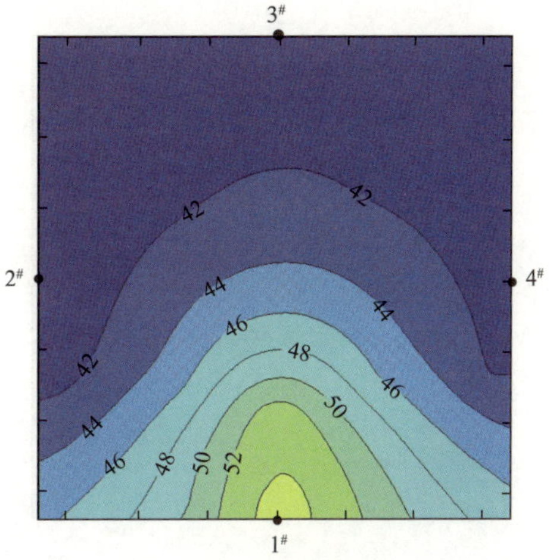

（b）1#吞吐后模型底部温度场分布

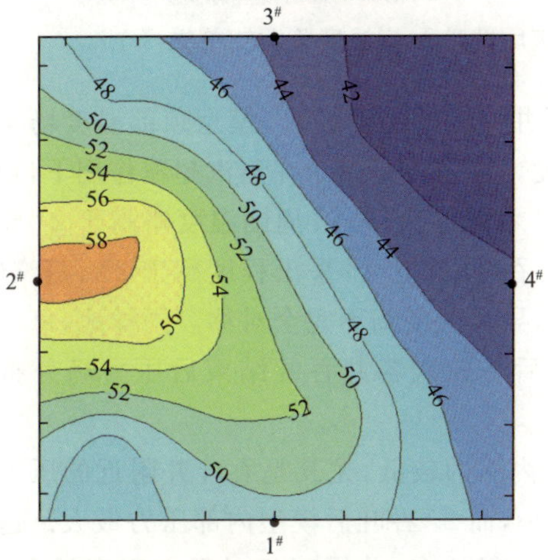

（c）2#吞吐后模型顶部温度场分布

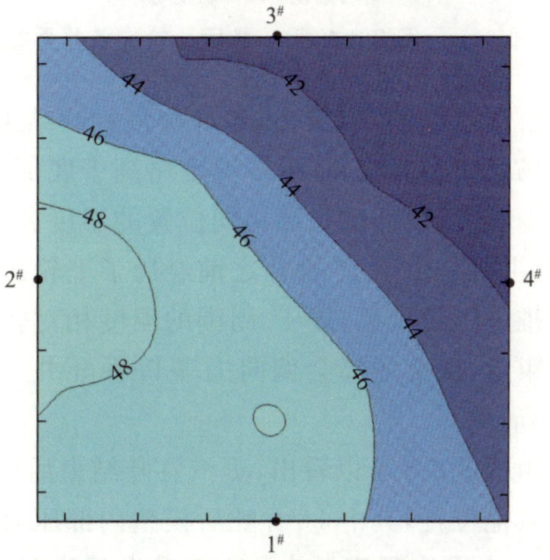

（d）2#吞吐后模型底部温度场分布

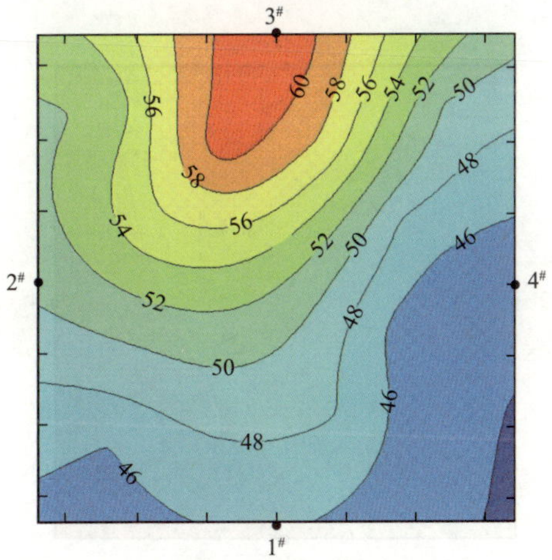

（e）3#吞吐后模型顶部温度场分布

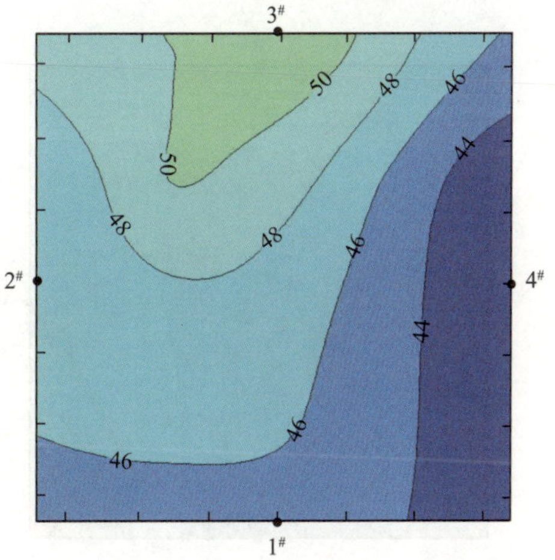

（f）3#吞吐后模型底部温度场分布

图 3-3-4　最后一轮次各井吞吐结束后模型顶、底温度场分布(单位:℃)

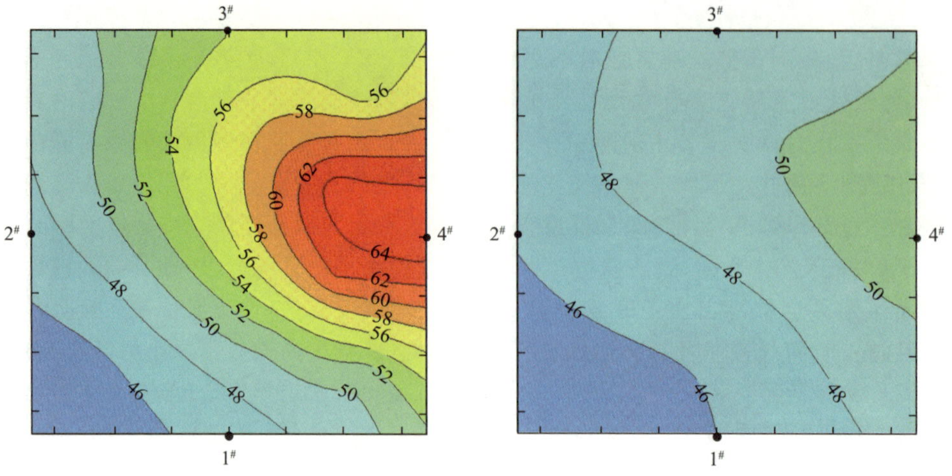

（g）4#吞吐后模型顶部温度场分布　　（h）4#吞吐后模型底部温度场分布

图 3-3-4(续)　最后一轮次各井吞吐结束后模型顶、底温度场分布(单位：℃)

由图 3-3-4 可以看出，各井蒸汽吞吐结束后井周围的温度较高，模型顶部温度场与底部温度场分布相对应，且顶部温度略高于底部温度。这主要是由于在蒸汽超覆作用下，顶部加热范围较大，顶部比底部相同位置的温度高。1# 吞吐结束后，4# 周围温度略高于 2# 周围温度，这主要是由于 1# 吞吐之前经历了上轮次 4# 吞吐，并且 4# 采出程度高于 2#，蒸汽向 4# 方向推进距离稍远，故 4# 周围的温度相对较高，导致温度场不完全对称。同样地，每口井吞吐结束后，温度场都会偏向上一口吞吐井。最后一轮次各井吞吐结束后压力场分布如图 3-3-5所示。

由图 3-3-5 可以看出，蒸汽吞吐结束后模型内压力较低，尤其是吞吐井附近的压力明显低于其他位置，其中 1# 吞吐后模型内部压力最小，而 2# 吞吐后模型内部压力最大。这主要是由于1# 采出程度最大，而2# 采出程度最小。采得越多，井周围相对亏空程度越大，压力

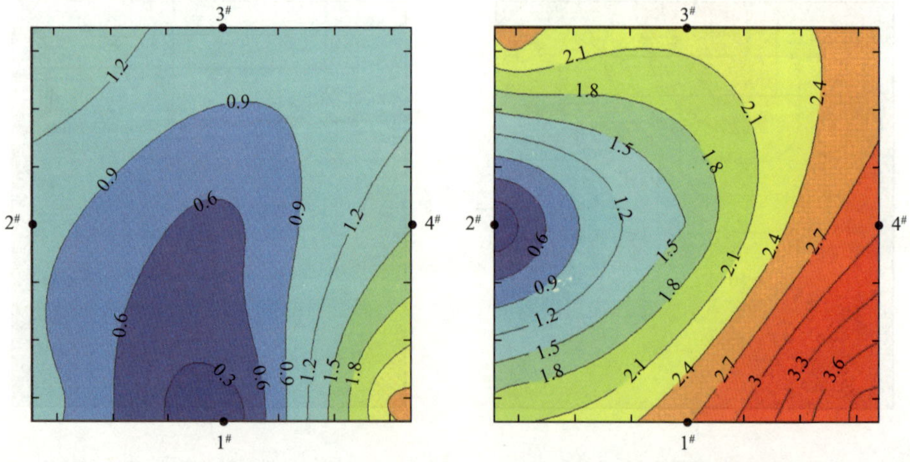

（a）1#吞吐后模型压力场分布　　（b）2#吞吐后模型压力场分布

图 3-3-5　最后一轮次各井吞吐结束后模型压力场分布(单位：kPa)

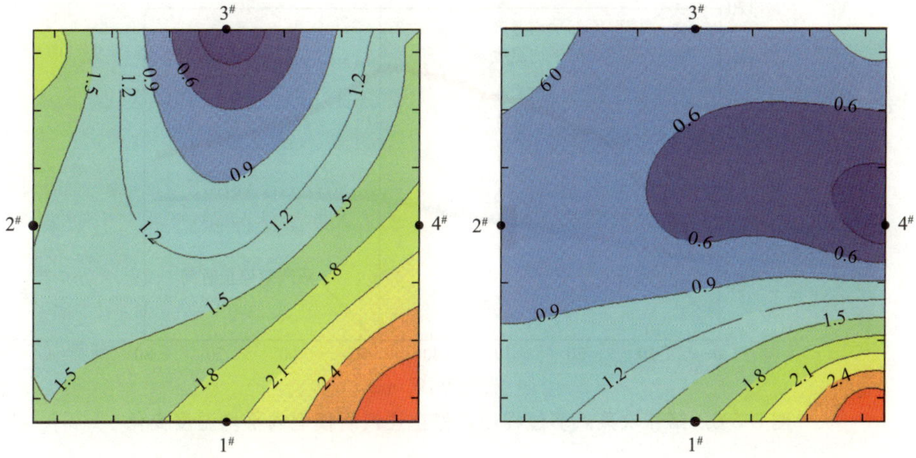

(c) 3#吞吐后模型压力场分布　　　(d) 4#吞吐后模型压力场分布

图 3-3-5(续)　最后一轮次各井吞吐结束后模型压力场分布(单位:kPa)

就越小;反之,井周围相对亏空程度越小,压力就越大。另外,对比吞吐后各井温度场和压力场分布图不难看出,二者分布有较强的相关性,蒸汽波及的地方压力较小,这主要是由于蒸汽进入油层将油驱出后会有一部分蒸汽留在油层内,随着温度逐渐扩散,蒸汽慢慢冷凝,此时蒸汽体积减小,导致油层压力降低。较高的温度和较低的压力有利于蒸汽驱的实施。

纯蒸汽驱阶段共分为 6 个小阶段,包括 1# 进行 3 次蒸汽驱,3# 进行 3 次蒸汽驱,每次蒸汽驱时间间隔为 24 h,从开始注汽到所有井汽窜停止注汽为一次完整蒸汽驱。纯蒸汽驱阶段累产油 1 352.6 mL,此时模型采出程度为 57.7%,各阶段产油量统计见表 3-3-2。

表 3-3-2　蒸汽驱阶段产油量统计　　　单位:mL

阶　段	1#	2#	3#	4#	累　计
第 1 次蒸汽驱(1# 注)	—	41.0	252.5	127.0	420.5
第 2 次蒸汽驱(1# 注)	—	32.0	167.5	32.5	232.0
第 3 次蒸汽驱(1# 注)	—	17.0	148.9	48.5	214.4
第 4 次蒸汽驱(3# 注)	65.5	35.4	—	55.3	156.2
第 5 次蒸汽驱(3# 注)	86.0	31.9	—	46.8	164.7
第 6 次蒸汽驱(3# 注)	83.9	32.6	—	48.3	164.8
累　计	235.4	189.9	568.9	358.4	1 352.6

由于最后一轮次吞吐后,1# 周围温度高、采出程度高,且压力小,故第 1 次蒸汽驱选 1# 为注汽井,其余 3 口为生产井,在此基础上进行蒸汽驱。第 1 次蒸汽驱过程中及停止注汽后模型内平均温度和平均压力变化分别如图 3-3-6 和图 3-3-7 所示。

由表 3-3-2 可以看出,汽窜后放置一段时间,汽窜通道会重新被油填充,再次开展蒸汽驱仍会有油产出,且随着采出程度的增加,产油量逐渐减少。这主要是因为当蒸汽驱发生汽窜时,由于蒸汽超覆作用,均质模型汽窜通道往往分布在模型顶部,并且通道内的流体主要为蒸汽,当蒸汽驱停止后,随着温度的扩散,模型温度逐渐降低,蒸汽冷凝成水,受油水密度

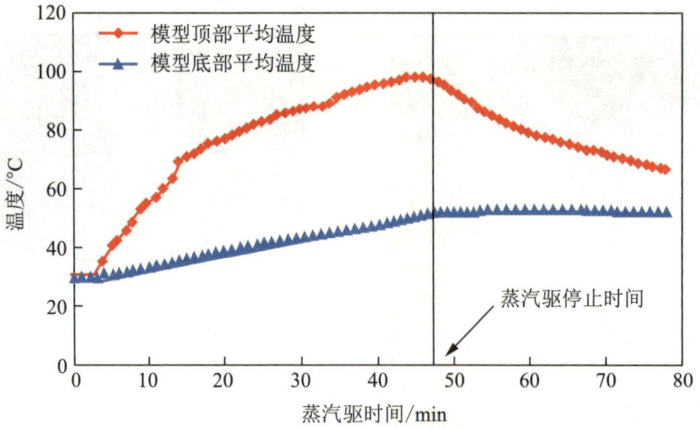

图 3-3-6　第 1 次蒸汽驱过程中及停止注汽后模型内平均温度变化

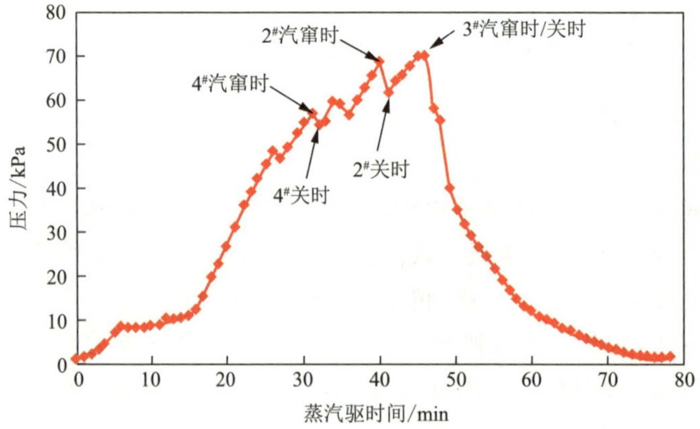

图 3-3-7　第 1 次蒸汽驱过程中及停止注汽后模型内平均压力变化

差的影响，油水重新分布，油往模型顶部走，水往模型底部走，使得通道内流体发生变化。此外，蒸汽冷凝成水会导致通道内压力下降，从而导致模型内压力分布不平衡，此时通道周围流体向通道聚集以实现压力的重新平衡，模型的整体压力随之下降，如图 3-3-7 所示。另外，1# 注蒸汽汽窜后转 3# 注，2# 和 4# 产油量回升，这主要是由于 1# 注蒸汽时，1# 和 2#、1# 和 4# 之间蒸汽波及程度相对较大，而 3# 和 2#、3# 和 4# 之间蒸汽波及程度相对较小，转 3# 注汽后，蒸汽能提高 3# 和 2#、3# 和 4# 之间的波及体积，有效地将其中的原油驱替出来。

由图 3-3-7 可以看出，蒸汽驱阶段模型内平均压力呈上升趋势，在生产井汽窜之后、关井之前，模型平均压力会出现小幅度下降，随后急剧上升。这主要是由于蒸汽到达生产井时，井周围原油会受热降黏，导致渗流阻力减小，模型压力出现突然下降，随后井周围原油由于受热向井筒聚集，使渗流阻力再次回升，进而导致模型压力急剧上升。当 4# 发生汽窜时，压力突然下降，关掉 4# 后，压力开始逐渐上升；当 2# 发生汽窜时，压力突然下降，关掉 2# 后，压力又开始逐渐上升。由于整个蒸汽驱阶段注汽量保持不变，生产井逐渐减少，故 3# 窜时压力＞2# 窜时压力＞4# 窜时压力。当蒸汽驱结束后，关掉所有注采井，温度逐渐降低，蒸汽冷凝成水，模型压力随之逐渐下降，最后恢复到蒸汽驱前压力。

第 1 次蒸汽驱各井汽窜时模型顶、底温度场分布如图 3-3-8 所示。由图 3-3-8 可以看出，蒸汽驱温度波及范围较广，生产井汽窜时井底周围温度较高，由于蒸汽超覆作用，模型顶

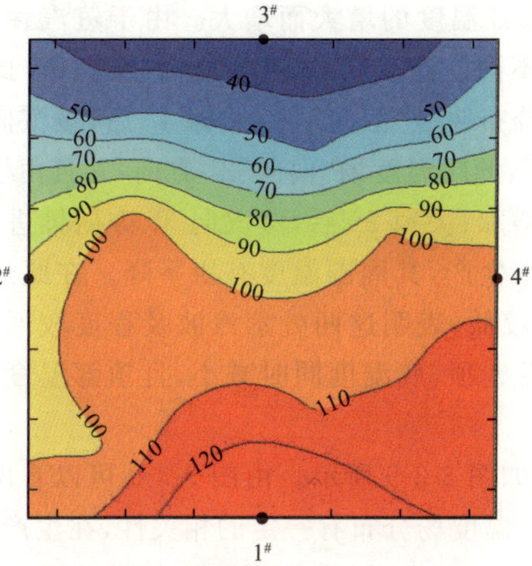

（a）4#汽窜时模型顶部温度场分布

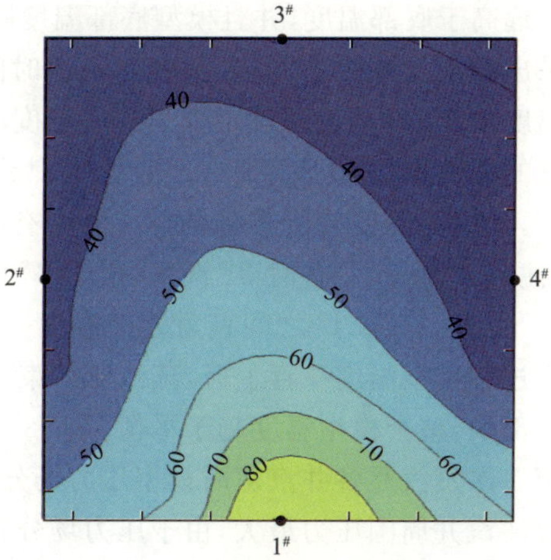

（b）4#汽窜时模型底部温度场分布

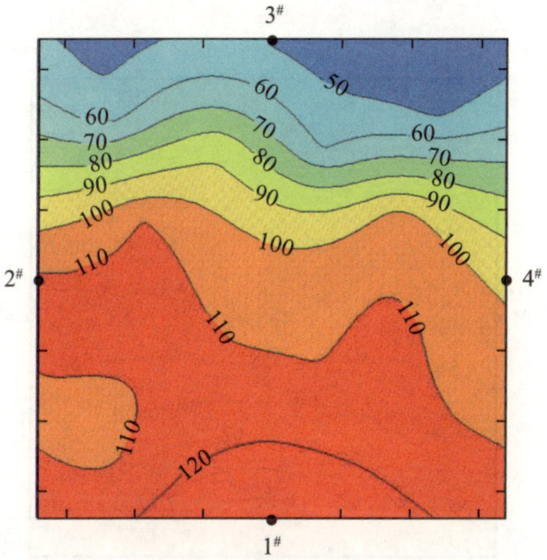

（c）2#汽窜时模型顶部温度场分布

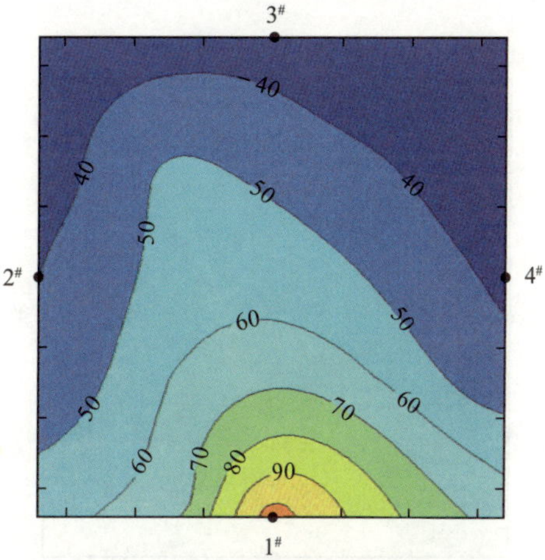

（d）2#汽窜时模型底部温度场分布

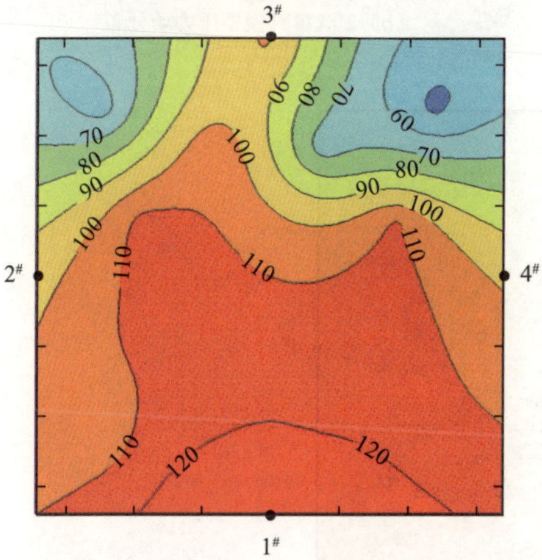

（e）3#汽窜时模型顶部温度场分布

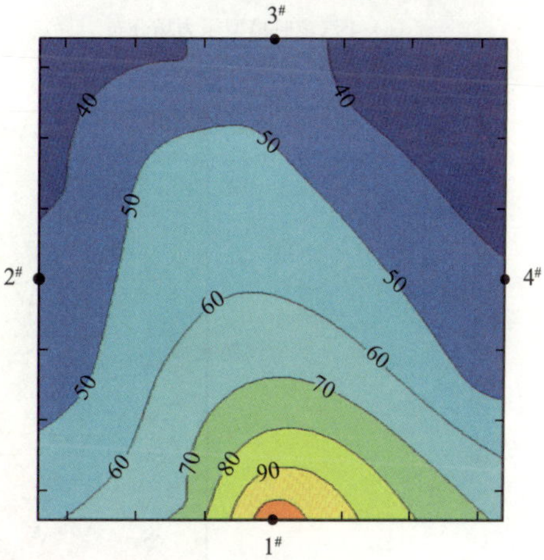

（f）3#汽窜时模型底部温度场分布

图 3-3-8　第 1 次蒸汽驱各井汽窜时模型顶、底温度场分布(单位:℃)

部温度远高于底部温度，并且模型底部温度随顶部温度的增大而增大。由于蒸汽吞吐阶段各井采出程度及井距不同，导致各井汽窜时间不同。注汽 32 min 左右时 4# 汽窜，此时 4# 周围温度最高，3# 周围温度最低，顶、底温度场分布明显“偏向”4#；关掉 4# 后，蒸汽向 2# 方向推进的速度加快，注汽 41 min 左右时 2# 汽窜，此时温度场“偏向”2# 方向，并且由于 4# 停止生产，其周围温度有所下降，而 3# 温度有所增加；关掉 2# 后，蒸汽向 3# 方向推进的速度加快，注汽 47 min 左右时 3# 汽窜，由于 2# 停止生产，其周围温度有所下降。在此过程中，3# 和 2# 之间、3# 和 4# 之间直角处的温度一直较低，表明这两处蒸汽波及程度较低。整个注蒸汽过程模型温度一直上升，蒸汽驱结束后模型顶、底温度同时减小，且顶部温度减小趋势比底部快，整个模型温度趋于平衡。

第 1 次蒸汽驱各井汽窜时模型压力场分布如图 3-3-9 所示。由图 3-3-9 可以看出，蒸汽驱阶段注汽井周围压力最大，由于压力场分布和温度场分布有一定的相关性，在生产井汽窜之前，其周围温度较高，原油会向井筒聚集，使驱替压力增加，从而导致井附近压力相对较

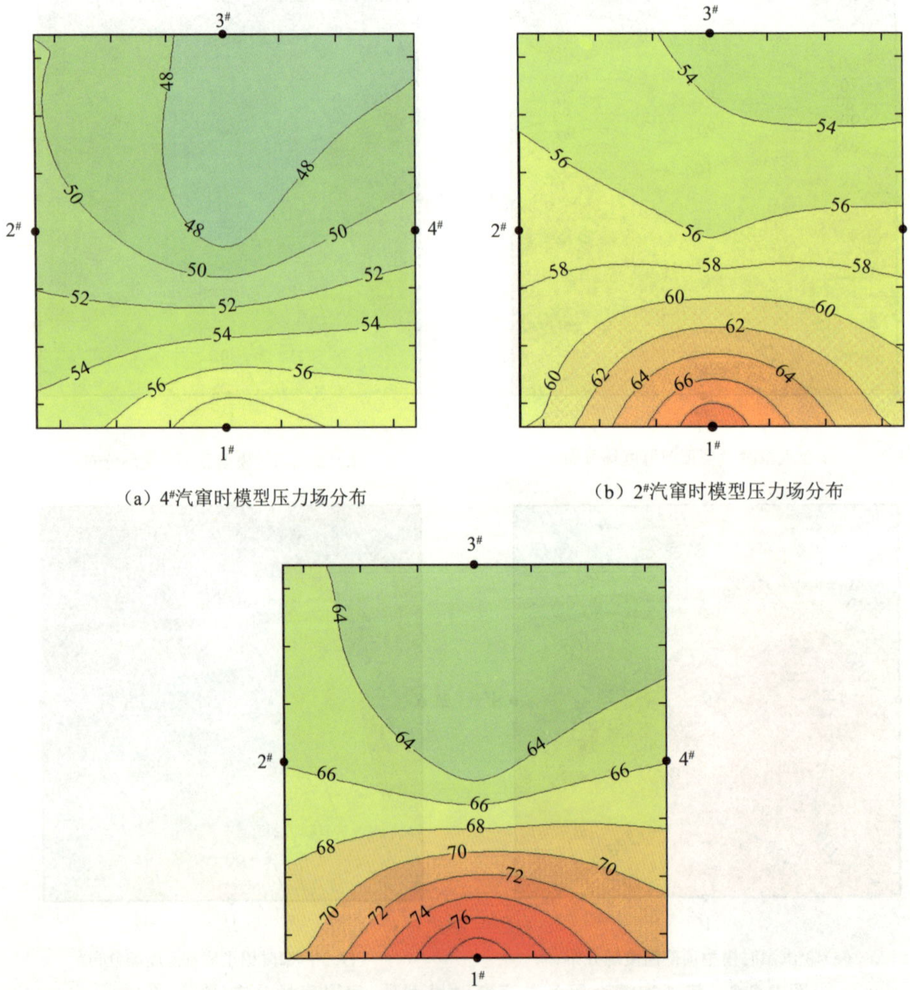

(a) 4#汽窜时模型压力场分布

(b) 2#汽窜时模型压力场分布

(c) 3#汽窜时模型压力场分布

图 3-3-9 第 1 次蒸汽驱各井汽窜时模型压力场分布(单位：kPa)

大。另外，随着生产井逐渐减少，模型内部压力逐渐升高，这也与图 3-3-6 相互对应。

模型静置 24 h 后进行第 2 次蒸汽驱，同样选 1# 为注汽井，其余 3 口为生产井，在此基础上进行蒸汽驱。1# 注汽 15 min 左右时 4# 汽窜，注汽 33 min 左右时 2# 汽窜，注汽 44 min 左右时 3# 汽窜，由此可见，较第 1 次蒸汽驱而言，生产井的汽窜顺序没有变化，而汽窜时间提前。第 2 次蒸汽驱各井汽窜时模型顶、底温度场分布如图 3-3-10 所示，模型内平均温度变化如图 3-3-11 所示。

对比图 3-3-8 和图 3-3-10 可以发现，两次蒸汽驱各井汽窜时温度场分布有所变化，尤其是 4# 汽窜时模型顶部温度变化最大。这主要是由于油水重新分布后原汽窜通道内油水量与第 1 次蒸汽驱前不一样，重新蒸汽驱会导致渗流阻力发生变化，或者通道位置发生变化。1# 和 4# 之间采出程度较大，从而蒸汽更容易向 4# 推进，使得温度场分布“偏向”4#。第 2 次蒸汽驱模型内平均温度略低于第 1 次蒸汽驱。

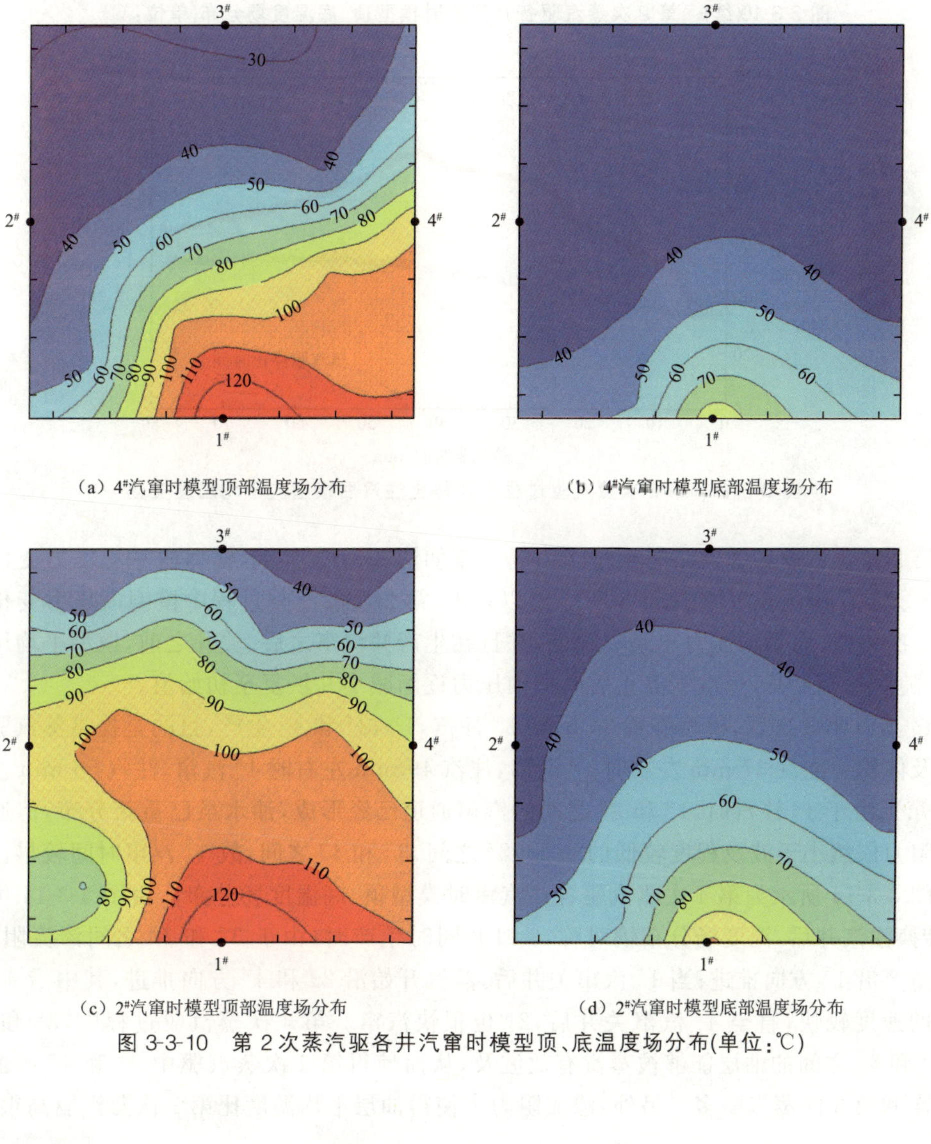

(a) 4#汽窜时模型顶部温度场分布　　(b) 4#汽窜时模型底部温度场分布

(c) 2#汽窜时模型顶部温度场分布　　(d) 2#汽窜时模型底部温度场分布

图 3-3-10　第 2 次蒸汽驱各井汽窜时模型顶、底温度场分布(单位：℃)

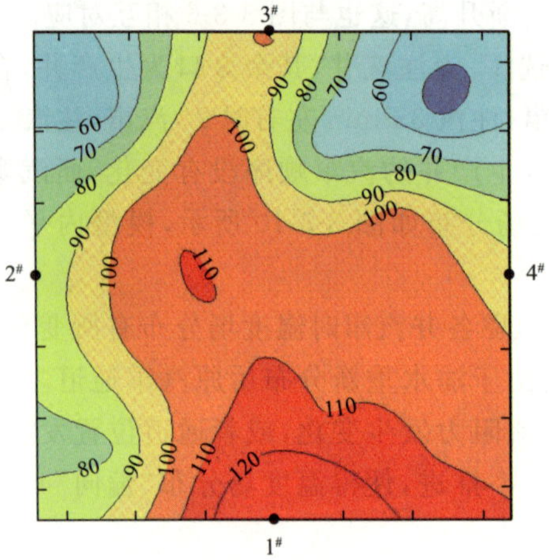

（e）3#汽窜时模型顶部温度场分布

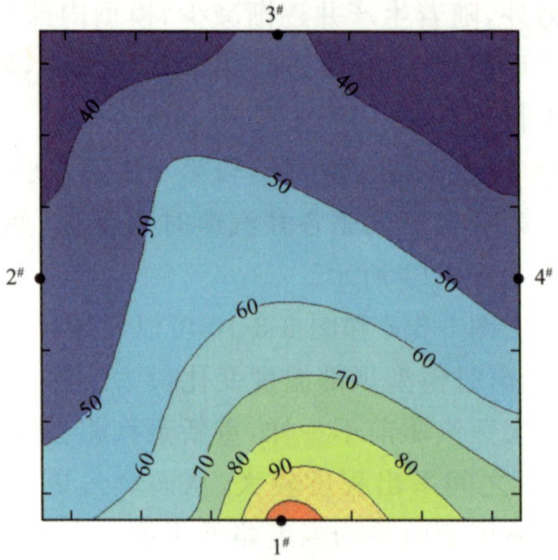

（f）3#汽窜时模型底部温度场分布

图 3-3-10(续)　第 2 次蒸汽驱各井汽窜时模型顶、底温度场分布(单位:℃)

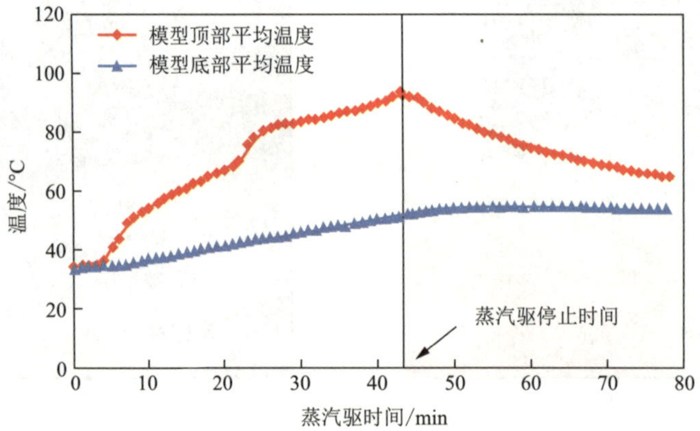

图 3-3-11　第 2 次蒸汽驱过程中及停止注汽后模型内平均温度变化

第 2 次蒸汽驱各井汽窜时模型压力场分布如图 3-3-12 所示，模型内平均压力变化如图 3-3-13 所示。由图 3-3-12 和图 3-3-13 可以看出，第 2 次蒸汽驱过程中模型内压力变化情况与第 1 次相似，而平均压力比第 1 次低，并且在生产井汽窜之后、关井之前，模型平均压力先下降，随后急剧上升，蒸汽驱停止后模型内压力逐渐减小并恢复至初始值。

1# 蒸汽驱 3 次后，模型静置 24 h，转 3# 注汽，1#，2# 和 4# 生产，目的是提高蒸汽驱井组的波及体积。注汽 37 min 左右时 1# 汽窜，注汽 49 min 左右时 4# 汽窜，注汽 56 min 左右时 2# 汽窜。由于 1# 注汽时，1# 和 3# 之间的汽窜通道已经形成，油水虽已重新分布，但通道内渗流阻力依然小于波及程度较低的 3# 和 2# 之间、3# 和 4# 之间，故 1# 汽窜时间较早。

图 3-3-14 所示为第 4 次蒸汽驱各井汽窜时模型顶、底温度场分布。由图 3-3-14 可以看出，转换注汽井后，温度场分布较对称，3 口井同时生产时，由于 3# 和 1# 之间渗流阻力小，蒸汽主要沿 1# 方向推进；当 1# 汽窜关井后，蒸汽开始沿 2# 和 4# 方向推进，其中沿 4# 方向推进的速度较快，直至 4# 汽窜关井后，2# 也很快汽窜。第 4 次蒸汽驱过程中，3# 和 2# 之间、3# 和 4# 之间的油层能够被蒸汽有效波及，从而使得第 4 次蒸汽驱中 2# 和 4# 产油量比第 2 次和第 3 次蒸汽驱多。另外，渗流阻力大使得油层平均温度比第 2 次蒸汽驱高很多，如

图 3-3-15 所示。

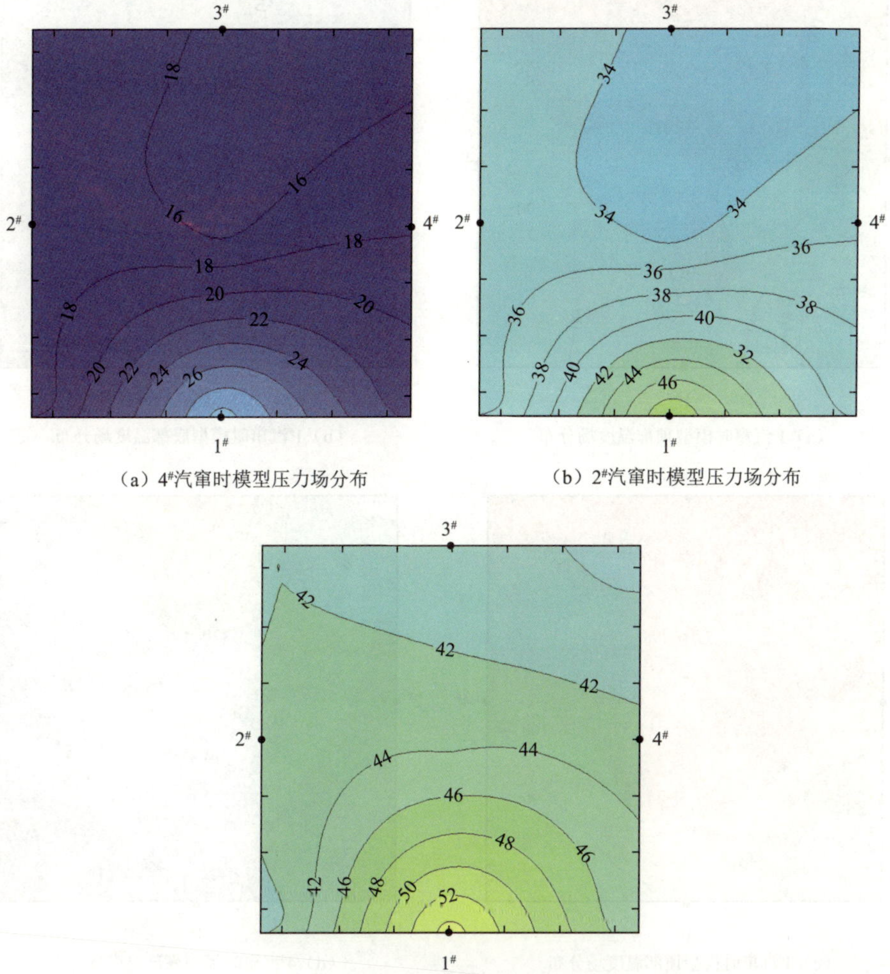

(a) 4#汽窜时模型压力场分布

(b) 2#汽窜时模型压力场分布

(c) 3#汽窜时模型压力场分布

图 3-3-12 第 2 次蒸汽驱各井汽窜时模型压力场分布(单位:kPa)

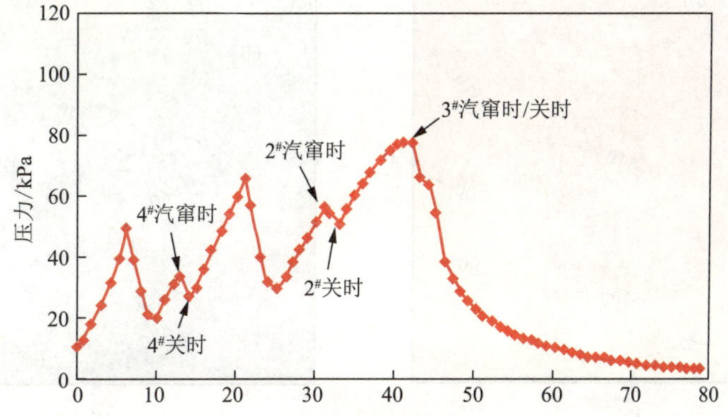

图 3-3-13 第 2 次蒸汽驱过程中及停止注汽后模型内平均压力变化

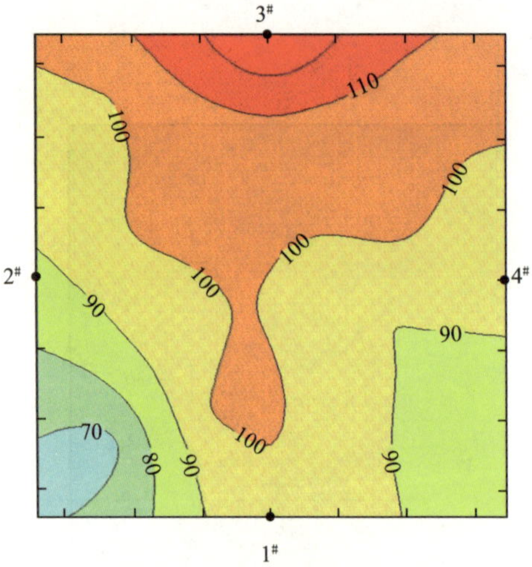

（a）1#汽窜时模型顶部温度场分布

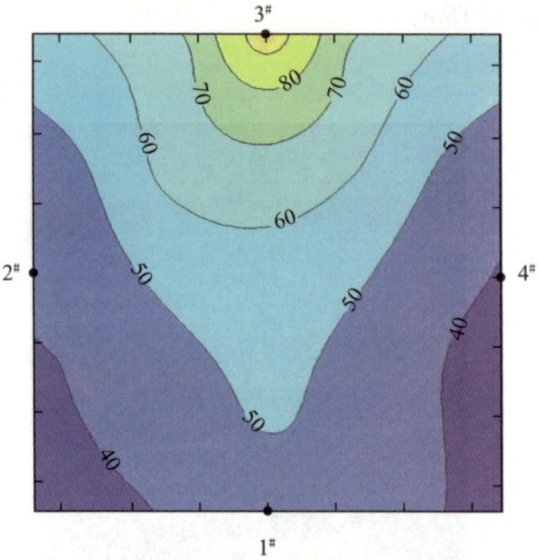

（b）1#汽窜时模型底部温度场分布

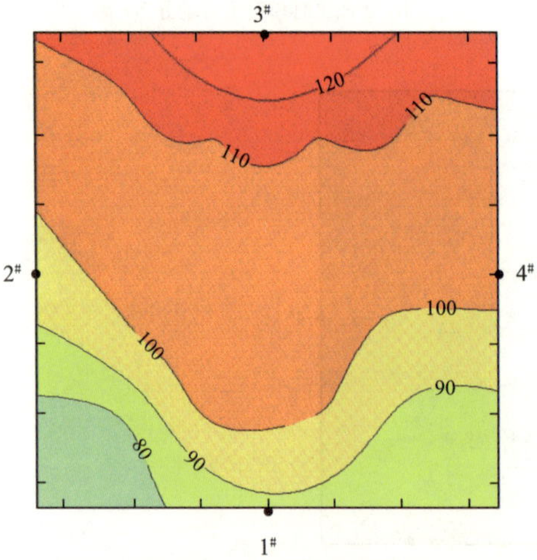

（c）4#汽窜时模型顶部温度场分布

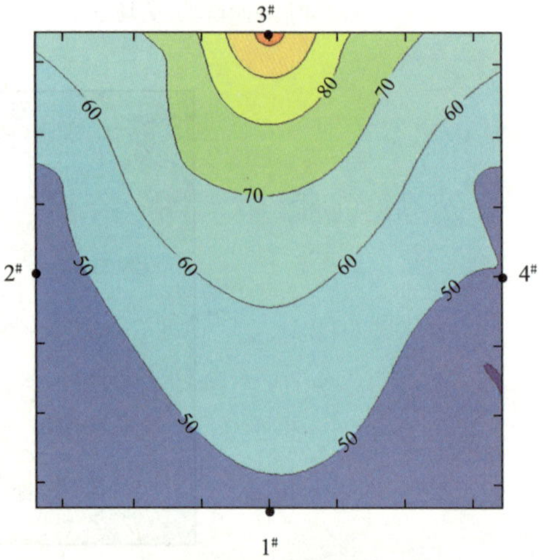

（d）4#汽窜时模型底部温度场分布

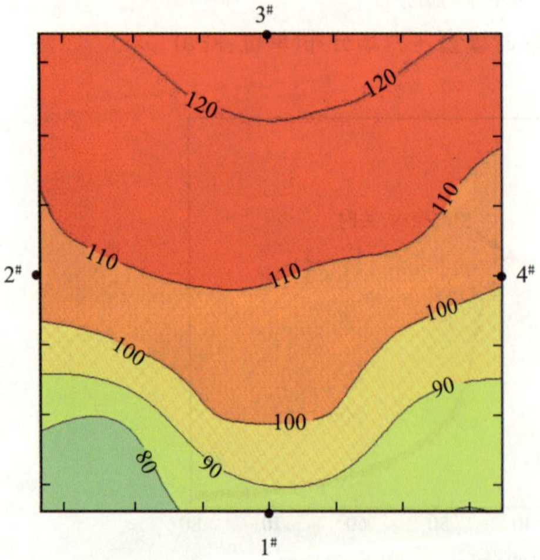

（e）2#汽窜时模型顶部温度场分布

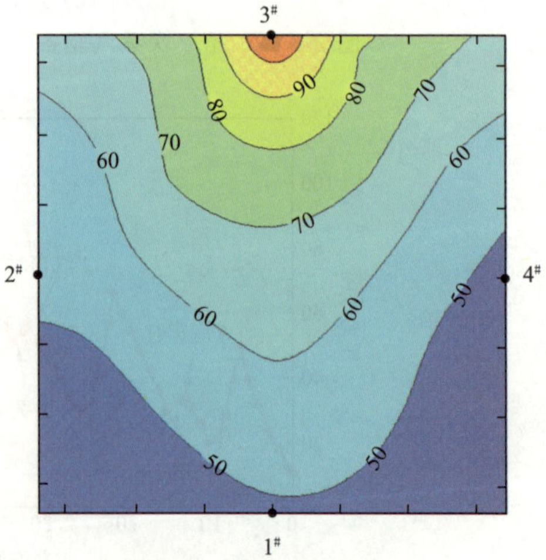

（f）2#汽窜时模型底部温度场分布

图 3-3-14　第 4 次蒸汽驱各井汽窜时模型顶、底温度场分布(单位：℃)

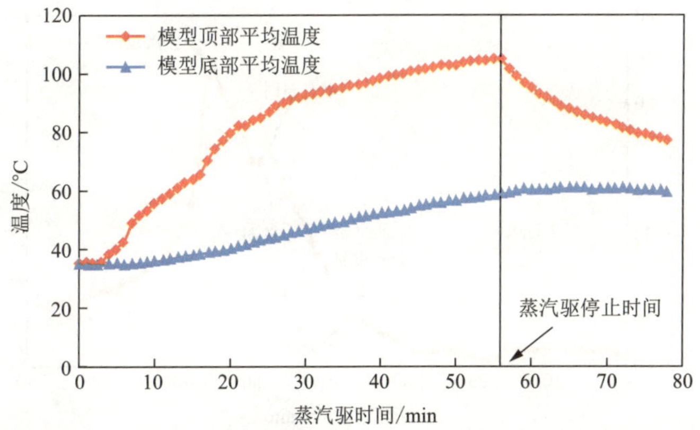

图 3-3-15　第 4 次蒸汽驱过程中及停止注汽后模型内平均温度变化

第 4 次蒸汽驱各井汽窜时模型压力场分布如图 3-3-16 所示，模型内平均压力变化如图3-3-17所示。由图3-3-16和图3-3-17可以看出，至1# 汽窜之前，模型内压力一直很小，

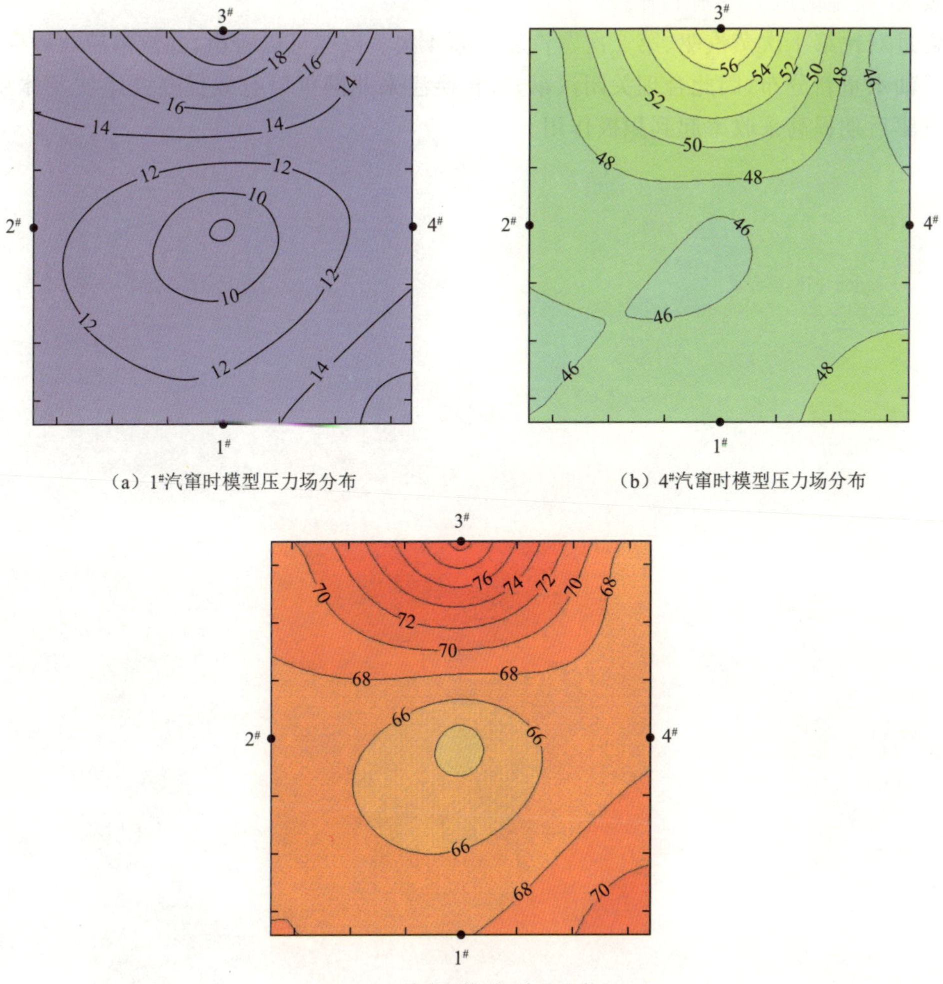

(a) 1#汽窜时模型压力场分布　(b) 4#汽窜时模型压力场分布

(c) 2#汽窜时模型压力场分布

图 3-3-16　第 4 次蒸汽驱各井汽窜时模型压力场分布(单位：kPa)

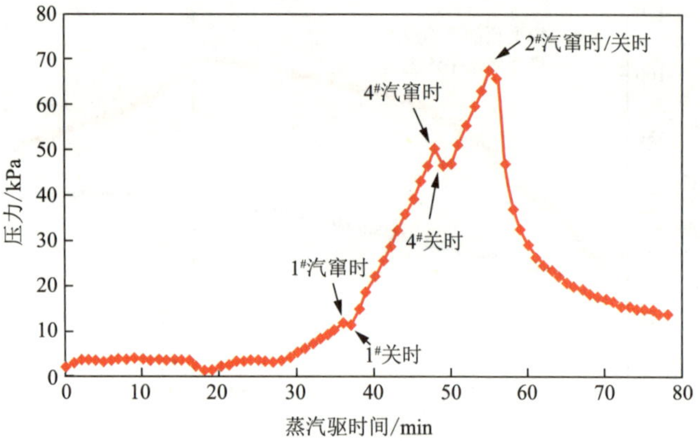

图 3-3-17　第 4 次蒸汽驱过程中及停止注汽后模型内平均压力变化

这主要是由于 3 口井同时生产时，3# 和 1# 之间渗流阻力小，蒸汽主要沿 1# 方向推进，蒸汽驱油所需压力较小；当 1# 汽窜关井后，3# 和 2# 之间、3# 和 4# 之间渗流阻力较大，所需驱替压力较大，模型内压力急剧上升。

通过对比第 1 次蒸汽驱、第 2 次蒸汽驱和第 4 次蒸汽驱可以看出，井汽窜后放置一段时间可使油水重新分布，因此合理关闭汽窜井、转换注采井网可以有效提高井组波及体积，可对蒸汽驱后期提高采收率起到积极作用。

第四章
蒸汽驱剩余油分布规律及流场精细表征

目前国内外对剩余油的研究可分为两个层次：一是微观驱油机理层面上的微观孔隙内的剩余油分布状况研究，主要研究方法有岩芯扫描、物理模拟、岩石润湿性、孔隙结构、毛管数等；二是宏观层面上的油水分布研究，从单井剩余油研究出发，研究纵向、平面井间的剩余油分布规律。单井剩余油研究从研究手段上分为室内实验研究及现场试验测试研究，包括岩芯分析、回流示踪剂测试、剩余油测井及不稳定试井等；井间剩余油研究方法主要有油田动态监测分析、基于物质平衡的数值模拟、动静结合综合分析，这些研究方法可定性或定量地评价油层中剩余油的数量，确定其分布形式，为制定提高采收率措施提供充足依据。

单一的分析方法各有利弊，应综合运用多种方法，取长补短，确定剩余油的分布规律。以油藏地质建模和数值模拟为核心，结合油田动态监测和综合分析结果，对区块地质储量、采液量、采油量、注汽量及单井生产历史进行拟合，模拟油藏注采过程是研究剩余油的重要手段。数值模拟方法是目前能够将剩余油及其分布精确到油藏层位和区域上的有效方法。

稠油油藏特征与稀油油藏特征相比具有较大的差异性，需要认识研究区的实际情况，对密闭取芯井进行分析并结合油藏数值模拟方法，从宏观角度定量分析稠油油藏剩余油平面分布规律。

第一节　蒸汽驱开发后期剩余油主要分布模式表征

一、纵向剩余油分布

1. 密闭取芯分析法

2015—2016 年，九$_6$ 区齐古组油藏中部蒸汽驱区共部署密闭取芯井 6 口（9D6160A，96G01，96G02，96DG03，96G04，96DG05），部署更新井 21 口。分析密闭取芯井岩芯剩余油饱和度可知，剩余油纵向分布具有如下特点：

（1）油层整体动用。通过岩芯分析得到平均剩余油饱和度为 0.45，比油藏平均原始含油饱和度 0.75 降低了 0.3，降低幅度 40%，且纵向不同层位均有降低。过套管电阻率测井亦反映了这一点，不同层段的套后电阻率均有不同程度的下降，表明纵向上原油均有动用。

（2）纵向动用不均衡。受蒸汽超覆效应的影响，顶部蒸汽超覆区剩余油饱和度低，底部热水驱剩余油饱和度较高，其中 $J_3q_2^{2\text{-}1\text{-}1}$ 顶部动用程度高的区域蒸汽驱扫比较彻底，剩余油饱和度不足 10%。

(3) 物性较好的储层动用程度高，物性较差的储层动用程度相对较低。如图 4-1-1 所示，96G04 井上部 $J_3q_2^{2-1}$ 和 $J_3q_2^{2-2}$ 储层物性好，动用程度高，下部 $J_3q_2^{2-3}$ 储层物性差，底部基本未动用。

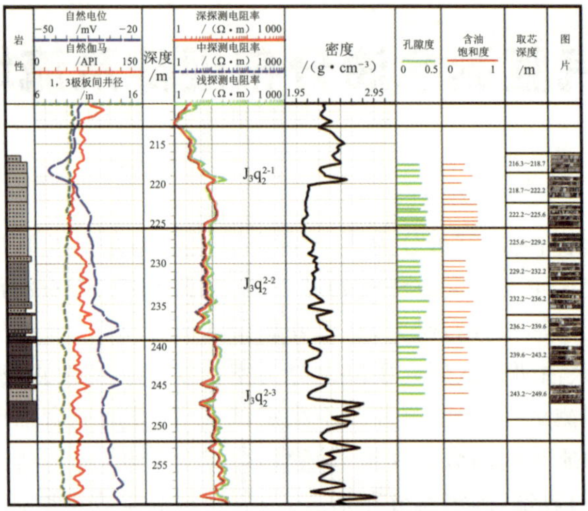

1 in=2.54 cm。

图 4-1-1 96G04 取芯井综合柱状图

纵向上的剩余油主要分布在 $J_3q_2^{2-1-2}$，$J_3q_2^{2-2-1}$ 和 $J_3q_2^{2-2-2}$ 层中，分析剩余油饱和度(未校正)均在 0.4 以上(表 4-1-1)，校正后的剩余油饱和度大于 0.45；而 $J_3q_2^{2-3}$ 多为差油层和干层，受物性差且位于底部影响，油层难以动用，剩余油饱和度保持在 0.46 左右。

表 4-1-1 密闭取芯井岩芯分析平均饱和度

层 位	$J_3q_2^{2-1-1}$	$J_3q_2^{2-1-2}$	$J_3q_2^{2-2-1}$	$J_3q_2^{2-2-2}$	$J_3q_2^{2-3-1}$	$J_3q_2^{2-3-2}$	$J_3q_2^{2-3-3}$
剩余油饱和度	0.34	0.46	0.51	0.48	0.47	0.46	0.47

(4) 纵向上缺乏稳定的泥岩隔层，物性夹层难以形成有效隔挡。$J_3q_2^{2-1}$ 和 $J_3q_2^{2-2}$ 之间虽局部发育物性夹层，但夹层上下电阻率均降低，反映出油层动用程度高的特征。

2. 更新井水淹状况分析法

侧钻井、更新井是认识剩余油的重要资料，可根据新钻更新井资料来研究水淹状况。从更新井水洗解释结果来看，纵向上不同层段水洗程度不同，具有从上到下水洗程度由强变弱的趋势。中上部物性较好的 $J_3q_2^{2-1}$ 和 $J_3q_2^{2-2}$ 层水洗程度高，下部物性差的 $J_3q_2^{2-3}$ 层弱水洗或未水洗。

从更新井不同层位水洗状况来看，总体以强水洗为主，占 43.51%；中等水洗次之，占 21.30%；弱水洗和未水洗各占 15%左右；极强水洗仅占 3.70%。纵向上，$J_3q_2^{2-1-1}$，$J_3q_2^{2-1-2}$，$J_3q_2^{2-2-1}$ 强水洗比例达 60%以上，动用最好；$J_3q_2^{2-2-2}$ 强水洗比例在 40%以上，动用次之；$J_3q_2^{2-3}$ 以弱水洗和未水洗为主，动用差(表 4-1-2)。

表 4-1-2 不同层位水洗状况分布 单位:%

层位	极强水洗	强水洗	中等水洗	弱水洗	未水洗
$J_3q_2^{2-1-1}$	19.90	45.03	29.84	4.89	0.35
$J_3q_2^{2-1-2}$	7.81	74.50	14.17	3.25	0.28
$J_3q_2^{2-2-1}$	0.15	61.66	22.07	11.73	4.40
$J_3q_2^{2-2-2}$	0.17	44.81	34.68	12.53	7.81
$J_3q_2^{2-3-1}$	0.00	4.73	21.61	41.64	32.02
$J_3q_2^{2-3-2}$	0.35	1.59	18.05	32.21	47.79
$J_3q_2^{2-3-3}$	0.00	0.18	3.84	15.90	80.07
平均值	3.70	43.51	21.30	14.52	16.97

3. 监测资料分析

从蒸汽驱吸汽剖面资料(图 4-1-2)来看,注汽井不同层段吸汽不均匀,上部油层为强吸汽层段。随着蒸汽驱开发时间的推进,不同层段吸汽不均匀程度增加,上部油层吸汽更强,密闭取芯井和过套管电阻率测井资料也证实了这一点。

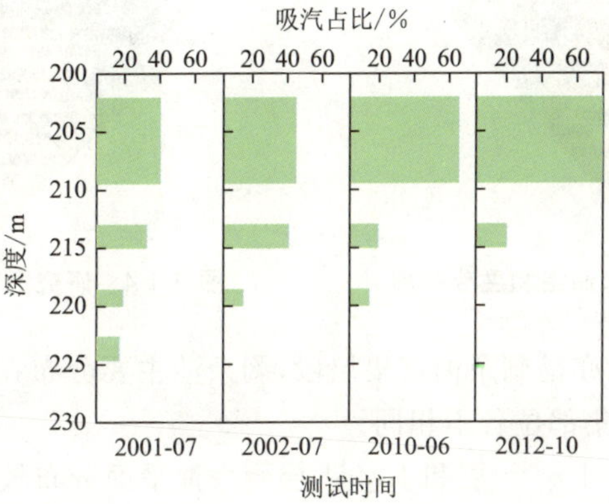

图 4-1-2 九$_6$区蒸汽驱 96143 井吸汽剖面测试结果

统计分析 14 口井 83 井次的产液剖面资料可知,主要产液层厚度较小且位于油层中上部。在 296.3 m 的测试厚度中,产液层厚度为 220.2 m,占 74.3%,但主要产液层厚度仅为 113.4 m,占产液层厚度的 51.5%。

由产液、吸汽剖面资料的综合分析可以得出如下结论:在蒸汽吞吐阶段,各射开层均能吸汽,井筒附近油层动用程度较高,纵向上各层动用也较均匀;在转入蒸汽驱后,尽管注汽井各层也均在吸汽,但受注采井间原油性质及储层非均质性的影响,蒸汽和热水各沿着不同路径流动驱油,纵向上油层动用程度差异增大,动用程度降低(与蒸汽吞吐相比)。

从生产井产液温度剖面可以看出,上部井段的产液温度一般高于下部井段的产液温度,表明蒸汽超覆现象明显,注入的蒸汽及热量更多地进入油藏上部。当生产井和注汽井生产层位全部射开时,蒸汽一般从油藏上部直接突破,热量浪费严重,此时油藏上部的驱替效果好于下部。

二、平面剩余油分布

以取芯井、更新井资料相对丰富的九$_6$蒸汽驱区为典型代表，对密闭取芯井进行分析并结合油藏数值模拟方法，从宏观角度定量分析稠油油藏剩余油平面分布规律。

（1）从总体上看平面剩余油分布不均，北部动用程度较高，南部动用程度较低，由北向南剩余油饱和度依次增高。油藏主体部位剩余油较多，向东西两侧减少（图 4-1-3），剩余油储量丰度的分布与剩余油饱和度分布一致（图 4-1-4）。

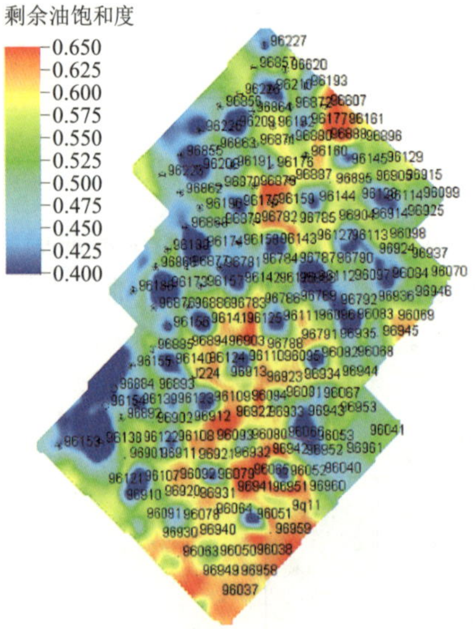

图 4-1-3　研究区剩余油饱和度分布图

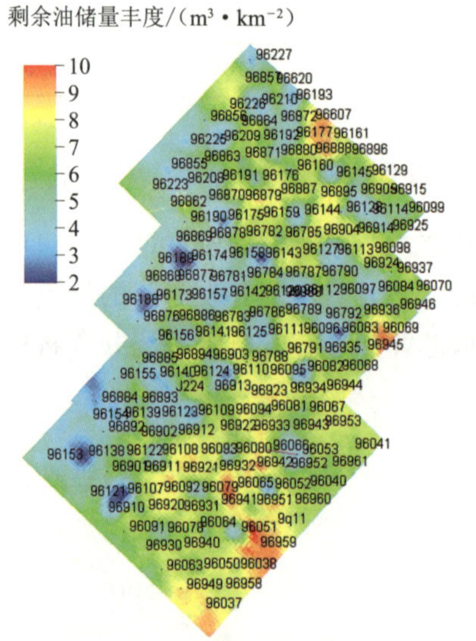

图 4-1-4　研究区剩余油储量丰度分布图

（2）原主力含油层段亦是剩余油富集层段，剩余油主要分布在 $J_3q_2^{2\text{-}1\text{-}2}$，$J_3q_2^{2\text{-}2\text{-}1}$，$J_3q_2^{2\text{-}2\text{-}2}$ 小层，各小层平面剩余油富集部位各不相同。

从图 4-1-5 可以看出，$J_3q_2^{2\text{-}1\text{-}2}$ 层和 $J_3q_2^{2\text{-}2\text{-}1}$ 层剩余油平面分布较为均匀，注汽井周围剩余油饱和度较低，注汽井井间剩余油饱和度较高，受物性差异和蒸汽超覆综合影响，与 $J_3q_2^{2\text{-}2\text{-}1}$ 层相比，$J_3q_2^{2\text{-}1\text{-}2}$ 层注汽井周围蒸汽有效驱替半径相对较小，剩余油饱和度相对较高；$J_3q_2^{2\text{-}2\text{-}2}$ 层剩余油分布平面分区比较明显，整体上，油藏中部剩余油饱和度较低，油藏北部和南部剩余油饱和度较高。

4 口密闭取芯井(96G01，96G02，96DG03，96G04)与对应注汽井(96080)井间距离为 32～57 m，密闭取芯井中所取岩芯疏松，纵向取样密度难以保证，取样代表性存在差异，但各小层岩芯分析剩余油饱和度结果仍一定程度上反映注采井间剩余油富集特点，与全区剩余油饱和度分布数值模拟结果一致，井间剩余油相对富集（表 4-1-3、图 4-1-6）。注汽井(96080)注汽量并不大，蒸汽波及范围小，96G01，96G02，96DG03，96G04 取芯井均未出现蒸汽驱扫型水淹。

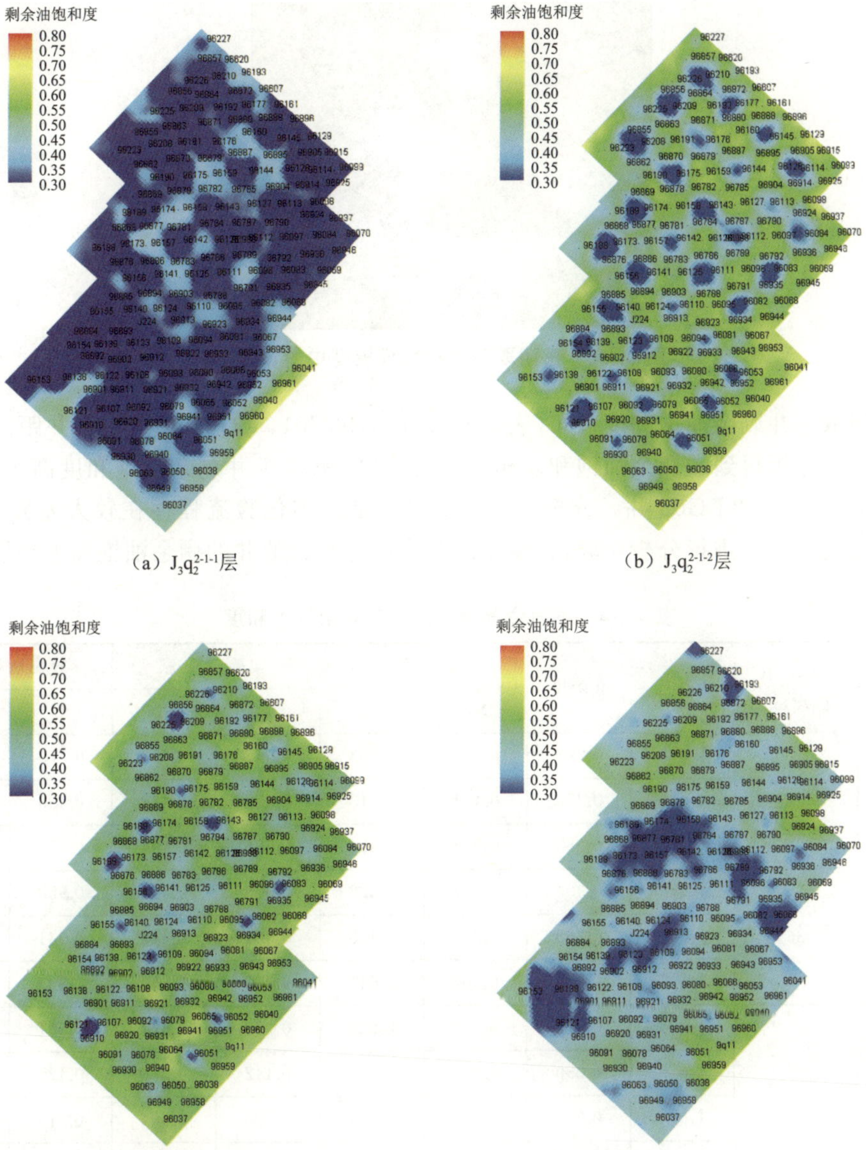

（a）$J_3q_2^{2-1-1}$层　（b）$J_3q_2^{2-1-2}$层

（c）$J_3q_2^{2-2-1}$层　（d）$J_3q_2^{2-2-2}$层

图 4-1-5　小层剩余油饱和度分布图

表 4-1-3　岩芯分析剩余油饱和度与数值模拟结果对比

单　层	孔隙度	剩余油饱和度(岩芯)	剩余油饱和度(数值模拟)
$J_3q_2^{2-1-1}$	0.286	0.362	0.304
$J_3q_2^{2-1-2}$	0.293	0.472	0.495
$J_3q_2^{2-2-1}$	0.266	0.468	0.525
$J_3q_2^{2-2-2}$	0.271	0.455	0.435
$J_3q_2^{2-3-1}$	0.207	0.321	0.335

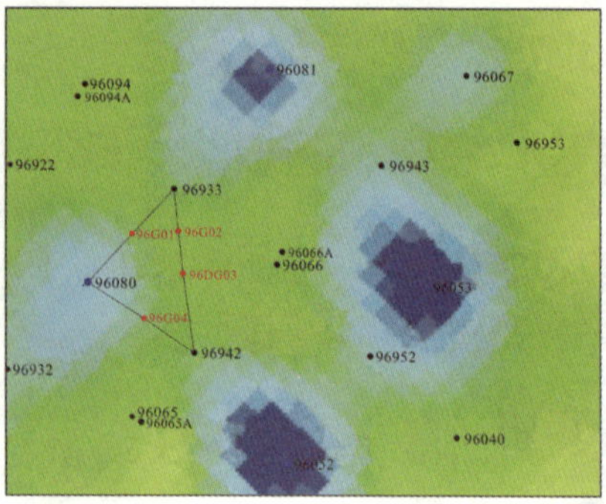

图 4-1-6　密闭取芯井在数模模型中的位置

由密闭取芯井剩余油饱和度分布（表 4-1-4）可知，96G01，96G04 井与注汽井距离相当，但两口井岩性分析得到的剩余油饱和度相差较大，而且 96G01 井剩余油饱和度高于距离注汽井较远的 96G02，96DG03 井。分析认为主要原因是取芯化验流程存在较大差异，96G01 井岩芯冷冻近半年才进行分析化验，长期冷冻造成该井与其他井的剩余油饱和度差别大。

表 4-1-4　不同位置密闭取芯井剩余油饱和度

密闭取芯井	距注汽井距离/m	小　层	孔隙度	实　测		实验室校正		投影法校正	
				S_o	S_w	S_o	S_w	S_o	S_w
96DG03	51	$J_3q_2^{2-1}$	0.297	0.399	0.453	0.547	0.453	0.473	0.527
		$J_3q_2^{2-2}$	0.272	0.411	0.418	0.582	0.418	0.496	0.504
		$J_3q_2^{2-3}$	0.283	0.343	0.494	0.506	0.494	0.425	0.576
96G01	36	$J_3q_2^{2-1}$	0.304	0.537	0.422	0.578	0.422	0.558	0.442
		$J_3q_2^{2-2}$	0.265	0.509	0.448	0.552	0.448	0.531	0.469
		$J_3q_2^{2-3}$	0.219	0.307	0.641	0.360	0.640	0.333	0.667
96G02	57	$J_3q_2^{2-1}$	0.275	0.288	0.627	0.373	0.627	0.331	0.670
		$J_3q_2^{2-2}$	0.290	0.408	0.558	0.442	0.558	0.425	0.575
		$J_3q_2^{2-3}$	0.275	0.233	0.604	0.396	0.604	0.315	0.686
96G04	32	$J_3q_2^{2-1}$	0.285	0.467	0.456	0.544	0.450	0.506	0.494
		$J_3q_2^{2-2}$	0.273	0.375	0.546	0.454	0.542	0.415	0.586

第二节　蒸汽驱水淹层识别方法

一、水洗动用状况分析

评价油层水洗动用状况的方法有多种，既有定量评价，又有定性描述，但单一评价方法都有一定局限性，因此需要一种包含多角度评价因素的评价方法。目前油层水洗动用状况研究方法主要有测井电阻率解释法、碳氧比能谱测井方法、地球化学录井分析方法、轻烃分析方法及荧光图像分析方法等,但是这些方法在准确度及应用广度上存在着一些不完善的地方。研究发现,利用密闭取芯井资料,在充分考虑定量实验数据的同时,将岩芯的颜色、含油性及微观油水分布状况等定性描述纳入其中,可使最终评价结果更科学可靠。

1. 密闭取芯井岩芯水洗状况

岩芯水洗状况主要通过现场对岩芯进行观察和试验来评价,评价方法一般有如下几种:

(1) 岩芯颜色。除含稠油、氧化油和轻质油的岩芯外,一般含油岩芯颜色深浅反映岩石含油饱和度。岩芯颜色相对越深,含油饱和度越高。

(2) 滴水实验。在含油岩芯平整的新鲜面上滴一滴清水,观察水滴的形状及吸附现象,以此判断油层的水洗程度。水滴在含油岩芯上的形态大体可分为水滴立渗、水滴缓渗、水滴呈半球状和水滴呈珠状 4 类。当水洗程度较高时,水滴立即渗入含油岩芯;当水洗程度中等时,水滴缓慢渗入含油岩芯;当弱水洗或未水洗时,水滴在含油岩芯上呈半球状或者珠状(图 4-2-1)。

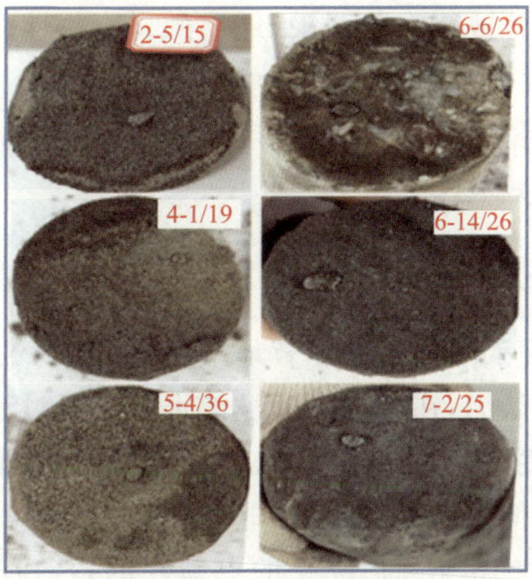

图 4-2-1 岩芯滴水实验

(3) 岩芯含油性状况。依据含油面积大小,将岩芯含油级别分为 4 级:① 油斑,其含油面积为 10%~25%,表现为斑块状含油,岩芯新鲜面不染手;② 油浸,其含油面积为 25%~50%,岩芯新鲜面不染手;③ 含油,其含油面积为 50%~80%,颜色较浅(多为棕色或浅棕色),岩芯新鲜面油脂感强,捻碎后染手;④ 饱含油,其含油面积大于 80%,颜色较深,油味浓,原油染手,油脂感强。

(4) 油砂沉降实验。原油有易溶于四氯化碳或甲苯而不溶于水的特点,因此可以根据油砂在四氯化碳中沉降状态的不同来判断油层的水洗程度。油砂在四氯化碳中的沉降状态大体可分为砂粒之间结合呈块状下沉、砂粒凝聚状下沉、砂粒呈絮状下沉和砂粒分散在溶剂中缓慢下沉 4 类。

(5) 镜下观察。在显微镜下观察平整岩芯的水洗程度,可直观地观察到颗粒间、颗粒表面及胶结物间的油水分布情况。

2. 特殊测井动用状况分析

裸眼井电阻率测井与过套管电阻率测井在物理上的显著区别是钢套管本身是一个巨大导体。测井过程中，在钢套管内壁以足够低频率流动的电流将钢套管视为传输线，井下绝大部分电流沿钢套管流到地面回路电极，由于钢套管周围地层介质可视为导电介质，所以将有极小部分电流渗漏到地层后再流到地面回路电极。通过检测渗漏到地层中的这部分电流，可计算出地层电阻率。

研究区完成3口井的过套管电阻率测井，即9D6160A，96836，96837井，其中9D6160A井是2015年完钻的更新井，完钻后未射孔投产，其过套管电阻率反映2015年完钻后至测井期间电阻率变化。对比套后电阻率与原始电阻率表明，大部分层段套后电阻率与原始电阻率吻合较好，表明仪器设备标定正常，且与目前尚未动用的情况吻合；局部层段出现电阻率小幅度变化，指示此处受周围井干扰，电阻率变化段可能为目前的高渗通道。

二、水淹层测井识别

研究区经过长期蒸汽吞吐或蒸汽驱开采，地层的岩石物性、孔隙结构、地层压力、流体性质等均已发生变化，常规测井解释方法不能较好地适应油田生产的需要。为此综合分析测井、岩芯、生产动态等资料，研究不同时期饱和度变化规律，进行水淹层识别，为稠油油藏开发中后期的解释评价提供有效方法。

1. 稠油水淹过程岩石性质的变化

在注蒸汽开发中，随着注入蒸汽不断驱替地层中的原油，油层含水饱和度不断增加，剩余油饱和度不断降低。研究认为，在稠油不断被淡水驱替的过程中，地层岩石孔隙结构不断被驱替水冲刷，泥质胶结物逐渐减少，岩石孔喉半径变大，孔隙度和渗透性都变大。另外，黏土矿物吸水膨胀，堵塞孔道，但孔隙度减小的作用较弱。

从压汞资料来看，对比2015年之后完钻的更新井的岩芯样品($J_3q_2^2$段)与2015年之前完钻的老井的岩芯样品($J_3q_2^2$段)，更新井的孔隙结构参数优于老井(表4-2-1)。

表4-2-1 新老井孔隙结构参数对比

井别	有效孔隙度/%	均值	分选系数	偏态	峰态	变异系数	中值压力/MPa	中值半径/μm	排驱压力/MPa	最大孔喉半径/μm	退汞效率/%	孔喉体积比	平均毛管半径/μm	均质系数	$100-S_{Hg}$/%
更新井	29.33	7.25	3.08	0.81	2.76	0.44	0.33	9.94	0.03	42.35	12.14	9.51	14.96	0.25	8.08
老井	27.28	8.56	2.98	0.26	2.30	0.36	1.04	3.51	0.11	21.89	16.59	6.28	7.86	0.25	13.58

2. 水淹层的定性识别

稠油油层水淹后，其电性随地层流体性质、储层物性的变化而变化，水淹后的电阻率变化主要取决于储层含水饱和度以及注入水与原始水的混合水电阻率的变化速度。本次研究在新钻密闭取芯井化验资料分析及电测资料解释等的基础上，通过岩芯标定水淹层的电性特征，对水淹层进行识别。

1）电阻率数值降低指示油层水淹

稠油油藏一般采用注蒸汽热采，蒸汽的矿化度很低。当地层为原始稠油层时，含油饱和度很高，一般可达70%以上，此时电阻率较高；当地层开始水淹时，注入的蒸汽水溶解地层中的盐类，从而增加地层的导电性，使地层电阻率下降。不同级别的水淹层电阻率均呈下降趋势，且水淹程度越高，电阻率下降幅度越大。最显著的变化就是与邻井对比，水淹井电阻率明显降低。图4-2-2所示为2015年完钻更新井9D6160A井与邻井电阻率对比图，目的层段上部泥岩段新老井电阻率基本一致，随着距目的层距离越近，电阻率差异越来越大，至底部新老井电阻率又趋于一致，电阻率明显降低指示了油层水淹特征。

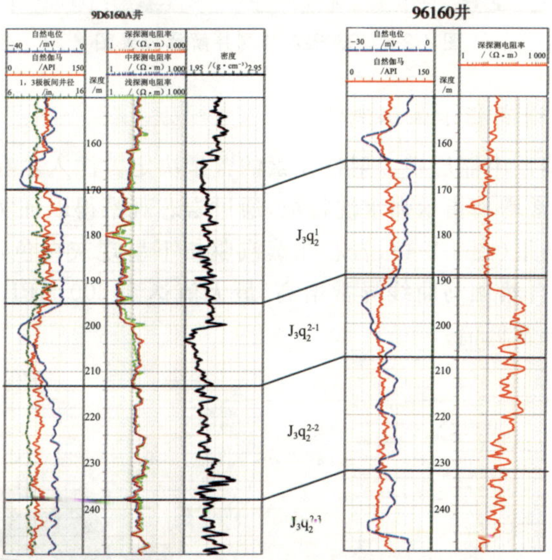

图4-2-2　9D6160A井与邻井电阻率对比图

2）自然电位曲线基线偏移指示水淹特征

自然电位测井是油气田勘探开发过程中一项非常重要的地球物理方法，自然电位曲线基线偏移及负异常幅度增大是水淹层段中最常见的现象之一。在开发过程中，外来水与原始地层水的矿化度不同，在储层非均质性控制下，物性不同的储层水淹程度不同，相应的各层段地层水与注入水的混合程度不同。开发井段中各层段地层混合水矿化度的差异导致自然电位曲线基线发生偏移。自然电位曲线基线偏移幅度还与储层岩性有关，在其他条件相同的情况下，储层岩性越细，自然电位曲线基线偏移的幅度越小。

3）径向电阻率增阻侵入指示油层水淹

由于已动用层的含油饱和度低、地层压力低，钻井液滤液侵入比较深，因此深、中、浅径向电阻率出现标准水层的特征，反映为明显的增阻侵入特征，即浅探测电阻率（RXO）＞中探测电阻率（RI）＞深探测电阻率（RT）。图4-2-3所示为96092A井电测曲线，其中RXO＞RI＞RT，表明油层已经水淹。

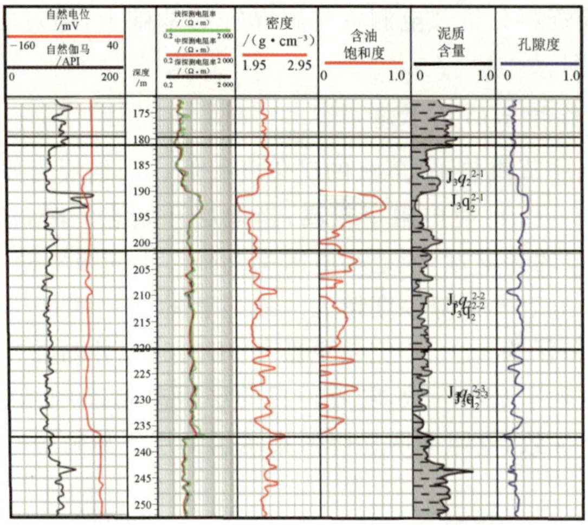

图 4-2-3　96092A 井测井解释成果图

4）自然伽马异常增高指示强水洗特征

岩层的自然伽马读数由储层中放射性元素的含量决定。注入水在储层内运移时携带放射性元素，自然伽马异常增高指示强水洗特征，通过岩芯观察得以证实。由 96DG05 井电测资料和岩芯观察对比结果(图 4-2-4)，岩芯在蒸汽驱扫下呈现灰白色，滴水速渗等特征均指示强水洗结果，电性上自然伽马曲线异常增高，最大值达到 200 API，同时伴随电阻率曲线的高值和密度曲线的异常低值。

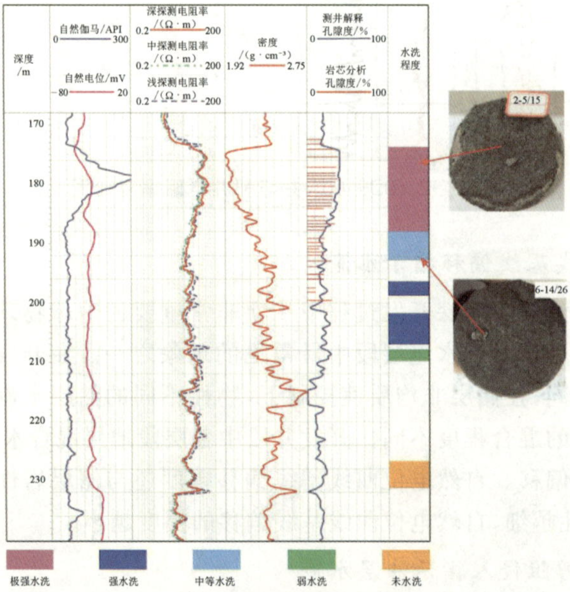

图 4-2-4　96DG05 井顶部蒸汽超覆区水洗状况图

5）自然电位曲线负异常减小或出现正异常指示强水洗特征

水淹层自然电位曲线除基线偏移、负异常幅度增大之外，还存在另外一种异常现象。图

4-2-3 中强水淹层段的自然电位曲线负异常幅度减小，甚至出现正异常情况，这种现象在大庆、冀中、二连等多个地区均有发现。自然电位曲线负异常减小或出现正异常指示蒸汽驱扫的强水洗特征。

6）密度曲线异常低值指示极强水洗特征

研究认为，在稠油不断被淡水驱替的过程中，地层岩石孔隙结构不断被驱替水冲刷，泥质胶结物逐渐减少，岩石孔隙空间内的微小颗粒被带走，岩石孔喉半径变大，孔隙度和渗透性均变大，密度曲线上出现异常低值。图 4-2-3 所示 96092A 井在 190～194 m 井段自然伽马异常增高，电阻率增阻侵入，密度曲线上出现异常低值，呈现了极强水洗的特征。

第三节　蒸汽驱汽窜通道识别方法

一、依据生产动态识别汽窜通道

目前有关蒸汽驱汽窜的研究主要体现在调堵措施及注汽工艺技术层面，缺乏对汽窜通道的定量识别研究。张红玲等利用非活塞式驱替模型确定了蒸汽吞吐井间窜通体积的大小，但该方法所考虑的汽窜通道形状过于简单，而在实际地层中，很难用几何方法对窜流通道进行描述。目前常用的控关汽窜井方法虽能在一定程度遏制汽窜，但只能控制一般时间，若不采取针对性措施，汽窜范围将影响相邻区域。要从根本上解决汽窜问题，必要的前提是准确预测汽窜体积，并根据汽窜体积确定堵剂用量。因此，对稠油油藏蒸汽驱窜流通道的定量研究具有重要意义。由于蒸汽温度远远高于冷水，汽窜通道体积的计算与水窜体积的计算不同，必须考虑温度因素及蒸汽在地下的冷凝。在油田开发过程中，动态数据是非常容易获得的资料，并且能够很好地反映注采井间的窜通关系。利用动态数据，通过相关系数法确定注采井窜通关系，并建立考虑采出滞后现象、冷凝现象、油藏压力变化和温度变化的数学模型来预测井间汽窜通道体积。

当生产井发生汽窜并达到稳定状态后，由于汽窜通道渗流阻力远远小于地层中其他部分的渗流阻力，注汽井向生产井方向注入的蒸汽将几乎全部经汽窜通道由生产井产出，并且汽窜通道中原油基本接近残余油状态，流动近似于单相流，此时生产井的产水量绝大部分来自周围与其窜通的注汽井，产水量的变化与注汽量的变化有很强的相关性。相关系数计算式如下：

$$\rho(X,Y)=\frac{\mathrm{Cov}(X,Y)}{\sqrt{D(X)D(Y)}} \tag{4-3-1}$$

式中　ρ——相关系数；

X,Y——变量；

Cov——协方差；

D——方差。

相关系数的取值范围为[－1,1]。$|\rho|$越大，误差越小，变量之间的线性相关程度越高；$|\rho|$越接近 0，误差越大，变量之间的线性相关程度越低。$\rho>0$ 表示 X 和 Y 正相关，$\rho<0$ 表

示 X 和 Y 负相关，$\rho=0$ 表示 X 和 Y 不相关。

根据相关系数的定义和特征，可以将其应用于油田注采动态数据分析中。在油田开发过程中，注采动态数据有着密切的联系，采出是注入的直接反映。如果两口注采井是窜通的，那么注汽井的注入数据和生产井的采出数据应该是正相关的，即相关系数应该大于0。反过来说，如果两口井的注采数据之间相关系数大于0，那么这两口井有可能是窜通的，并且相关系数越大，窜通的可能性越大。如果多口注汽井与一口生产井同时窜通，那么这多口注汽井总注汽量的变化与生产井产水量的变化的相关系数要大于任何一口注汽井注汽量的变化与生产井产水量的变化的相关系数。基于这个认识，可以通过对蒸汽驱阶段动态数据相关性进行分析来确定注采井的窜通关系。

在蒸汽驱阶段，假设一口生产井汽窜 n 天的产水量分别为 $q_w^1, q_w^2, \cdots, q_w^n$，其周围有 m 口井在同时注汽，注汽冷水当量分别为 $i_{wk}^1, i_{wk}^2, \cdots, i_{wk}^n$，其中 $k=1,2,\cdots,m$，则该生产井和 n 口注汽井同时窜通的可能性有 C_m^a 种，共有 $\sum\limits_{a=1}^{a=m} C_m^a = 2^m - 1$ 种可能的窜通关系。为精确地确定窜通关系，需要求出每种情况下所有窜通井总注汽冷水当量变化量与生产井产水量变化量的相关系数，计算公式如下：

$$\rho(\Delta i_{wi}, \Delta q_w) = \frac{\mathrm{Cov}(\Delta i_{wi}, \Delta q_w)}{\sqrt{D(\Delta i_{wi}) D(\Delta q_w)}}, \quad i = 1,2,\cdots,2^m - 1 \tag{4-3-2}$$

$$\Delta i_{wi} = \{\Delta i_{wi}^1, \Delta i_{wi}^2, \cdots, \Delta i_{wi}^{n-1}\} \tag{4-3-3}$$

$$\Delta q_w = \{\Delta q_w^1, \Delta q_w^2, \cdots, \Delta q_w^{n-1}\} \tag{4-3-4}$$

$$\Delta i_{wi}^j = i_{wi}^{j+1} - i_{wi}^j, \quad j = 1,2,\cdots,n-1 \tag{4-3-5}$$

$$\Delta q_w^j = q_w^{j+1} - q_w^j, \quad j = 1,2,\cdots,n-1 \tag{4-3-6}$$

式中 Δi_{wi}——第 i 种情况下所有窜通井总注汽冷水当量变化量，m^3/d；

Δq_w——生产井产水量变化量，m^3/d；

i_{wi}^j——第 i 种情况下第 j 天所有窜通井总注汽冷水当量，m^3/d；

q_w——生产井第 j 天产水量，m^3/d；

j——第 j 天。

相关系数的最大值对应的窜通关系即实际的窜通关系。在实际生产中，由于注采井之间存在一定距离，导致采出动态滞后于注入动态，并且渗透率越小，孔隙度越小，黏度越大，综合压缩系数越大，损耗越大，滞后现象就越明显，所以需要对注入量做以下修正：

$$\hat{i}_{wk}^j = \sum_{c=0}^{A-1} \alpha_k^{j(c)} i_{wk}^{j-c} \tag{4-3-7}$$

$$\alpha_k^{j(c)} = \frac{\int_c^{c+1} \Delta q_w \mathrm{d}t}{\int_0^A \Delta q_w \mathrm{d}t}, \quad c = 0,1,\cdots,A-1 \tag{4-3-8}$$

式中 $\hat{i}_{wk}^j$——第 k 口注汽井在第 j 天修正后的注汽冷水当量，m^3/d；

$\alpha_k^{j(c)}$——第 k 口注汽井在第 j 天的第 c 个修正系数；

A——修正系数个数，其值越大，结果越精确。

二、动态资料选取原则

在识别窜通关系和计算汽窜通道体积时，涉及的资料包括注汽井的注汽压力和注汽量、生产井的产水量，但是在生产过程中，不可避免地要对注采井采取各种操作，这就加入了人为影响因素，会严重影响计算结果。因此，要尽可能选取汽窜后无人为因素干扰的时间段，最好采用采样周期为油田最小时间间隔的生产报表，这样才能得到精度较高的结果。

三、汽窜通道体积计算

假设无限大地层中有一口注汽井和一口生产井，两口井同时工作。当注采井之间发生汽窜后，生产井含水率基本接近100%，即产液量大致等于产水量，并且汽窜通道成为流体流动的主要通道，地层中有效孔隙体积大致等于汽窜通道体积。在某段时间内，根据质量守恒原理，考虑蒸汽在地层中的冷凝并假设蒸汽在到达生产井之前已经完全冷凝，则地层汽窜通道体积的变化可以表示为：

$$\Delta V_{p}=(i_{s}-C_{ws}-q_{w})\Delta t \tag{4-3-9}$$

其中，

$$i_{s}=i_{w}v_{ws} \tag{4-3-10}$$

$$C_{ws}=\bar{G}V_{p}-\frac{\bar{G}V_{p}}{v_{ws}} \tag{4-3-11}$$

$$\bar{G}=2\gamma(T_{s}-T_{i})/\{\sqrt{\pi\alpha[t-\delta(x)]}L_{v}\rho_{s}R\} \tag{4-3-12}$$

式中　ΔV_p——注采井间汽窜通道体积的变化量，m^3；

i_s——单位时间蒸汽注入体积，m^3/d；

C_{ws}——单位时间蒸汽冷凝成水产生的体积差，m^3/d；

q_w——单位时间产水量，m^3/d；

Δt——时间，d；

i_w——单位时间注汽冷水当量，t/d；

v_{ws}——蒸汽比容，m^3/t；

$\bar{G}$——单位时间单位体积岩石内冷凝的蒸汽体积，$m^3/(m^3 \cdot d)$；

V_p——注采井间汽窜通道体积，m^3；

γ——油层导热系数，$kJ/(m \cdot d \cdot ℃)$；

T_s——注入蒸汽温度，℃；

T_i——原始油层温度，℃；

α——油层热扩散系数，m^2/d；

t——生产时间，d；

$\delta(x)$——长度 x 处存在热损失的时间起点，d；

L_v——水的汽化潜热，kJ/kg；

ρ_s——蒸汽密度，kg/m^3；

R——蒸汽波及区的特征尺寸，m。

由于地层压力和温度的变化，孔隙体积的变化主要是由岩石、流体的压缩效应和热效应共同引起的。假设汽窜后注采井间汽窜通道基本达到稳定状态，范围不再增加，并且忽略汽窜通道外部区域岩石内流体受热对通道的影响，则某段时间内地层汽窜通道体积的变化可表示为：

$$\Delta V_{\mathrm{p}} = C_{\mathrm{t}} V_{\mathrm{p}} \Delta \bar{p} + \beta_{\mathrm{t}} V_{\mathrm{p}} \Delta \bar{T} \tag{4-3-13}$$

式中 C_{t}——地层综合压缩系数，10^{-1} MPa^{-1}；

β_{t}——综合热膨胀系数，℃$^{-1}$；

$\Delta \bar{p}$——地层平均压力的变化量，10^{-1} MPa；

$\Delta \bar{T}$——地层平均温度的变化量，℃。

假设温度从注汽井底至生产井底呈线性变化，则地层平均温度可近似表示为：

$$\bar{T} = \frac{T_{\mathrm{s}} + T_{\mathrm{p}}}{2} \tag{4-3-14}$$

式中 $\bar{T}$——地层平均温度，℃；

T_{p}——生产井采出温度，℃。

进而可得：

$$C_{\mathrm{t}} V_{\mathrm{p}} \frac{\mathrm{d}\bar{p}}{\mathrm{d}t} + \beta_{\mathrm{t}} V_{\mathrm{p}} \frac{\mathrm{d}\bar{T}}{\mathrm{d}t} = i_{\mathrm{w}} v_{\mathrm{ws}} - \bar{G} V_{\mathrm{p}} + \frac{\bar{G} V_{\mathrm{p}}}{v_{\mathrm{ws}}} - q_{\mathrm{w}} \tag{4-3-15}$$

注汽井日注汽冷水当量可以表示成：

$$i_{\mathrm{w}} = Z(p_{\mathrm{wfi}} - \bar{p}) \tag{4-3-16}$$

式中 Z——吸汽指数，m^3/(d·10^{-1} MPa)；

p_{wfi}——注汽压力，10^{-1} MPa；

$\bar{p}$——地层平均压力，10^{-1} MPa。

将上式代入式(4-3-15)得：

$$q_{\mathrm{w}} = i_{\mathrm{w}} v_{\mathrm{ws}} - \bar{G} V_{\mathrm{p}} + \frac{\bar{G} V_{\mathrm{p}}}{v_{\mathrm{ws}}} - C_{\mathrm{t}} V_{\mathrm{p}} \frac{\mathrm{d}p_{\mathrm{wfi}}}{\mathrm{d}t} + \frac{C_{\mathrm{t}} V_{\mathrm{p}}}{Z} \frac{\mathrm{d}i_{\mathrm{w}}}{\mathrm{d}t} - \beta_{\mathrm{t}} V_{\mathrm{p}} \frac{\mathrm{d}\bar{T}}{\mathrm{d}t} \tag{4-3-17}$$

在油田实际开发中，当一口生产井与 m 口注汽井窜通时，不同时刻生产井和周围窜通的 m 口注汽井之间的关系式可写为：

$$q_{\mathrm{w}}^{j} = \sum_{k=1}^{m} \lambda_k \left[i_{\mathrm{w}k}^{j} v_{\mathrm{ws}} - \left(\bar{G} - \frac{\bar{G}}{v_{\mathrm{ws}}} + C_{\mathrm{t}} \frac{\mathrm{d}p_{\mathrm{wfi}k}^{j}}{\mathrm{d}t} - \frac{C_{\mathrm{t}}}{Z_k} \frac{\mathrm{d}i_{\mathrm{w}k}^{j}}{\mathrm{d}t} + \beta_{\mathrm{t}} \frac{\mathrm{d}\bar{T}_k^{j}}{\mathrm{d}t} \right) V_{\mathrm{p}k} \right] \tag{4-3-18}$$

式中 λ_k——第 k 口注汽井与生产井之间的窜通系数；

$i_{\mathrm{w}k}^{j}$——第 k 口注汽井第 j 天的单位时间注汽冷水当量，m^3/d；

$p_{\mathrm{wfi}k}^{j}$——第 k 口注汽井第 j 天的注汽压力，10^{-1} MPa；

Z_k——第 k 口注汽井的吸汽指数，m^3/(d·10^{-1} MPa)；

$\bar{T}_k^{j}$——第 k 口注汽井第 j 天与生产井间地层平均温度，℃；

$V_{\mathrm{p}k}$——第 k 口注汽井与生产井的汽窜通道体积，m^3。

选取 n 组动态数据，则式(4-3-18)有 n 个方程、$2m$ 个未知量，其中包括 m 个窜通系数

和 m 个汽窜通道体积。当动态数据组数 $n\geqslant 2m$，且数据有较明显波动时，利用最小二乘法可以求解。

第四节 剩余油分布影响因素分析

注蒸汽开发过程中，稠油油藏动用程度及剩余油分布强烈受控于油藏地质因素及开发工程因素。油藏地质因素是油层动用程度差异化、剩余油富集的内因，开发工程因素是控制剩余油分布的外因，二者相互作用导致剩余油分布的复杂化和多样化。

一、影响剩余油分布的油藏地质因素

影响剩余油分布的油藏地质因素包括沉积微相、韵律类型、隔夹层分布、原油黏度等，综合反映储层和流体的非均质特性，下面重点分析沉积微相、韵律类型、隔夹层分布影响情况。

1. 沉积微相对剩余油分布的影响

沉积微相对剩余油分布的影响主要体现在沉积微相对岩性、物性、砂体展布的影响上。岩性不同，物性、含油性、动用程度和剩余油饱和度也不同。表 4-4-1 为研究区不同岩性的岩芯分析剩余油饱和度和模型统计的原始含油饱和度对比，结果表明中细砂岩物性最好，原始含油饱和度高，动用程度、剩余油饱和度也较高。结合岩芯观察描述、测井相特征和岩性组合，本区存在 3 种岩性组合情况，综合数值模拟结果，归纳如下。

(1) 前缘分流河道为主的储层：测井曲线呈箱形，如 96G04 井 220～225 m 井段曲线特征。该类储层纵向、平面相对均质，层内夹层不发育，剩余油分布主要取决于开发工程因素。前缘分流河道微相的代表层位为 $J_3q_2^{2-1-2}$ 层，岩相较为单一，以中细砂岩为主，局部夹细砂岩和含砾中粗砂岩，此类储层剩余油主要分布在注汽井井间地带且受控于与注汽井的距离。

(2) 平原河道微相为主的储层：测井曲线呈钟形，岩性下粗上细，底部发育砾岩，呈岩性正韵律或物性反韵律型，如 96DG05 井 180～202 m 井段曲线特征(图4-2-4)。此类储层剩余油主要分布在河道上部且受中细砂岩分布的影响。

表 4-4-1 不同岩性动用程度统计表

岩 性	平均孔隙度 /%	模型统计	岩芯分析		动用程度
		原始含油饱和度 /%	含水饱和度 /%	剩余油饱和度 /%	
中细砂岩	29.9	81	54.3	45.7	0.44
含砾中粗砂岩	26.5	64	53.7	46.3	0.28
细砂岩	23.9	52	55.7	44.3	0.15
砂砾岩	22.4	58	56.1	43.9	0.24

(3) 三角洲平原河道侧缘微相为主的储层：测井曲线呈指形，如 9D6160A 井 235～

245 m 井段特征(图 4-2-2),水动力变化频繁,岩性变化快,一般呈正韵律但正韵律厚度较小,多期正韵律叠置呈不规则复合型。此类储层剩余油主要分布在正韵律上部且受中细砂岩分布的影响。

2. 韵律类型对剩余油分布的影响

渗透率韵律性反映了渗透率在纵向上的变化状况。辫状河流相沉积中目的层段主要分为正韵律、反韵律和复合韵律 3 种类型。在不同沉积韵律约束和注入蒸汽超覆共同作用下,形成了不同的剩余油分布模式。

1) 正韵律储层剩余油分布规律

正韵律储层表现为高孔、高渗段分布于砂体底部,自下而上渗透率逐渐变小,依据特征可分为完全正韵律和不完全正韵律。完全正韵律表现为粒度渐变,是主要的正韵律类型;不完全正韵律粒度往往出现突变现象。九$_8$区齐古组为辫状河沉积,河道、心滩微相占主导地位,河道砂体主要由砂砾岩、含砾砂岩、粗砂岩、中细砂岩构成向上变细的正韵律。剖面岩性、物性具有明显正韵律组合关系。

由于正韵律储层上部岩石对蒸汽超覆的抑制,其蒸汽超覆作用不是很明显。因此,河道砂体的整体动用程度较高,下部小层吸汽量占总吸汽量的 70%,油层动用厚度比较大,剩余油分布较为均衡,有利于注蒸汽开发。

2) 反韵律储层剩余油分布规律

反韵律储层表现为高孔、高渗段分布于砂体顶部,自下而上渗透率逐渐增大,一般多为河口砂坝及溢岸等沉积成因。反韵律多与正韵律组合成复合韵律,单一反韵律较少见。九$_8$区齐古组存在个别反韵律剖面,岩性底部粒度细,向上变粗,孔渗向上变大,反映出反韵律组合关系。

由于反韵律储层上部岩石的孔渗高于下部岩石,因此蒸汽超覆作用加剧,纵向动用不均衡加剧,注蒸汽驱替厚度变小,整体动用程度偏低,上部小层吸汽量占总吸汽量的 51%,剩余油主要集中在油层中下部。

3) 复合韵律储层剩余油分布规律

复合韵律储层砂体厚度大,韵律性复杂多变,纵向上主要由若干砂层相互叠置而成,反映多期河道垂向叠加、冲刷等组合叠置关系。

由于复合韵律储层纵向上砂体变化大,中细砂、粗砂、砂砾岩交替分布,物性变化较大,部分储层物性极差、吸汽能力差,注蒸汽后动用程度较低,动用层吸汽量占总吸汽量的 32%,剩余油主要集中在吸汽能力差的小层中。

3. 隔夹层对剩余油分布的影响

隔夹层对剩余油分布的影响主要体现在两方面,一方面隔夹层会降低注入蒸汽的热利用率,导致层间动用程度差异大;另一方面连续隔夹层可有效抑制蒸汽向上超覆,使油层纵向动用较均匀。

研究区隔夹层类型主要为岩性隔层和物性夹层,其中岩性隔层主要发育在油层顶部和底部,物性夹层主要发育在油层内部。油层内部物性夹层有厚度小、零星分布且不连续、分隔能力弱的特点。从研究区隔夹层类型和分布规律来看，隔夹层对剩余油分布的影响主要表现为降低注入蒸汽热利用率，造成层间动用差异，但对抑制蒸汽向上超覆作用有限。这一点从过套管电阻率曲线图（图 4-4-1）可见，夹层上下的油层电阻率变化明显。从取芯井水淹层解释结果来看，夹层上下的油层水淹程度有明显差别（图 4-2-4）。

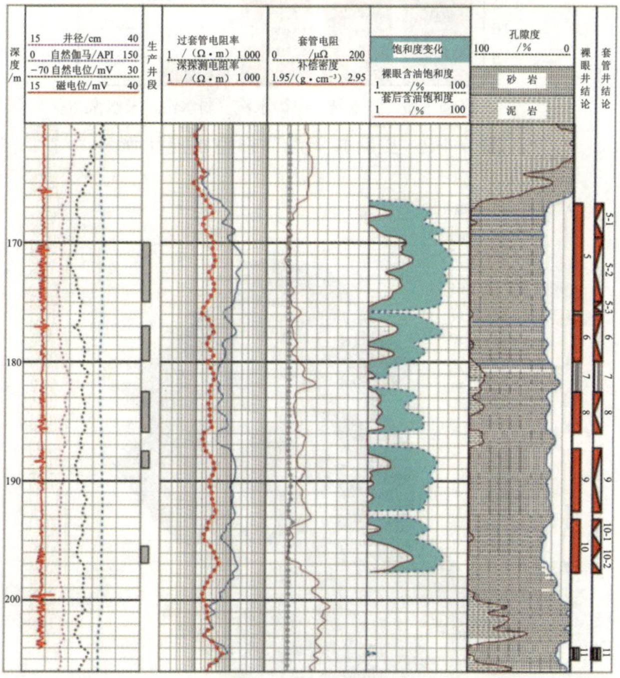

图 4-4-1 过套管电阻率夹层上下油层动用差异

二、影响剩余油分布的开发工程因素

影响剩余油分布的开发工程因素很多，如油藏的开发方式、井网井距、射孔方式、注采状况、注汽参数及开采时间等，下面重点考虑蒸汽超覆、与注汽井距离、射孔等主要因素。

1. 蒸汽超覆作用对剩余油分布的影响

在蒸汽超覆作用和蒸汽驱油机理的作用下，蒸汽腔内驱油效率高，剩余油饱和度较低，表现在油藏纵向上动用不均衡，顶部动用程度高，剩余油饱和度低。96DG05 井岩芯观察和水淹层解释结果如图 4-2-4 所示，顶部岩芯在蒸汽作用下颜色呈灰白色，与下部蒸汽未波及区岩芯明显不同。

更新井水淹层解释结果表明，62％的更新井存在蒸汽驱扫型水淹，其中以强水洗和中等水洗为主，极强水洗次之（图 4-4-2），油层上部井间地带出现大范围的热连通，主要分布在顶部 $J_3q_2^{2\text{-}1\text{-}1}$ 层，蒸汽驱扫型水淹厚度占 $J_3q_2^{2\text{-}1\text{-}1}$ 层厚度的 19.5％。更新井平面热连通范围大，但厚度占比不高，主要原因是其代表的是井间地带中部，而剩余油主要分布在研究区南部边缘地带和部分注汽井井间地带，这与数值模拟结果一致（图 4-4-3 和图 4-4-4）。

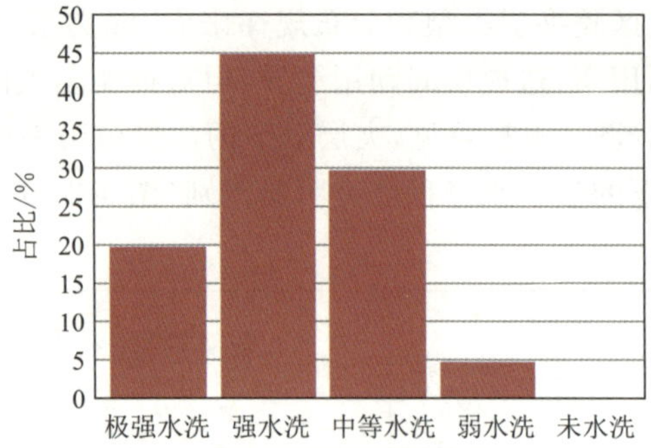

图 4-4-2　更新井蒸汽驱扫型水淹比例

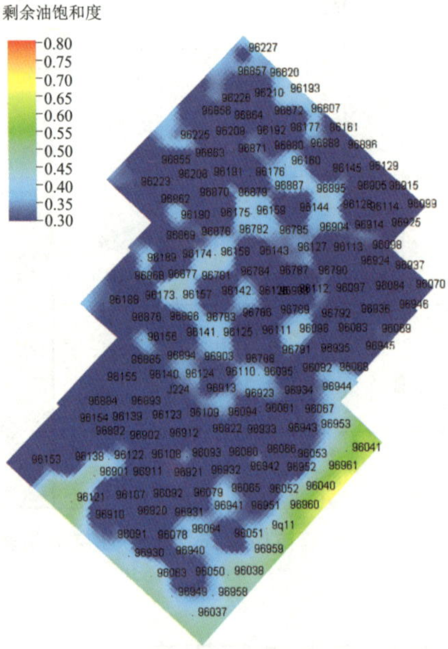

图 4-4-3　蒸汽驱扫型剩余油饱和度分布图($J_3q_2^{2-1-1}$)

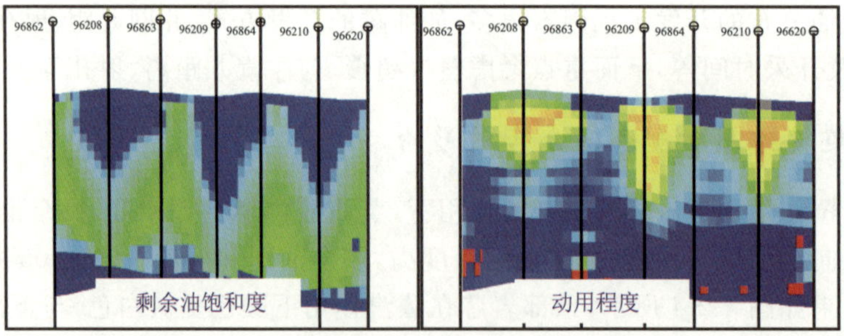

图 4-4-4　剩余油饱和度分布图

2. 注汽井距离对剩余油分布的影响

为研究九区齐古组油藏在注蒸汽开采过程中油层的动用状况，先后在该区钻密闭取芯井 4 口，它们分别代表不同生产时间、不同部位的油层剩余油分布状况。由图 4-4-5 可以看出，在平面上，剩余油饱和度与距注汽井的距离有关，距注汽井距离越远，剩余油饱和度越高。在距注汽井 35 m 范围内，含油饱和度平均已下降 35%左右，剩余油饱和度一般小于 50%，油层动用程度较高。距注汽井 35～70 m 范围内，油层动用程度较低，剩余油饱和度多在 50%～60%之间。

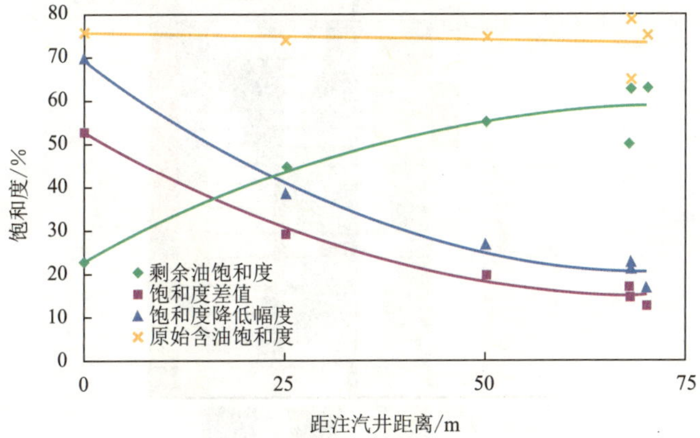

图 4-4-5　密闭取芯分析饱和度与距注汽井距离关系图

从不同井的含油饱和度纵向变化情况来看，各井差异较大。检 279 井距注汽井 25 m，含油饱和度全井段大幅度下降；其余井距注汽井距离大于 50 m，主要表现为油层上部含油饱和度下降幅度较大，而中下部含油饱和度下降幅度很小或基本没有变化。

由此表明，在 100 m×140 m 反九点井网条件下，注蒸汽开采 3～8 a 后，蒸汽波及范围十分有限，充分动用的仅是井筒附近(约 35 m 之内)的油层，距注汽井 35～70 m 范围内，油层的动用程度较低。

3. 射孔层段对剩余油分布的影响

射孔层段动用程度较高，未射孔层段虽有波及，但动用程度明显降低(图 4-4-6)。

剩余油分布同时受多重因素的控制，综合分析研究区岩芯观察结果、更新井水淹层解释结果及数值模拟结果可知：$J_3q_2^{2-1-1}$ 层多为韵律型和均质型，以蒸汽超覆控制为主，井间大面积热连通，剩余油饱和度低；$J_3q_2^{2-1-2}$ 层为均质型，剩余油分布受注汽井距离、蒸汽超覆等多重因素影响，井间部分热连通，注汽井周围剩余油饱和度低，距离注汽井较远地带剩余油富集；$J_3q_2^{2-2-1}$ 层为均质型，主要受注汽井距离影响，蒸汽超覆影响弱，距离注汽井较远地带剩余油较富集；$J_3q_2^{2-2-2}$ 层以均质型为主，物性反韵律型次之，剩余油分布主要受注汽井距离影响，距离注汽井较远地带剩余油较富集；$J_3q_2^{2-3-1}$ 层、$J_3q_2^{2-3-2}$ 层和 $J_3q_2^{2-3-3}$ 层自上而下由物性反韵律型过渡为不规则复合型，整体中细砂岩比例低，物性差、原始含油性差，动用程度低，仅在部分中细砂岩中有潜力。

对注蒸汽热采稠油油藏进行多级流场与剩余油分布识别，建立注蒸汽流场综合因子识别模型，形成多级流场与剩余油分布智能识别技术，宏观上表征剩余油分布规律，微观上明确剩余油赋存状态，为提高采收率攻关方向奠定基础(图 4-4-7 和图 4-4-8)。

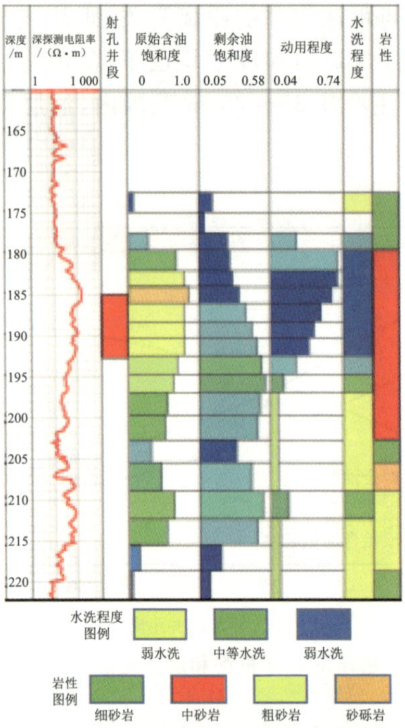

图 4-4-6　射孔段剩余油饱和度与原始含油饱和度对比

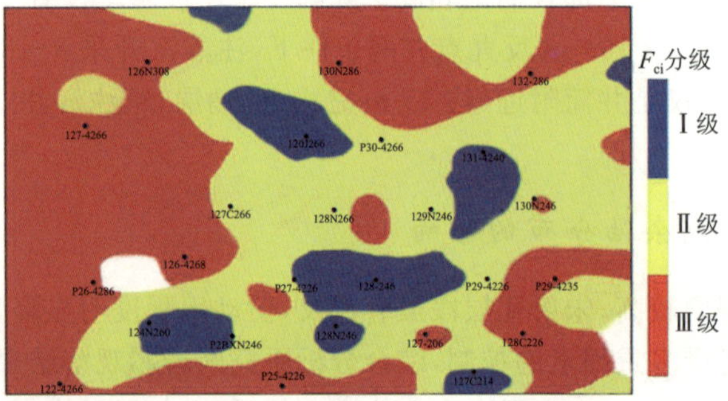

图 4-4-7　稠油研究区 3 级流场分布图

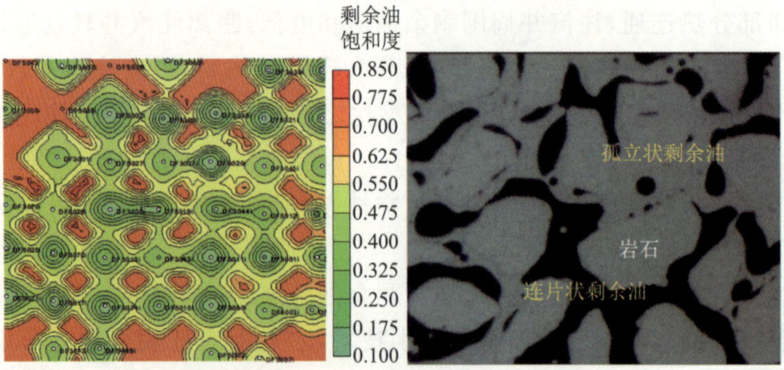

（a）剩余油宏观分布规律　　（b）剩余油微观赋存状态

图 4-4-8　蒸汽驱初期剩余油图

$$F_{ci}=a_{12}M_{eq}+a_3\Delta T+a_4T_H+a_5I_E \tag{4-4-1}$$

式中　F_{ci}——流动综合因子；

M_{eq}——流度比；

ΔT——流场温升值；

T_H——汽液过流通量；

I_E——置换率；

a_{12},a_3,a_4,a_5——相关系数。

$F_{ci}\geqslant 0.85$ 的区域表现为Ⅰ级，$0.85>F_{ci}\geqslant 0.45$ 的区域表现为Ⅱ级，$F_{ci}<0.45$ 的区域表现为Ⅲ级。

第五章 多相协同蒸汽驱提高采收率技术系列

在窜流通道识别及剩余油分布认识的基础上，本章重点阐述多元多相协同蒸汽驱相似准则；介绍多元多相热复合体系降黏效果、乳化规律，并进行驱油性能评价；以物理模拟手段就多相介质对不同汽窜通道及不同成因剩余油作用机理进行研究，从微观层面进一步认识水气交替注入、发泡剂溶液-气交替注入过程中泡沫封堵驱油和水驱油的微观变化规律；对耐高温深部调剖堵剂体系进行介绍及性能评价。

第一节 多元多相协同蒸汽驱相似准则

多元热流体驱相似准则是目前研究最成熟、应用最广泛的相似准则，多元热流体驱是提高某些稠油油藏采收率而广泛采用的、行之有效的采油工艺。多年来，为改善这一工艺进行了大量的研究工作，其中包括实验室研究。自从多元热流体注入方式用于稠油油藏热采开发以来，学者们进行了大量按比例物理模拟实验，这些实验主要用于预测多元热流体驱油藏中与生产动态有关的各种参数的效应，其中包括注入率、蒸汽干度、生产压力、段塞尺寸、完井间距、井网几何尺寸、蒸汽添加剂、底水层和油藏地质性质等。

由于多元热流体驱按比例模型中许多机理的相对影响与油田所预计的情况一致，多元热流体驱按比例模拟研究不仅可以对多元热流体驱数值模型进行定标，而且可以对尚未恰当地结合进入数值模型中的某些机理效应提供透彻的认识。多元热流体驱按比例模型按压力可以分为高压和低压（包括真空）两大类。高压模型采用的岩石-流体系统与原型油藏相近，其温度、压力也与原型油藏接近或相等，因此可以较好地模拟岩石的热膨胀、原油的蒸馏作用以及岩石和流体的相互作用。低压和真空模型使用与原型油藏不同的流体和孔隙介质，在低于原型油藏的温度、压力下进行实验，操作方便。由于多元热流体驱按比例模型可以比较好地模拟饱和蒸汽压力-温度的平衡关系，所以可以按比例地模拟蒸汽、油、水的流动和传热。

1. 高压模型相似准则

Pujol 和 Boberg 提出了多元热流体驱按比例模拟相似准则数组，主要用于高压模型。高压模型使用与原型油藏相同的流体，在与原型油藏接近或相等的温度、压力下运行，几何相似、压降相似，因而重力效应相似。在岩石和流体的相互作用、流体物性、乳化现象、蒸汽蒸馏、气体溶解和可压性方面，高压模型能更好地模拟原型油藏。根据高压模型多元热流体驱特点，可得到高温高压模型多元热流体驱相似准则数组，见表 5-1-1。

表 5-1-1　高温高压多元热流体驱物理模拟相似准则数组

相似准则数	物理意义	模化参量
$\pi_1=\dfrac{vt}{\phi L}$	无因次注入速率	注入速率
$\pi_2=\dfrac{\lambda_r t}{\rho_r C_r^2}$	导热与比热容之比	注汽时间
$\pi_3=\dfrac{\Delta p}{\Delta\rho g L}$	压力与重力之比	生产压差
$\pi_4=\dfrac{K\Delta\rho g t}{\phi\Delta S\mu L}$	重力与黏性力之比	渗透率

注：v—速度；t—时间；ϕ—孔隙度；L—模型长度；λ_r—岩石导热系数；ρ_r—岩石密度；C_r—岩石比热容；Δp—压降；$\Delta\rho$—密度差；g—重力加速度，9.8 m/s^2；K—渗透率；μ—黏度；ΔS—可动流体饱和度。

2. 真空模型相似准则

目前使用最广泛的真空模型相似准则数组是由 Stegemeier，Volk 和 Laumbach 提出的，这套相似准则数组经过工程判断，可减少相似准则个数，从而使模型与原型在蒸汽干度、压力、温度、注入量、原油黏度、初始含油饱和度、渗透率、几何尺寸和时间等许多参数上都可以恰当地按比例相似。Doscher 及其合作者们使用的相似准则数组与 Stegemeier 的相似准则数组类似，不同之处在于 Doscher 用油藏的比热容来代替 Stegemeier 的流体和岩石比热容。Singhal 提出的相似准则数组与 Stegemeier 的不同点在于 Singhal 采用流度，而不是渗透率。

清华大学采用的真空模型相似准则数组与 Stegemeier 的相似准则数组相比有两个改进之处：一是采用渗透率与油相相对渗透率的乘积来代替渗透率，二是在蒸汽带和初始温度带两处分别采用不同的相似准则来确定在蒸汽温度和地层温度两个端点温度之间的模型用油黏度。另外经研究发现，以模拟温度与水-蒸汽温度关系的最小偏差为判据，可以选择真空模型的最佳参数搭配，从而在保证温度-压力模拟的前提下，模型温度误差为±3 ℃左右。表 5-1-2 为按比例高压模型和真空模型相似准则数组的比较。

表 5-1-2　多元热流体驱按比例高压和真空模型相似准则数组比较

模拟参量	Getty 公司 高压模型	Boberg & Pujol 高、低压模型	Stegemeier 真空模型
速度或流量	$\dfrac{vt}{\phi L}$	$\dfrac{vt}{\phi L}$	$\dfrac{mt}{\phi\Delta S\rho_w L^3}$
时　间	$\dfrac{\lambda_r t}{\rho_r C_r L^2}$	$\dfrac{\lambda_r t}{\rho_r C_r L^2}$	$\dfrac{\lambda_r t}{\rho_r C_r L^2}$
压　降	$\dfrac{\Delta p}{\Delta\rho g L}$	$\dfrac{\Delta p}{\Delta\rho g L}$	$\dfrac{\Delta p}{\Delta\rho g L}$
渗透率或流度	$\dfrac{K\Delta\rho g t}{\mu L}$	$\dfrac{K\Delta\rho g t}{\phi\Delta S\mu L}$	$\dfrac{K\Delta\rho g t}{\phi\Delta S\mu L}$

续表

模拟参量	Getty 公司 高压模型	Boberg & Pujol 高、低压模型	Stegemeier 真空模型
蒸汽干度		$\frac{f_s L_v}{C_w \Delta T}$	$\frac{f_s L_v + C_w \Delta T}{C_w \Delta T} \cdot \frac{\phi \Delta S \rho_w C_w}{\rho_R C_R}$
原油黏度			$\frac{f_s \mu_g \rho_o}{\mu_o \rho_g}$

注：m—流量；ρ_w—水相密度；$\frac{K}{\mu}$—流度；f_s—蒸汽干度；L_v—蒸汽潜热；C_w—水的比热容；ΔT—温度差；μ_g—气相黏度；μ_o—油相黏度；ρ_g—气相密度；ρ_o—油相密度。

第二节　多元多相介质性能筛选

一、汽-液多相复合化学体系

1. 稠油-降黏剂作用效果评价

1）降黏效果评价

对于降黏剂而言，降黏率是评价降黏效果最直接、最重要的参数之一。降黏率可以作为降黏剂的评价指标，表征降黏剂对样品黏度的降低程度。下面利用降黏率评价指标分别对常温条件(25 ℃)下和高温降解后的水溶性降黏剂(AE，KMK)在特稠油(油样Ⅰ)和超稠油(油样Ⅱ)中的降黏效果进行评价。

图 5-2-1 所示为常温条件下两种降黏剂不同质量分数下对不同稠油样品的降黏效果对比曲线。当降黏剂质量分数为 0.5%时，KMK 和 AE 对特稠油的降黏率分别为 86.62%，89.24%，对于超稠油，降黏率分别为 86.19%，86.31%，即常温条件下两种降黏剂对特、超稠油的降黏效果相似，降黏剂 AE 的降黏效果略优于降黏剂 KMK。此外，随着降黏剂质量分数的不断增加，降黏率不断提高。当降黏剂质量分数低于 0.5%时，随降黏剂质量分数的增加，降黏效果增强明显；当降黏剂质量分数高于 0.5%后，降黏剂对稠油黏度的降低幅度逐渐趋于平缓。由于水溶性降黏剂的主要降黏机理在于将高黏度连续稠油分散为低黏度 O/W 乳状液，因此水溶性降黏剂对不同类型稠油均具有较强的适应性。

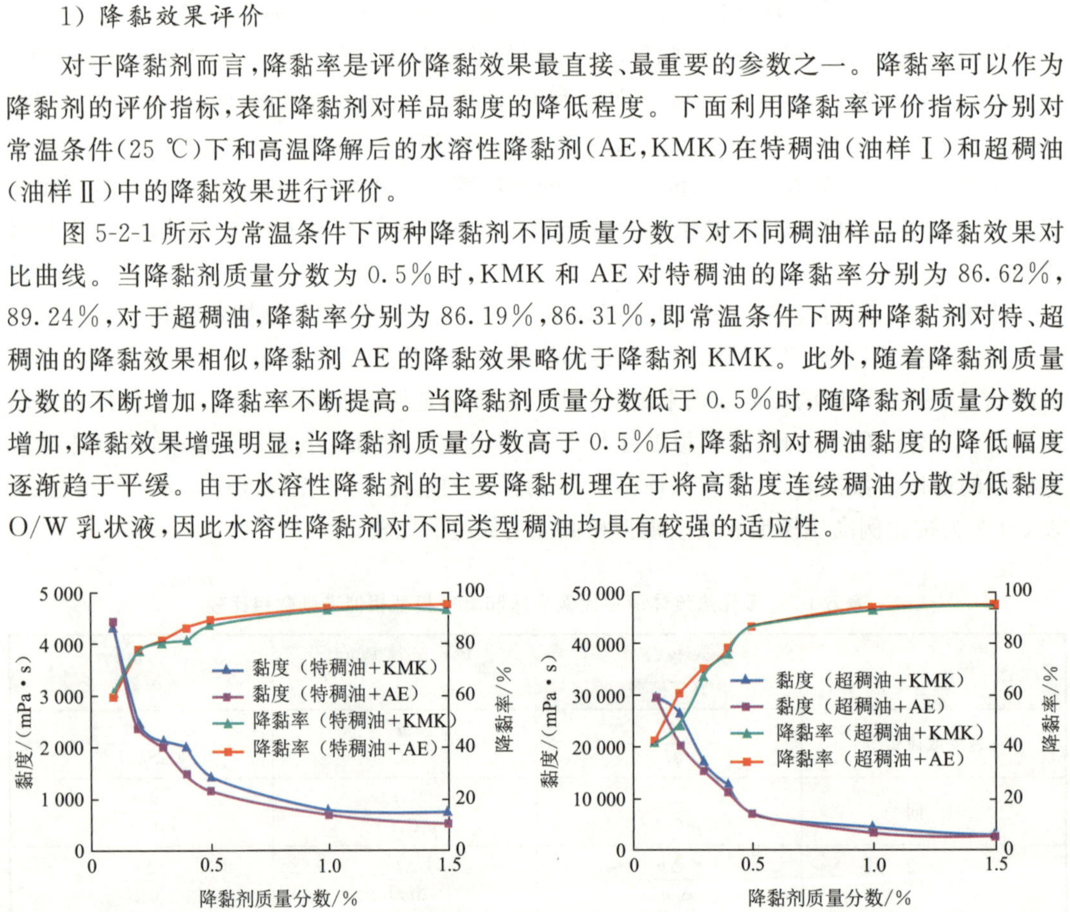

(a) 油样Ⅰ　　(b) 油样Ⅱ

图 5-2-1　不同降黏剂不同质量分数对不同稠油降黏效果对比

降黏剂经不同时间高温降解后，对特稠油和超稠油的降黏效果对比如图 5-2-2 所示。对于油样 Ⅰ，高温降解后降黏剂 KMK 的降黏率逐渐降低，在高温降解 7 d 后，其降黏率降低至 62.03%；降黏剂 AE 高温降解 7 d 后，其降黏率为 63.81%，耐温效果略优于降黏剂 KMK。对于油样 Ⅱ，高温降解后两种降黏剂的降黏率同样逐渐降低。与油样 Ⅰ 不同的是，降黏剂 AE 在高温降解 7 d 后对油样 Ⅱ 的降黏率仍可达 77.84%，而降黏剂 KMK 只有 49.56%。变化趋势反映出高温降解对降黏剂 KMK 的降黏效果影响更为明显。综合常温条件及高温降解条件下降黏剂降黏率的测定实验可知，降黏剂 AE 具有较好的高温耐受性能和降黏效果。本节中的实验测定方法也可以作为一种热采用降黏剂筛选评价方法。

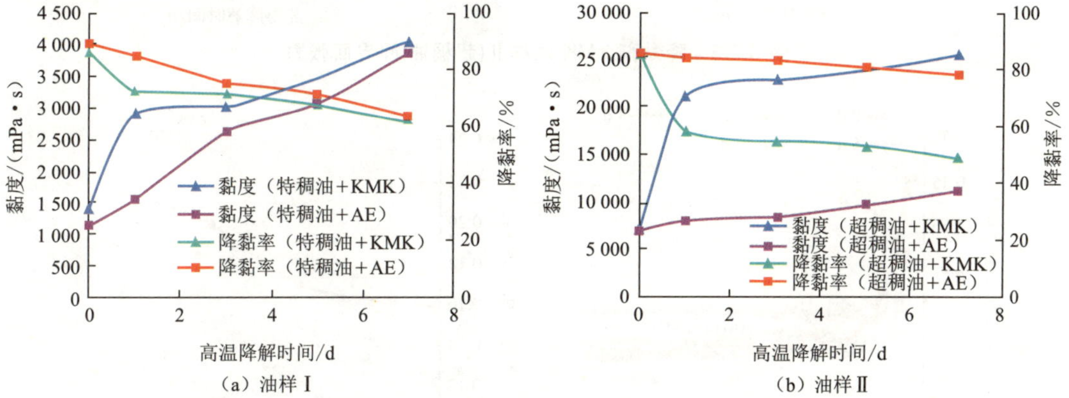

图 5-2-2　不同降黏剂不同高温降解时间对不同稠油降黏效果对比

2）界面张力测定

界面张力是影响乳化难易程度及乳状液稳定性的重要因素之一。利用 SVT20N 界面流变仪对高温降解后降黏剂与稠油的界面张力进行测定，评价高温降解后降黏剂的乳化性能和形成的乳状液的稳定性。实验中，降黏剂溶液质量分数均为 0.5%，耐受温度设定为 250 ℃，测试温度为 50 ℃。

由图 5-2-3 和图 5-2-4 可以看出，对于 AE 和 KMK 两种水溶性降黏剂，随着高温降解时间的增加，降黏剂溶液与油样 Ⅱ 超稠油间的界面张力逐渐增大，这将增大降黏剂溶液与超稠油形成乳状液的难度，并对所形成乳状液的稳定性产生消极影响。对比降黏剂 AE 和 KMK 与超稠油间的界面张力不难看出，AE 与超稠油间的界面张力在 0.158～0.215 mN/m 之间，而 KMK 与超稠油间的界面张力在 0.524～3.481 mN/m 之间。在相同高温降解条件下，KMK 与超稠油的界面张力明显大于 AE 与超稠油，且随高温降解时间的增加，KMK 与超稠油间界面张力的上升幅度明显大于 AE 与超稠油。因此对于超稠油样品，降黏剂 AE 更易与其发生乳化，且更有利于乳状液的稳定。

图 5-2-5 和图 5-2-6 所示为不同降黏剂与油样 Ⅰ 特稠油间界面张力的测定结果。与超稠油界面张力测定结果相似，AE 与特稠油间界面张力的值低于 KMK 与特稠油，且随高温降解时间的增加，AE 与特稠油间界面张力上升幅度小于 KMK 与特稠油。降黏剂 AE 更有利于与特稠油和超稠油发生乳化作用，形成较为稳定的乳状液体系。

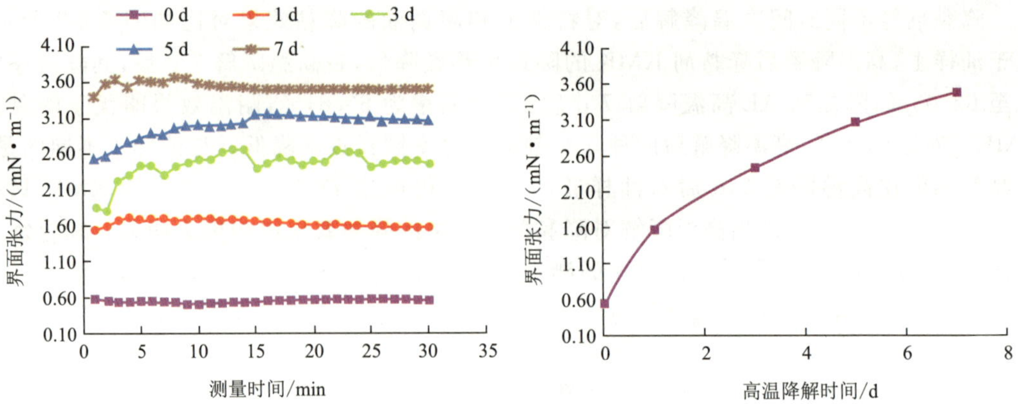

图 5-2-3　降黏剂 KMK-油样Ⅱ(超稠油)间界面张力

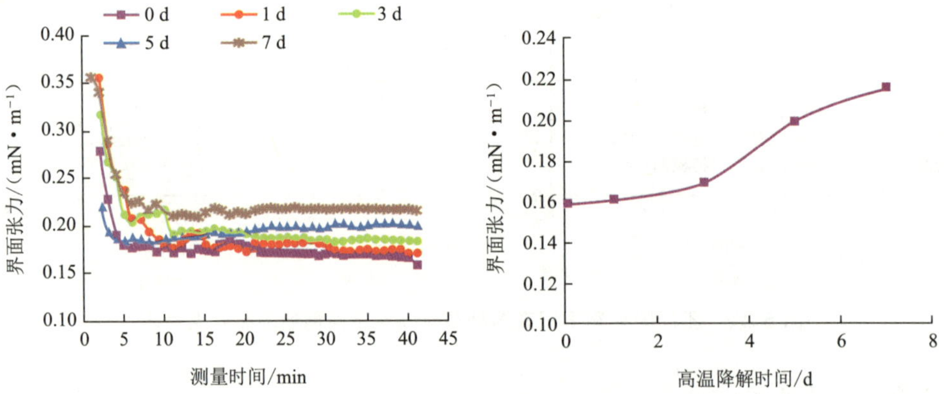

图 5-2-4　降黏剂 AE-油样Ⅱ(超稠油)间界面张力

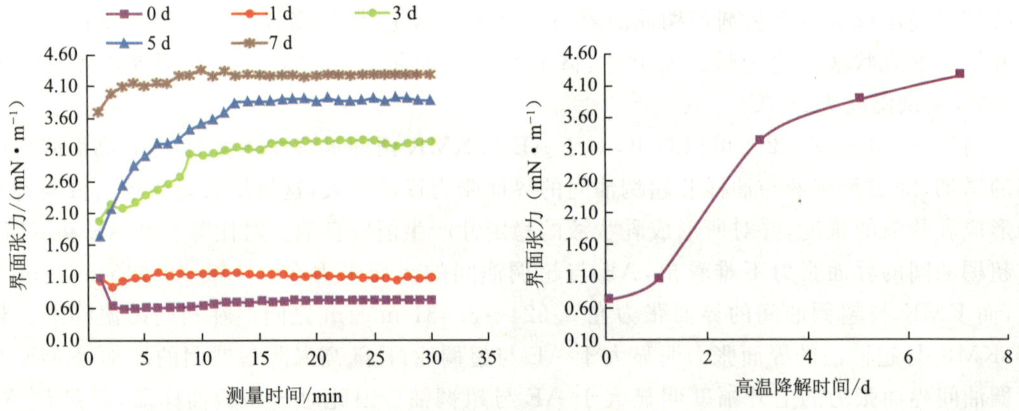

图 5-2-5　降黏剂 KMK-油样Ⅰ(特稠油)间界面张力

3）稠油-降黏剂热化学复合体系下的黏度测定

引入黏度比率的概念，用于表征不同影响因素对黏度降低的影响程度和贡献度。黏度比率定义如下：

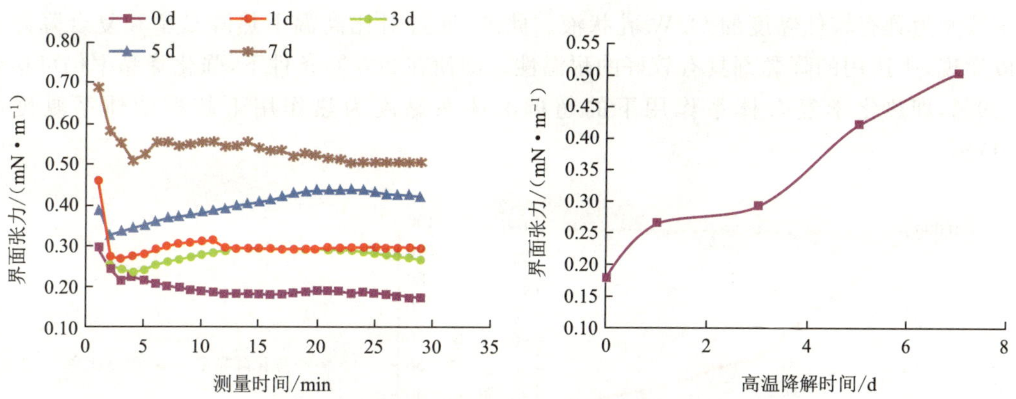

图 5-2-6　降黏剂 AE-油样Ⅰ(特稠油)间界面张力

$$R_i = \frac{\mu_{(T+VR)_i}}{\mu_{T_i}} \times 100\% \tag{5-2-1}$$

式中　R_i——黏度比率；

$\mu_{(T+VR)_i}$——温度为 T_i 时加入降黏剂溶液的稠油乳状液黏度，mPa·s；

μ_{T_i}——温度为 T_i 时的稠油黏度，mPa·s。

黏度比率表征热化学复合体系在热作用基础上对黏度进一步降低的程度。黏度比率越小，热化学复合体系的协同降黏作用越明显；黏度比率越大，热化学复合体系的降黏效果与热降黏效果越相近。在黏度比率基础上，为进一步表征稠油-降黏剂热化学复合体系对原油黏度的降低作用，定义强化降黏率：

$$f_{(T/VR)_i} = \frac{\mu_{T_i} - \mu_{(T+VR)_i}}{\mu_{T_i}} \times 100\% \tag{5-2-2}$$

式中　$f_{(T/VR)_i}$——强化降黏率。

降黏剂 AE 与油样Ⅱ和油样Ⅰ在不同温度下黏度测定结果分别如图 5-2-7 和图 5-2-8 所示。由图 5-2-7 可以看出，在不加入降黏剂仅考虑温度作用下，随着温度的逐渐升高，超稠油黏度逐渐降低。当温度为 50 ℃时，超稠油黏度降至 7 225 mPa·s，与 25 ℃下稠油黏度 50 910 mPa·s 相比，热降黏率为 85.81%；当温度为 100 ℃时，超稠油黏度降至 194 mPa·s，与 25 ℃下稠油黏度 50 910 mPa·s 相比，热降黏率达 99.62%。温度继续升高，超稠油黏度继续降低，但下降幅度趋缓，此时热降黏率均在 99%以上，说明高温对于超稠油黏度具有明显降低作用。加入降黏剂 AE 后，当温度为 50 ℃时，复合体系的黏度为 218 mPa·s，与 25 ℃下稠油黏度 50 910 mPa·s 相比，复合降黏率达 99.57%，此时强化降黏率为 96.98%。随温度升高，热降黏率与复合降黏率均逐渐增加，强化降黏率呈现先升高后降低的变化趋势。当温度为 100 ℃时，复合体系的黏度为 22.8 mPa·s，与 25 ℃下稠油黏度 50 910 mPa·s 相比，复合降黏率达 99.96%，强化降黏率为 88.25%。温度继续升高，复合体系的黏度降低幅度逐渐趋缓，此时复合降黏率均在 99%以上。这一现象说明，在温度较低的条件下，降黏剂的加入能够有效降低超稠油黏度，强化温度降黏效果；当温度高于 100 ℃后，降黏剂的加入仍能够进一步降低超稠油黏度，但此时的降黏效果与单纯高温作用下的降黏效果相近。分析原因，在较低温度条件下，温度对超稠油黏度的降低作用有限，此时转子的搅拌作用促使降黏剂与超稠油充分接触，连续油相被逐渐分散为微小液滴，而这些微小液滴为具有较低黏度的 O/W 乳状液。此外,通过对比高温下热降黏率和复合降黏率可以发现,所选用的降黏剂具有较好的耐温性。即使在 200 ℃条件下,强化降黏率仍可达到 78.89%,即热化学复合体系作用下的超稠油体系黏度为热作用下超稠油体系黏度的 21.11%。

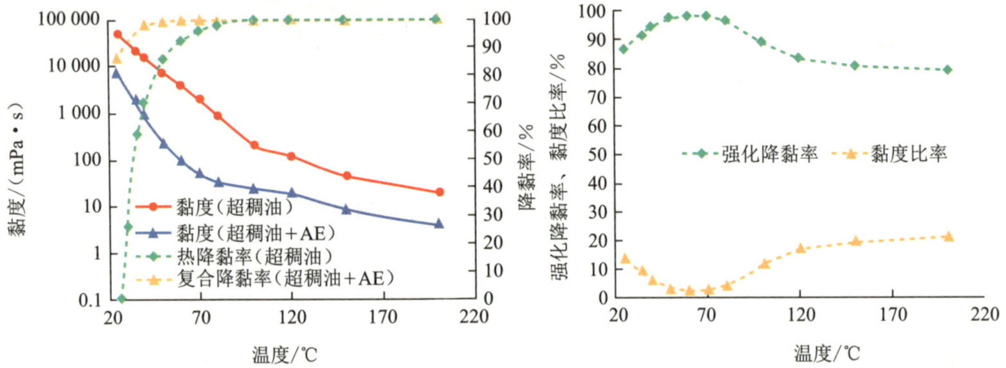

(a) 黏度及降黏率随温度变化　　(b) 强化降黏率及黏度比率随温度变化

图 5-2-7　降黏剂 AE 与油样Ⅱ(超稠油)复合体系在不同温度下黏度测定曲线

由图 5-2-8 可以看出,与超稠油现象类似,降黏剂 AE 的加入也能在热降黏基础上进一步降低特稠油的黏度。虽然在温度高于 100 ℃后,稠油黏度已处于较低值,降黏剂的附加降黏作用有所削弱,强化降黏率降低至 36%~52%,但 200 ℃时热化学复合体系下特稠油黏度仅为单独热作用下特稠油黏度的 63.89%。从黏度比率来看,在热降黏基础上,降黏剂的加入仍能够进一步降低特稠油的黏度。

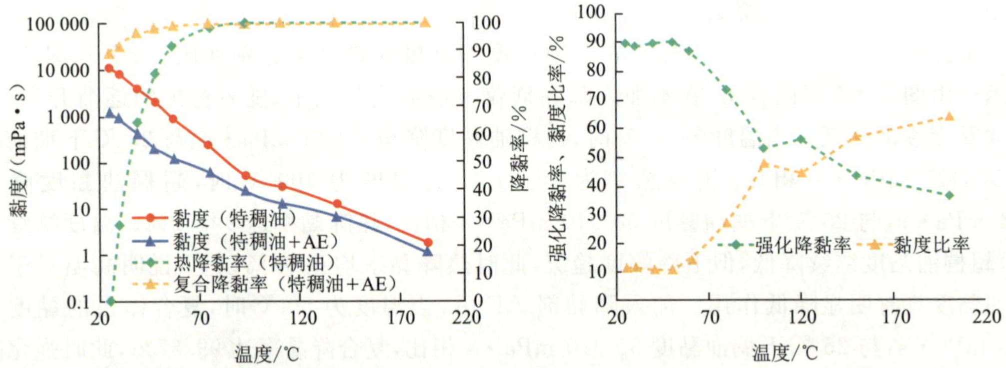

(a) 黏度/降黏率随温度变化　　(b) 强化降黏率/黏度比率随温度变化

图 5-2-8　降黏剂 AE 与油样Ⅰ(特稠油)复合体系在不同温度下黏度测定曲线

热化学复合体系能够有效降低特稠油和超稠油黏度。当温度较低时,这一体系的复合降黏作用十分明显,降黏剂的强化降黏作用充分体现;当温度较高时,热降黏作用已充分体现,降黏剂的加入仍能够在热降黏的基础上进一步降低稠油黏度。

2. 稠油-降黏剂体系乳化规律

稠油本身含有大量胶质、沥青质等天然乳化剂，加之降黏剂和蒸汽的综合作用，使得稠油易被乳化。加入降黏剂的目的是将多孔介质中的高黏连续油相以及生成的 W/O 型乳状液转化成为具有低黏度的 O/W 型乳状液。在稠油、蒸汽和降黏剂共同流动的多孔介质空间内，所形成的乳状液将受到注入蒸汽温度、运移距离、化学剂浓度、含油饱和度以及孔隙结构等多种因素的影响，原油展现出就地乳化作用，就地生成的乳状液滴在多孔介质中的流动规律也十分复杂。利用填砂管模型，借助沿程温度和压力监测采集以及沿程采出液分析，研究降黏剂质量分数、油水比、注汽温度及渗透率对稠油-降黏剂热化学复合体系在多孔介质中就地乳化的影响。

稠油-降黏剂热化学复合体系多孔介质沿程乳化实验装置如图 5-2-9 所示。

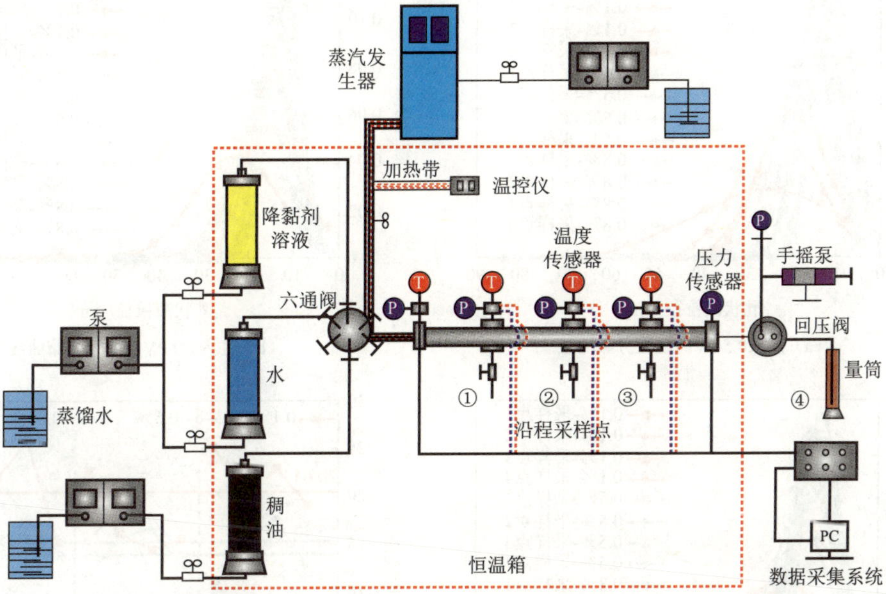

图 5-2-9　稠油-降黏剂热化学复合体系多孔介质沿程乳化实验装置图

1) 降黏剂质量分数的影响

降黏剂质量分数对稠油-降黏剂热化学复合体系就地乳化的影响如图 5-2-10 所示。从粒径分布曲线可以看出，在相同注入量条件下，降黏剂质量分数越高，粒径分布曲线波峰越窄，所形成乳状液粒径分布越均匀，平均粒径越小。从图 5-2-10(d)(图中 5～8 和 9～12 均代表采样点 1～4)可以看出，降黏剂质量分数为 0.5％和 0.8％时，相同注入量条件下，随乳状液滴运移距离的增加，乳状液平均粒径均呈现先增大后减小的趋势；而当降黏剂质量分数较小，为 0.1％时，乳状液平均粒径随运移距离的增加基本呈增大趋势(测试有误差，局部下降，总体增大)。在本实验中，乳状液滴在多孔介质中的运移受到温度、注入流体扰动、多孔介质孔隙喉道机械剪切、降黏剂吸附消耗等多种因素的影响。由于混合注入蒸汽、降黏剂溶液和稠油，多孔介质注入端附近温度较高，在较小扰动和剪切作用下稠油即可被降黏剂溶液进一步分散并包裹成为较小粒径的 O/W 型乳状液滴。随着运移距离的增加，由于热损失而使得乳状液滴温度逐渐降低，在不考虑表面活性剂分子吸附的条件下，乳状液滴界面膜强度增加，但受到多孔介质剪切作用，乳状液滴易发生机械破碎，部分乳状液滴发生聚并而粒径增大，部分则变为粒径较小的乳状液滴，即发生缩径。从实验结果可以看出，不同注入量、不同降黏剂质量分数条件下，采样点 2 平均粒径普遍大于注入端处形成的乳状液滴粒径（即采样点 1），而采样点 2 靠近注入端温度较高，说明较高温度不利于已生成乳状液滴的稳定性，所表现出的聚并程度大于乳状液滴的缩径程度。随着运移距离的进一步增加，乳状液体系温度降低，此时乳状液滴界面上表面活性剂分子的排列紧密程度将成为影响其稳定性的重要因素。由图可以看出，降黏剂质量分数为 0.5%和 0.8%时，乳状液滴平均粒径保持在 15 μm左右，在同一注入量下呈现减小趋势。因此降黏剂质量分数越大，初始形成的乳状液滴粒径越小，在运移过程中乳状液滴越稳定。

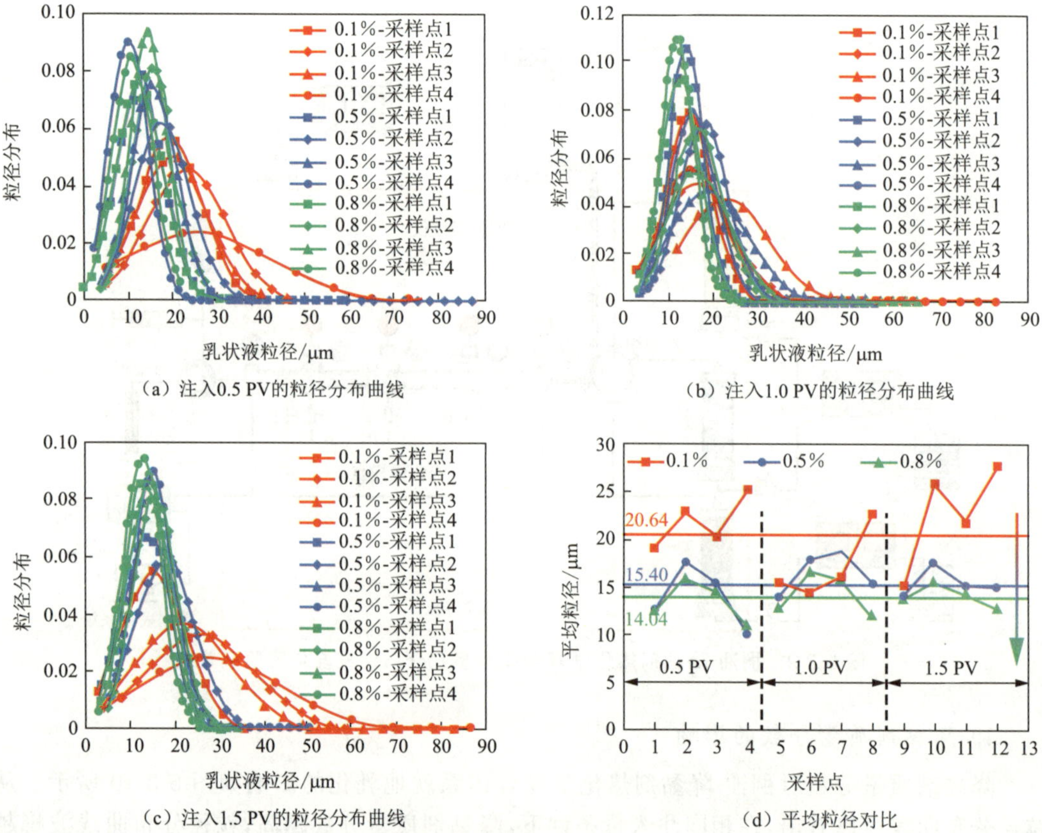

（a）注入0.5 PV的粒径分布曲线　（b）注入1.0 PV的粒径分布曲线

（c）注入1.5 PV的粒径分布曲线　（d）平均粒径对比

图 5-2-10　不同降黏剂质量分数沿程乳状液特征对比

2）油水比的影响

图 5-2-11 所示为不同油水比粒径分布曲线。由图可以看出，混合液相同注入量条件下，油水比越低，粒径分布曲线越向直径大的方向偏移。在油水比为 2∶1，1∶1 和 1∶4 时，乳状液滴平均粒径分别为 11.70 μm，15.40 μm，16.65 μm，即油水比越低，乳状液滴平均粒径越大，这与体相环境中由分层速度反推得到的油水比对乳状液滴粒径的影响结果有一定出入。O/W 型乳状液的形成是油水两相通过多孔介质油水界面变形以及表面活性剂吸附

作用，局部油相所产生的球形包裹和封装过程。油水比较低时，在注入蒸汽的热作用下，油相被有效加热，内部分子相互作用力降低。在降黏剂降低油水界面张力和多孔介质机械剪切作用下，油相易被周围大量水相介质“截断”并进行包裹，此时形成的 O/W 型乳状液的油相内核较大。油水比较高时，虽然亦形成了 O/W 型乳状液，但这是注入水相对连续油相界面进行不断“剥离”的结果。该“剥离”过程中大量油相分子之间保持较强的作用力，导致“剥离”的油相液滴较小。多孔介质中乳状液的生成较为复杂，生成方式、操作条件均与体相环境有较大差异，这也提示体相环境的研究结果需要多孔介质条件的进一步验证。

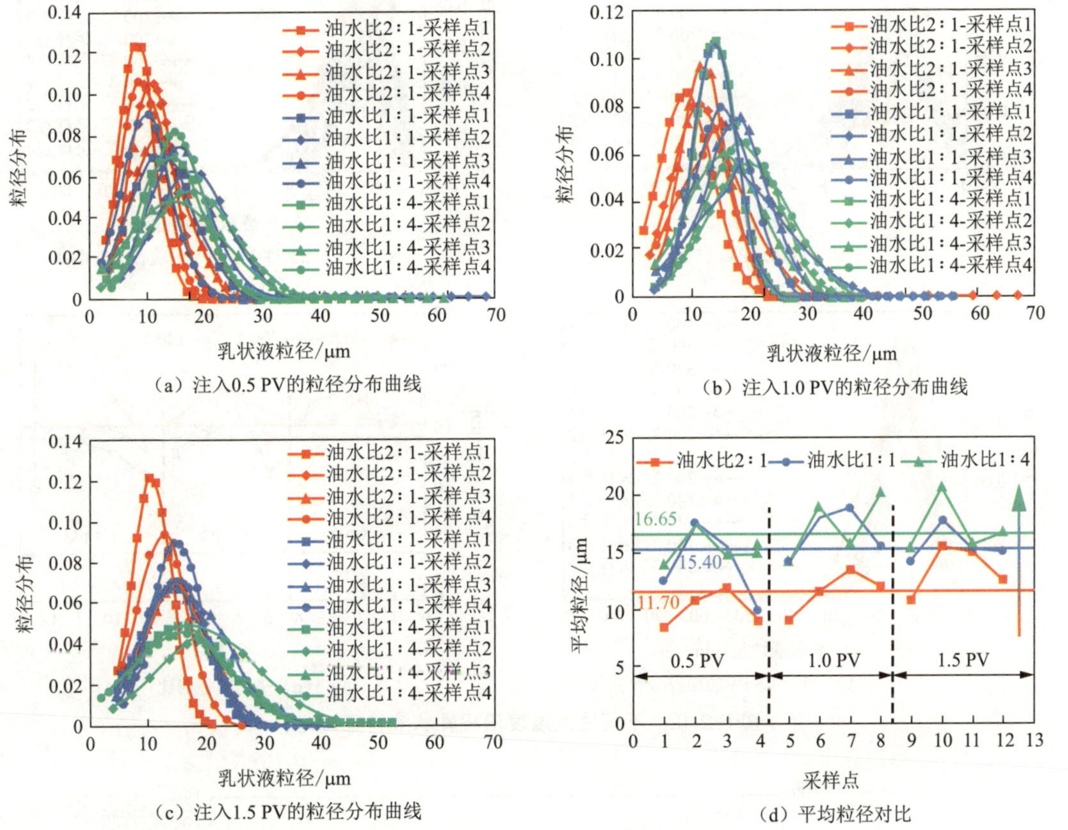

（a）注入0.5 PV的粒径分布曲线　（b）注入1.0 PV的粒径分布曲线

（c）注入1.5 PV的粒径分布曲线　（d）平均粒径对比

图 5-2-11　不同油水比沿程乳状液特征对比

3）注汽温度的影响

在上述分析的基础上，将不同注汽温度对就地生成乳状液的影响效果进行对比分析，如图 5-2-12 所示。从粒径分布曲线可以看出，不同注汽温度下，虽波形曲线宽度不尽相同，但波峰值相差较小。在相同注入量条件下，注汽温度越低，粒径分布曲线越向直径小的方向偏移。从图 5-2-12(d)可以看出，随着注汽温度的降低，经过多孔介质就地形成的乳状液滴直径呈减小趋势，但整体上差异变化不大。分析原因，在多孔介质注入端附近，由于运移距离短，热损失小，不同注汽温度条件下，各采样点中注入端附近采样点(即采样点 1)的温度差异最大，注汽温度为 300 ℃，200 ℃和 140 ℃时采样点 1 的平均温度分别为 86.0 ℃，71.3 ℃和 56.3 ℃。温度越高，界面膜强度越低，乳状液稳定性越差，越易发生絮凝、聚并。随着乳状液滴在多孔介质中运移距离的增加，热损失逐渐增大。从各点温度监测曲线可以看出，如图 5-2-13 所示，不同注汽温度条件下，采样点 2 和采样点 3 处温度差异逐渐减小，即当乳状液滴在多孔介质中运移一定距离后，初始注汽温度对乳状液滴稳定性和粒径大小的影响逐渐减弱。总体来看，不同注汽温度条件下，就地生成乳状液在多孔介质中运移后，其平均粒径大小差异程度较低。

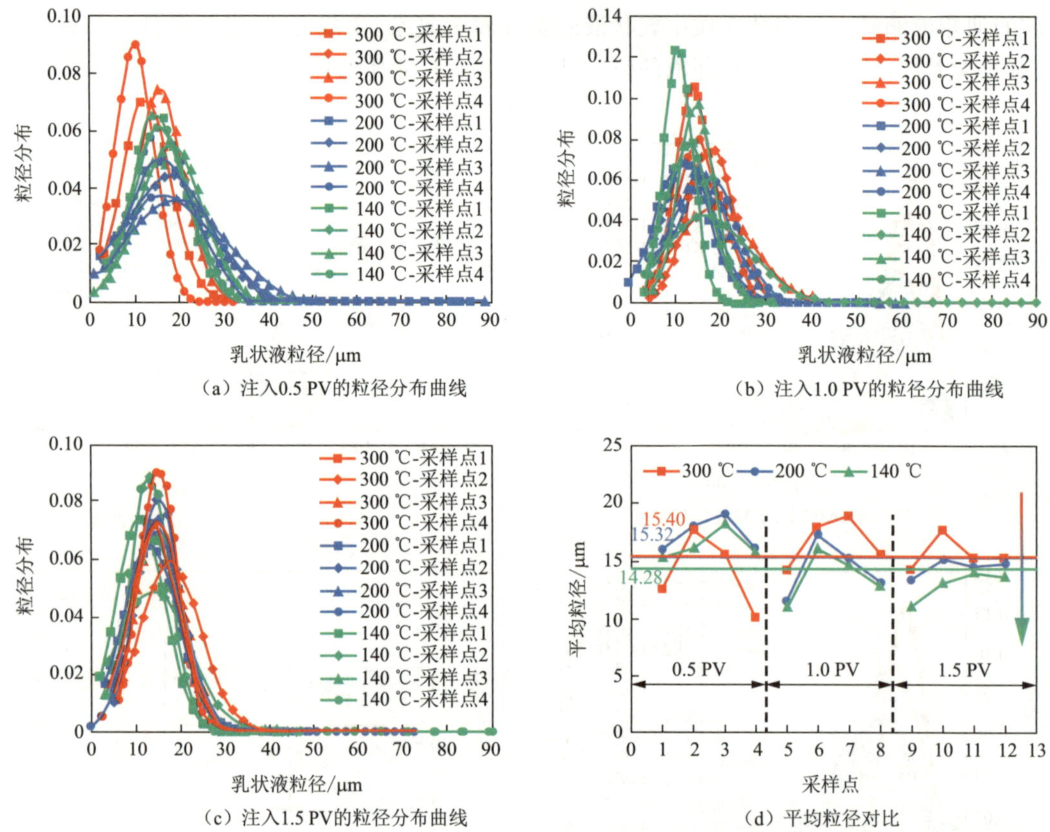

图 5-2-12　不同注汽温度沿程乳状液特征对比

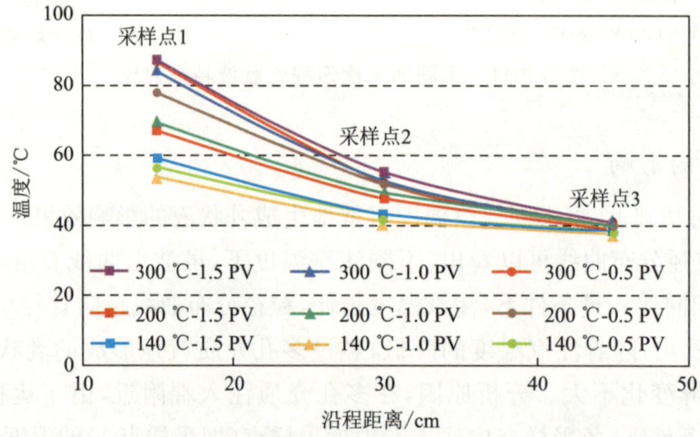

图 5-2-13　不同注汽温度不同注入量条件下沿程温度对比

4）渗透率的影响

在上述分析的基础上，将不同渗透率对就地生成乳状液的影响效果进行对比分析，如图5-2-14所示。从粒径分布曲线可以看出，在渗透率较高的条件下，如本实验中渗透率为6 090×10⁻³ μm² 时，不同注入量下沿程各采样点乳状液滴粒径分布均较为宽泛，分布曲线波峰宽度较大，并且相同注入量条件下，沿程乳状液滴粒径有逐渐增大的趋势。渗透率为3 520×10⁻³ μm² 和2 410×10⁻³ μm² 时，乳状液粒径分布曲线较为相近。在相同注入量、相同采样点下，渗透率2 410×10⁻³ μm² 的波形曲线略向直径小的方向偏移。对比平均粒径，由图5-2-14(d)可知，渗透率为6 090×10⁻³ μm²，3 520×10⁻³ μm²，2 410×10⁻³ μm² 时，乳状液平均粒径分别为19.08 μm，15.40 μm，13.07 μm。总体来看，乳状液滴平均粒径随多孔介质渗透率的减小而减小。这是由于渗透率较大时，多孔介质内孔喉半径较大，对乳状液滴的机械剪切、破碎作用较弱。此外，由于孔隙空间较大，流体较易通过，这使得流体扰动程度降低。因此，乳状液滴的拉伸、聚并将成为其在多孔介质运移过程中的主要变化方式，此时这些方式的作用程度将大于介质颗粒所围成的孔隙空间对乳状液滴的机械剪切作用程度。当渗透率较小时，较小孔隙空间对乳状液滴的机械剪切、破碎程度增强，注入流体的扰动作用加剧，最终使得乳状液滴的粒径不断减小。

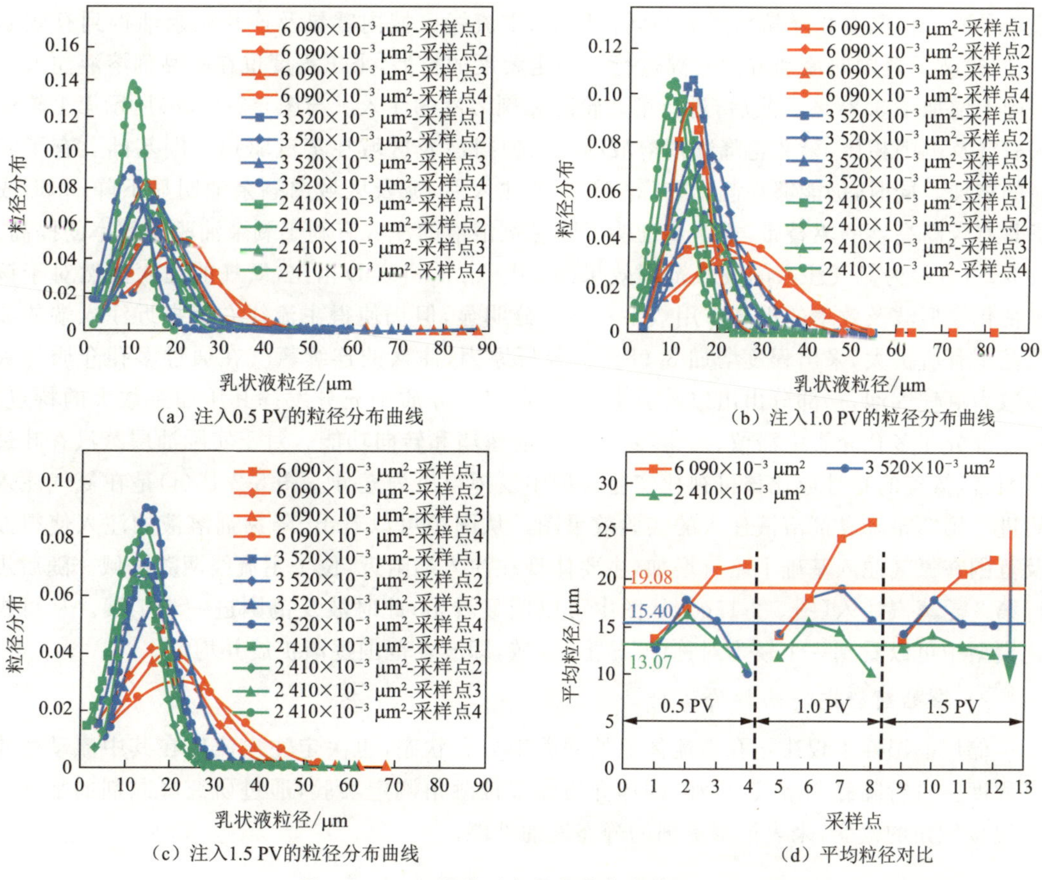

图 5-2-14　不同渗透率沿程乳状液特征对比

3. 降黏剂-气体辅助注蒸汽方式

稠油油藏在注蒸汽过程中利用气体和降黏剂进行辅助开采，通过发挥气体和降黏剂本身的特性（如压缩膨胀、乳化降黏等）提高驱油效率，扩大波及范围，改善开发效果。利用室内三维物理模拟方法，分别进行蒸汽、降黏剂改善波及效率可视化实验，降黏剂静态洗油评价实验，复合体系动态驱油实验，探究和明确稠油油藏气体-降黏剂体系辅助注蒸汽开发过程的作用机理。

1）蒸汽、降黏剂改善波及效率可视化实验

不同注入流体对波及效率改善效果如图 5-2-15 所示，相关注入参数及采出程度见表 5-2-1。在蒸汽注入后，如图 5-2-15(a)所示，蒸汽驱扫范围集中在对角主流线附近，且波及区域内有大量零星或连片剩余油分布。总体来看，纯蒸汽注入的波及效率较低。随后进行降黏剂溶液的注入。从图 5-2-15(b)可以看出，第 1 轮降黏剂溶液注入并未使波及范围有明显扩大。但降黏剂溶液的注入形成了一条剩余油驱扫程度较高、颜色较亮（表明剩余油含量较低）的波及条带，如图 5-2-15(b)中蓝色线条内区域。分析原因，由于降黏剂溶液与稠油界面张力较低，使得稠油更容易从颗粒壁面剥离，从而提高了洗油效率。在注入降黏剂溶液后进行第 2 轮蒸汽注入。从图 5-2-15(c)可以看出，蒸汽的注入扩展了图 5-2-15(b)中已形成的流动通道。在温度和降黏剂溶液共同作用下，主流线区域内零星及连片剩余油得到有效驱替，同时波及范围向流动方向右翼进行了一定程度的扩展，采出程度也在降黏剂溶液注入的基础上增加了 3.87%。此后，进行第 2 轮降黏剂溶液的注入。与图 5-2-15(b)所示第 1 轮注入后波及范围相比，第 2 轮降黏剂溶液的注入使得波及区域在蒸汽驱扫范围基础上有了明显的增加。同时，仍能够观测出在降黏剂溶液注入后，波及区域内剩余油明显下降，亦形成了具有较高亮度的驱替带，进一步证明了降黏剂溶液的注入有利于剩余油驱替效率的提高。图 5-2-15(e)为氮气注入的波及范围效果图。与图 5-2-15(d)相比，氮气的注入虽然对于该可视化模型波及效率的提高作用效果并不十分明显，但仍使得主流线右翼靠近注入端的波及范围有所扩大，采出程度增加 3.98%。分析原因，注入的连续氮气在通过多孔介质后被分散为氮气气泡，一部分由出口端流出，并未在多孔介质中充分发挥其压缩系数大的特点；另一部分在多孔介质中滞留、捕集，具有一定的暂堵和转向功能。对于实际油层蒸汽吞吐过程而言，氮气的特性应比该可视化实验模型中发挥得更为充分。图 5-2-15(f)是在氮气注入后进行第 3 轮降黏剂溶液注入的实验效果图。从图中可以看出，降黏剂溶液的注入使得波及范围在氮气注入基础上略有增加，主要体现在注入端附近，位于主流线两翼区域。随后进行第 3 轮蒸汽注入（图 5-2-15g），从图中可以明显看出，此时波及范围进一步扩展。从可视化模型中可以看到一个较为对称的“梭形”区域，即波及范围逐渐扩展并均匀。

2）降黏剂静态洗油评价实验

储层润湿性不仅决定孔隙流体原始的微观分布状态，也决定注入流体在其中流动的难易程度。进行降黏剂溶液/稠油/固体介质润湿接触角测定实验，通过研究降黏剂的加入对润湿接触角的改变，来表征降黏剂的静态洗油性能。

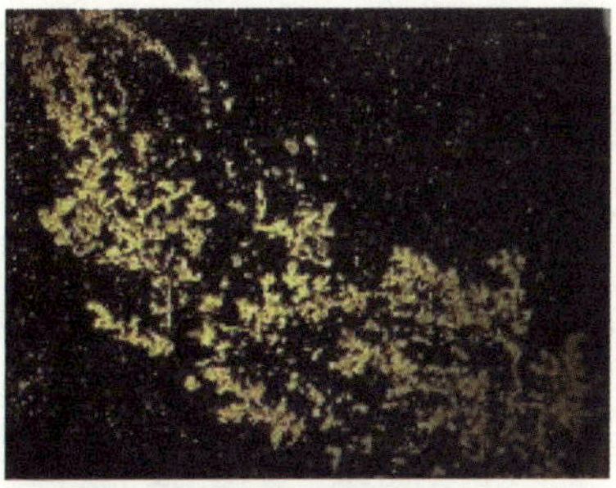

（a）第1轮蒸汽注入

（b）第1轮降黏剂溶液注入

（c）第2轮蒸汽注入

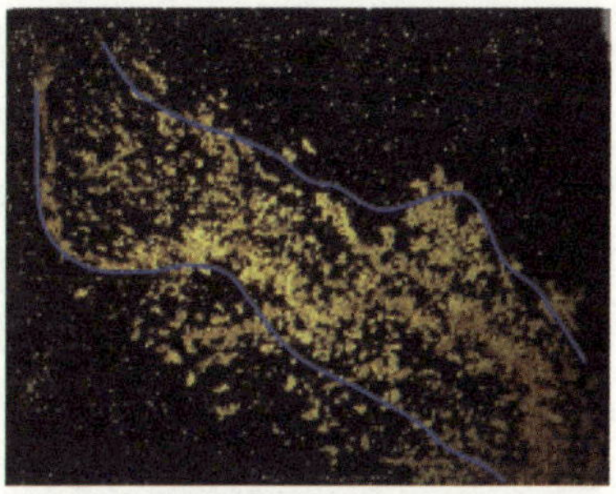

（d）第2轮降黏剂溶液注入

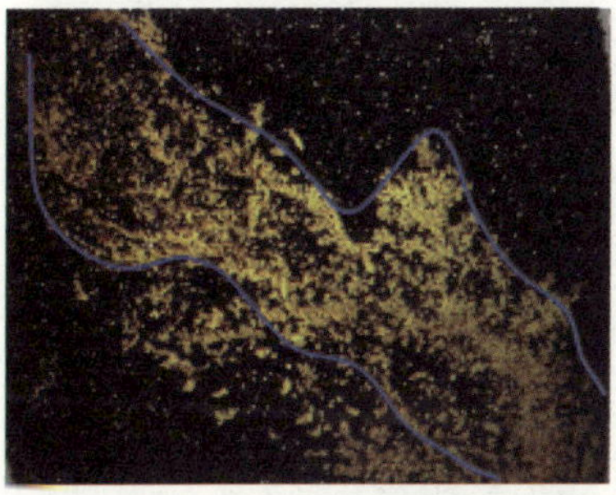

（e）氮气注入

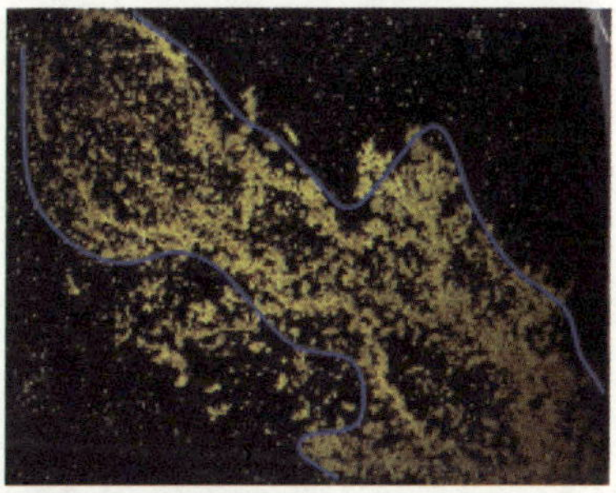

（f）第3轮降黏剂溶液注入

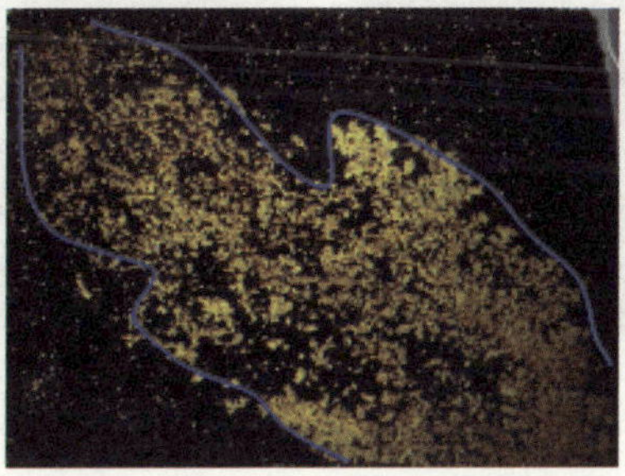

（g）第3轮蒸汽注入

图 5-2-15　不同注入流体改善波及效率效果对比图

表 5-2-1　不同流体注入参数及采出程度

序　号	注入流体	注入量/PV	增加采出程度/%	总采出程度/%
a	蒸　汽	1.68	40.62	40.62
b	降黏剂溶液	2.23	5.12	45.74

续表

序　号	注入流体	注入量/PV	增加采出程度/%	总采出程度/%
c	蒸　汽	1.15	3.87	49.61
d	降黏剂溶液	0.80	6.37	55.98
e	氮　气	0.59	3.98	59.96
f	降黏剂溶液	0.85	4.67	64.63
g	蒸　汽	0.89	2.84	67.47

图 5-2-16 所示为不同质量分数降黏剂溶液对特稠油样品的润湿作用效果。通过测量，降黏剂质量分数为 0,0.1%,0.3%和 0.4%时润湿接触角分别为 105°,35°,30°和 27°。可以看出,在降黏剂质量分数为 0.1%时,特稠油与油湿玻璃片表面的润湿接触角已大幅度减小。随着降黏剂质量分数的增加,特稠油与油湿玻璃片表面的润湿角进一步减小,玻璃片表面水湿程度继续提高。这一变化趋势有利于原油从油湿固相表面剥离,从而提高洗油效率。当降黏剂质量分数超过 0.3%后,润湿接触角变化较小,降黏剂溶液对特稠油样品的剥离能力趋于稳定。

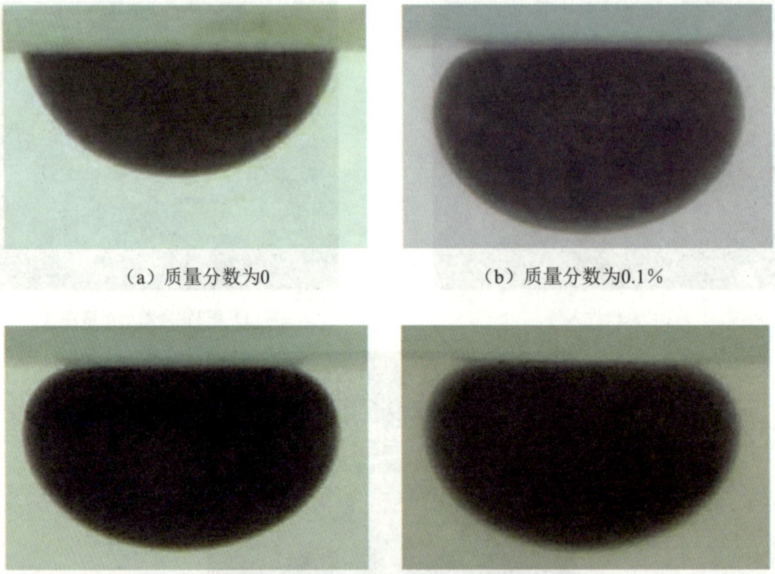

（a）质量分数为0　（b）质量分数为0.1%

（c）质量分数为0.3%　（d）质量分数为0.4%

图 5-2-16　不同质量分数降黏剂溶液对特稠油润湿作用效果

图 5-2-17 所示为不同质量分数降黏剂溶液对超稠油样品的润湿作用效果。通过测量，降黏剂质量分数为 0,0.1%,0.3%和 0.4%时润湿接触角分别为 119°,41°,33°和 19°。这一测定结果与降黏剂对特稠油润湿作用效果相似,即在降黏剂作用下,随着降黏剂质量分数的增加,超稠油与油湿玻璃片表面的接触角逐渐减小,固相表面水湿程度逐渐提高。与特稠油有所区别的是,降黏剂质量分数超过 0.3%后继续增大仍能较大幅度地降低超稠油与油湿玻璃片表面的接触角。

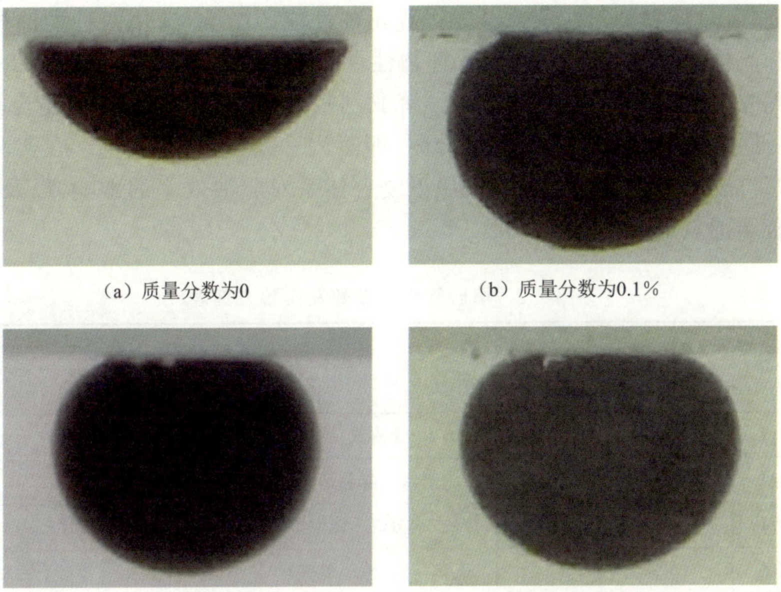

（a）质量分数为0　　（b）质量分数为0.1%

（c）质量分数为0.3%　　（d）质量分数为0.4%

图 5-2-17　不同质量分数降黏剂溶液对超稠油润湿作用效果

3）复合体系动态驱油实验

利用多孔介质填砂管模型研究蒸汽、气体、降黏剂复合体系对驱油效率的影响。实验装置包括平流泵（Series1500）、手摇泵、蒸汽发生器、恒温箱、氮气瓶、气体流量控制计、单向阀、温控仪、加热带、压力传感器（8 MPa）、数据采集系统和钢制填砂管模型（60 cm×ϕ3.8 cm），实验充填介质为不同目数（60～80 目、120～160 目）石英砂，实验用油为油样Ⅰ特稠油样品和油样Ⅱ超稠油样品。降黏剂选取降黏剂 AE，质量分数设定为 0.5%。实验流程示意图如图 5-2-18 所示。

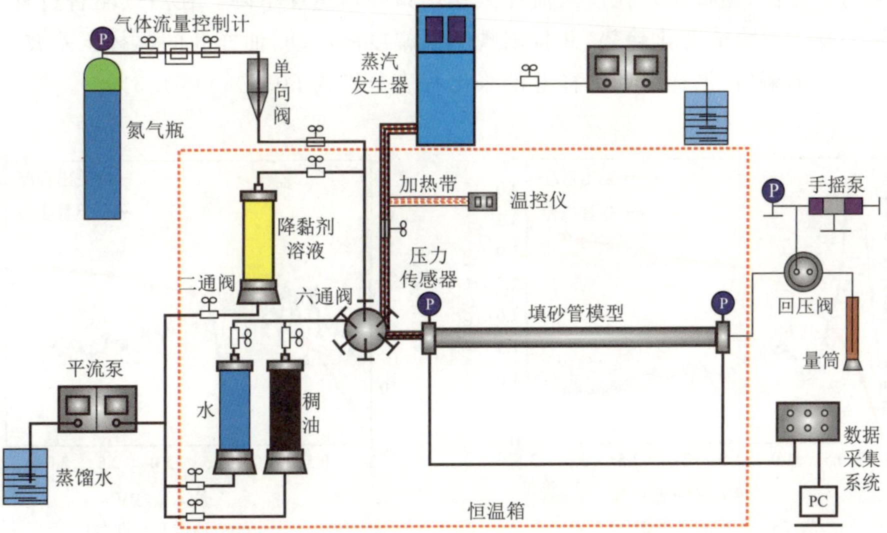

图 5-2-18　复合体系动态驱油实验流程图

为了研究气体、降黏剂对注蒸汽开发过程驱油性能的影响，选用两种稠油样品，进行不同注入流体和流体组合驱替实验。填砂管物性参数及相关实验方案见表 5-2-2，注入方案为：纯蒸汽驱、先蒸汽后降黏剂驱（即蒸汽—降黏剂）、先蒸汽后蒸汽降黏剂复合驱[即蒸汽—(蒸汽＋降黏剂)]、先蒸汽后蒸汽氮气复合驱[即蒸汽—(蒸汽＋氮气)]。在实验方案中，同时研究不同蒸汽驱采出程度（即注入时机）下复合体系对驱油效率的影响，以及不同矿化度对降黏剂改善驱油效果的影响。

表 5-2-2　填砂管物性参数及实验方案表

方　案	油　样	渗透率/(10^{-3} μm^2)	孔隙度/%	注入方案	注入速率/($mL \cdot min^{-1}$)		
					蒸　汽	降黏剂	氮　气
1	油样Ⅰ	1 306	33.6	纯蒸汽	3.0		
2	油样Ⅰ	1 313	31.1	蒸汽—降黏剂	3.0	3.0	
3	油样Ⅰ	1 334	31.9	蒸汽—(蒸汽＋降黏剂)	3.0＋1.5	1.5	
4	油样Ⅰ	1 297	29.6	蒸汽—(蒸汽＋氮气)	3.0＋1.5		1.5
5	油样Ⅱ	4 744	32.8	纯蒸汽	3.0		
6	油样Ⅱ	4 723	34.8	蒸汽—降黏剂	3.0	3.0	
7	油样Ⅱ	4 701	35.9	蒸汽—(蒸汽＋降黏剂)	3.0＋1.5	1.5	
8	油样Ⅱ	4 704	37.3	蒸汽—(蒸汽＋降黏剂)	3.0＋1.5	1.5	
9	油样Ⅱ	4 711	34.1	蒸汽—(蒸汽＋降黏剂)	3.0＋1.5	1.5	
10	油样Ⅱ	4 769	34.2	蒸汽—(蒸汽＋氮气)	3.0＋1.5		1.5

（1）单一蒸汽动态驱油性能。

图 5-2-19 为油样Ⅰ特稠油和油样Ⅱ超稠油蒸汽驱过程采出程度和驱替压差曲线图，所选填砂管及实验方案分别为表 5-2-2 中的方案 1 和 5。由于稠油与注入蒸汽和冷凝水之间存在较大的流度比，驱替压差在注入流体到达出口端后迅速下降。在后续驱替过程中，驱替压差呈先上升后下降的变化趋势，并且出现不同幅度的波动，油样Ⅱ的驱替压差波动幅度更大。在蒸汽驱结束后，油样Ⅰ和油样Ⅱ的采出程度分别为 50.6%和 31.3%。

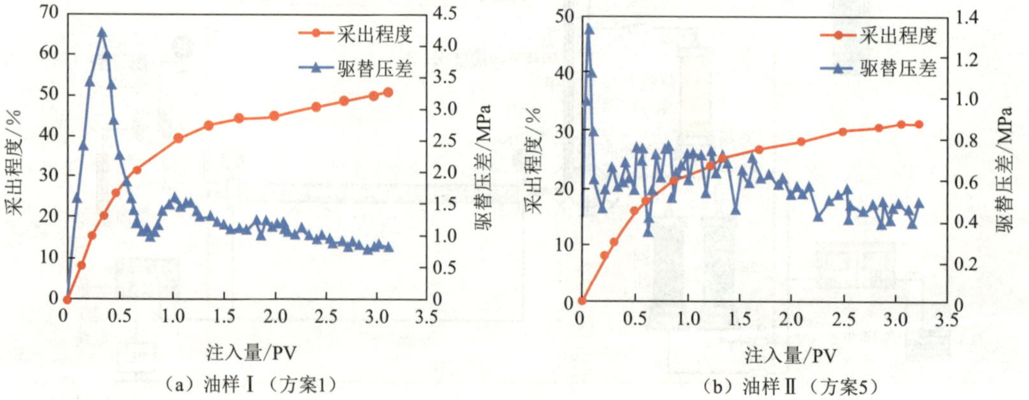

图 5-2-19　不同类型稠油蒸汽驱过程实验结果

(2) 蒸汽-降黏剂体系动态驱油性能。

图 5-2-20 为油样Ⅰ特稠油和油样Ⅱ超稠油先注蒸汽后注降黏剂溶液驱替过程采出程度和驱替压差曲线图，所选填砂管及实验方案分别为表 5-2-2 中的方案 2 和 6。实验过程中降黏剂溶液质量分数均为 0.5%，矿化度 15‰。对于油样Ⅰ，蒸汽驱阶段出现驱替压差在注入流体突破后先下降后上升的变化趋势，蒸汽驱结束时采出程度为 52.0%。随后进行降黏剂溶液驱替，驱替压差出现较大波动，最终提高采出程度 6.4%。对于油样Ⅱ，蒸汽驱阶段驱替压差变化与油样Ⅰ类似，也出现注入蒸汽突破后驱替压差先降低后升高的现象，蒸汽驱结束时采出程度为 30.8%。之后进行降黏剂溶液驱替，在注入 1.72 PV 降黏剂溶液后采出程度提高了 5.2%，且注入降黏剂溶液约 0.5 PV 后驱替压差出现较大幅度增加。分析上述过程，在蒸汽驱阶段，受胶质、沥青质等天然乳化剂以及高温作用影响，部分稠油以 W/O 型乳状液的形式存在，并主要附着在凝析水和蒸汽流动通道附近。在后续降黏剂溶液注入过程中，这部分 W/O 型乳状液在降黏剂作用下转变为 O/W 型乳状液而被采出。这一过程不但提高了驱油效率，而且增强了稠油和 W/O 型乳状液的流动性，从而使得驱替压差得以降低。随着降黏剂溶液进一步注入，大量 O/W 型乳状液滴在通过多孔介质较小喉道处发生捕集和卡堵现象，使驱替压差有所上升和波动。但从图中也可以发现，驱替压差的上升并未一直持续至降黏剂溶液驱替结束。可能的原因是降黏剂溶液与稠油间界面张力为 10^{-1} 数量级，在流动通道已形成且无温度影响下限制了 O/W 型乳状液的大量生成，使得乳状液滴捕集、卡堵作用受到抑制。

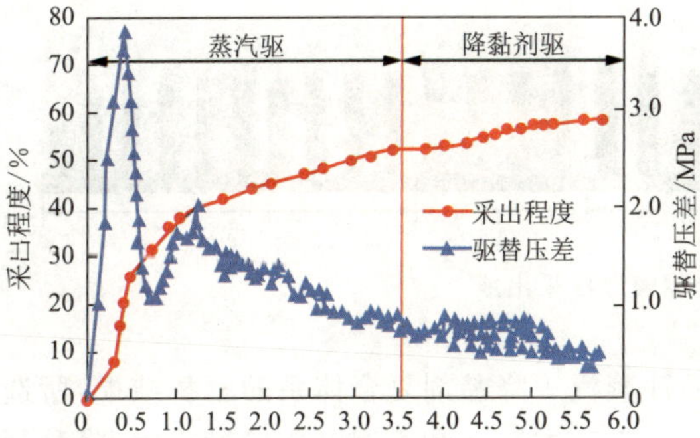

(a) 油样Ⅰ（方案2）

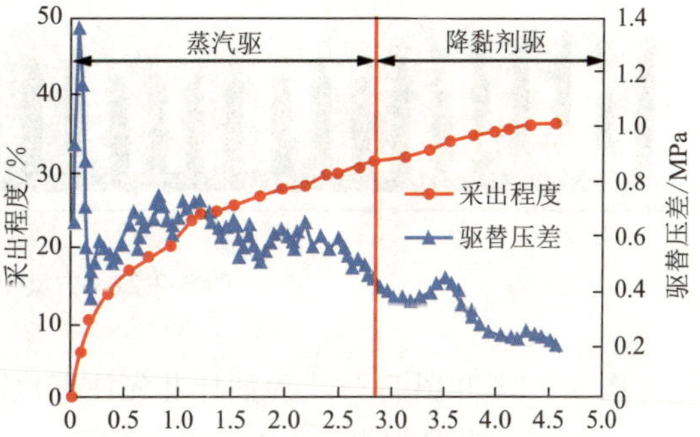

(b) 油样Ⅱ（方案6）

图 5-2-20　不同类型稠油蒸汽—降黏剂驱替过程实验结果

图 5-2-21 和图 5-2-22 为油样Ⅰ先注蒸汽后注蒸汽＋降黏剂复合体系驱替结果。实验过程中降黏剂溶液质量分数仍为 0.5%，矿化度 15‰。蒸汽驱结束时采出程度为 52.2%，蒸汽＋降黏剂复合体系驱替结束时采出程度为 64.3%，复合体系提高采出程度 12.1%。分析驱替压差曲线、采出程度曲线及采出液，将蒸汽驱划分为 3 个阶段，将蒸汽＋降黏剂复合体系驱替过程划分为 2 个阶段。同时，为进一步描述注入降黏剂溶液对蒸汽效率的影响，利用累积汽油比这一参数进行相关评价。在蒸汽驱初期，注入蒸汽和油砂间较大的温度差异使注入蒸汽较快形成凝析水，并在到达出口端后驱替压力急剧下降。此阶段采出液下部为澄清冷凝水，上部黑色液体检测为 W/O 型乳状液，如图 5-2-22 中①所示。随着蒸汽和凝析水进一步突破，在温度交换、流体扰动等作用下稠油乳化作用加剧，大量 W/O 型乳状液生

成，同时伴随生成部分 O/W 型乳状液，如图 5-2-22 中②和③所示。在乳状液生成和运移过程中，驱替压差有所增加，但注入蒸汽和凝析水的进一步突破使驱替压差呈下降趋势。在后续蒸汽＋降黏剂复合体系驱替过程中，降黏剂溶液的协同注入使得大量 O/W 型乳状液生成，如图 5-2-22 中④和⑤所示。生成的大量 O/W 型乳状液在多孔介质中的运移、卡堵和捕集造成驱替压差出现增大和波动，一方面使得注入流体的波及范围有所增大，另一方面在表面活性剂的作用下洗油效率增加，注入蒸汽热效率提高。因此在复合体系注入阶段，采出程度上升明显，且累积汽油比呈现先降低后缓慢上升的趋势。

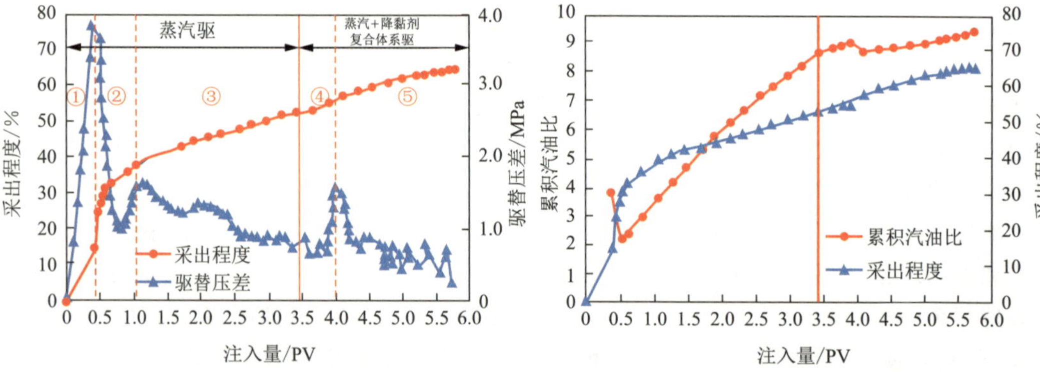

（a）采出程度及驱替压差曲线　　（b）采出程度及累积汽油比曲线

图 5-2-21　油样Ⅰ蒸汽—(蒸汽+降黏剂)驱替过程实验结果(方案 3)

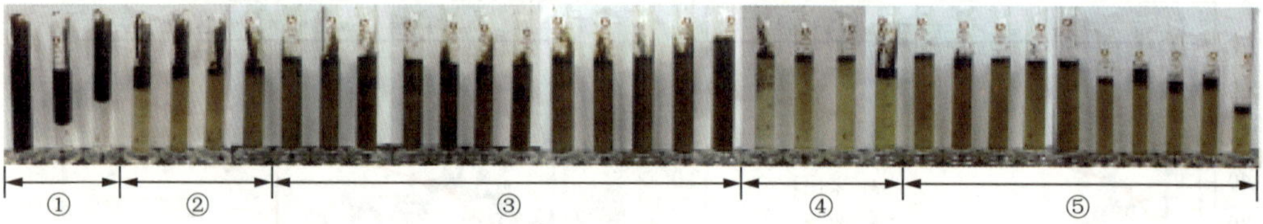

图 5-2-22　方案 3 驱替过程采出液

图 5-2-23 和图 5-2-24 为油样Ⅱ先注蒸汽后注蒸汽＋降黏剂复合体系的驱替结果，所选填砂管和实验方案为表 5-2-2 中的方案 7～9。方案 7、方案 8 和方案 9 实验过程中，降黏剂溶液质量分数和矿化度分别为 0.5%与 15‰、0.5%与 0、0.5%与 15‰。方案 7 和方案 8 用来对比不同矿化度对复合体系驱油效果的影响，方案 7 和方案 9 用来对比转注时机（以蒸汽驱结束时采出程度为标准）对复合体系驱油效果的影响。分析实验方案 7 的驱替压差曲线、采出程度曲线以及采出液，将蒸汽驱和蒸汽＋降黏剂复合体系驱各分为两个阶段。在蒸汽驱第 1 阶段，注入蒸汽和冷凝水流动至出口端后驱替压差急剧下降，如图 5-2-23（a）中①所示。随着蒸汽进一步注入，在超稠油流动性增强的同时，W/O 型乳状液也大量生成，这些因素的综合作用使驱替压差出现较大幅度的波动，如图 5-2-23（a）中②所示。在蒸汽注入 1.25 PV 后，采出程度上升幅度减缓，累积汽油比迅速上升，蒸汽驱效率降低。随后的蒸汽＋降黏剂复合体系驱替共注入复合体系 1.92 PV，采出程度提高 8.4%。在蒸汽和降黏剂的复合作用下，更多超稠油被分散形成O/W型乳状液滴，但其本身是热力学不稳定系统。此外，NaCl 的加入使得乳状液更易出现相分离。在高温、矿化度以及多孔介质机械剪切综

合影响下，部分 O/W 型乳状液转变为高黏度 W/O 型乳状液，驱替压差上升，如图5-2-23(a)中③所示。此时，同样由于温度的协同作用，超稠油和 W/O 型乳状液滴的黏度降低，流动性增强，驱油效率仍逐渐增加。随着蒸汽＋降黏剂溶液进一步注入，超稠油被进一步分散，而 W/O 型乳状液逐渐转相，形成大量 O/W 型乳状液和 W/O/W 型多重乳状液，如图 5-2-24(b)所示。在图 5-2-23(a)④所示阶段中，驱替压差出现大幅波动和上升，伴随采出程度进一步增加，此现象源于所形成的大量 O/W 型乳状液滴在多孔介质中的卡堵和捕集作用。从图 5-2-23(b)可以看出，在蒸汽＋降黏剂复合体系驱替开始后，累积汽油比有所下降，之后缓慢上升，蒸汽注入效率得到提高。因此，对于蒸汽＋降黏剂复合体系驱替过程而言，高温蒸汽将超稠油从多孔介质颗粒表面剥离，并增强超稠油和 W/O 型乳状液滴的流动性；降黏剂溶液则进一步剥离、分散稠油并实现 W/O 型乳状液滴的反相，这一作用对存在热损失的注蒸汽过程至关重要。

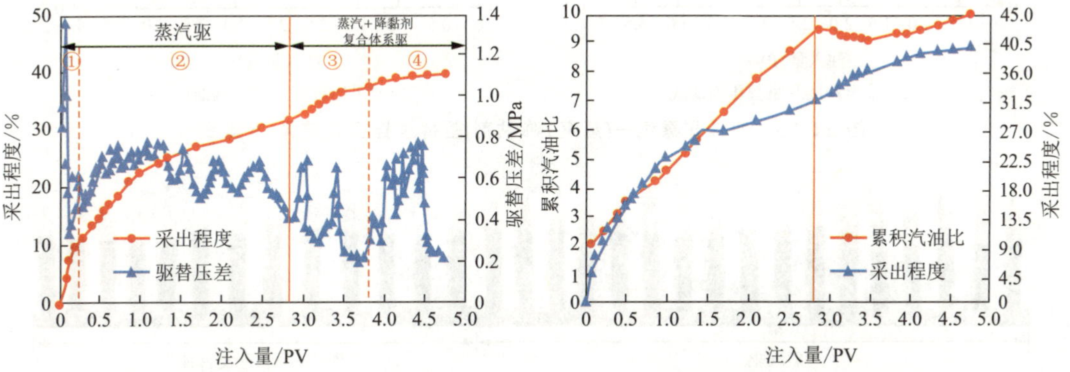

(a) 采出程度及驱替压差曲线　　　(b) 采出程度及累积汽油比曲线

图 5-2-23　油样Ⅱ蒸汽—(蒸汽+降黏剂)驱替过程实验结果(方案 7)

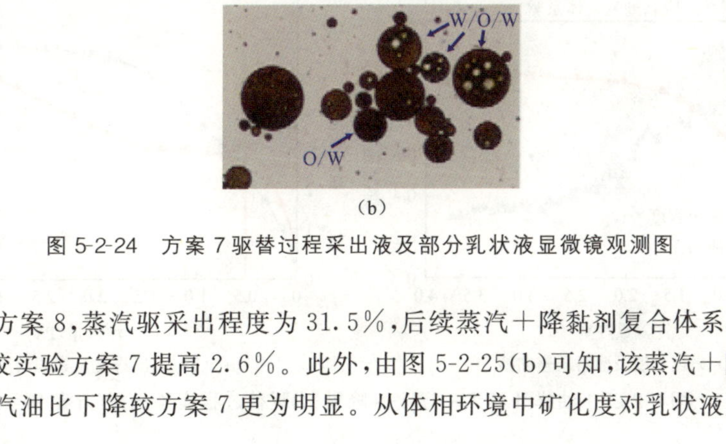

图 5-2-24　方案 7 驱替过程采出液及部分乳状液显微镜观测图

对于实验方案 8，蒸汽驱采出程度为 31.5%，后续蒸汽＋降黏剂复合体系驱将采出程度提高 11.0%，较实验方案 7 提高 2.6%。此外，由图 5-2-25(b)可知，该蒸汽＋降黏剂复合体系驱过程累积汽油比下降较方案 7 更为明显。从体相环境中矿化度对乳状液形成的影响研究可知，NaCl 的加入会增加 O/W 型乳状液的形成难度，降低阻止相分离的能量壁垒而使乳状液稳定性降低。从图 5-2-26 也可以看出，矿化度为 0 时采出液颜色更深，乳状液生成量更大，乳化程度更高。因此，体相环境和多孔介质环境均验证了矿化度对乳状液形成和稳定性的影响。

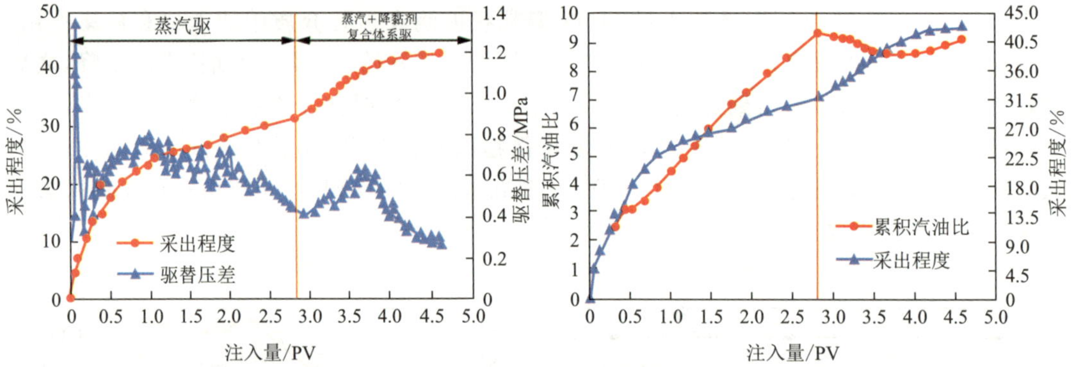

(a) 采出程度及驱替压差曲线　　(b) 采出程度及累积汽油比曲线

图 5-2-25　油样Ⅱ蒸汽—(蒸汽+降黏剂)驱替过程实验结果(方案 8)

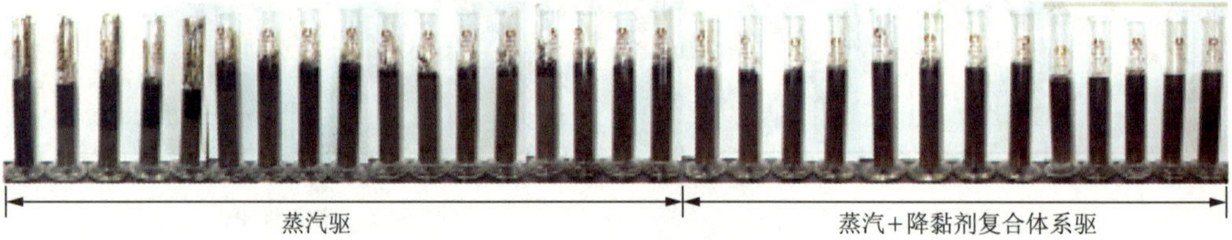

图 5-2-26　方案 8 驱替过程采出液

实验方案 9 中，蒸汽驱在注入 0.48 PV(采出程度为 14.8%)后开始实施蒸汽+降黏剂复合体系驱，最终采出程度提高 21.5%。由图 5-2-27 可知，在蒸汽+降黏剂复合体系驱开始后，驱替压差有所增加，采出程度上升，累积汽油比降低并维持在较低水平。对比方案 7 和方案 9，单位降黏剂产油量分别为 16.98 mL/g 和 25.68 mL/g，这说明在不考虑降黏剂总注入量及经济成本条件下，降黏剂溶液的较早注入有利于进一步提高蒸汽注入效率和驱油

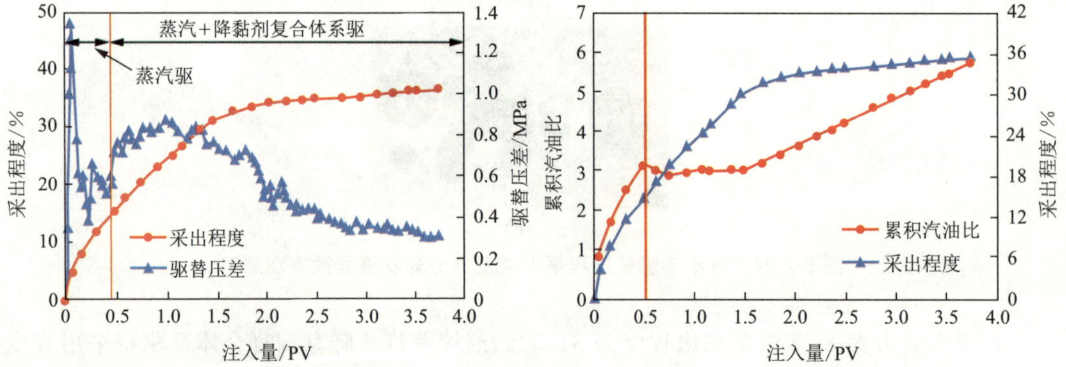

(a) 采出程度及驱替压差曲线　　(b) 采出程度及累积汽油比曲线

图 5-2-27　油样Ⅱ蒸汽—(蒸汽+降黏剂)驱替过程实验结果(方案 9)

效率。然而对于矿场实际应用来说,需要同时考虑降黏剂注入成本。

(3) 蒸汽-非凝析气复合体系动态驱油性能。

图 5-2-28 和图 5-2-29 为先注蒸汽后注蒸汽+氮气复合体系的驱替结果,所选填砂管及实验方案分别为表 5-2-2 中的方案 4 和 10。对于油样Ⅱ,氮气注入后驱替压差初始上升趋势明显,对应采出程度有较大幅度提升,累积汽油比出现先下降后缓慢上升的趋势。在注入 1.34 PV 蒸汽氮气混合流体后,采出程度提高 7.9%。同时监测到在氮气与蒸汽的混合注入初期产液速率明显加快,出液温度显著提高,氮气助排效果明显。而对于油样Ⅰ,蒸汽氮气的混合注入并未使采出程度出现明显的阶梯式增加,驱替压差在出现小幅上升后继续降低。注入 2.11 PV 蒸汽氮气混合流体后,采出程度提高 4.0%。此外,氮气的注入使得累积汽油比上升幅度变缓,即氮气的注入虽减少了蒸汽注入量,但整体采出程度并未受到太大影响。由此来看,蒸汽与氮气的混合注入提高了注汽效率。

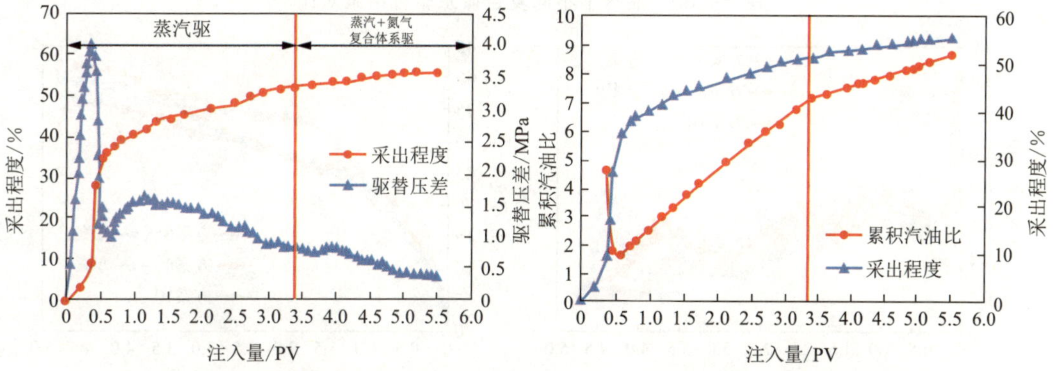

(a) 采出程度及驱替压差曲线　　(b) 采出程度及累积汽油比曲线

图 5-2-28　油样Ⅰ蒸汽—(蒸汽+氮气)驱替过程实验结果(方案 4)

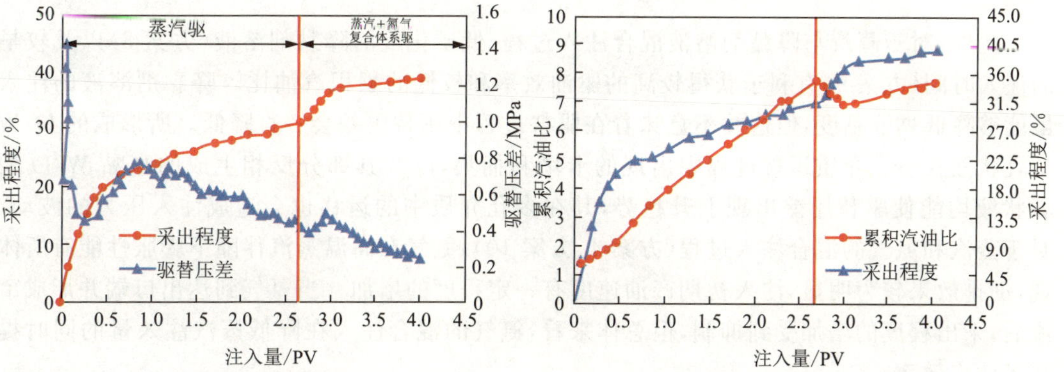

(a) 采出程度及驱替压差曲线　　(b) 采出程度及累积汽油比曲线

图 5-2-29　油样Ⅱ蒸汽—(蒸汽+氮气)驱替过程实验结果(方案 10)

(4) 不同复合体系动态驱油性能对比。

在上述分析的基础上,对不同复合体系驱替性能进行对比,如图 5-2-30 和图 5-2-31 所示。对于特稠油和超稠油而言,蒸汽和降黏剂溶液的混合注入(方案 3、方案 7～9)比降黏剂溶液单独注入(方案 2、方案 6)更能提高驱油效率,这归因于高温蒸汽和耐温性良好的降黏剂溶液的复合协同作用。

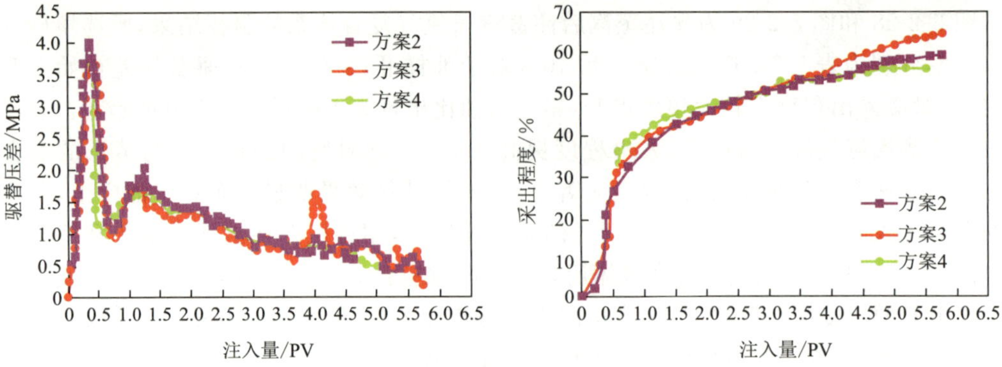

（a）驱替压差对比曲线　（b）采出程度对比曲线

图 5-2-30　油样Ⅰ不同复合体系驱替结果对比

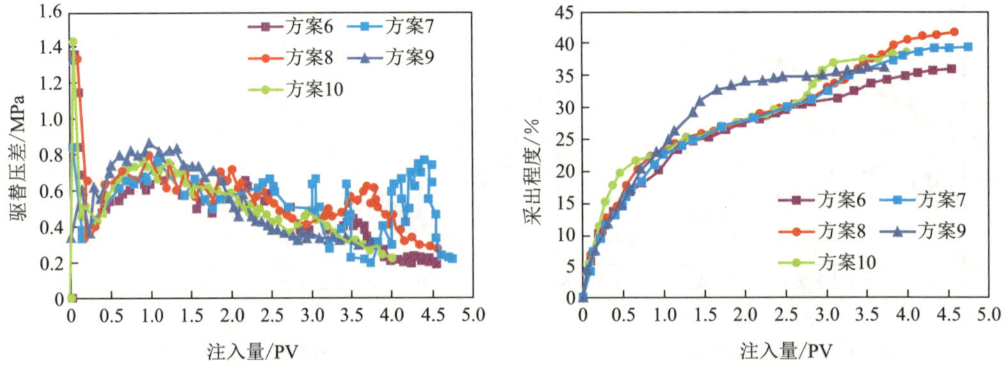

（a）驱替压差对比曲线　（b）采出程度对比曲线

图 5-2-31　油样Ⅱ不同复合体系驱替结果对比

此外，对于蒸汽与降黏剂溶液混合注入过程，低矿化度的降黏剂溶液（方案 8）以及较早的注入时间（方案 9）有利于获得较高的驱油效率和较低的累积汽油比。降黏剂溶液的注入虽能够降低稠油黏度，但这并不意味着在驱替过程中驱替压差会一直降低。所形成的 O/W 型乳状液在多孔介质运移过程中出现的卡堵和捕集，以及其部分反相生成的高黏 W/O 型乳状液均能使驱替压差出现上升趋势，其在多孔介质中的运移也会造成注入压力的波动。对于蒸汽和氮气的混合注入过程（方案 4、方案 10），氮气在高温蒸汽伴随下膨胀性能有所体现，助排效果较为明显，注入初期产油速度有一定程度的增加。当氮气到达出口端并形成窜流后，采出程度的增加受到抑制，但总体来看，氮气的混合注入在降低蒸汽注入量的同时提高了注汽效率。

二、气-液多相泡沫体系

1. 耐高温泡沫体系性能评价

1）静态性能评价及优选

发泡剂静态性能评价主要包括评价发泡剂的发泡性能、稳定性能、抗油性能、耐温性能、耐盐性能以及与地层流体的配伍性能等。发泡性能和稳定性能是衡量发泡剂性能好坏很重要的两个性能。其中泡沫的发泡性能是指泡沫生成的难易程度和生成泡沫量的多少；泡沫的稳定性能是指生成泡沫的持久性寿命，即消泡的难易。稳定性能是泡沫的主要性能，而好的发泡性能是稳定性能的前提。对于稠油油藏注蒸汽过程中氮气泡沫调驱问题，不同温度对发泡剂性能的影响是必须考虑的，尤其是发泡剂的耐高温性能。考虑到地层水、矿化度、原油对泡沫的影响，下面对发泡剂与地层水的配伍性能、耐盐性能和抗油性能也进行了探讨。

(1) pH 测定。

分别测试室温条件、油藏温度条件(50 ℃)及高温条件(250 ℃)下发泡剂溶液的 pH，结果如图 5-2-32～图 5-2-34 所示。室温条件下的测试结果如图 5-2-32 所示，2#，4# 和 5# 发泡剂溶液 pH 随着发泡剂溶液质量分数的增加而增大，当质量分数达到 0.5%后，pH 基本保持不变；1# 和 3# 发泡剂溶液 pH 随着发泡剂溶液质量分数的增加而减小，当溶液质量分数达到 0.6%后，pH 基本保持不变。实验表明，在室温条件下，1#，3# 发泡剂溶液呈弱酸性，2#，4#，5# 发泡剂溶液呈弱碱性。油藏温度条件下，质量分数为 0.5%的发泡剂溶液 pH 随加热天数的增加而增大，也就是说在油藏温度条件下发泡剂溶液的 pH 值是有所增大的(图 5-2-33)。具体情况是，1#，2#，3#，4# 和 5# 相同质量分数发泡剂溶液在加热 1 d 后，pH 增大，之后不再发生变化；其中 3# 发泡剂溶液 pH 增大幅度较大。由图 5-2-34 可知，5 种发泡剂溶液在高温反应釜中加热至250 ℃随后降至50 ℃，随加热时间的增加，5种发泡剂溶液

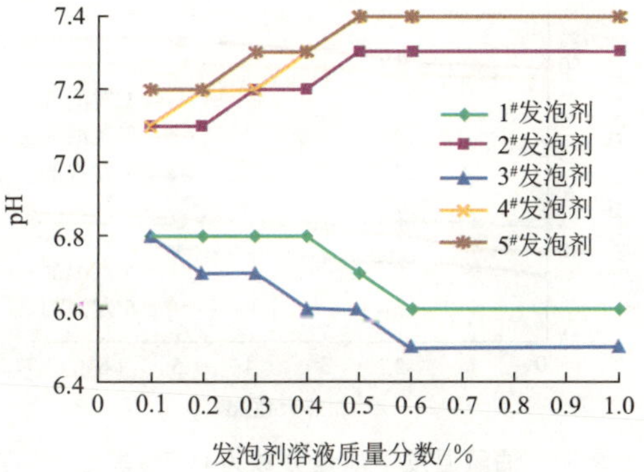

图 5-2-32　室温下 pH 随发泡剂溶液质量分数变化

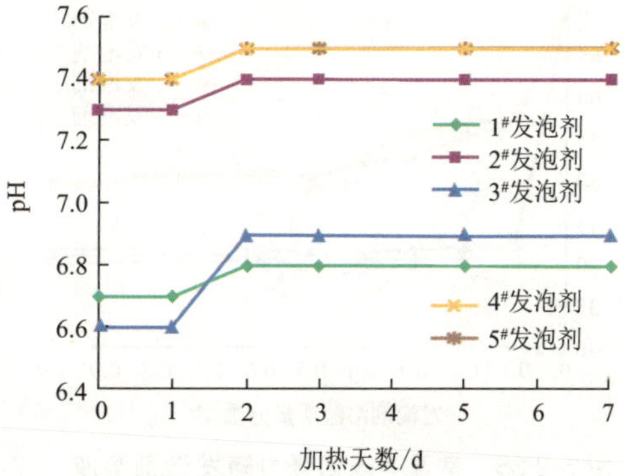

图 5-2-33　油藏温度下质量分数为 0.5% 发泡剂溶液 pH 随加热天数变化

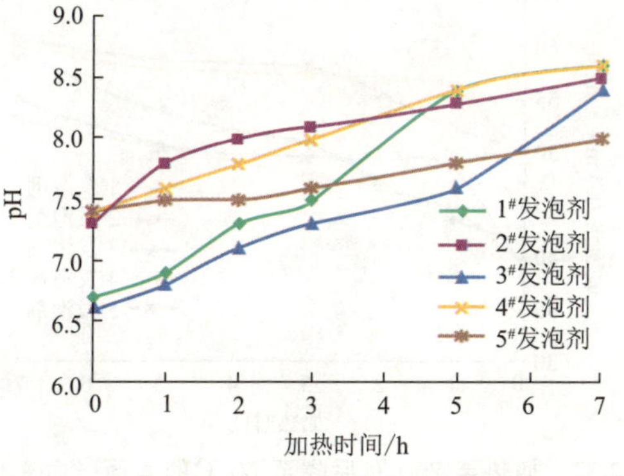

图 5-2-34　加热至 250 ℃后降至 50 ℃的 pH 变化

的 pH 都增大。其中 1# 和 3# 发泡剂溶液随加热时间的增加 pH 增大幅度较大，2# 和 4# 发泡剂溶液 pH 增大幅度次之，5# 发泡剂溶液 pH 增大幅度较小。实验表明，发泡剂溶液在高温加热后，碱性普遍增强。

（2）表面张力测定。

采用 HARKE-A 表/界面张力仪测试发泡剂溶液表面张力。室温条件下的测试结果如图 5-2-35 所示，就单一发泡剂而言，表面张力随发泡剂溶液质量分数的增加而不断减小，当溶液质量分数为 0.5%左右时，表面张力达到一个较小值，高于该质量分数之后，表面张力缓慢增加并逐渐趋于平缓。研究表明，发泡剂溶液存在一个临界胶束浓度，处于该浓度下，溶液的发泡性能和稳定性能最佳。就不同发泡剂类型而言，2#，4# 发泡剂溶液表面张力较大，3#，5# 较小，1# 居中。研究表明，发泡剂溶液表面张力越小，稳定性能越好。就每一种发泡剂而言，表面张力随加热天数的增加变化不是很大，也就说明，各种发泡剂溶液在油藏温度条件下表面张力性质变化不大，但有整体稍微增大的趋势（图 5-2-36）。具体来说，2# 和 4# 发泡剂溶液的表面张力明显要比 1#，3# 和 5# 发泡剂溶液大得多，这与常温下发泡剂溶液表面张力性质相符。由图 5-2-37 可知，5 种发泡剂溶液在高温反应釜中加热至 250 ℃ 随后降至 50 ℃，发泡剂溶液的表面张力都随加热时间的增加而增大。其中 2# 和 4# 发泡剂溶液随加热时间的增加表面张力增大幅度较小，1# 和5# 增加较大，3# 发泡剂溶液在加热

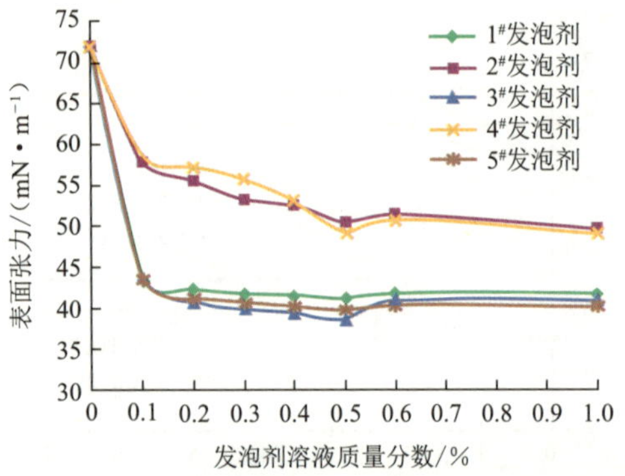

图 5-2-35　室温下表面张力随发泡剂溶液质量分数变化曲线

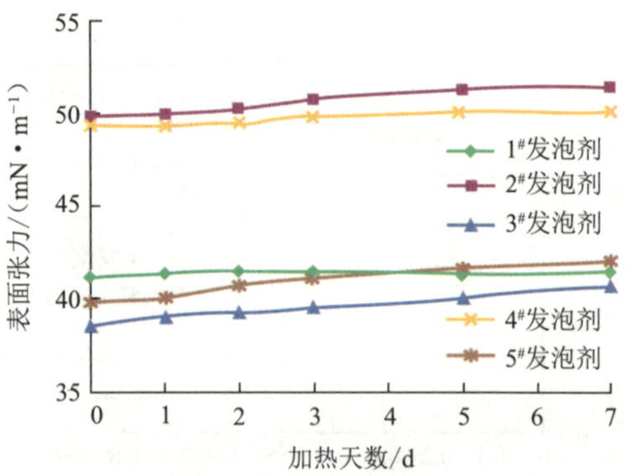

图 5-2-36　油藏温度下质量分数为 0.5% 发泡剂溶液表面张力随加热天数变化曲线

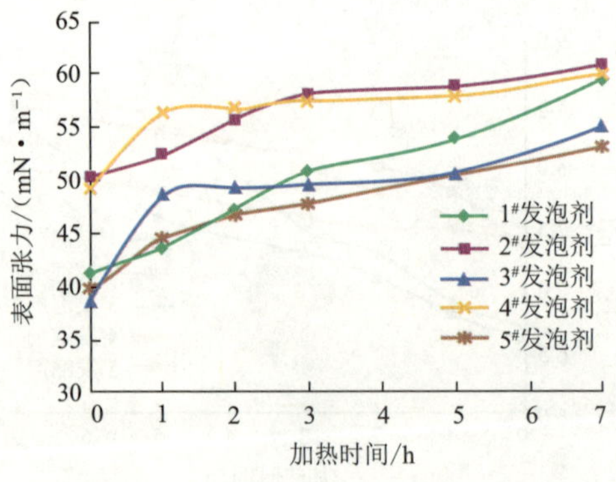

图 5-2-37　加热至 250 ℃后降至 50 ℃的表面张力变化曲线

1 h后，表面张力增加较大，之后表面张力增加变缓。实验表明，发泡剂溶液在高温条件下加热一段时间后都发生不同程度的降解。

(3) 发泡体积测定。

采用 Waring Blender 法测定发泡剂的最大发泡体积，分别测试室温条件、油藏温度条件(50 ℃)及高温条件(250 ℃)下的发泡体积，结果如图 5-2-38～图 5-2-40 所示。室温条件下的测试结果如图 5-2-38 所示，就单一发泡剂而言，发泡剂的最大发泡体积随发泡剂溶液质量分数的增加而增大，当溶液质量分数达到 0.5%时，发泡体积达到一个较大值，当溶液质量分数大于 0.5%之后，发泡体积有所下降，并趋于平缓。就不同发泡剂类型而言，1#，3# 和 5# 发泡剂溶液的发泡体积要明显大于 2# 和 4# 发泡剂溶液。发泡剂溶液最大发泡体积从大到小的顺序是 5#＞3#＞1#＞4#＞2#。

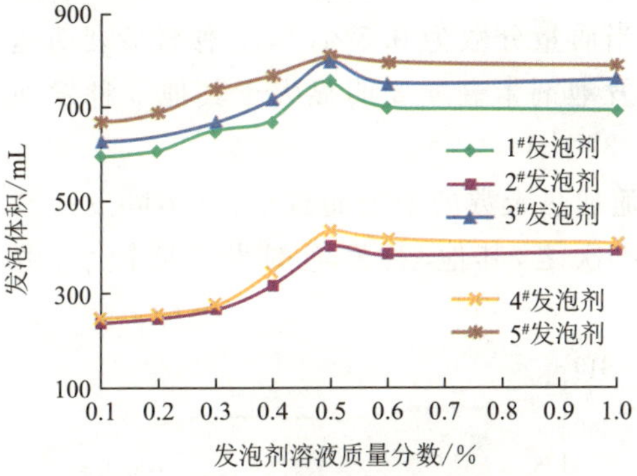

图 5-2-38　发泡体积随发泡剂溶液质量分数变化曲线

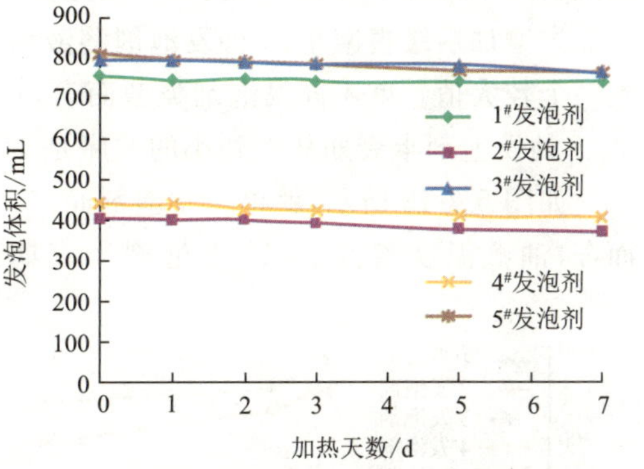

图 5-2-39　油藏温度下质量分数为 0.5% 发泡剂溶液发泡体积随加热天数变化曲线

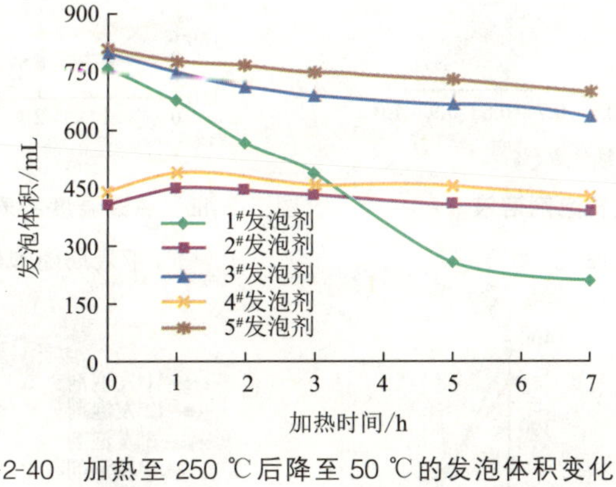

图 5-2-40　加热至 250 ℃后降至 50 ℃的发泡体积变化曲线

由图 5-2-39 可知，发泡体积随加热天数的变化不是很剧烈，但 5 种发泡剂的溶液均表现出发泡体积随加热天数的增加而有所减小。具体来说，2# 和 4# 发泡剂溶液的发泡体积明显要比 1#，3# 和 5# 发泡剂溶液小得多。由这些图还可以看出，当发泡剂溶液质量分数为 0.5%时，3# 和 5# 发泡剂溶液发泡性能最佳，这与图 5-2-38 所示的常温下发泡剂发泡性能实验的结果相一致。实验说明，发泡剂溶液在油藏温度条件下的发泡性能与常温下的相比变化也不是很大。由图 5-2-40 可知，5 种发泡剂溶液在高温反应釜中加热至 250 ℃随后降至 50 ℃，5 种发泡剂溶液的发泡体积都随加热时间的增加而减小。其中 3# 和 5# 发泡剂溶液的发泡体积随加热时间的增加减小较缓；2# 和 4# 发泡剂溶液在加热一段时间后，发泡体积比在常温下测得的要大，原因是 2# 和 4# 发泡剂在常温下溶解性能较差，加热后溶解性能变好，但随加热时间的增加，它们的发泡体积也逐渐减小；1# 发泡剂发泡体积随加热时间的增加下降得很剧烈，在加热 5 h 后，发泡体积降到比 2# 和 4# 发泡剂的发泡体积还要小。实验表明，在高温加热的条件下，1# 发泡剂的热稳定性能较差，其余 4 种发泡剂热稳定性能较好。

(4) 半衰期测定。

采用 Waring Blender 法测定发泡剂的半衰期，分别测试室温条件、油藏温度条件(50 ℃)及高温条件(250 ℃)下的半衰期，结果如图 5-2-41～图 5-2-43 所示。室温条件下的测试结果如图 5-2-41 所示，就单一发泡剂而言，发泡剂的半衰期随发泡剂溶液质量分数的增加先增加后缓慢减小，5 种发泡剂溶液均表现为当质量分数为 0.5%时，发泡剂半衰期达到一个较大值。就不同发泡剂类型而言，1# 和 5# 发泡剂半衰期要明显大于其他 3 种发泡剂，5 种发泡剂半衰期从大到小的顺序是 1# ＞5# ＞3# ＞4# ＞2#。

如图 5-2-42 所示，就单一发泡剂而言，半衰期随加热天数的增加而减小；就不同发泡剂而言，油藏温度条件下，1# 发泡剂半衰期最大，5# 次之，其他3种发泡剂半衰期较小。由

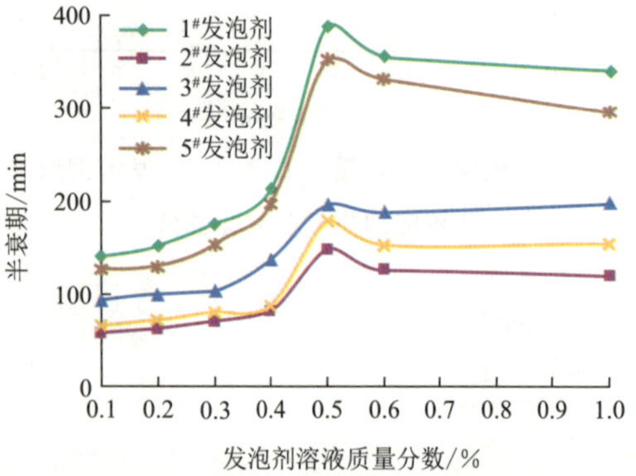

图 5-2-41 半衰期随发泡剂溶液质量分数变化曲线

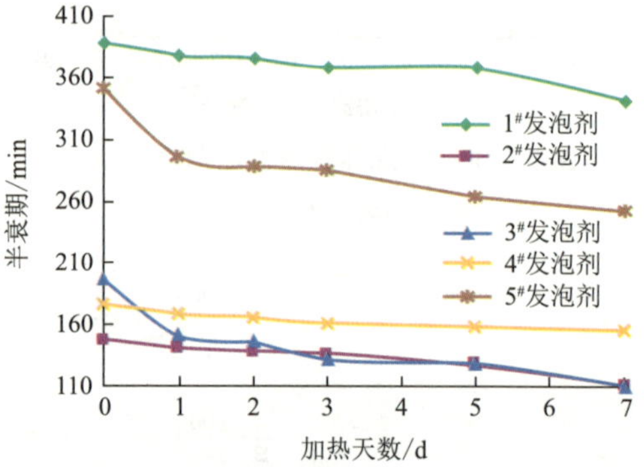

图 5-2-42 油藏温度下质量分数为 0.5% 发泡剂溶液半衰期随加热天数变化曲线

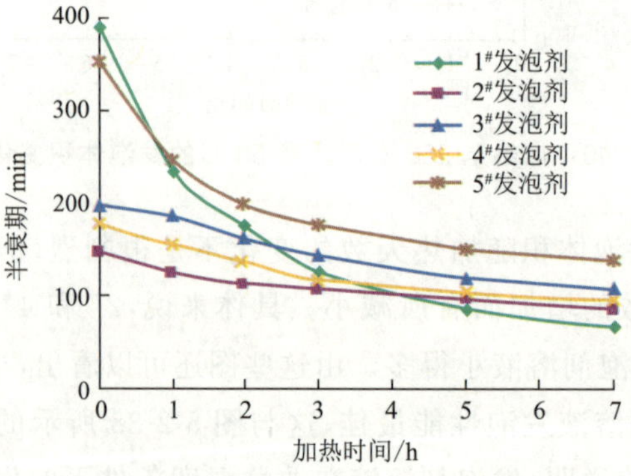

图 5-2-43 加热至 250 ℃后降至 50 ℃的半衰期变化曲线

图 5-2-42 可以看出，2# 和 4# 发泡剂随加热天数的增加稳定性能较好，5# 次之，1# 和 3# 发泡剂稳定性较差。由图 5-2-43 可知，5 种发泡剂溶液在高温反应釜中加热至 250 ℃随后降至 50 ℃，5 种发泡剂溶液的半衰期都随加热时间的增加而减小。其中 2#，3# 和 4# 发泡剂的半衰期随加热时间的增加减小较缓；5# 发泡剂在加热 1 h 的时间内半衰期下降较大，之后减小较缓；1# 发泡剂的半衰期变化很剧烈，从常温下的 389 min 下降到加热 7 h 后的 68 min。这些实验结果与图 5-2-41 所示的发泡剂半衰期的测定结果是相吻合。实验表明，在高温加热的条件下，1# 发泡剂的热稳定性能较差，其余 4 种发泡剂热稳定性能较好。

(5) 室温条件下界面张力测定。

在室温条件下分别测量质量分数为 0.5%的 5 种发泡剂溶液与 LZ27 井区 L31413 井特稠油配制的油-水体系的界面张力，实验结果如图 5-2-44 所示。实验结果表明，1#，2#，4# 发泡剂界面张力偏大，3#，5# 发泡剂界面张力较小。

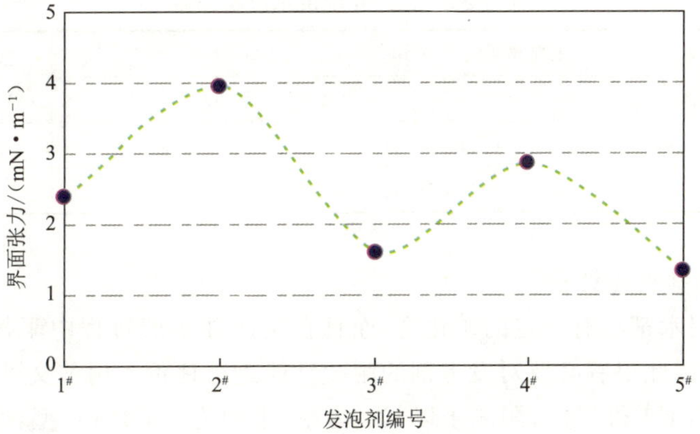

图 5-2-44　不同发泡剂界面张力值

(6) 静态性能温度影响实验。

由图 5-2-45 和图 5-2-46 可知，就单一发泡剂而言，3# 和 5# 发泡剂随温度的升高，发泡体积逐渐减小，半衰期也逐渐减小；2# 和 4# 发泡剂随温度的升高，发泡体积逐渐增大，半衰期逐渐减小；1# 发泡剂当温度为100～150 ℃时，发泡体积达到较大值，随后急剧减小，半衰

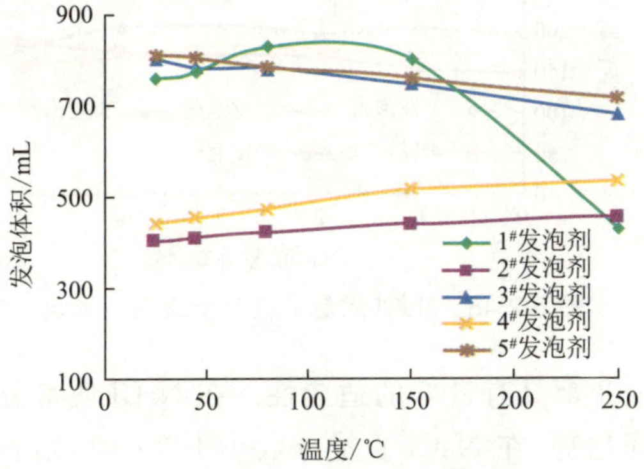

图 5-2-45　发泡体积随温度变化曲线

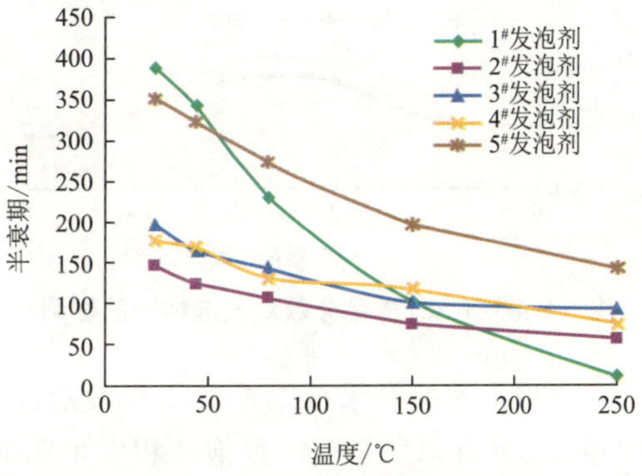

图 5-2-46　半衰期随温度变化曲线

期随温度升高急剧减小。实验表明，1# 发泡剂耐高温性能很差，2# 和 4# 发泡剂虽然在高温条件下溶解性变好，发泡性能有所改善，但就最终效果而言，3# 和 5# 发泡剂的发泡性能和稳定性能较好。

(7) 地层水配伍性评价。

地层水配伍性实验是将 5 种发泡剂用地层水配制成质量分数为 0.5% 的溶液，将其置于常温及 60 ℃条件下，观察发泡剂溶液是否发生混浊、聚沉等现象。

地层水的配制参照井楼油田三区南部 LZ1 井地层水分析结果，地层水总矿化度为 4 620～4 850 mg/L，阳离子主要成分为 K^+ 和 Na^+，含量为 1 537～1 645 mg/L；阴离子以 Cl^- 为主，含量为 1 898～1 995 mg/L，其次为 HCO_3^-，含量为 911～961 mg/L，CO_3^{2-} 含量较低，为 125～135 mg/L；水型为 $NaHCO_3$ 型，具体参数见表 5-2-3。结果表明，选用的 5 种发泡剂都与地层水具有较好的配伍性，放置 7 d 后没有不相溶现象出现。

表 5-2-3 LZ1 井地层水分析结果

层 位	主要离子含量/(mg·L^{-1})							总矿化度/(mg·L^{-1})	水 型
	$K^+ + Na^+$	Ca^{2+}	Mg^{2+}	Cl^-	SO_4^{2-}	HCO_3^-	CO_3^{2-}		
Ⅲ7	1 645	46	39	1 995	25	961	135	4 850	$NaHCO_3$
Ⅲ8	1 537	46	32	1 898	33	911	125	4 620	$NaHCO_3$

(8) 发泡剂耐盐性能评价。

油藏中的地层水都具有一定的矿化度，而且在生产井生产过程中驱替流体的矿化度是不断发生变化的，因此很有必要对发泡剂的耐盐性能进行评价。由前文可知，LZ1 井地层水阳离子主要成分为 K^+ 和 Na^+，阴离子以 Cl^- 为主，水型为 $NaHCO_3$ 型，所以该实验主要评价 NaCl 对发泡剂性能的影响，实验方法采用 Waring Blender 法，基液为 150 mL 不同 NaCl 含量的发泡剂溶液，发泡剂溶液质量分数为 0.5%，实验结果如图 5-2-47 和图 5-2-48 所示。

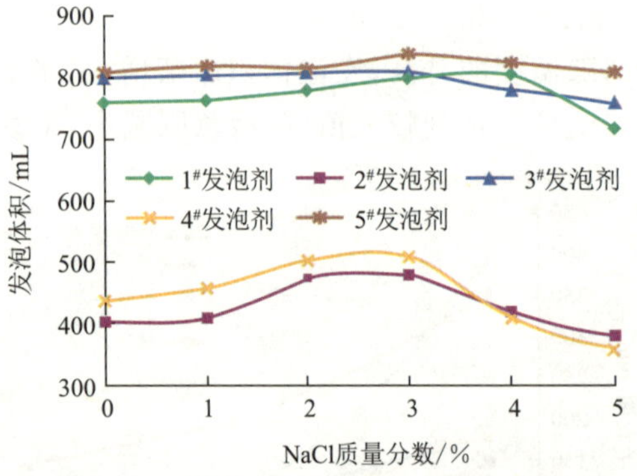

图 5-2-47 NaCl 质量分数对发泡体积的影响

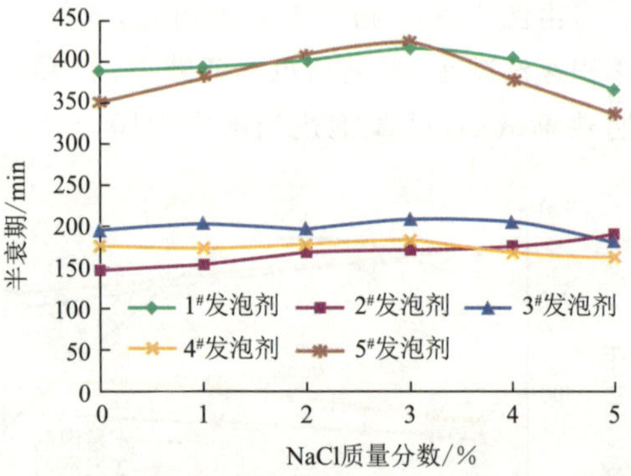

图 5-2-48 NaCl 质量分数对半衰期的影响

由以上实验结果可以看出，5 种发泡剂对 NaCl 都具有良好的适应性。在 NaCl 质量分数超过 3% 时，1#，2#，4# 发泡体积发生明显下降趋势；在 NaCl 质量分数小于 3% 时，随着 NaCl 质量分数的增加，2#，4# 发泡剂的发泡体积有较大幅度的增加，半衰期基本不变，5# 发泡剂发泡体积基本不变，半衰期有较大幅度增加，3# 发泡剂的发泡体积和半衰期变化均不明显。相对来说，$2^{\#}$、$4^{\#}$发泡剂对 NaCl 的适应性要差一些，但在 NaCl 质量分数小于 3%时，其性能并没有受到明显影响，而且有随 NaCl 质量分数增加而提高的趋势。

（9）发泡剂抗油性能评价。

将配好的质量分数为 0.5%的发泡剂溶液 150 mL 和 1 mL L31413 井原油与煤油稀释的油品（原油：煤油=1：2）一同加入 1 000 mL 量筒中，利用高速搅拌仪高速搅拌 60 s，然后停止搅拌，读取发泡体积和半衰期，实验结果如图 5-2-49 所示。结果表明，5 种发泡剂中，发泡体积从大到小的顺序依次是 $5^{\#}>3^{\#}>1^{\#}>4^{\#}>2^{\#}$，半衰期从大到小基本上也是如此顺序，所以 $5^{\#}$发泡剂体积和半衰期均大于其他 4 种发泡剂，这说明在有油存在的情况下，$5^{\#}$发泡剂的发泡性能和稳定性较好。

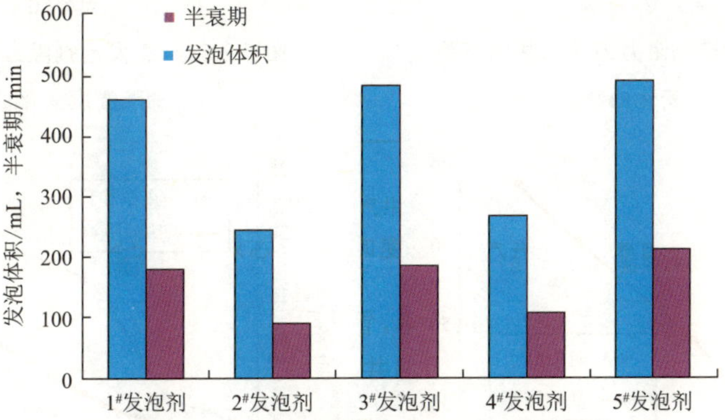

图 5-2-49　发泡体积及半衰期变化柱状图

2）动态性能评价及优选

分别测定 5 种发泡剂在不同温度、质量分数、气液比、渗透率和含油饱和度条件下的阻力因子，实验流程示意图如图 5-2-50 所示。

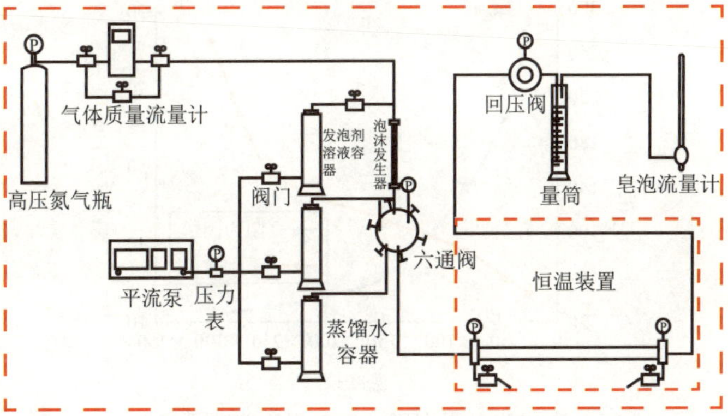

图 5-2-50　封堵性能实验流程示意图

（1）温度的影响。

① 低温—高温实验。

分别测试 5 种发泡剂从低温到高温的阻力因子和基础压差变化情况，设置温度为

25 ℃,45 ℃,80 ℃,150 ℃,250 ℃,300 ℃,实验结果如图 5-2-51～图 5-2-55 所示。

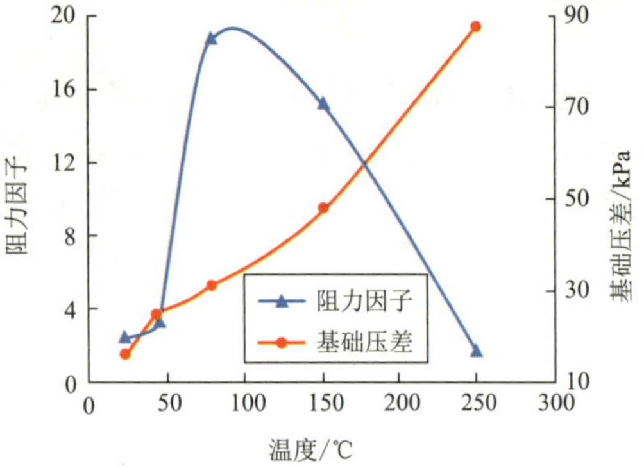

图 5-2-51　1# 发泡剂阻力因子和基础压差随温度变化曲线

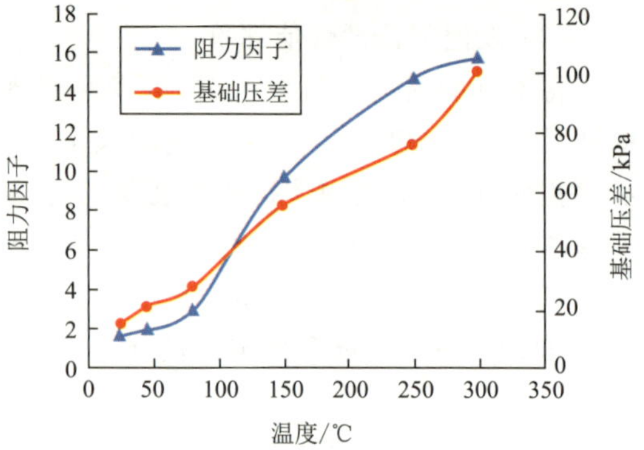

图 5-2-52　2# 发泡剂阻力因子和基础压差随温度变化曲线

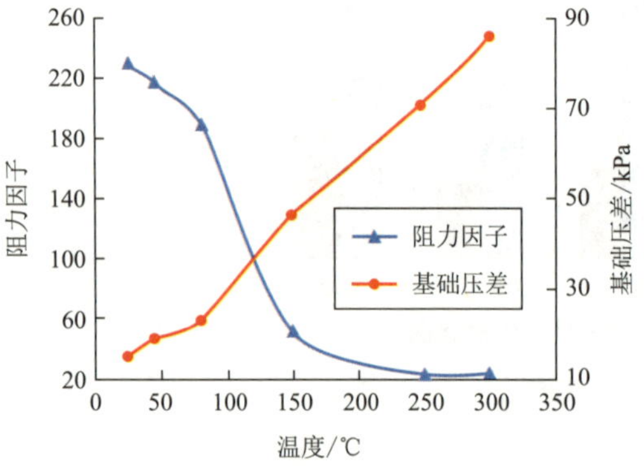

图 5-2-53　3# 发泡剂阻力因子和基础压差随温度变化曲线

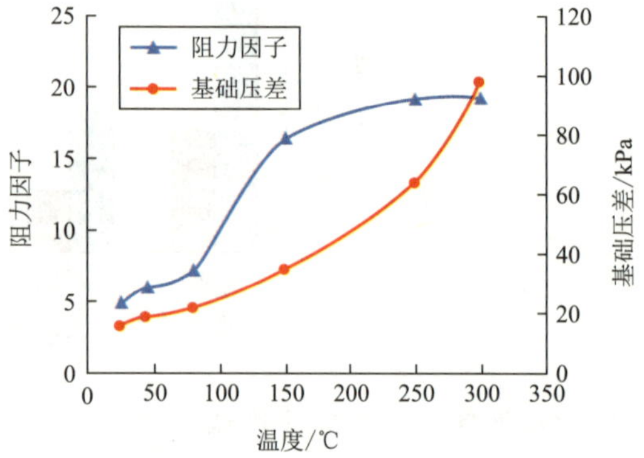

图 5-2-54　4# 发泡剂阻力因子和基础压差随温度变化曲线

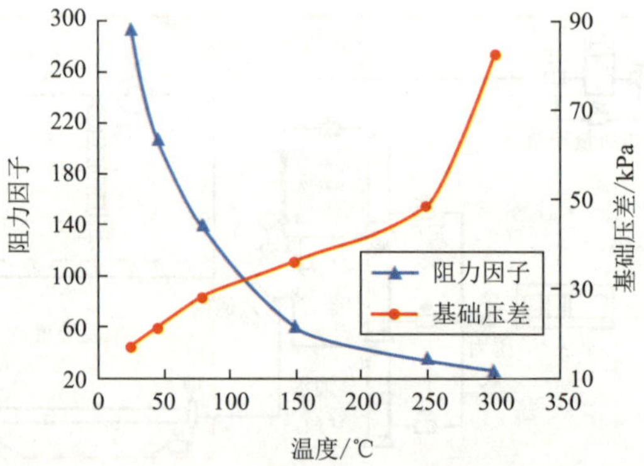

图 5-2-55　5# 发泡剂阻力因子和基础压差随温度变化曲线图

由图可知,5 种发泡剂的基础压差均随温度的升高而增大。质量分数为 0.5%的 1# 发泡剂的阻力因子随温度的变化呈现两头小、中间大的趋势。当温度低于 45 ℃时,阻力因子在很低的水平,这表明在低温下,1# 发泡剂的溶解性较差。当温度高于 45 ℃后,阻力因子迅速增大。温度在 80～120 ℃时，阻力因子达到较高水平，$1^{\#}$ 发泡剂在 80～120 ℃下溶解性很好，该条件下发泡性能较好。当温度超过 150 ℃时，阻力因子迅速下降到很低的水平，这表明 $1^{\#}$ 发泡剂的耐高温性能不太好，高温条件下的发泡性能很差。当温度为 250 ℃时，阻力因子下降至 2.5；当温度为 300 ℃时，生成的泡沫瞬间消失，阻力因子已经无法测出。因此，$1^{\#}$ 发泡剂在常规泡沫驱和热水泡沫驱中应用效果很好，但在蒸汽泡沫驱中不适用。

质量分数为 0.5%的 $2^{\#}$ 发泡剂的阻力因子随温度的升高而增大，存在一个 80 ℃的温度拐点。当温度低于 80 ℃时，阻力因子在一个很低的水平，而且变化缓慢，这说明温度低于 80 ℃时，$2^{\#}$ 发泡剂的溶解性较差，发泡性能较差。当温度高于 80 ℃后，阻力因子迅速增大，这说明 $2^{\#}$ 发泡剂在温度高于 80 ℃后溶解性变好，发泡性能变好。但总的来说，$2^{\#}$ 发泡剂在各个温度点下的阻力因子普遍较小，发泡性能不是太好。当温度为 300 ℃时，阻力因子基本稳定为 15.79，说明高温下 $2^{\#}$ 发泡剂所形成的泡沫还是能够起到一定的封堵作用。因此，$2^{\#}$ 发泡剂不适用于常规泡沫驱和热水驱，在蒸汽泡沫驱中会有一定的效果。

质量分数为 0.5%的 $3^{\#}$ 发泡剂的阻力因子随温度的升高而减小，存在一个 80 ℃的温度拐点。当温度低于 80 ℃时，阻力因子在一个较高的水平，这说明 $3^{\#}$ 发泡剂在低温下溶解性很好，发泡性能较好。当温度高于 80 ℃后，阻力因子迅速下降，温度高于 150 ℃后，阻力因子变化变缓，当温度为 300 ℃时，阻力因子下降至 23.79，这说明 $3^{\#}$ 发泡剂具有一定的耐高温性能。总的来说，$3^{\#}$ 发泡剂的发泡性能较好，封堵能力也较好。因此，$3^{\#}$ 发泡剂在常规泡沫驱和热水泡沫驱中效果非常明显，在蒸汽泡沫驱中也有一定效果。

质量分数为 0.5%的 $4^{\#}$ 发泡剂的阻力因子随温度的升高而增大，存在一个 80 ℃的温度拐点。当温度低于 80 ℃时，阻力因子在一个较低的水平，这说明 $4^{\#}$ 发泡剂在低温下溶解性很差，发泡性能较差。当温度高于 80 ℃后，阻力因子增大较快，当温度为 300 ℃时，阻力因子为 19.32，这说明 $4^{\#}$ 发泡剂有一定的耐高温性能。

质量分数为 0.5%的 $5^{\#}$ 发泡剂在低温下的阻力因子很大，这说明 $5^{\#}$ 发泡剂在低温下发泡性能非常好。随着温度的升高，$15^{\#}$ 发泡剂的阻力因子下降较为迅速，当温度高于 150 ℃后，阻力因子下降变缓，当温度为 300 ℃时，阻力因子为 25.14，这说明 $5^{\#}$ 发泡剂具有一定的耐高温性能，泡沫封堵性能较好。$5^{\#}$ 发泡剂和 $3^{\#}$ 发泡剂的情况类似，在常规泡沫驱和热水泡沫驱中效果十分明显，在蒸汽泡沫驱中也有一定的效果。

② 升温、降温实验对比。

分别对比发泡剂从低温到高温阻力因子变化与从高温到低温阻力因子变化情况，以测试发泡剂在高温降解后对阻力因子的影响。选择 $4^{\#}$ 和 $5^{\#}$ 发泡剂，实验过程与上述实验类似，唯一不同的是从高温到低温变化使用的发泡剂溶液需经过 300 ℃，3 h 热处理。

图 5-2-56 和图 5-2-57 表明，从低温到高温两种发泡剂的阻力因子在各个实验温度点上的值均大于从高温到低温的阻力因子，这说明发泡剂溶液在高温热处理后泡沫封堵能力变差。结合注蒸汽过程中油藏温度变化情况，从注蒸汽井口温度到原始油藏温度是从蒸汽温度到原始油藏温度变化的一个过程，在这个过程中发泡剂随蒸汽伴注必然会发生降解，泡沫封堵能力必然会变差。但是对于 $4^{\#}$ 和 $5^{\#}$ 发泡剂来说，这种降解作用并不是很剧烈，对有效封堵汽窜通道不会产生很大的影响。综合以上分析，$3^{\#}$，$4^{\#}$ 和 $5^{\#}$ 在常规泡沫驱、热水泡沫驱和蒸汽泡沫驱过程中效果都比较明显，结合静态评价实验结果可以初步考虑选择 $3^{\#}$，$4^{\#}$ 和 $5^{\#}$ 发泡剂进行阻力因子影响因素实验。

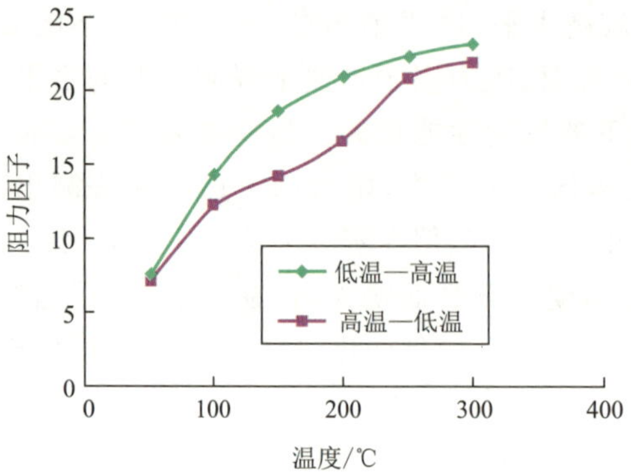

图 5-2-56　4# 发泡剂阻力因子升温、降温变化

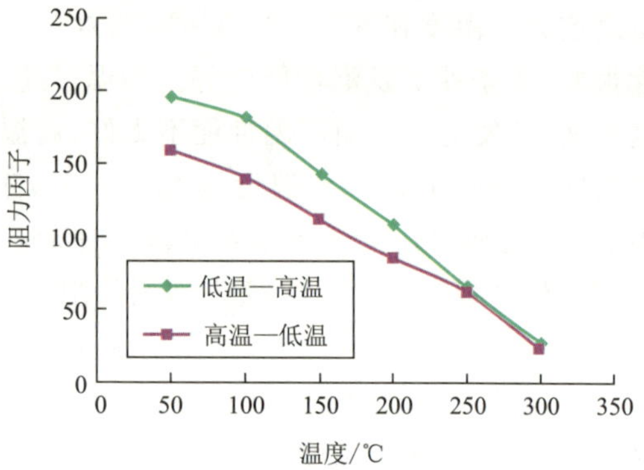

图 5-2-57　5# 发泡剂阻力因子升温、降温变化曲线

(2) 质量分数的影响。

在 25 ℃条件下,测量质量分数分别为 0.3%,0.4%,0.5%,0.6%,1.0%的 3#,4# 和 5# 发泡剂溶液的阻力因子大小,实验结果如图 5-2-58 所示。

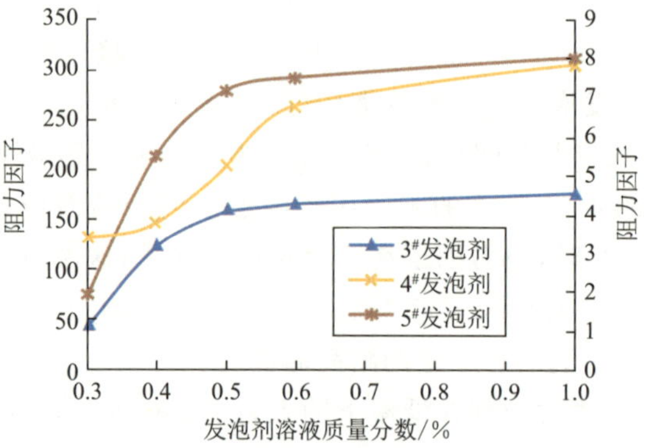

4# 发泡剂对应右侧阻力因子数轴。

图 5-2-58　阻力因子随发泡剂溶液质量分数变化曲线

实验结果表明,泡沫的阻力因子随着发泡剂质量分数的升高而增大,溶液的质量分数由 0.3%增加到 0.5%时,阻力因子上升幅度较大,而当质量分数大于 0.5%时,阻力因子的上升幅度变小,也就是说当质量分数达到一定值以后,泡沫的封堵能力基本稳定,这与泡沫的静态评价结果是一致的。对于 3# 和 5# 发泡剂而言,当发泡剂溶液质量分数超过 0.5%后,其阻力因子超过 150,封堵能力强;而对于 4# 发泡剂而言,其最大阻力因子没有超过 8,常温条件下封堵能力较差。泡沫具有一定的封堵能力的原因是:较高的发泡剂溶液质量分数可以使形成的泡沫液膜强度增大,从而阻止液体从液膜中排出,进而控制气体的溢出速度,使泡沫的半衰期变长,泡沫的稳定性增强,封堵累积效应增强,因而阻力因子增幅明显;而当发泡剂溶液质量分数达到一定值后,泡沫的半衰期变短,不会产生封堵压力的积累,阻力因子的增幅较小。由实验结果可知,发泡剂溶液质量分数选择在 0.5%左右比较合适。

(3) 气液比的影响。

在 25 ℃条件下,测量气液比为 1∶4,1∶2,1∶1,2∶1,4∶1 时 3#,4# 和 5# 发泡剂溶液阻力因子大小,溶液质量分数为 0.5%,实验结果如图 5-2-59 所示。随着气液比增大,阻力因子增大，当气液比大于 1∶1 后，阻力因子增大趋势变缓。从经济方面考虑，在蒸汽氮气泡沫调驱过程中，发泡剂在气液比为 1∶1 左右注入比较合适。

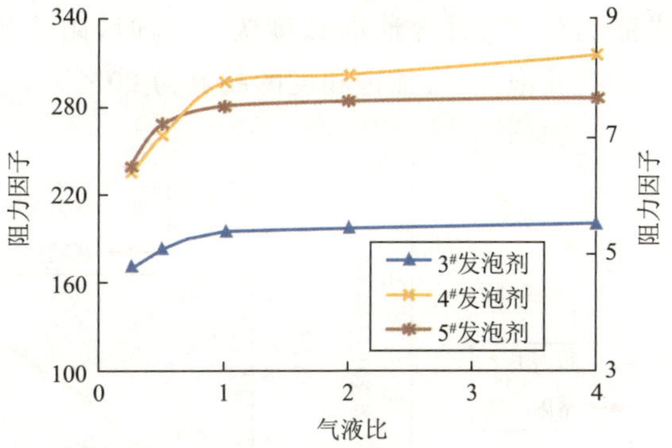

4# 发泡剂对应右侧阻力因子数轴。

图 5-2-59　阻力因子随气液比变化曲线

(4) 渗透率的影响。

在 25 ℃条件下，用 80～160 目的玻璃微砂充填填砂管，得到 5 种不同渗透率的填砂管，对 5 根填砂管从 1～5 进行编号。实验设定液相的注入流量恒定为 2.0 mL/min，气相标况流量恒定为 100 mL/min，发泡剂溶液质量分数为 0.5%，结果如图 5-2-60 所示。

实验结果表明，随着填砂管渗透率增大，基础压差减小，阻力因子增大，这说明发泡剂生成的泡沫在高渗透率的大孔道中阻力较大，而在低渗透率的小孔道中阻力较小。实验证明，氮气泡沫能够对高渗透层有更好的封堵能力，起到防止蒸汽过早沿高渗层窜流及黏性指进的作用。常温条件下，4# 发泡剂也能起到一定的封堵能力，但是封堵效果较差。

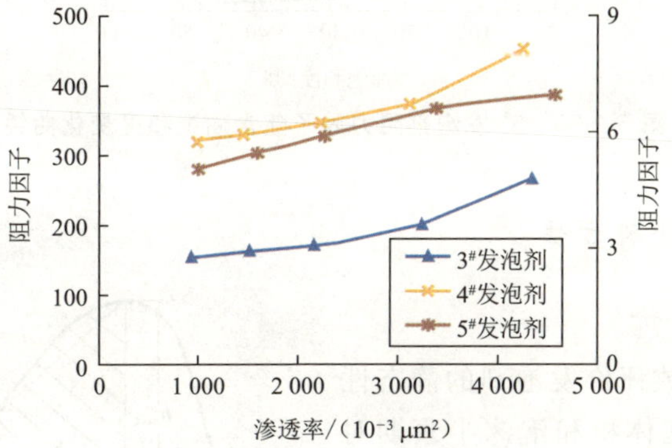

4# 发泡剂对应右侧阻力因子数轴。

图 5-2-60　阻力因子随渗透率变化曲线

(5) 含油饱和度的影响。

分别构造含油饱和度为 0，10%，15%，20%，30%，50% 单管填砂模型，用气液比 1∶1 的水气交替驱替测量基础压差，用质量分数为 0.5%、气液比 1∶1 的氮气泡沫剂驱替测量工作压差，建立阻力因子与剩余油饱和度的关系，发泡剂选择 3#，4# 和 5#，实验结果如图

5-2-61～图 5-2-63 所示。阻力因子随岩芯含油饱和度的增加而先迅速降低后缓慢降低，这是因为泡沫具有“遇油消泡，遇水生泡”的特点，油相的存在降低发泡剂的稳定性，加速泡沫的破灭。当岩芯的含油饱和度高于 50％时，泡沫在地层内的阻力因子仅达到 1.5(3#)和 2.9(5#)，此时泡沫封堵能力较差，而含油饱和度为 20％时，阻力因子可以达到 18 以上(3#，5#)。对于 3#，4#和 5#发泡剂，含油饱和度的拐点为 20％。

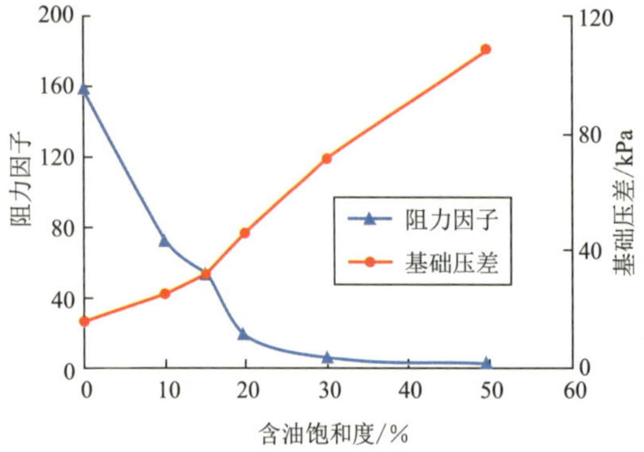

图 5-2-61　3# 发泡剂阻力因子随含油饱和度变化

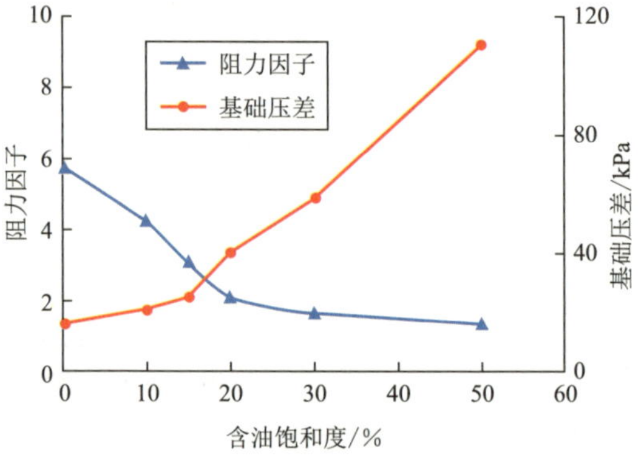

图 5-2-62　4# 发泡剂阻力因子随含油饱和度变化

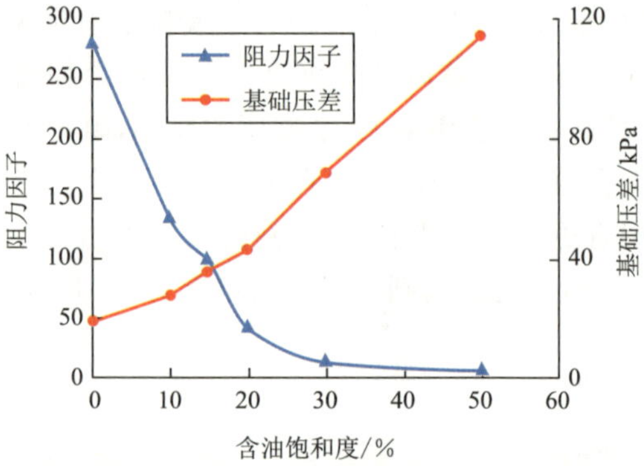

图 5-2-63　5# 发泡剂阻力因子随含油饱和度变化曲线

2. 泡沫体系评价新方法

1) 发泡剂静态评价

采用泡沫综合指数评价发泡剂的静态性能，综合考虑最大发泡体积和泡沫半衰期对泡沫性能的影响，得到实验条件下的发泡及消泡时间与泡沫高度之间的关系曲线，如图 5-2-64 所示。图中阴影部分的面积可以综合反映体系的发泡能力，假定泡沫高度 h 随时间 t 的变化采用曲线方程 $h=f_1(t)$ 表示，则泡沫综合指数 $S=\int_0^{t_{\frac{1}{2}}} h\,\mathrm{d}t$(其中 $t_{\frac{1}{2}}$ 为最大泡沫高度降至一半时的时间)。S 值越大，发泡和

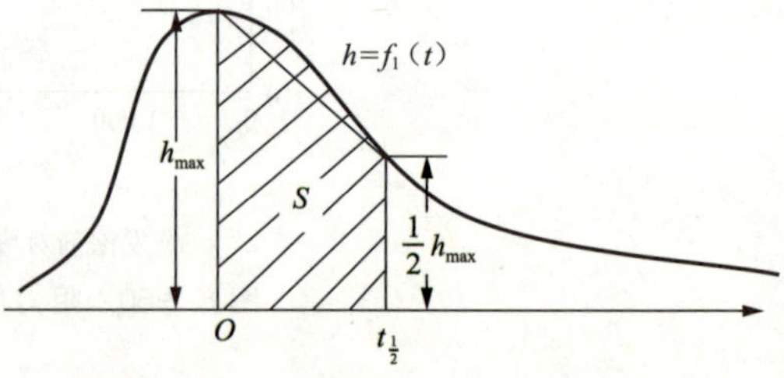

h_{max}—最大泡沫高度。

图 5-2-64　泡沫综合指数

稳定性能越好。为了计算方便，将梯形的面积近似为 $S=\frac{3}{4}h_{\max}t_{\frac{1}{2}}$，利用 S 值直观考察及评价发泡和稳定性能。表 5-2-4 和表 5-2-5 分别为低温发泡剂和高温发泡剂的泡沫综合指数 S（实验中量筒直径不变，所以可直接读取泡沫体积代替高度，S 单位用 L/min）。

表 5-2-4　不同低温发泡剂泡沫综合指数

温度/℃	$S/(\mathrm{L\cdot min^{-1}})$		
	A 低	B 低	C 低
13	118.800 0	281.662 5	146.250 0
45	47.700 0	81.435 0	20.520 0
70	10.530 0	13.020 0	7.552 5
90	3.480 0	5.310 0	2.820 0

注：A 低、B 低、C 低分别表示低温发泡剂 A，B，C。

表 5-2-5　不同高温发泡剂泡沫综合指数

温度/℃	$S/(\mathrm{L\cdot min^{-1}})$				
	A 高	B 高	C 高	D 高	E 高
13	179.550 0	26.325 0	89.145 0	164.167 5	174.600 0
45	96.600 0	22.822 5	70.980 0	91.597 5	80.437 5
70	66.937 5	31.785 0	63.075 0	52.582 5	48.892 5
90	51.480 0	38.115 0	50.276 3	47.460 0	37.500 0
120	38.940 0	33.247 5	50.250 0	45.240 0	34.500 0
150	35.475 0	26.880 0	41.055 0	42.630 0	33.390 0
180	27.675 0	23.205 0	31.282 5	37.012 5	27.930 0
200	23.085 0	18.630 0	25.800 0	27.720 0	23.760 0
220	11.880 0	16.170 0	18.525 0	18.900 0	19.890 0

注：A 高、B 高、C 高、D 高、E 高分别表示高温发泡剂 A，B，C，D，E。

由表 5-2-4 和表 5-2-5 可以看出，对于稠油热采，评价不同温度下的泡沫性能，泡沫综合指数 S 值随温度变化如图 5-2-65 所示。

图中阴影部分的面积可以综合反映泡沫综合指数 S 的温度效应 Ω。由于泡沫群在实际热采过程中处于变温体系，因此需要根据温度变化对 S 进行加权平均，得 $\overline{S}=\frac{1}{T_n-T_1}\int_{T_1}^{T_n}S\mathrm{d}T$。对表 5-2-4 和表 5-2-5 计算结果做进一步处理，得到不同发泡剂的平均泡沫综合指数 $\overline{S}$，如表 5-2-6 和图 5-2-66 及表 5-2-7 和图 5-2-67 所示。

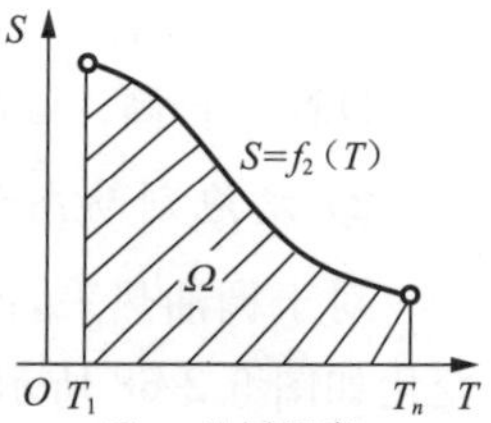

T_1—地层温度；

T_n—注蒸汽温度；T—温度。

图 5-2-65　泡沫综合指数随温度变化曲线

表 5-2-6　不同低温发泡剂平均泡沫综合指数

发泡剂	A 低	B 低	C 低
平均泡沫综合指数/$(\mathrm{L\cdot min^{-1}})$	45.87	93.16	40.56

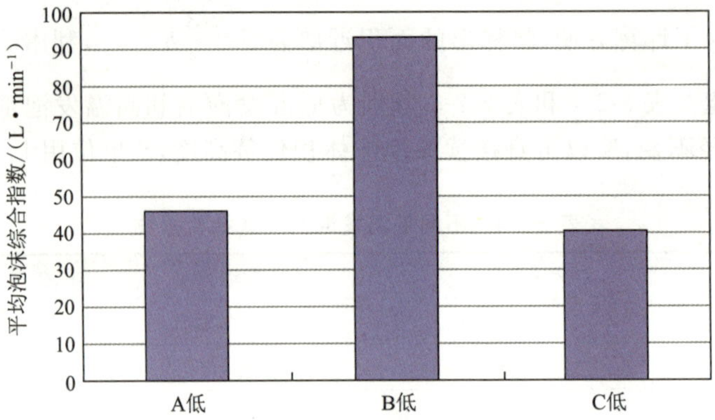

图 5-2-66　不同低温发泡剂平均泡沫综合指数

表 5-2-7　不同高温发泡剂平均泡沫综合指数

发泡剂	A 高	B 高	C 高	D 高	E 高
平均泡沫综合指数/$(L\cdot min^{-1})$	57.60	27.33	49.99	57.54	50.88

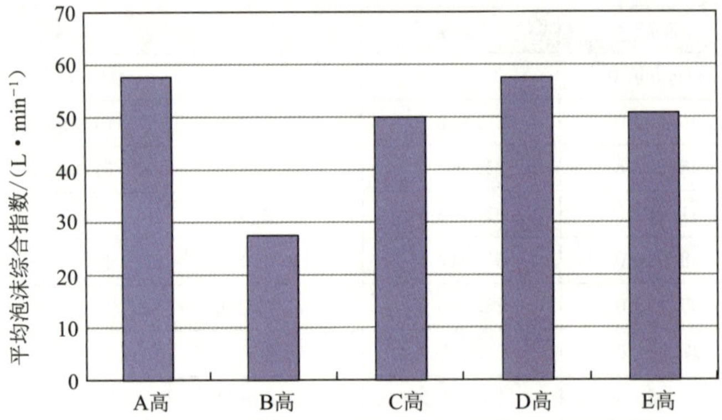

图 5-2-67　不同高温发泡剂平均泡沫综合指数

由以上实验结果可以看出：① 低温发泡剂的静态评价优选排序为 B 低＞A 低＞C 低；② 高温发泡剂的静态评价优选排序为 A 高＞D 高＞E 高＞C 高＞B 高。

2）发泡剂动态评价

对于稠油热采，评价不同温度下的阻力因子，阻力因子随温度变化如图 5-2-68 所示。

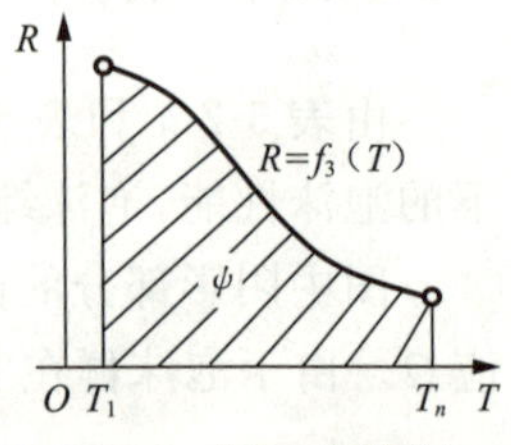

图 5-2-68　同一发泡剂阻力因子随温度变化曲线

图中阴影部分的面积可以综合反映阻力因子 R 的温度效应 ψ。由于泡沫群在实际热采过程中处于变温体系，因此需要根据温度变化对 R 进行加权平均，得 $\bar{R}=\frac{1}{T_n-T_1}\int_{T_1}^{T_n}R\mathrm{d}T$。根据不同发泡剂阻力因子计算平均阻力因子 $\bar{R}$，如表 5-2-8 和图 5-2-69 及表 5-2-9 和图 5-2-70 所示。

表 5-2-8　不同低温发泡剂平均阻力因子

发泡剂	A 低	B 低	C 低
平均阻力因子	46.96	161.38	161.12

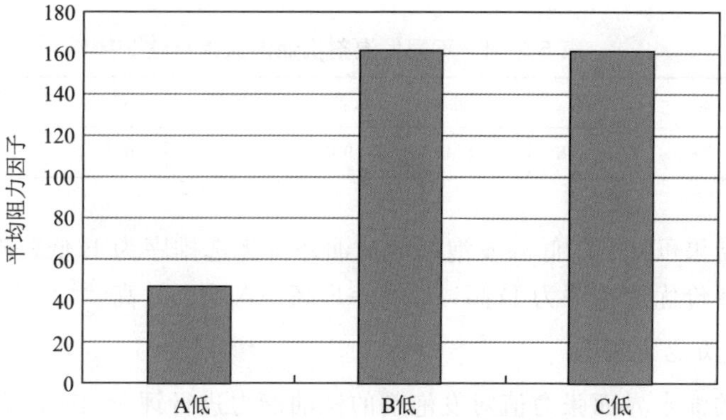

图 5-2-69　不同低温发泡剂平均阻力因子

表 5-2-9　不同高温发泡剂平均阻力因子

发泡剂	A 高	B 高	C 高	D 高	E 高
平均阻力因子	109.538 4	69.038 6	97.043 8	86.188 6	97.768 6

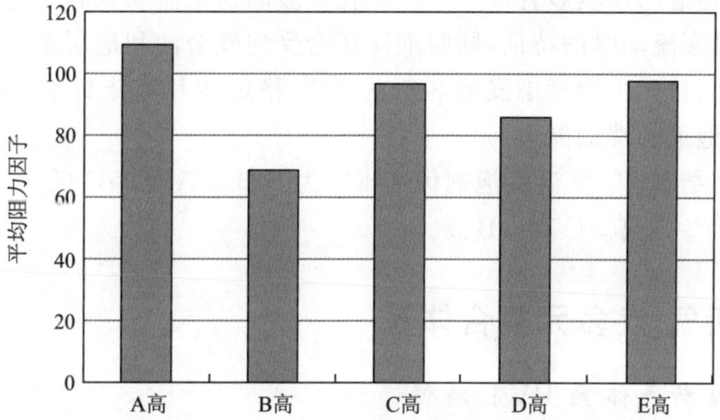

图 5-2-70　不同高温发泡剂平均阻力因子

由以上实验结果可以看出：① 低温发泡剂的动态评价优选排序为 B 低>C 低>A 低；② 高温发泡剂的动态评价优选排序为 A 高>E 高>C 高>D 高>B 高。

3）发泡剂抗盐适应性评价

计算 1%（质量分数）钠盐含量下发泡剂的泡沫综合值，见表 5-2-10。

表 5-2-10　不同发泡剂抗盐泡沫综合值

发泡剂	A 低	B 低	C 低	A 高	B 高	C 高	D 高	E 高
泡沫综合值	37.350	41.265	32.513	85.215	7.290	32.250	34.875	16.065

由以上实验结果可知：① 低温发泡剂的抗盐优选排序为B低>A低>C低；② 高温发泡剂的抗盐优选排序为A高>D高>C高>E高>B高。

4）发泡剂抗油适应性评价

计算加入油后发泡剂的泡沫综合值，见表5-2-11。

表5-2-11 不同发泡剂抗油泡沫综合值

发泡剂	A低	B低	C低	A高	B高	C高	D高	E高
泡沫综合值	9.900	33.248	5.850	5.993	0.225	6.300	14.145	6.300

由以上实验结果可知：① 低温发泡剂的抗油评价优选排序为B低>A低>C低；② 高温发泡剂的抗油评价优选排序为D高>C高=E高>A高>B高。

5）发泡剂洗油能力评价

根据发泡剂的油水界面张力值对发泡剂的洗油能力进行评价：① 低温发泡剂的洗油能力评价优选排序为B低>A低>C低；② 高温发泡剂的洗油能力评价优选排序为A高>E高>D高>C高>B高。

6）综合评价结果

由于泡沫群在实际热采过程中处于变温体系，单纯地进行发泡剂静态评价和动态评价均不能反映泡沫实际封堵特征，虽然泡沫的阻力因子在一定程度上反映了泡沫的静态发泡特性，但阻力因子是泡沫在填砂管（小尺度）多孔介质的稳定流动状态下计算出来，无法反映调剖条件下泡沫段塞流动时的特征，同时泡沫还会受到残余油和地层水矿化度影响。

综合评价原则：首先主要考虑发泡剂的发泡性、稳定性和泡沫封堵性，其次是抗盐抗油适应性，最后是发泡剂的洗油能力。

综合优选排序结果：① 低温发泡剂优选排序为B低>A低>C低；② 高温发泡剂优选排序为A高>E高>D高>C高>B高。

三、非凝析气-汽多元复合体系

1. 稠油-非凝析气体系PVT特性

1）稠油基础物性测试

采用Anton Parr DMA 4200 M密度计进行稠油基础物性测试。该密度计耐压50 MPa，耐温200 ℃，可测范围为0～3 g/cm^3，最高精度为10^{-4} g/cm^3。将实验用稠油取少量样品置于样品盒，测定3个样品在20 ℃时的密度，测量结果见表5-2-12。

表5-2-12 实验用稠油样品密度

样品	样品1	样品2	样品3
密度/($g \cdot cm^{-3}$)	0.953 1	0.965 6	0.982 7

采用四组分分离法分离得到不同烃类结构的组分，各油样组成情况见表5-2-13。

表 5-2-13　实验用稠油四组分参数表

样　品	饱和烃占比/%	芳香烃占比/%	胶质占比/%	沥青质占比/%	总收率/%
油样 1	56.91	21.63	18.75	2.34	99.63
油样 2	48.24	20.44	17.60	13.50	99.78
油样 3	28.86	18.79	25.24	27.00	99.89

图 5-2-71 所示为 3 种原油样品的黏温曲线。

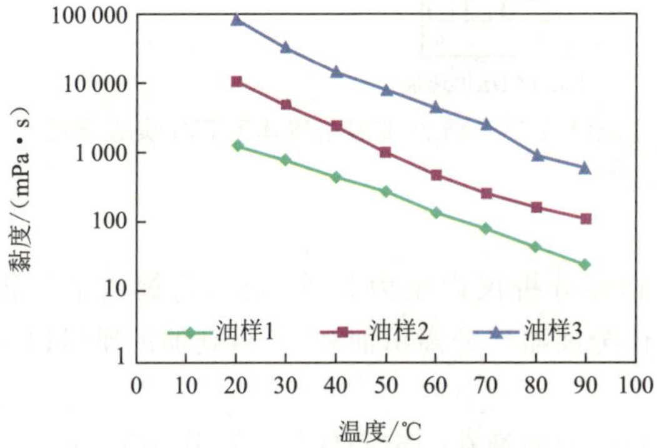

图 5-2-71　实验用稠油黏温曲线

2）实验仪器与材料

稠油-非凝析气体系 PVT 实验采用的设备有 PVT 物性分析仪、ISCO 恒压恒速泵、Cambridge 高温高压落球黏度计、配样器、气瓶（高压 N_2、CO_2）、原油中间容器、气体分离器等。其中，PVT 物性分析仪如图 5-2-72 所示，该仪器耐压 150 MPa，耐温 200 ℃，由 PVT 釜、温控系统、压力控制系统、磁力搅拌器等组成；ISCO 恒压恒速泵泵体容积 266 mL、压力范围 0～7 500 psi（1 psi＝6.89 kPa），双泵连续流速范围为 0.001～60 mL/min；Cambridge 高温高压落球黏度计如图 5-2-73 所示，主要由钢球、计时器、加热恒温系统、黏度管组成，可以用来测定不同温度和压力以及溶解不同气体的流体黏度；配样器主要由电动泵、活塞配样容器、摆动系统组成，该仪器耐温 200 ℃，耐压 50 MPa。稠油-非凝析气体系 PVT 实验流程如图 5-2-74 所示。

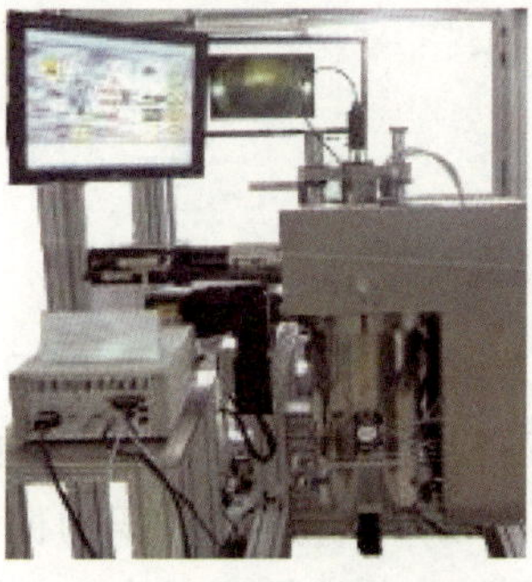

图 5-2-72　PVT 物性分析仪

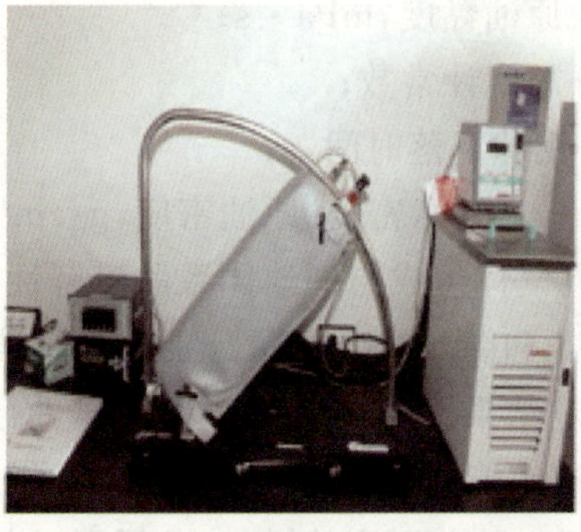

图 5-2-73　Cambridge 高温高压落球黏度计

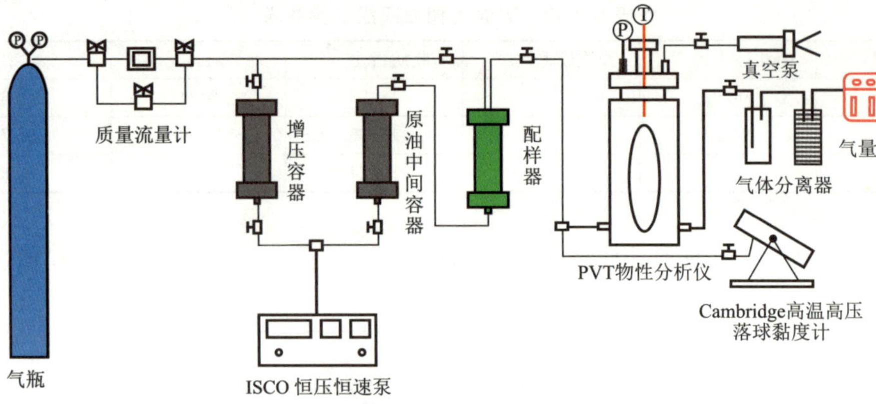

图 5-2-74　稠油-非凝析气体系 PVT 实验流程

3）实验结果分析

实验中，保持 PVT 物性分析仪内压力条件不变，将筒内油气混合物转入气体分离器中，记录其体积，通过气体分离器后分离出油和气，得到油的质量以及气体体积，即可计算溶解油气比、体积系数等。

溶解度是指单位体积地面原油在一定条件（温度、压力）下所溶解的气体在标准状态下的体积：

$$R_{si}=\frac{V_{gsci}}{V_o} \tag{5-2-3}$$

式中　R_{si}——气体 i 在原油中的溶解度，m^3/m^3；

V_{gsci}——从气体分离器中分离出来的气体 i 在标准状态（0.1 MPa，0 ℃）下的体积，m^3；

V_o——从气体分离器中分离出来的室温条件（0.1 MPa，20 ℃）下的原油体积，m^3。

体积膨胀系数是指在一定条件下，饱和气体的稠油的体积与稠油在室温条件下的体积之比。

原油黏度一般采用内部摩擦阻力表征大小，是衡量原油流动性的一个重要参数，单位为 mPa·s。本实验利用 Cambridge 高温高压落球黏度计来测定油气混合物的黏度，即钢球在不同压力、温度下饱和了气体的稠油中自由降落，记录钢球下落所需时间，则黏度可以由下式计算：

$$\mu=kt(\rho_1-\rho_2) \tag{5-2-4}$$

式中　μ——原油黏度，mPa·s；

k——黏度计常数；

t——钢球下落时间，s；

ρ_1，ρ_2——钢球密度、原油密度，g/cm^3。

（1）不同气体组成与稠油体系的溶解性实验。

图 5-2-75 和图 5-2-76 所示分别为 CO_2 与混合气（CO_2 和 N_2）在不同温度和压力条件下的溶解度测定结果。本实验对 3 种油样进行测试，同一油样在相同温度下，压力越大，CO_2 在稠油中的溶解能力逐渐增强，油样 1 随着压力的增加，在 20 ℃时，单位体积的稠油能溶解 95 体积的 CO_2；随着温度的增加，分子运动加剧，气体在原油中的溶解度减小。由于烟道气中含有大量的 N_2，实验中配置的混合气 $N_2:CO_2=4:1$，同等条件下混合气的溶解度低于

CO_2 在稠油中的溶解度。

黏度对气体的溶解度也有较大影响，随着黏度的逐渐增加，气体的溶解度急剧下降，这主要是因为稠油黏度越高，原油中所含的重质组分，特别是沥青质、胶质越多，而原油中能溶解气体的主要成分是烃类物质，气体几乎不溶于胶质、沥青质，所以随原油中沥青质和胶质含量增加，气体的溶解度也就越低。

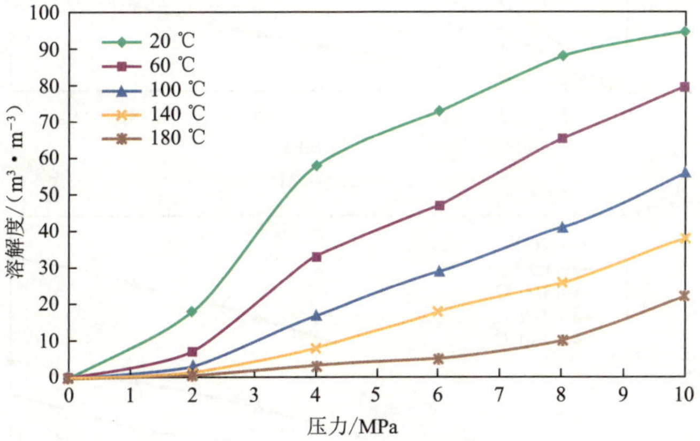

(a) 油样1

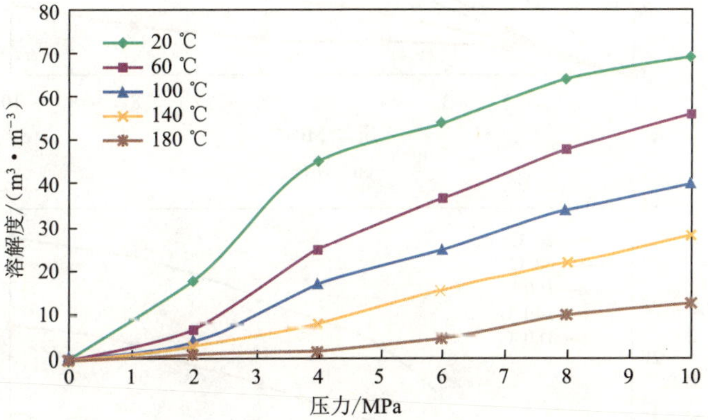

(b) 油样2

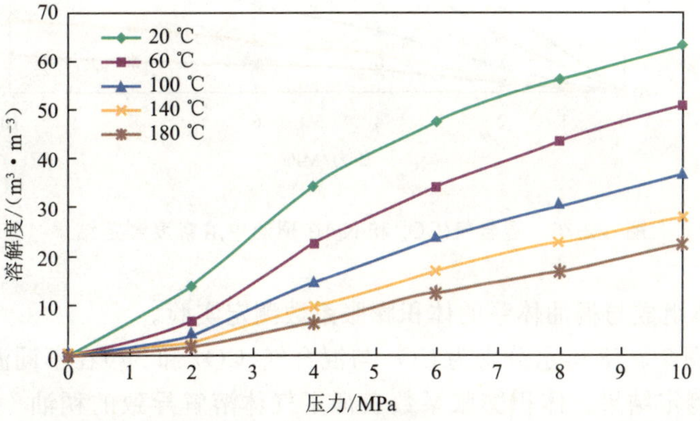

(c) 油样3

图 5-2-75　CO_2 在稠油中溶解度测定结果

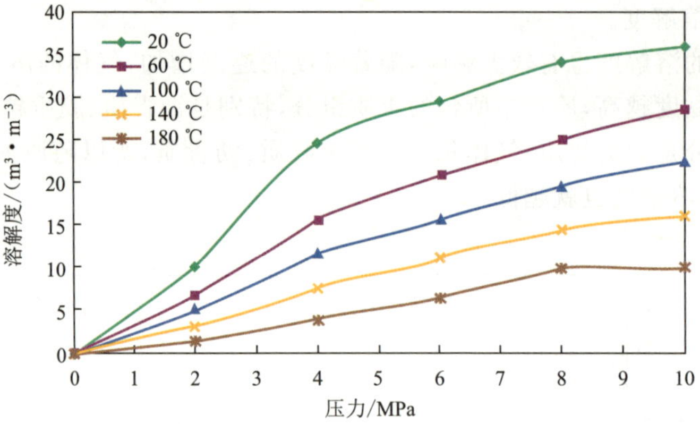

(a) 油样1

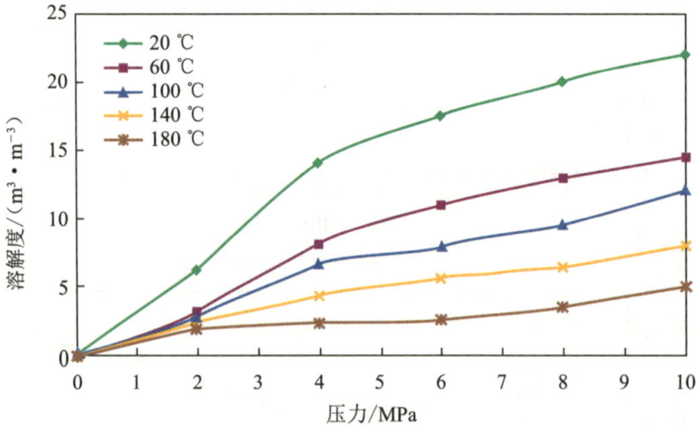

(b) 油样2

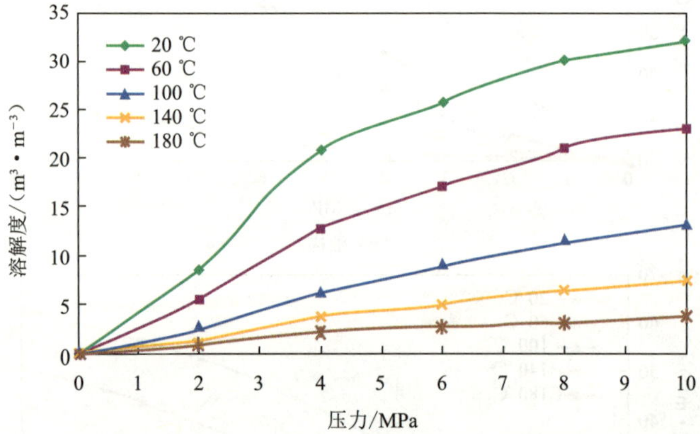

(c) 油样3

图 5-2-76 混合气(CO_2 和 N_2)在稠油中溶解度测定结果

(2) 不同气体组成与稠油体系的体积膨胀系数测定实验。

图 5-2-77 和图 5-2-78 所示分别为 CO_2 与混合气(CO_2 和 N_2)在不同温度和压力条件下的体积膨胀系数测定结果。体积膨胀系数表征了气体溶解导致的稠油-气体体系体积增大的效果。体积膨胀系数越大,由于气体溶解产生的弹性能越大,驱油能力也越强。本实验对 3 种油样进行测试,同一油样在相同温度下,压力越大,稠油-CO_2 体系的体积膨胀系数越

大，这是因为随着压力的增大，稠油体积被压缩，但是溶解的气体带来的体积增量大于原油本身体积受到的压缩，这也说明火烧油层产生的气体有原油膨胀驱油的作用；由于稠油中溶解的烟道气量较少，所以稠油-混合气体系体积膨胀系数较稠油-CO_2 体系体积膨胀系数低。

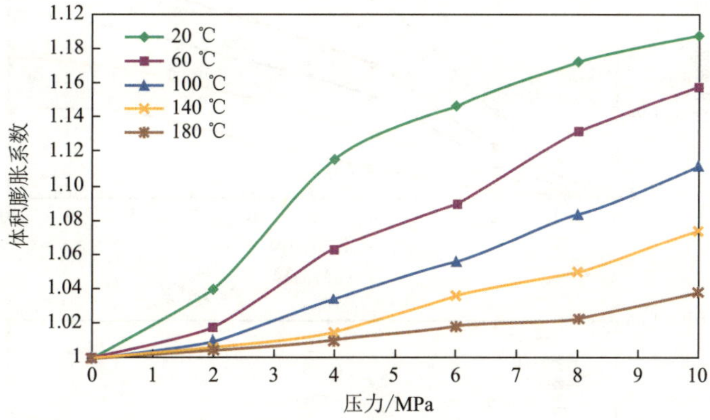

（a）油样1

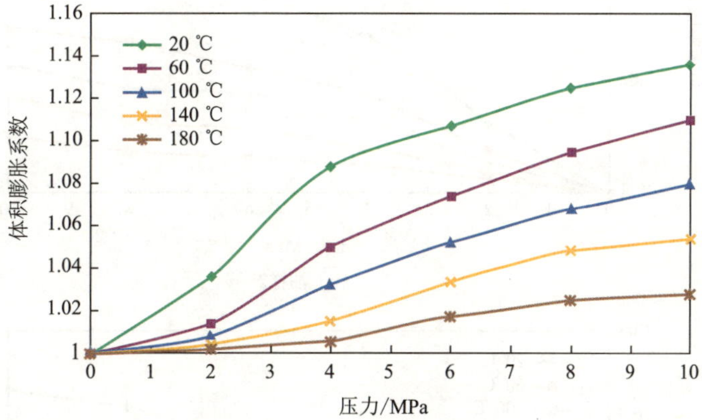

（b）油样2

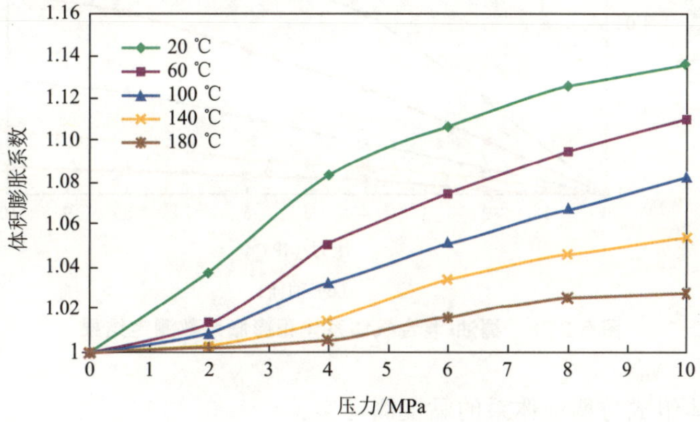

（c）油样3

图 5-2-77　稠油-CO_2 体系体积膨胀系数测定结果

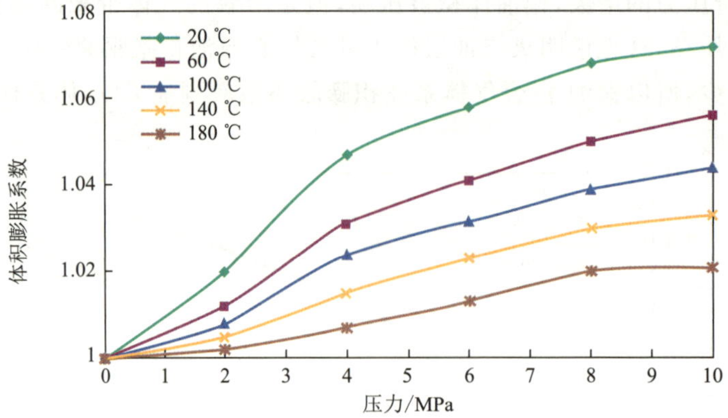

（a）油样1

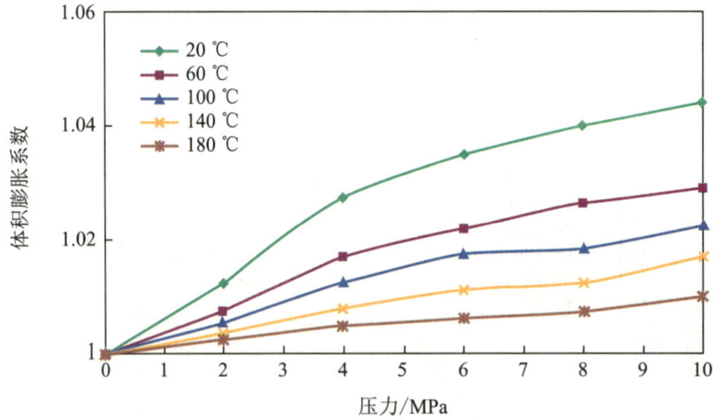

（b）油样2

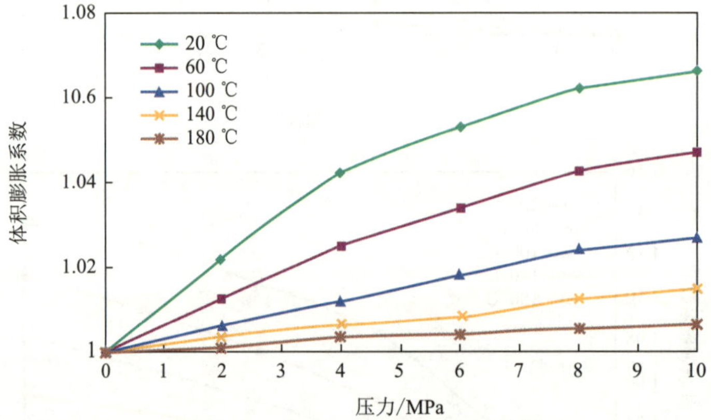

（c）油样3

图 5-2-78 稠油-混合气体系体积膨胀系数测定结果

（3）不同气体组成与稠油体系的黏度测定实验。

图 5-2-79 和图 5-2-80 所示分别为 CO_2 与混合气（CO_2 和 N_2）在不同温度和压力条件下的黏度测定结果。由图可以看出，气体的溶解大大降低了稠油的黏度。同一温度下，随着压力的增加，黏度逐渐降低，这是气体溶解后降黏作用引起的。由于 CO_2 在稠油中溶解度大，

所以稠油-CO_2 体系的黏度降低幅度更大。对比图 5-2-79 和图 5-2-80 可知，黏度随温度变化非常显著，这是黏度本身的性质决定的，所以在火烧油层中降低原油黏度起决定性作用的是温度，图中油样 1 从 20 ℃升到 180 ℃体系黏度降低至原来的 1/700。

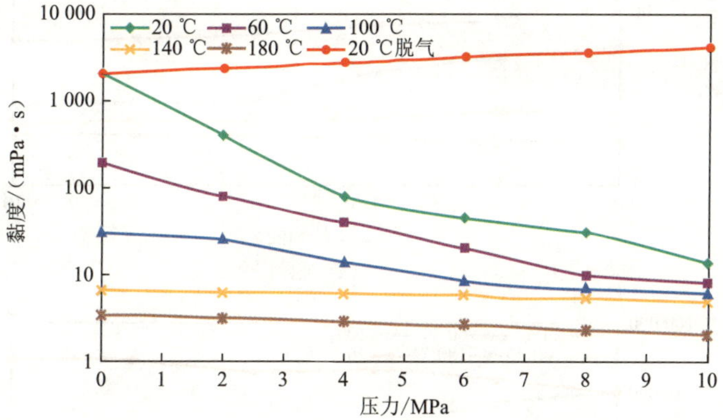

（a）油样1

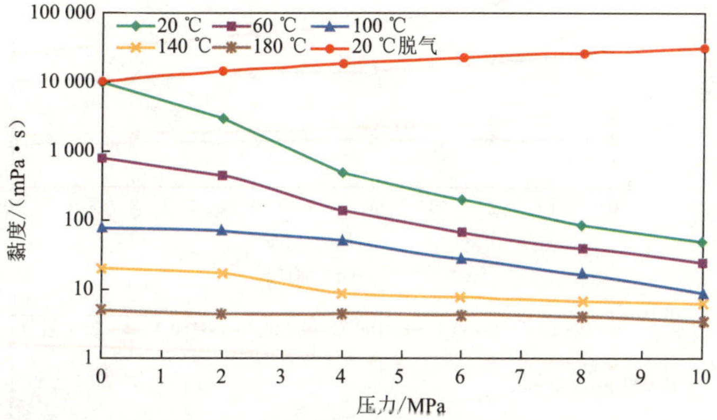

（b）油样2

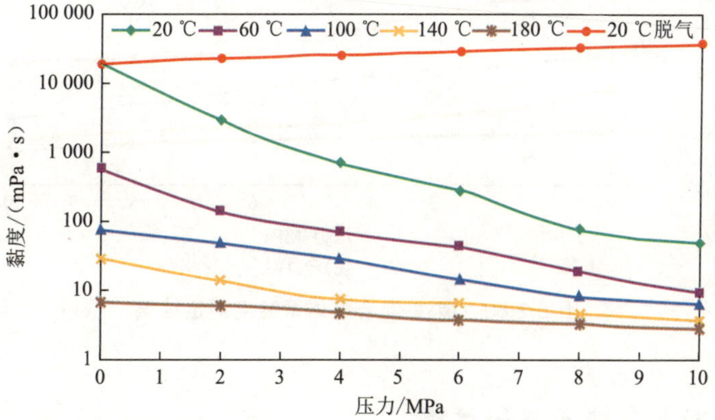

（c）油样3

图 5-2-79　稠油-CO_2 体系黏度测定结果

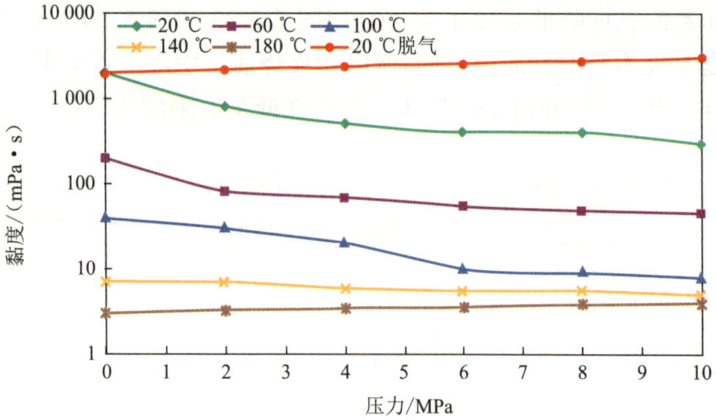

（a）油样1

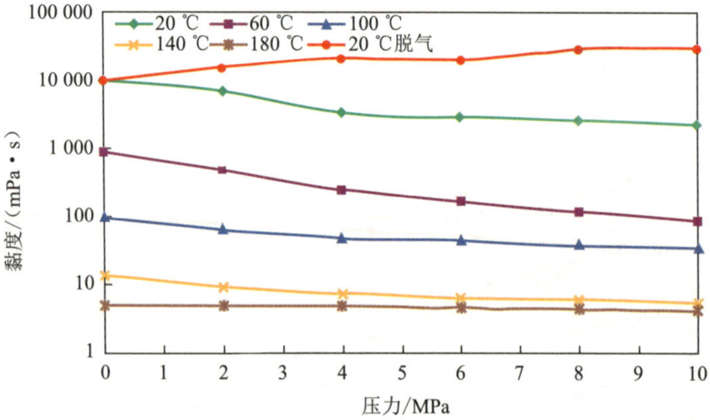

（b）油样2

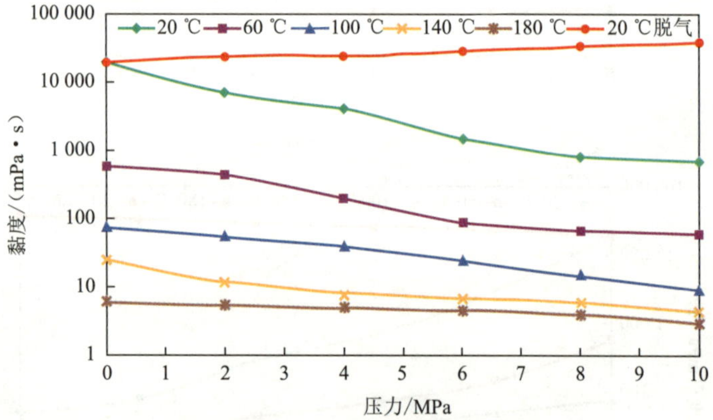

（c）油样3

图 5-2-80　稠油-混合气体系黏度测定结果

2. 稠油-非凝析气体系驱油性能

在室内条件下，多元热流体可以采用蒸汽添加非凝析气的方式来模拟。利用一维填砂管模型，分别开展表 5-2-14 中 3 种不同黏度稠油的蒸汽驱、蒸汽-CO_2 复合驱、蒸汽-N_2 复合驱以及蒸汽-烟道气复合驱实验，用于研究多元热流体中非凝析气的存在对稠油油藏热采驱油性能的影响。

表 5-2-14 3 种稠油油样基础物性参数表

样 品	地面原油密度/$(g\cdot cm^{-3})$	地面脱气原油黏度/(mPa·s)	油藏温度/℃	饱和烃含量/%	芳香烃含量/%	胶质含量/%	沥青质含量/%
油样 1	0.962 5	1 074	29	52.56	23.01	23.07	1.36
油样 2	0.970 6	7 843	29	49.68	23.26	26.21	0.85
油样 3	0.982 8	47 310	28	45.94	24.02	29.07	0.97

1) 实验仪器及材料

实验所用的主要仪器和设备有：恒温箱、蒸汽发生器、ISCO 恒压恒速泵（流速 0.001～60 mL/min，耐压 50 MPa）、Series1500 型平流泵、高压气瓶（CO_2 气瓶、N_2 气瓶、烟道气气瓶）、60 cm×ϕ3.8 cm 填砂管模型、气体单向阀、JYB 型 8 MPa 压力变送器（精度 0.01 MPa）、手摇泵、回压阀等。实验流程如图 5-2-81 所示。

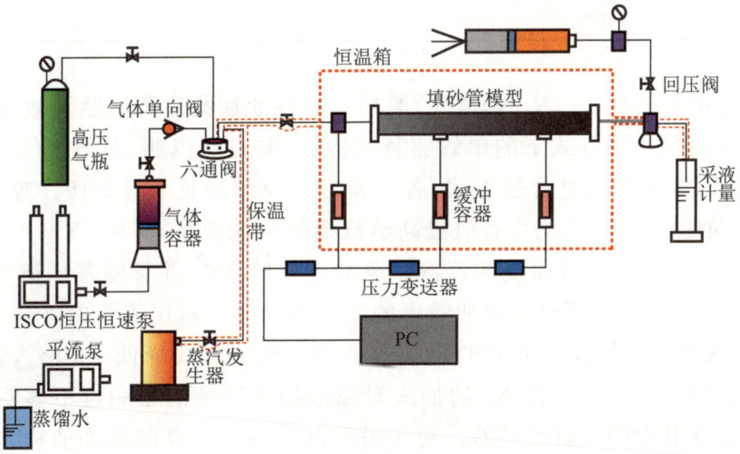

图 5-2-81 稠油油藏多元热流体驱替实验流程

2) 实验结果分析

本次共进行 18 组稠油油藏单管驱替实验，各填砂管物性参数见表 5-2-15。

表 5-2-15 单管驱替实验各填砂管物性参数表

方 案	样 品	石英砂目数/目	孔隙度/%	水测渗透率/$(10^{-3}\ \mu m^2)$	含油饱和度/%	束缚水饱和度/%
1	油样 1	70～100	34.76	8 721	87.54	12.46
2	油样 1	70～100	36.76	9 622	88.02	11.98
3	油样 1	70～100	36.82	9 184	86.77	13.23
4	油样 1	70～100	36.54	9 355	87.49	12.51
5	油样 1	80～120	28.38	4 410	90.14	9.86

续表

方案	样品	石英砂目数/目	孔隙度/%	水测渗透率/(10^{-3} μm^2)	含油饱和度/%	束缚水饱和度/%
6	油样 1	80～120	28.67	4 901	88.55	11.45
7	油样 1	80～120	28.52	3 711	89.72	10.28
8	油样 2	70～100	35.88	8 952	90.16	9.84
9	油样 2	70～100	35.29	9 132	89.57	10.43
10	油样 2	70～100	36.25	10 571	90.63	9.37
11	油样 2	80～120	28.78	2 857	87.21	12.79
12	油样 2	80～120	27.95	3 031	89.60	10.40
13	油样 2	80～120	28.35	2 886	88.03	11.97
14	油样 3	70～100	32.79	9 935	90.27	9.73
15	油样 3	70～100	34.25	10 121	91.02	8.98
16	油样 3	70～100	33.36	9 705	90.34	9.66
17	油样 3	80～120	29.11	4 854	89.77	10.23
18	油样 3	80～120	29.58	3 427	90.25	9.75

为了研究非凝析气(CO_2、N_2、烟道气)的加入对稠油油藏注蒸汽驱油效率的影响，分别进行 3 种油样在不同热采方式下的单管驱替实验，主要有蒸汽驱、蒸汽-CO_2 复合驱、蒸汽-N_2 复合驱以及蒸汽-烟道气复合驱方式，各实验方案及结果见表 5-2-16。对于以上 3 种稠油油样，CO_2 与烟道气的注入均可有效提高蒸汽驱的驱油效率，其中 CO_2 可以提高蒸汽驱驱油效率约 10%，而烟道气可以提高蒸汽驱驱油效率约 3%，并且随着烟道气中 CO_2 气体组分含量的增大，烟道气对蒸汽驱驱油效率的改善越明显。对比表 5-2-16 中方案 1 与方案 4 的实验结果，蒸汽-N_2 复合驱方式的驱油效率较蒸汽驱方式降低 13.1%，这主要是由于 N_2 在原油中的溶解性能较差，且 N_2 的加入对原油物性特征的影响也不够明显，并且黏度越大的稠油，N_2 在其中的溶解性越差。对于另外两种黏度稍高的稠油油样，仅开展纯蒸汽驱、蒸汽-CO_2 复合驱以及蒸汽-烟道气复合驱实验。

图 5-2-82 所示为油样 1 的单管驱替实验结果，其中方案 1～4 采用 70～100 目的石英砂，填砂管渗透率为 $8\ 000\times10^{-3}\sim10\ 000\times10^{-3}$ μm^2，平均为 $9\ 220.5\times10^{-3}$ μm^2；方案 5～7 采用 80～120 目的石英砂，填砂管渗透率为 $3\ 000\times10^{-3}\sim5\ 000\times10^{-3}$ μm^2，平均为 $4\ 340.7\times10^{-3}$ μm^2。由图 5-2-82(a)可知，对于同种油样在同一油藏渗透率条件、不同驱替方式下的实验，4 种驱替方式的驱油效率排序为：蒸汽-CO_2 复合驱＞蒸汽-烟道气复合驱＞蒸汽驱＞蒸汽-N_2 复合驱。由图 5-2-82(b)与(c)可知，蒸汽-N_2 复合驱方式的驱替压差是 4 种方式中最高的，其次为蒸汽-烟道气复合驱方式，而蒸汽-CO_2 复合驱方式的含水上升速度与驱替压差则是 4 种方式中最低的。与蒸汽驱方式相比，蒸汽-CO_2 复合驱方式的驱替压差降低了 15%～40%，这是 CO_2 改善原油物性特征引起的。对比图 5-2-82(a)与(d)可知，对于同种稠油流体、同种驱替方式、不同渗透率条件下的驱替实验，油样 1 在高、低两个渗透率下的蒸汽驱驱油效率分别为 69.40%与 51.37%，低渗条件(方案 5)下的驱油效率较高渗条件(方案 1)降低 18.03%。同样地，对于采用蒸汽-CO_2 复合驱替方式的方案 2 和方案 6，

表 5-2-16　3 种稠油油样不同方式下的单管驱替实验结果

方　案	样　品	驱替方式	蒸汽注入速率 /(mL·min^{-1})	汽气比	驱油效率 /%
1	油样 1	蒸汽驱	3		69.40
2	油样 1	蒸汽-CO_2 复合驱	3	3∶1	77.50
3	油样 1	蒸汽-烟道气复合驱	3	3∶1	72.41
4	油样 1	蒸汽-N_2 复合驱	3	3∶1	56.30
5	油样 1	蒸汽驱	3		51.37
6	油样 1	蒸汽-CO_2 复合驱	3	3∶1	59.33
7	油样 1	蒸汽-烟道气复合驱	3	3∶1	54.24
8	油样 2	蒸汽驱	3		58.82
9	油样 2	蒸汽-CO_2 复合驱	3	3∶1	66.27
10	油样 2	蒸汽-烟道气复合驱	3	3∶1	62.27
11	油样 2	蒸汽驱	3		47.80
12	油样 2	蒸汽-CO_2 复合驱	3	3∶1	58.51
13	油样 2	蒸汽-烟道气复合驱	3	3∶1	53.15
14	油样 3	蒸汽驱	3		42.10
15	油样 3	蒸汽-CO_2 复合驱	3	3∶1	52.28
16	油样 3	蒸汽-烟道气复合驱	3	3∶1	45.79
17	油样 3	蒸汽驱	3		35.62
18	油样 3	蒸汽-CO_2 复合驱	3	3∶1	42.84

高渗条件(方案 2)下的驱油效率较低渗条件(方案 6)高出 18.17%。由图 5-2-82(b)与(e)可知,低渗条件(方案 5～7)下的含水率上升速度较高渗条件(方案 1～3)快,如对于蒸汽-CO_2 复合驱方式,低渗条件下注入约 1.4 PV 时,出口汽窜,而对于高渗条件,注入约 2.0 PV 时出口出现汽窜。另外根据图 5-2-82(c)与(f),对比同种驱替方式、不同渗透率条件下的驱替压差发现,渗透率越低,驱替压差越高,低渗条件(方案 5～7)的驱替压差约是高渗条件(方案 1～3)的两倍左右。随着渗透率的增大,同种驱替方式下的稠油热流体驱油效率逐渐增大,驱替压差逐渐减小。

图 5-2-83 所示为油样 2 的单管驱替实验结果,其中方案 8～10 的填砂管渗透率相对较高,方案 11～13 的填砂管渗透率相对较低。与油样 1 的驱替结果类似,对于油样 2,3 种驱替方式中,蒸汽-CO_2 复合驱方式的驱油效率最高,含水上升速度最慢,驱替压差最低。与油样 1 相比,原油黏度稍高的油样 2 在不同驱替方式下的驱油效率更低,含水上升速度更快,驱替压差也更大。例如,对于高渗条件(方案 9)下的蒸汽-CO_2 复合驱方式,油样 2 的驱油效率为 66.27%,相较油样 1 降低 11.23%,最高驱替压差为 0.71 MPa,相较油样 1 提高 0.14 MPa。

图 5-2-84 所示为油样 3 的单管驱替实验结果,与以上两种黏度较低的稠油油样相比,油样 3 在不同方式下的驱油效率更低,高渗条件下的蒸汽驱驱油效率仅有 42.10%,与同等

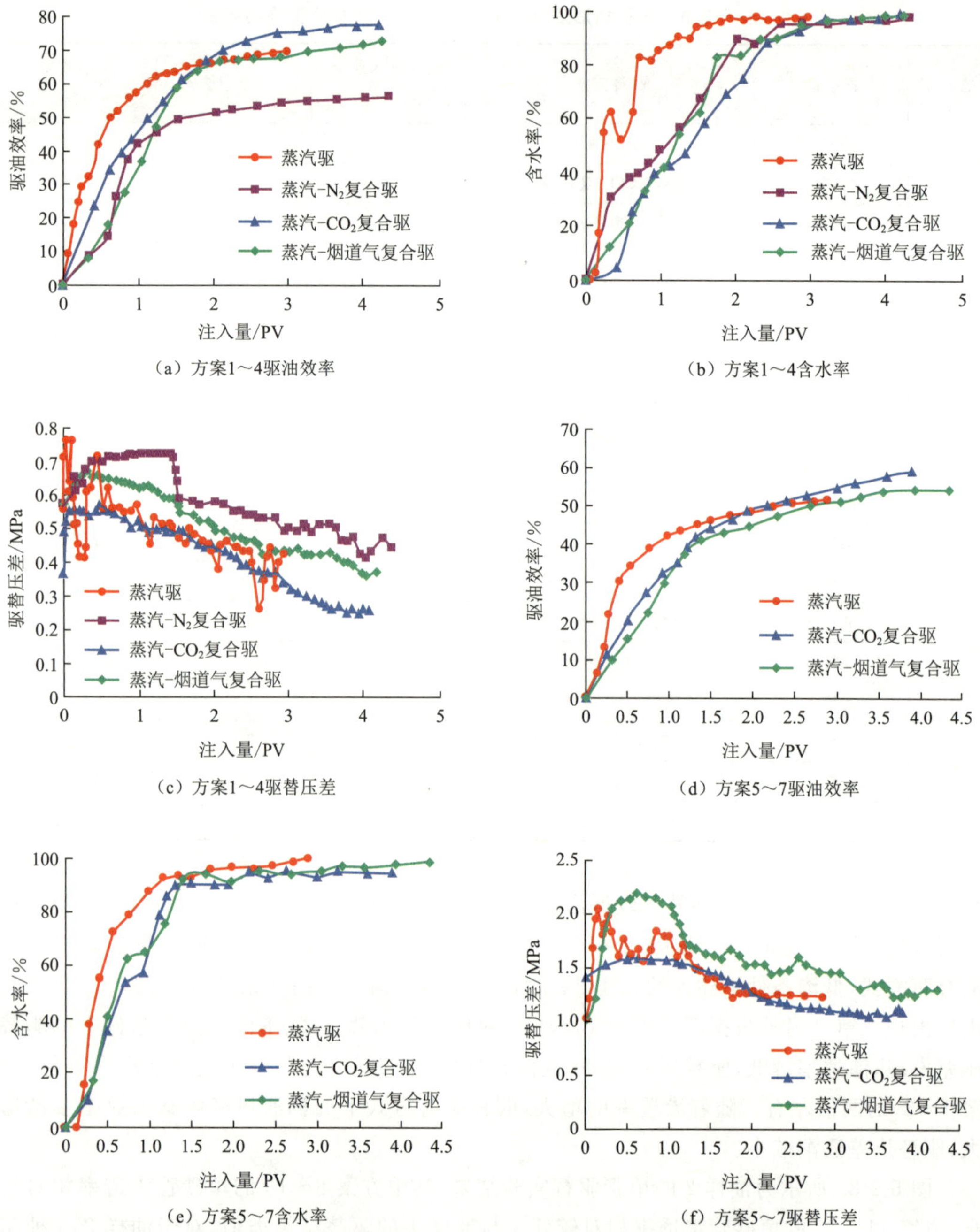

图 5-2-82　稠油油样 1 单管驱替实验结果(方案 1～7)

渗透率条件下油样 1 的蒸汽驱实验相比，降低了 27.30%。同时，油样 3 驱替过程中填砂管两端的驱替压差也更大，蒸汽驱最高驱替压差为 3.08 MPa，约是同等渗透率下油样 1 驱替压差的 4.10 倍，是油样 2 的 2.72 倍。此外，与油样 1 和油样 2 相比，油样 3 在驱替过程中的含水上升速度更快，发生汽窜的时机更早，如高渗条件下的蒸汽驱实验，油样 3 的汽窜时机为注入 0.71 PV 时，较油样 2 提前 0.30 PV，较油样 1 提前 0.70 PV。油样 3 在驱油效率、含水率以及驱替压差上与其他两个油样相差较大的原因主要是该油样的黏度较大。

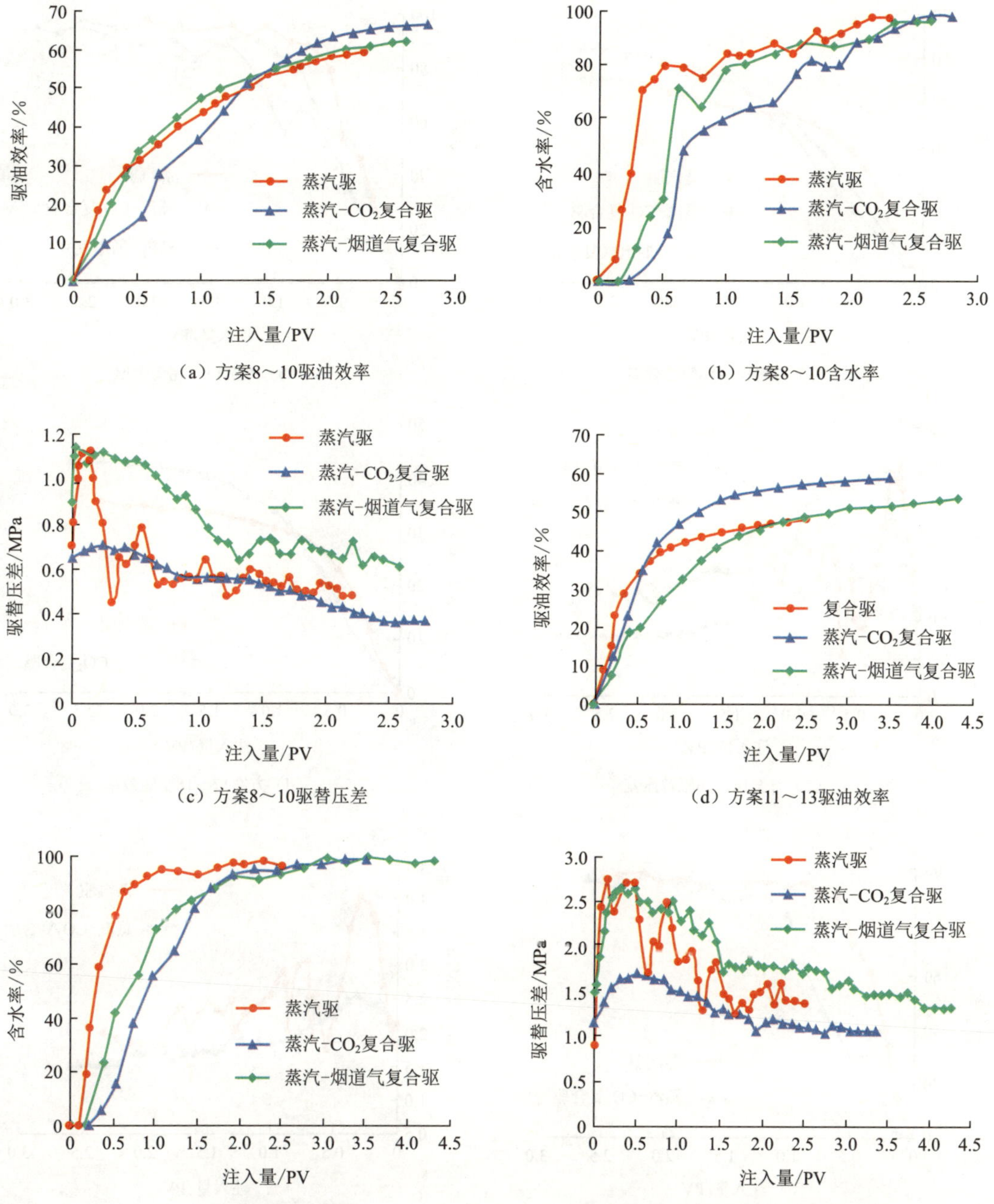

图 5-2-83　稠油油样 2 单管驱替实验结果(方案 8～13)

综合以上 3 种不同类型稠油在不同渗透率、不同方式下的单管驱替实验结果可以发现，蒸汽-CO_2 复合驱是 4 种驱替方式中效果最好的，它的驱油效率是四者中最高的，驱替压差最小，并且驱替过程中的压力变化也最为平缓，并不会出现其他几种方式中的大幅度压力波动现象。这主要是因为 CO_2 在原油内的溶解度高，使得原油物性特征发生较大变化，并且油藏压力越高，CO_2 在稠油流体内的溶解能力越强，从而对注蒸汽开发效果的改善越明显。蒸汽-烟道气复合驱方式的驱油效率较蒸汽驱更高，但该方式下的流体注入压力偏大，随着

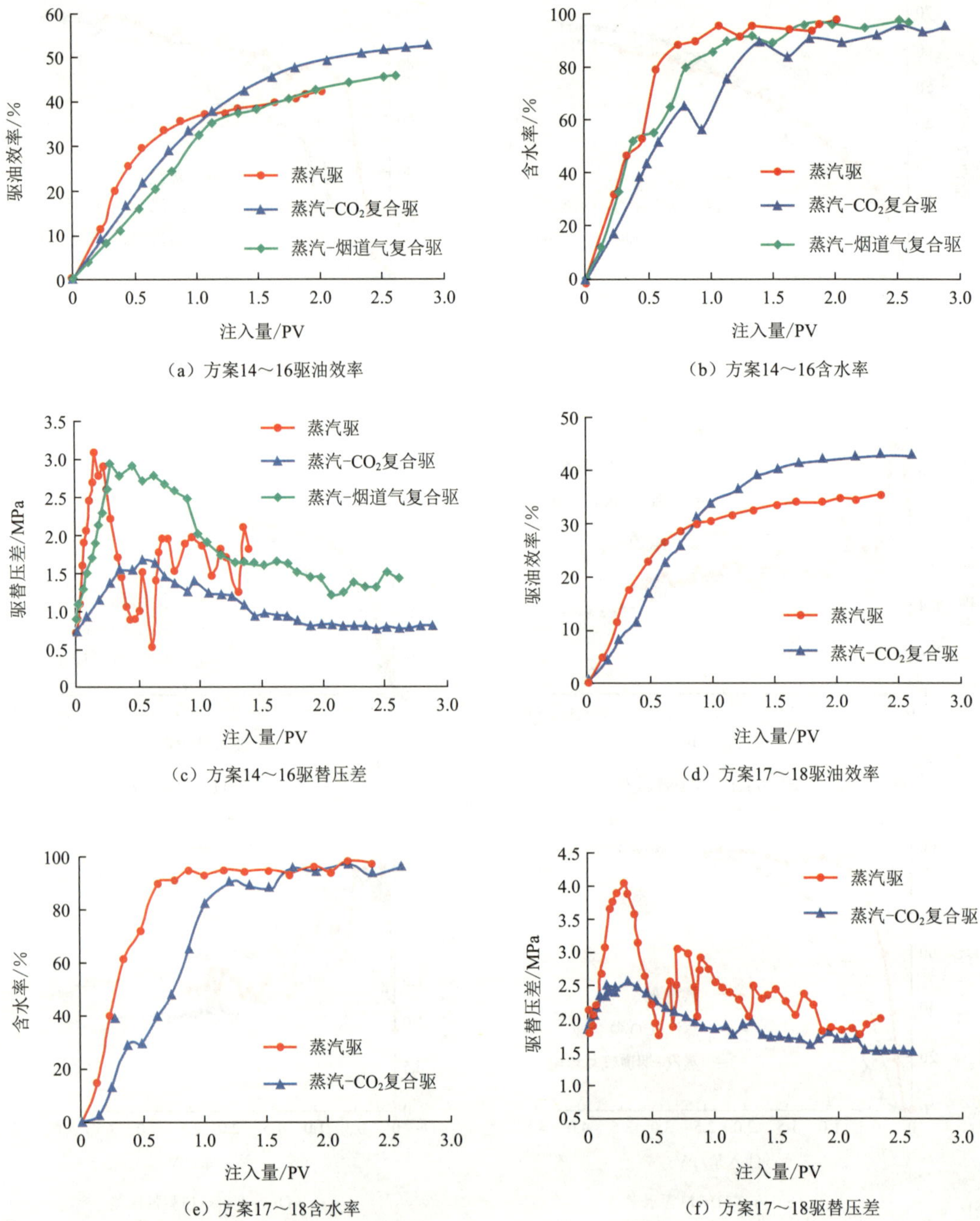

图 5-2-84 稠油油样 3 单管驱替实验结果(方案 14～18)

烟道气中 CO_2 含量的增大,注入压力呈减小趋势。

四、空气辅助蒸汽体系

对于稠油油藏的空气辅助蒸汽开发方式,注入空气会与原油发生氧化反应,从而对原油的物性组成产生影响。稠油油藏中注入空气，一般认为存在 3 个温度区间，对应着 3 种类型的反应：低温氧化(LTO)通常发生在 350 ℃以下，热裂解发生在 350～450 ℃之间，而高温氧化(HTO)要求更高的温度。低温氧化的优点是可以有效地消耗空气中的 O_2，消除与烃类气体混合发生爆炸的安全隐患，且反应过程中产生 CO_2 等气体，可溶解于原油，增大地层能量；缺点是会生成黏度高于原始油样的液相产物，堵塞孔隙，从而降低原油流动能力，对采收率造成潜在的伤害，特别是对于沥青质含量较高的稠油，这种情况会更加严重。注蒸汽开发稠油油藏过程中，在蒸汽内添加空气能够在平面和纵向上提高油层波及效率，这一过程主要发生于注入的空气和蒸汽混合物在多孔介质中运移的过程中，而进入油层的空气在多孔介质中与稠油接触又会与稠油发生反应，当油层中含水量不同时稠油与空气反应后的性质有所不同。借助稠油与空气高温高压反应实验和一维填砂管动态驱油实验，研究稠油与空气反应后物理性质的变化，并对注空气技术参数进行优化。

1. **空气氧化特征研究**

下面主要研究原油中含有一定水时与空气发生氧化的特征。实验流程图如图 5-2-85 所示，实验装置主要分为 3 个部分，分别为流体注入部分、数据采集部分和气液收集部分。其中，流体注入部分包括：GFY-V 型高温高压反应装置(包括电加热室和反应腔等)、高压空气瓶和气体质量流量控制器等；数据采集部分包括：数据采集系统和 PC 等；气液收集部分包括：集气瓶和集液瓶等，利用 IBird MX6 多气体检测仪检测尾气成分，利用 DV-Ⅲ超稠油流变仪测量反应后流体的黏度及其他流变特性。实验材料主要包括：某油田地面脱气脱水原油、蒸馏水、高压空气等。高压空气瓶里的空气通过处理后，主要成分为 22%的 O_2 和 78%的 N_2。

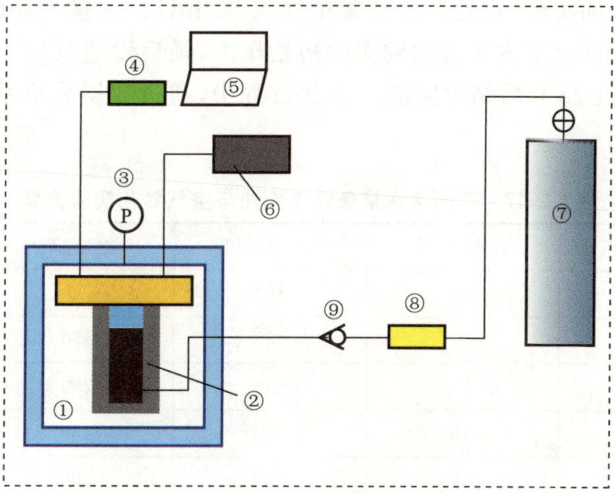

①—电加热室；②—反应腔；③—压力表；④—数据采集系统；⑤—PC；⑥—多气体检测仪；
⑦—高压空气瓶；⑧—气体质量流量控制器；⑨—单向阀。

图 5-2-85　实验流程图

实验采用江苏华安科研仪器有限公司生产的 GFY-V 型高温高压反应装置，如图5-2-86 所示。该反应装置能够模拟高温高压条件下，岩石或原油发生裂解或热变异并产生气体的过程。其主要组成部分包括高压釜体、高压釜盖、温压测控联锁、保护装置、加热器、保温套、高温管连接件及阀门等。主要技术参数为：反应釜体积 200 mL(80 mm×ϕ60 mm)；设计压力 25 MPa，最大工作压力 20 MPa；最高工作温度 500 ℃，控温精度 1 ℃；加热方式为电加热；压力传感器量程 25 MPa，精度 0.25%。

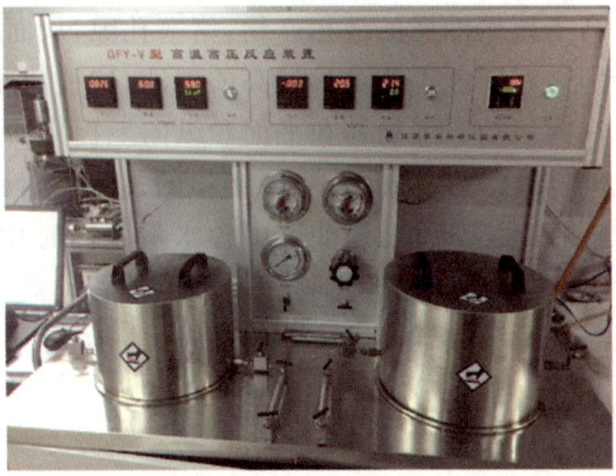

图 5-2-86　GFY-V 型高温高压反应装置

根据以上实验设备及需要达到的实验目的，设计表 5-2-17 所示实验方案，反应温度分别设置为 90 ℃，150 ℃，200 ℃和 250 ℃。初始压力分别设置为 1 MPa，2 MPa，3 MPa 和 5 MPa，含水量分别设置为 0，15%，30%和 50%。在 10 组实验中，实验 1，2，3，4 用来研究不同温度下稠油氧化特征；实验 3，5，6，7 用来研究不同初始压力下稠油氧化特征；实验 3，8，9，10 用来研究不同含水量下稠油氧化特征。另外，各组实验中均加入了质量分数为 0.2% 的催化剂。

对于某一组特定的实验，首先向反应釜中加入 50 mL 含水量不同的原油，然后向反应釜中注入高压空气使反应釜内压力达到实验初始压力，最后设置反应釜反应温度为设计的实验温度，待反应进行 72 h 后结束实验。在此过程中，通过数据采集系统监测反应釜内温度和压力的实时变化。

表 5-2-17　不同含水量条件下原油与空气氧化实验方案

实　验	油体积/mL	含水量/%	气体积/mL	温度/℃	初始压力/MPa
1	50	15	150	90	2
2	50	15	150	150	2
3	50	15	150	200	2
4	50	15	150	250	2
5	50	15	150	200	1
6	50	15	150	200	3
7	50	15	150	200	5
8	50	0	150	200	2
9	50	30	150	200	2
10	50	50	150	200	2

1）反应压力的变化

图 5-2-87 反映了不同系统初始压力下，系统压力随时间的变化。从图中可以看出，在一定的初始压力下，反应初期系统压力降低较快，说明氧化反应剧烈，空气中的 O_2 被大量消耗，随着反应的继续进行，系统压力逐渐稳定。初始压力越大，系统压力降相对越大。这是因为在体积一定的条件下，增大初始压力可以加快分子间的运动，促进 O_2 与稠油分子间的接触，从而促进 O_2 与稠油之间的氧化反应，增大 O_2 的消耗。另外，在反应时间相同时，初始压力越大，系统压力也越大。因此在矿场实际应用中，可以考虑在地层压力处于一定水平时注入空气，有利于维持地层压力。另外，从图中可以看出，随着反应的进行，反应釜内温度变化不明显。

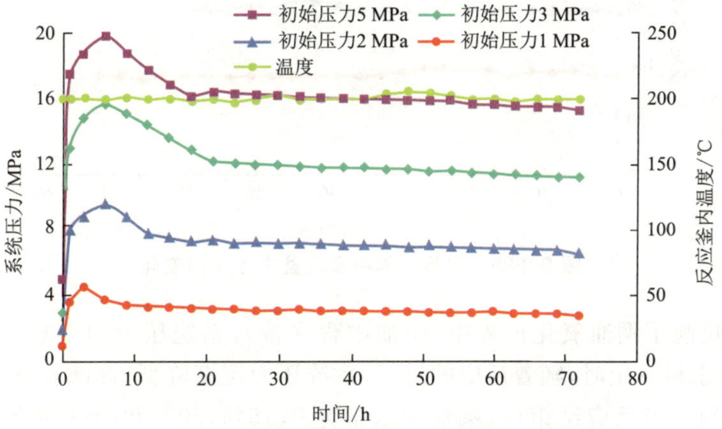

图 5-2-87 初始压力对系统压力的影响

图 5-2-88 反映了不同系统初始温度下，系统压力随时间的变化。从图中可以看出，在一定初始温度下，反应初期系统压力下降较快，说明氧化反应剧烈，空气中的 O_2 被大量消耗，随着反应的继续进行，系统压力逐渐稳定。初始温度越高，系统压力降相对越大。这是因为温度升高一方面增强了空气分子的运动，另一方面促进了稠油分子中自由基的形成，从而促进空气与稠油氧化反应的进行，增大O_2的消耗。另外，在反应时间相同时，初始

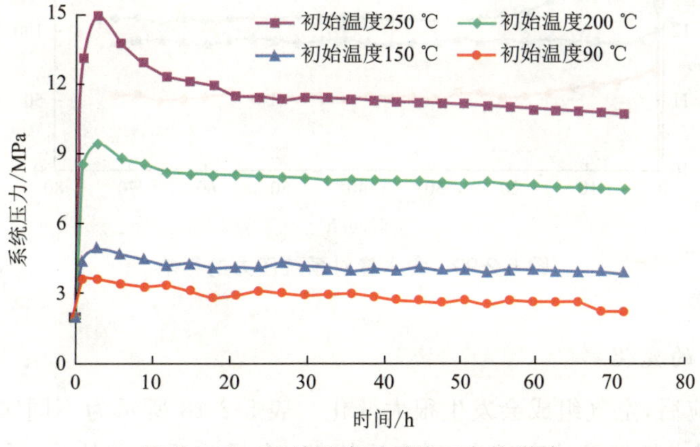

图 5-2-88 初始温度对系统压力的影响

温度越高，系统压力越大。因此在矿场应用中，在条件许可的情况下，应尽可能提高反应温度。

图 5-2-89 反映了不同反应温度下反应釜内温度的变化。从图中可以看出，当反应温度较低(90 ℃和 150 ℃)时，反应中早期反应釜内温度有小幅度的变化，后期变化不明显；而当反应温度较高(200 ℃和 250 ℃)时，整个反应过程中，反应釜内温度变化并不明显。

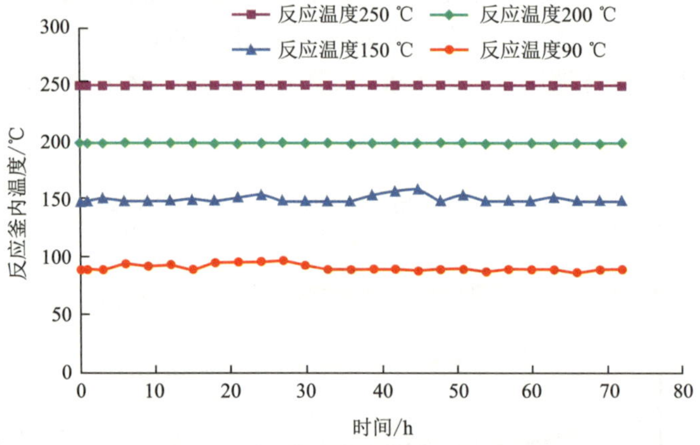

图 5-2-89　实验过程中反应釜内温度的变化

图 5-2-90 反映了稠油氧化过程中，稠油中含水量对系统压力的影响。从图中可以看出，当稠油中含水量一定时，随着反应的进行，系统压力逐渐降低；而随着含水量的增加，系统压力逐渐增加。当反应结束后，稠油含水量为 0，15%，30%和 50%时的压力降分别为 0.37 MPa，0.12 MPa，1.07 MPa 和 1.16 MPa，这说明含水量在一定范围内(>30%)，水的存在能够促进氧化反应和 O_2 的消耗。

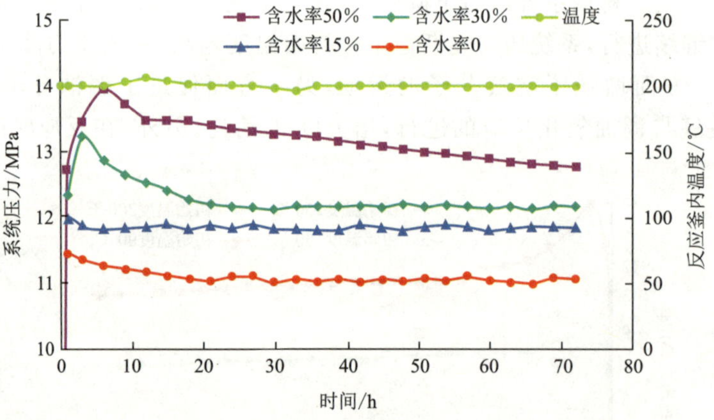

图 5-2-90　含水量对系统压力的影响

2) 尾气成分的变化

稠油氧化反应后，空气组成会发生很大变化。表 5-2-18 所示为不同实验方案的尾气组成和 O_2 消耗情况。耗氧量的定义为：反应后的 O_2 含量与反应前的 O_2 含量之比。稠油注空气氧化反应后反应釜中的主要气体为 N_2，O_2，CO_2，CO 以及 CH_4 等，其中 N_2 不参与反应。从表中可以看出，不同反应条件下 O_2 的消耗量不同。如前文所述，实验 1，2，3，4 用来研究不同温度下稠油氧化特征。4 组实验结果表明，随着反应温度从 90 ℃升高到 250 ℃，反应后尾气组成中 O_2 的含量逐渐降低，CO_2，CO，CH_4 的含量以及耗氧率逐渐升高，这说明氧化反应随着温度的升高而加剧。实验 3，5，6，7 用来研究不同初始压力下稠油氧化特征。4 组实验结果表明，当反应初始压力从 1 MPa 升高到 5 MPa 时，氧化反应耗氧率逐渐升高，这说明氧化反应随着反应初始压力的升高而增强。实验 3，8，9，10 用来研究不同含水量下稠油氧化特征。4 组实验结果表明，与含水量为 0 时相比，当稠油中含水量为 15％时，尾气中 O_2 含量降低，而 CO_2，CO，CH_4 的含量升高，同时耗氧率升高；当稠油中含水量由 15％增加到 50％时，尾气中 O_2 含量又有所增加，同时 CO_2 和 CH_4 的含量有所降低，这说明一定的含水量能够促进空气与稠油间的氧化反应，而含水量过高时，又会对氧化反应有所抑制。

表 5-2-18　氧化反应后尾气组成

实　验	尾气组成/％				耗氧率/％
	O_2	CO_2	CO	CH_4	
1	18.00	1.05	294.0	1.5	15.21
2	17.00	1.37	365.0	2.0	19.97
3	13.10	2.04	615.5	5.0	38.49
4	9.85	2.79	680.0	7.5	53.94
5	17.25	0.99	309.5	2.0	18.78
6	12.15	2.05	724.0	7.5	43.01
7	10.85	3.00	857.0	8.5	49.21
8	16.15	1.77	503.0	2.5	23.97
9	15.05	1.49	737.5	4.0	29.20
10	16.65	1.23	457.5	3.0	21.51

3）原油组成的变化

稠油发生氧化反应后，其组成会发生很大变化。表 5-2-19 所示为氧化反应后稠油 SARA（四组分，即饱和烃、芳香烃、胶质、沥青质）组成。从实验 1，2，3，4 的结果可以看出，当反应温度从 90 ℃升高到 250 ℃，稠油中饱和烃含量增多；反应后重组分（胶质＋沥青质）含量先增加后减小。这是因为在一定温度下，胶质和芳香烃中的部分碳键发生断裂，从而产生长链饱和烃；同时，由于发生缩合反应，产生了更多的沥青质，从而增加了沥青质的含量，当温度达到 250 ℃时，稠油中的重组分发生高温裂解反应，大量沥青质裂解成饱和烃和芳香烃，导致稠油中重组分含量减少而轻组分含量增多。从实验 3，5，6，7 的结果可以看出，各组实验反应完成后稠油中重组分的含量有不同程度的减少。压力增大可促进稠油氧化反应，因而初始压力越高，反应后稠油中重组分含量越少，轻组分越多。从实验 3，8，9，10 的结果可以看出，与原油（原油的重组含量为 42.2％）相比，稠油低温氧化后重组分含量有所增加，这主要因为是低温氧化后产生了大量的沥青质。

表 5-2-19 氧化反应后稠油 SARA 组成

实　验	稠油族组成/%					
	饱和烃	芳香烃	胶　质	沥青质	轻组分（饱和烃＋芳香烃）	重组分（胶质＋沥青质）
1	25.42	23.88	33.20	17.50	49.30	50.70
2	27.68	21.07	30.68	20.57	48.75	51.25
3	29.57	25.35	31.60	13.48	54.92	45.08
4	30.83	30.30	29.32	9.55	61.13	38.87
5	28.80	24.23	33.22	13.75	53.03	46.97
6	29.81	25.17	34.00	11.02	54.98	45.02
7	30.46	25.78	35.00	8.76	56.24	43.76
8	26.62	24.98	33.10	15.30	51.60	48.40
9	28.20	28.60	29.20	14.00	56.80	43.20
10	27.81	25.39	31.00	15.80	53.20	46.80

2. 稠油氧化参数优化

下面对影响注空气稠油氧化技术的主要因素如含水量、温度、气油比以及催化剂含量等进行优化，主要的优化指标为 O_2 转化率、尾气中 CO_2 含量以及反应后稠油酸值。O_2 转化率直接反映了稠油的耗氧能力。氧化反应能够生成 CO_2，因此尾气中 CO_2 的含量变化一方面反映稠油的耗氧能力和反应程度，另一方面反应生成的 CO_2 溶解在稠油中与稠油形成混相的程度，降低稠油黏度，提高稠油的流动性。酸值是指中和单位体积稠油时所需要的 KOH 的质量，可表征反应进行的程度。酸值越高说明反应生成了越多的活性物质，这些活性物质可作为天然表活剂，降低油水界面张力，促进稠油开采。稠油氧化参数优化研究的实验装置、材料以及实验方法、步骤等与空气氧化特征研究类似。

1）含水量的影响

图 5-2-91～图 5-2-93 反映稠油含水量对 O_2 转化率、尾气中 CO_2 含量以及反应后稠油酸值的影响。从图中可以看出，随着稠油中含水量的增加，O_2 转化率、尾气中 CO_2 含量和反应后稠油酸值均呈现先增大后减小而后稳定的趋势。这是因为稠油与空气发生高温氧化裂解反应时会生成部分羧酸类物质，当含水量较低时，水的存在能够促进羧酸的脱酸反应，如式(5-2-5)～式(5-2-7)所示，脱酸反应在增大尾气中 CO_2 含量的同时，间接促进稠油低温氧化反应的进行；而当含水量较高以后，水的存在减少了稠油与空气的接触，从而抑制氧化反应。对于该稠油样品，当含水量为 60%时，O_2 转化率约为 78%，仍保持在较高水平。

$$RCOOH + H_2O \rightleftharpoons RCOO^- + H_3O^+ \tag{5-2-5}$$

$$RCOO^- \xrightarrow{\Delta} R^- + CO_2 \tag{5-2-6}$$

$$R^- + H_3O^+ \longrightarrow RH + H_2O \tag{5-2-7}$$

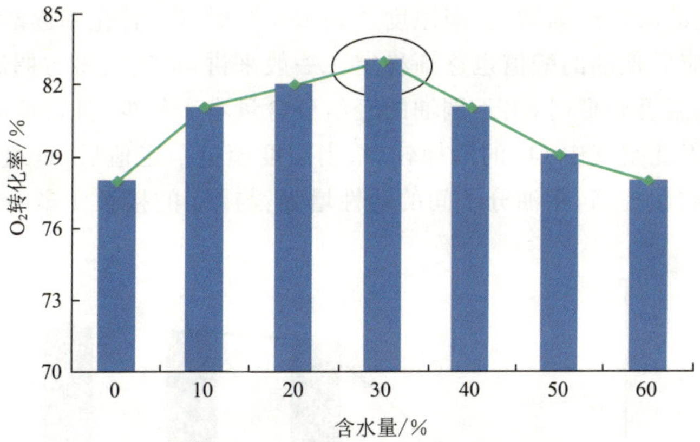

图 5-2-91　含水量对 O_2 转化率的影响

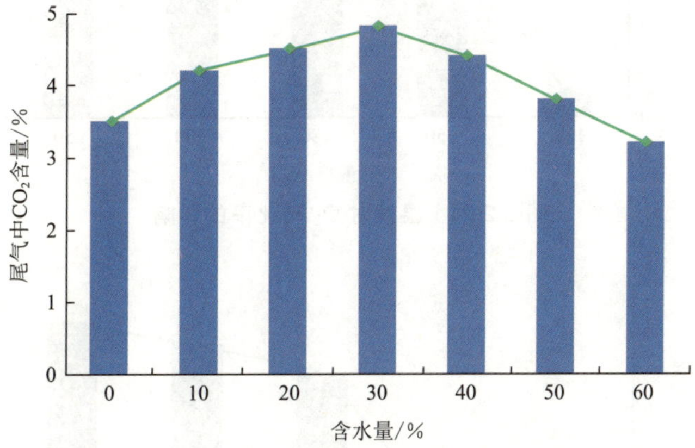

图 5-2-92　含水量对尾气中 CO_2 含量的影响

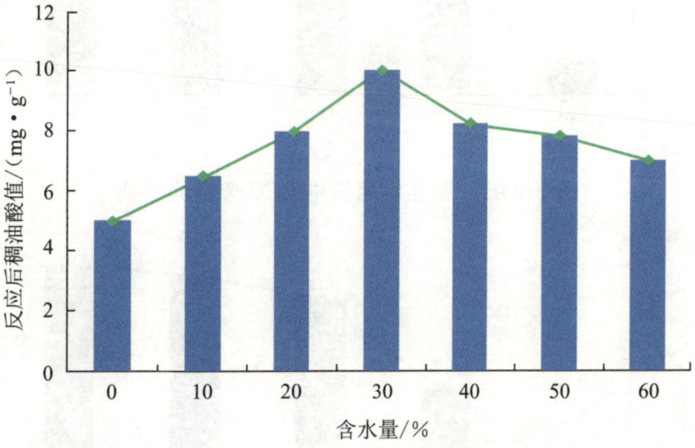

图 5-2-93　含水量对反应后稠油酸值的影响

2）温度的影响

温度在稠油氧化裂解过程中起着重要的作用。温度不仅影响着稠油黏度，也影响着稠油氧化反应的程度和类型。图 5-2-94～图 5-2-96 反映温度对 O_2 转化率、尾气中 CO_2 含量以及反应后稠油酸值的影响。从图中可以看出，随着温度的升高，O_2 转化率、尾气中 CO_2

含量以及反应后稠油酸值逐渐增大，当温度达到180 ℃时，O_2 转化率逐渐稳定，尾气中 CO_2 含量逐渐稳定，反应后稠油的酸值也逐渐稳定。一般来讲，空气主要与稠油中的轻组分发生低温氧化反应。当温度较低时，由于稠油的轻组分含量本来较少，且较低温度下重组分不会裂解产生轻组分，因此空气中 O_2 的消耗较少；当温度超过一定值后，重组分裂解为轻组分，稠油黏度降低，流动性提高，稠油分子间的活性增强，与 O_2 的接触变多，氧化反应增强。

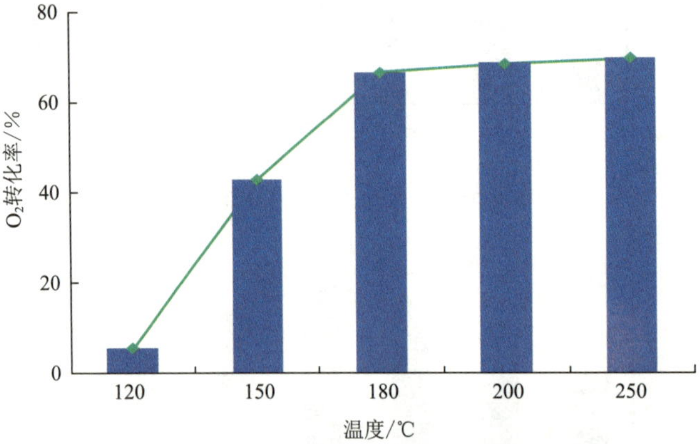

图 5-2-94　温度对 O_2 转化率的影响

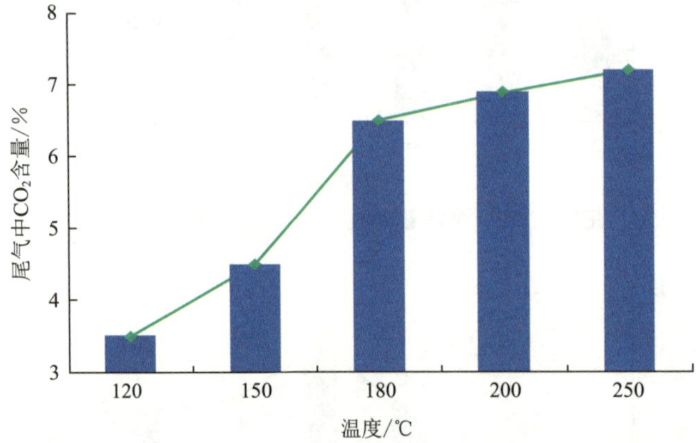

图 5-2-95　温度对尾气中 CO_2 含量的影响

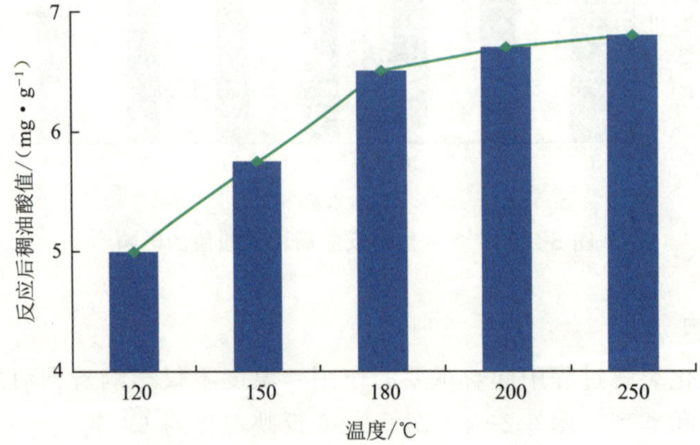

图 5-2-96　温度对反应后稠油酸值的影响

3）气油比的影响

气油比的大小影响着 O_2 的注入量和其他气体对稠油的开发。空气的主要组成气体为 N_2 和 O_2，增大空气注入量一方面能够更好地发挥空气作为常规气体的作用，另一方面可增大进入地层的 O_2 量，使稠油与 O_2 的接触变多。

图 5-2-97～图 5-2-99 反映气油比对 O_2 转化率、尾气中 CO_2 含量以及反应后稠油酸值的影响。从图中可以看出，随着气油比的增加，O_2 转化率先缓慢下降，在气油比达到 80 以后，O_2 转化率迅速下降；而尾气中 CO_2 含量和反应后稠油酸值随着气油比的增大逐渐增大，在气油比达到 80 以后，尾气中 CO_2 含量趋于稳定，反应后稠油酸值有所降低，而后趋于稳定。这是由于实验过程中油料有限，当空气注入过量以后，稠油的氧化反应变得缓慢，与此同时，由于 O_2 转化率降低，尾气中 O_2 含量增大，使得注气存在一定的安全问题，因此合理注气是实际生产过程中必须考虑的问题。

4）催化剂含量的影响

催化剂对稠油氧化起着很大的作用，催化剂能够促进稠油氧化裂解反应的进行，加快 O_2 消耗。

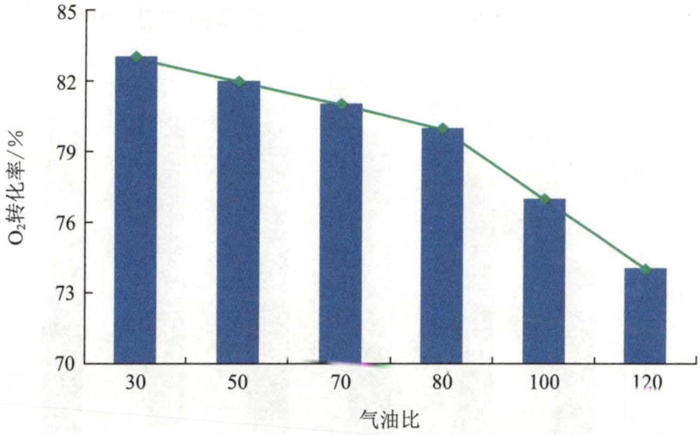

图 5-2-97　气油比对 O_2 转化率的影响

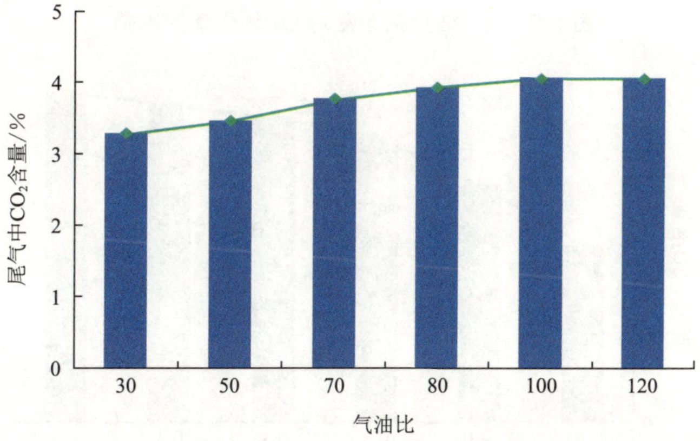

图 5-2-98　气油比对尾气中 CO_2 含量的影响

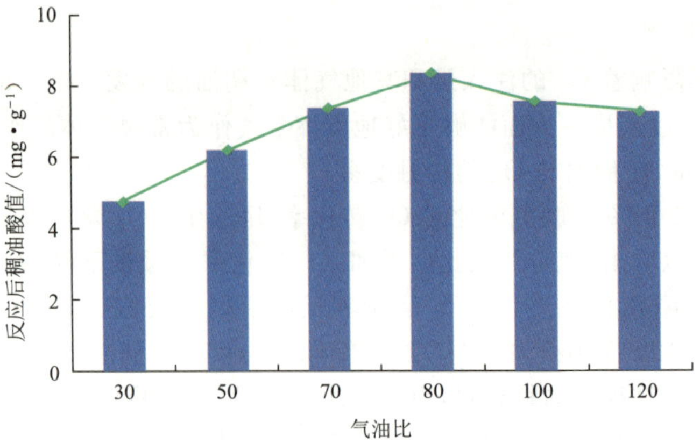

图 5-2-99　气油比对反应后稠油酸值的影响

图 5-2-100～图 5-2-102 反映催化剂含量(质量分数)对 O_2 转化率、尾气中 CO_2 含量以及反应后稠油酸值的影响。从图中可以看出,随着催化剂含量的增加,O_2 转化率、尾气中 CO_2 含量和反应后稠油酸值逐渐增大;当催化剂含量为 0.2%时,O_2 转化率、尾气中 CO_2 含量以及反应后稠油酸值均趋于稳定。O_2 转化率变高在某种程度上反映氧化反应生成的 CO_2 增多,CO_2 溶解在稠油中与稠油形成混相,提高了稠油的流动性。

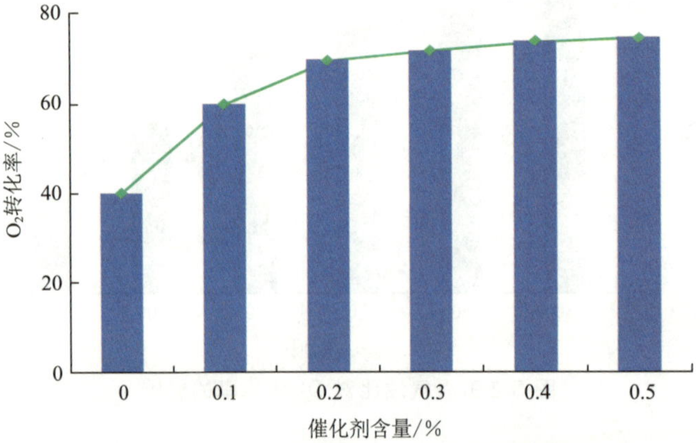

图 5-2-100　催化剂含量对 O_2 转化率的影响

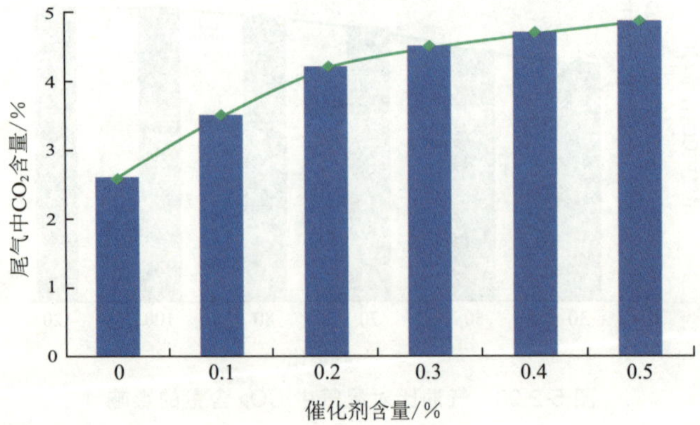

图 5-2-101　催化剂含量对尾气中 CO_2 含量的影响

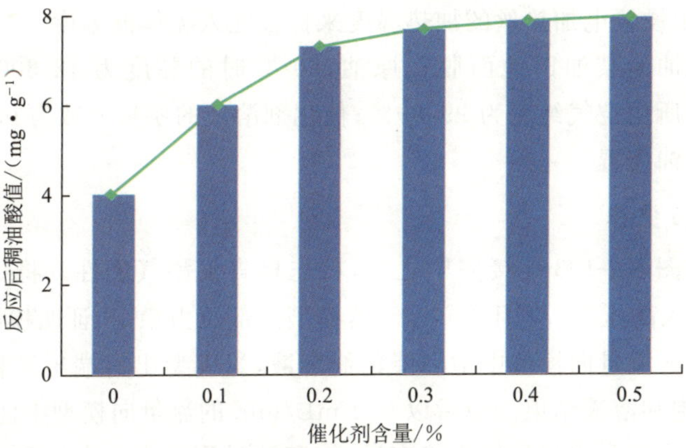

图 5-2-102　催化剂含量对反应后稠油酸值的影响

3. 动态驱油实验

1) 实验装置和材料

动态驱油实验的目的是研究不同驱替方式的驱油特征(采出程度、含水率等)及其对比。实验流程如图 5-2-103 所示,采用填砂管单管驱替模型。整个实验流程分为 3 部分,分别为供液系统、驱替系统以及采液系统。其中供液系统主要包括 ISCO 恒压恒速泵、蒸汽发生器、空气瓶、气体质量流量计、单向阀、中间容器等;驱替系统主要包括填砂管(100 cm×ϕ3.8 cm)、压力表等;采液系统主要包括量筒、秒表等。供液系统中,中间容器分别盛有原油和地层水,通过 ISCO 恒压恒速泵将中间容器中的流体注入填砂管;ISCO 恒压恒速泵向蒸汽发生器提供蒸馏水,通过蒸汽发生器产生高温蒸汽;气体质量流量计控制空气注入填砂管的流量,而单向阀则使得空气进行单向流动,防止气体回流。驱替系统中,压力表监测不同驱替方式下填砂管注入端、出口端及沿程压力变化,整个驱替系统置于恒温箱中。采液系统中,通过秒表和量筒记录实时产液变化。恒温箱外部的注入管线外侧均包覆电加热丝和

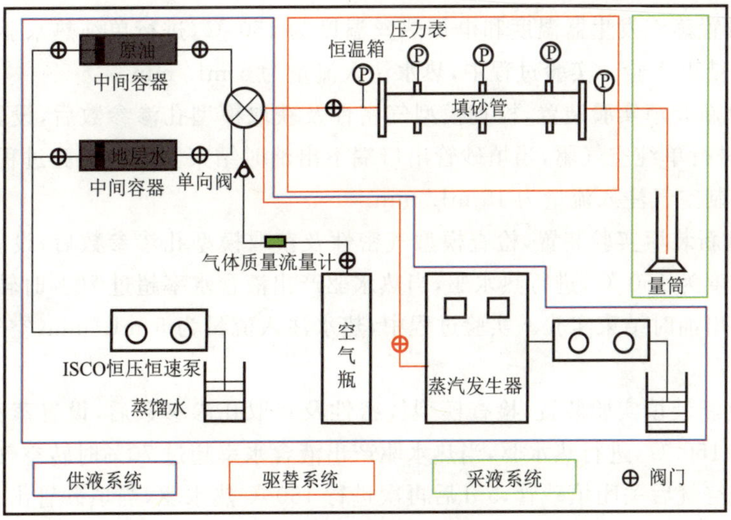

图 5-2-103　实验流程图

保温带，实验过程中设置电加热丝的加热温度来保证注入流体的温度。

实验使用的原油为某油田地面脱气原油，50 ℃时的黏度为 12 600 mPa·s，密度为 0.985 g/cm^3；实验所用空气纯度为 99.99%；催化剂溶液的质量分数为 0.2%。实验结束后用煤油清洗实验含油装置。

2）实验方法与步骤

将实验装置按图 5-2-103 连接完毕之后，首先检查模型气密性。将恒温箱温度设置为 50 ℃，向模型中注入高压 N_2，密闭 30 min，若模型内部压力稳定，证明模型气密性良好。然后以 0.2 mL/min 的流量向模型中饱和催化剂溶液，当模型出口端出液稳定且注入端和出口端压力稳定后，饱和溶液结束。最后以 0.2 mL/min 的流量向模型中注入原油，当模型出口端全部出油且注入端和出口端压力稳定后，饱和油过程结束。在饱和溶液和饱和油的过程中，通过质量守恒和达西定律计算得到模型的孔隙度、渗透率、含油饱和度等参数。利用模型进行如下 6 组实验，实验过程中，各组模型的孔渗参数及注入参数见表 5-2-20。

表 5-2-20 单管驱替实验参数

实验	注入流体	实验参数				
		孔隙度/%	渗透率/μm^2	含油饱和度/%	热水/蒸汽流量/$(mL \cdot min^{-1})$	空气流量/$(mL \cdot min^{-1})$
1	热水	31.6	3.26	83.4	5	
2	空气	30.2	3.35	84.7		15
3	热水+空气	29.7	3.24	82.6	5	15
4	热水+空气+热水	31.4	3.18	80.9	5	15
5	蒸汽	32.1	3.37	81.4	5	
6	蒸汽+空气+蒸汽	30.5	3.06	85.5	5	15

各组实验具体实验步骤如下。

实验 1：设置蒸汽发生器温度和电加热丝温度为 150 ℃，进行单纯热水驱，当填砂管出口端不出油时结束实验。实验过程中，热水注入流量为 5 mL/min。

实验 2：重新装填实验装置，检查模型气密性及获取模型孔渗参数后，设置电加热丝温度为 150 ℃，进行单纯空气驱，当填砂管出口端不出油时结束实验。实验过程中，通过气体质量流量计控制空气注入流量为 15 mL/min。

实验 3：重新装填实验装置，检查模型气密性及获取模型孔渗参数后，设置蒸汽发生器和电加热丝温度为 150 ℃，进行热水驱，当热水驱产出液含水率超过 70%时转空气驱，当填砂管出口端不出油时结束实验。实验过程中，热水注入流量为 5 mL/min，空气注入流量为 15 mL/min。

实验 4：重新装填实验装置，检查模型气密性及获取孔渗参数后，设置蒸汽发生器和电加热丝温度为 150 ℃，进行热水驱，当热水驱产出液含水率超过 70%时转空气驱，向模型中注入一定量的空气后关闭填砂管，5 d 后再次进行 150 ℃热水驱，当填砂管出口端不出油时结束实验。实验过程中，热水注入流量为 5 mL/min，空气注入流量为 15 mL/min。

实验 5:重新装填实验装置,检查模型气密性及获取孔渗参数后,设置蒸汽发生器和电加热丝温度为 250 ℃,进行单纯蒸汽驱,当填砂管出口端不出油时结束实验。实验过程中,蒸汽注入流量为 5 mL/min。

实验 6:重新装填实验装置,检查模型气密性及获取孔渗参数后,设置蒸汽发生器和电加热丝温度为 250 ℃,进行蒸汽驱,当蒸汽驱产出液含水率超过 70%时转空气驱,向模型中注入一定量的空气后关闭填砂管,5 d 后再次进行 250 ℃蒸汽驱,当填砂管出口端不出油时结束实验。实验过程中,蒸汽注入流量为 5 mL/min,空气注入流量为 15 mL/min。

3) 不同注入方式驱油特征分析

图 5-2-104 和图 5-2-105 反映不同注入方式下采收率和含水率随注入量的变化关系。从图 5-2-104 中可以看出,热水驱最终采收率为 47.77%,空气驱最终采收率为 32.67%。尽管注入的空气与稠油可以发生氧化反应,但是如前文实验结果所示,当储层含水量较少时,空气与稠油反应后稠油黏度有所增大;另外,单纯注空气时气油之间的黏度差很大,使得气窜较早地发生,从而导致单纯空气驱的稠油采收率较低。从图 5-2-105 中可以看出,热水驱转空气驱(热水+空气)的采收率为 48.22%,与单纯热水驱的采收率相差不大,但含水率较低;而热水空气交替驱(热水+空气+热水)的采收率为 63.26%,明显高于单纯热水驱。这主要是因为水气交替注入时,油藏中油、气、水三相混合得比较均匀,注入的空气一方面在相

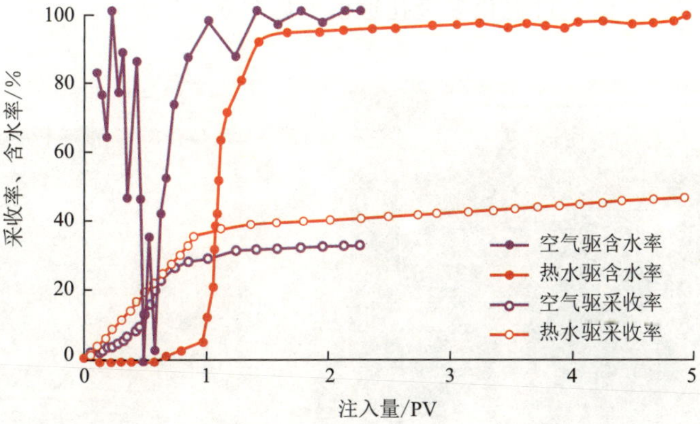

图 5-2-104　空气驱和热水驱的采收率和含水率

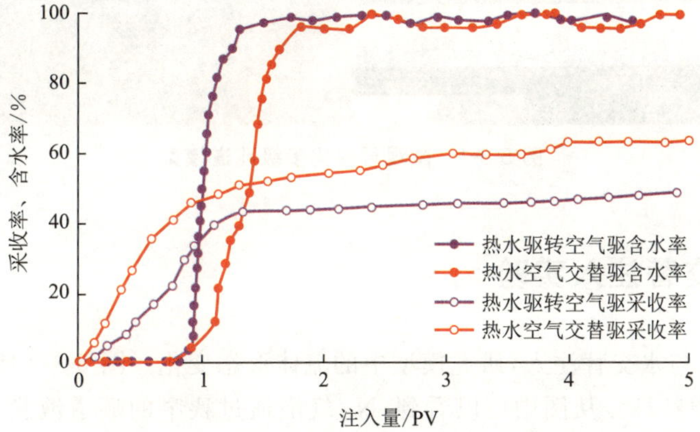

图 5-2-105　不同驱替方式的采收率和含水率

对较高的含水条件下与稠油发生氧化反应，使稠油组成发生变化；另一方面，空气在多孔介质中形成贾敏效应，增强水的渗流阻力，从而使得含水率降低。

与单纯蒸汽驱相比，空气辅助蒸汽驱具有更高的采油速度。实验过程中，当注入量为2 PV时，空气辅助蒸汽驱的采出程度为59.86%，与单纯蒸汽驱49.20%的采出程度相比，提高了10.66%。空气辅助蒸汽驱的最终采收率为70.83%，与单纯蒸汽驱58.66%的最终采收率相比，提高了12.17%。这是因为在空气辅助蒸汽驱开发稠油过程中，注入的空气不仅能发挥体积效应，扩大油藏波及范围，还可以带动稠油返排；另外，空气与稠油发生氧化反应，一方面促进稠油氧化裂解，使稠油重组分裂解为轻组分，降低稠油黏度，另一方面，空气与稠油的低温氧化反应生成CO_2以及表面活性剂等，CO_2与稠油形成混相，降低稠油黏度，表面活性剂有利于降低油水界面张力，降低稠油流动阻力。

第三节　多元多相介质对不同汽窜通道的作用机制

采用玻璃刻蚀手段，制作微观可视化多级孔道模型（图5-3-1），模型尺寸为10 cm×10 cm，模型颗粒半径为4 000 μm，在注采井连线上设置7条窜流通道，其中主连线通道尺寸为19.6 μm，最小通道尺寸为12 μm。基于该刻蚀模型，分别开展水气交替注入实验和发泡剂溶液-气交替注入实验。微观可视化多级孔道模型如图5-3-1所示。

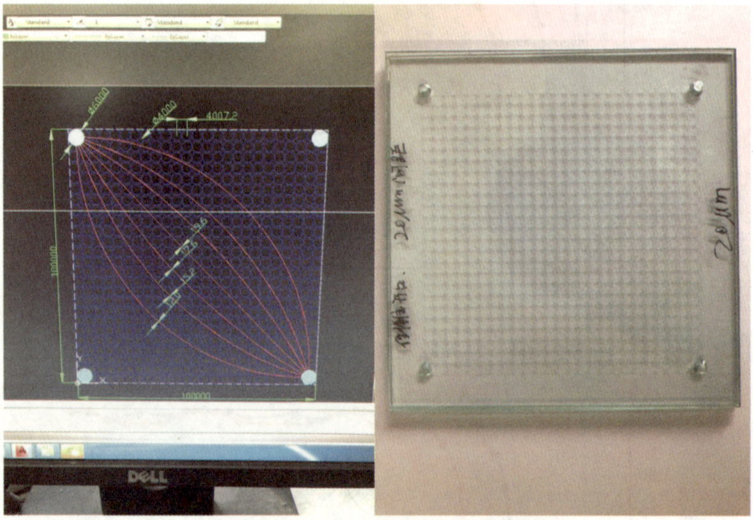

图 5-3-1　微观可视化多级孔道模型

一、水气交替注入实验

实验中将N_2与水交替注入，研究模型中的流体形态变化。图5-3-2所示为实验过程中气泡通过狭窄喉道特征。从图中可以看到，N_2气泡通过狭窄的喉道液膜前端时发生破裂，分裂成一个个小气泡，小气泡速度加快，遇到前方气泡时发生聚并，合并成一个较大的气泡，大气泡运移至下一个喉道。水气交替注入过程中气液在多孔介质中多以此种方式进行流动与运移。

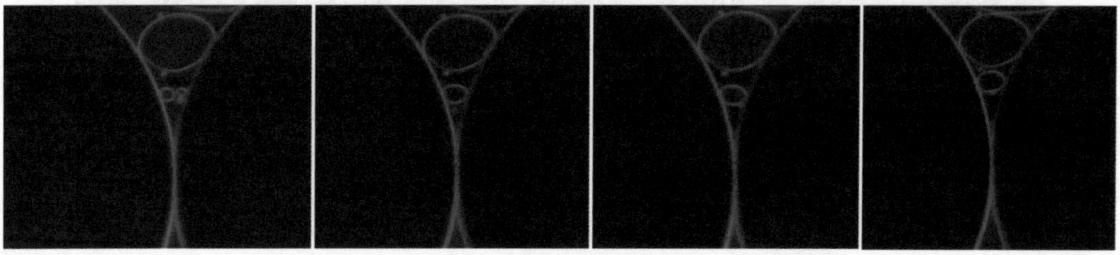

图 5-3-2 气泡通过狭窄喉道特征 1

从图 5-3-3 可以看到，气泡通过狭窄喉道后变成的小气泡在各种阻力效应下减速，并在颗粒的壁面发生堆积效应，积累到一定程度后沿着壁面发生滑移，移动至下一个喉道。这是水气交替注入过程中气液在多孔介质中的另一种运移方式。

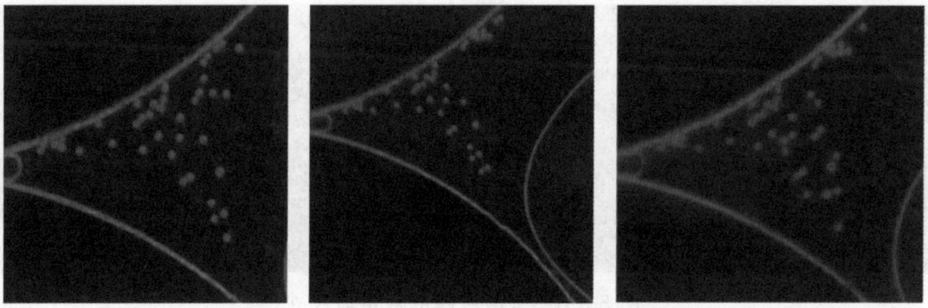

图 5-3-3 气泡通过狭窄喉道特征 2

从图 5-3-4 可以看到，大气泡在水的流动下液膜发生运移，沿着流动方向发生变形，在此过程中，液膜前端遇到小气泡，小气泡与大气泡发生聚并，气泡的体积增大。

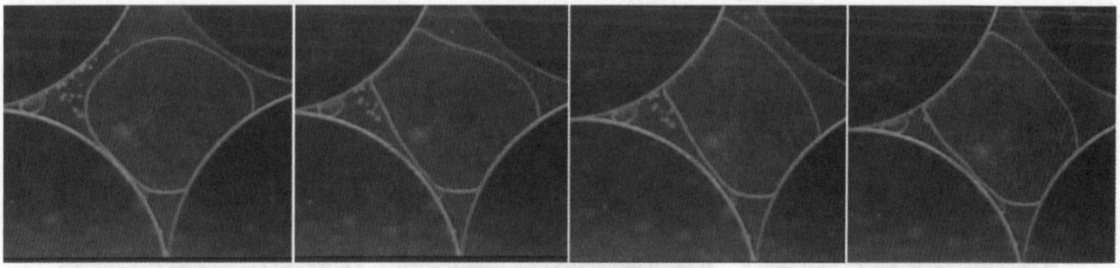

图 5-3-4 气泡与液膜的相互作用

二、发泡剂溶液-气交替注入实验

实验中将发泡剂溶液与 N_2 交替注入，研究模型中的液体形态变化。从图 5-3-5 可以看到，在流体的流动以及壁面的阻力作用下，大气泡之间发生聚并，挤压小气泡，传液效应使得小气泡的体积逐渐变小，最后消失。

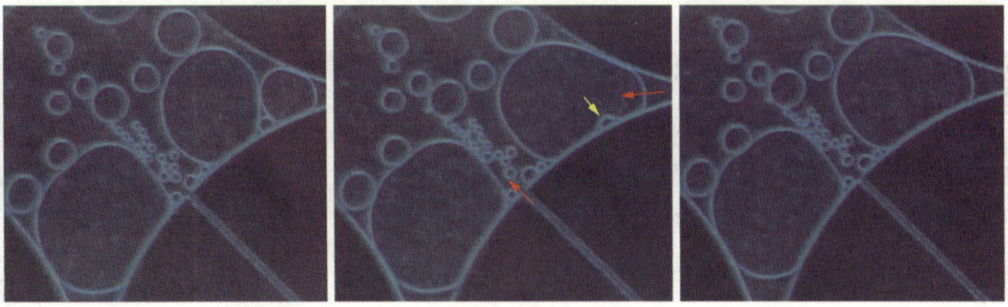

图 5-3-5　气泡的聚并

从图 5-3-6 可以看到，发泡剂溶液-气交替注入实验中产生的气泡数量较多，且气泡液膜的质量较高，比水气交替注入产生的气泡更加稳定，发生聚并所需要的时间更长。刚聚并完成后的大气泡由于液膜的弹性，会发生变形，体积稍有收缩。

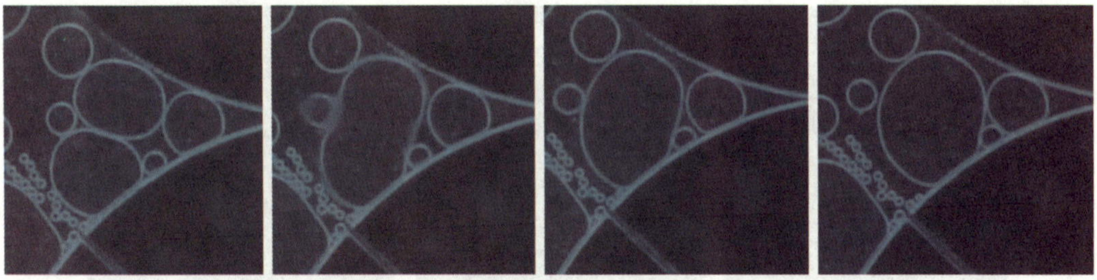

图 5-3-6　气泡液膜的数量与尺寸

从图 5-3-7 可以看到，大气泡通过狭窄喉道发生缩颈效应，变为一个个小气泡，同时小气泡的速度加快。小气泡在移动中各项阻力的作用下，速度慢慢降低，与前面速度较慢的气泡发生挤压，进而两个气泡发生聚并。

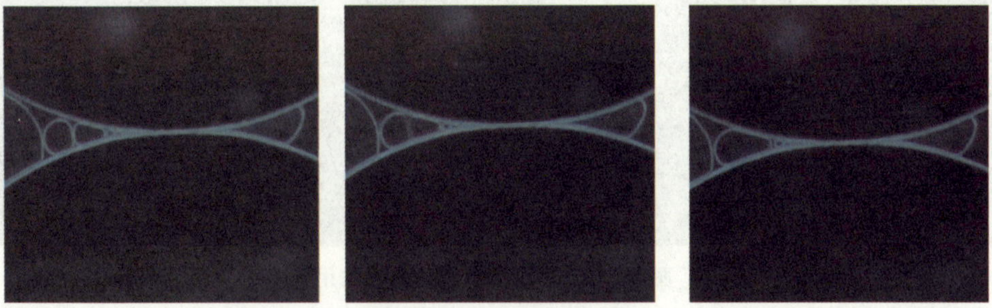

图 5-3-7　气泡缩颈效应

从图 5-3-8 可以看到，部分气泡在液流及其他高速运移气泡的作用下变小并逐渐消失。喉道中产生的新小气泡运移速度较快，与静止的气泡相碰撞，其中发生气泡间的气体传递效应，产生的气泡的体积逐渐变小。

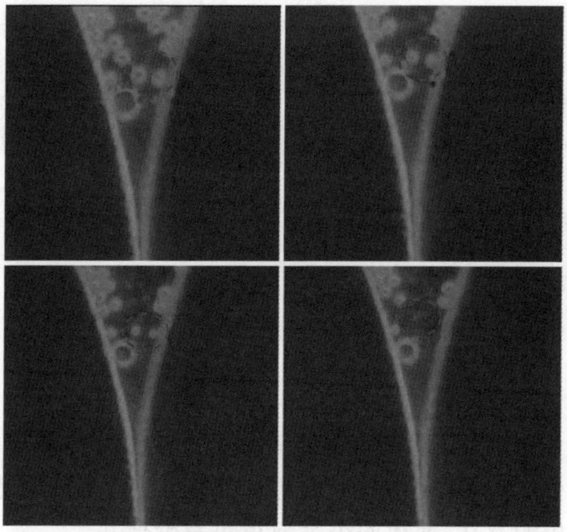

图 5-3-8　气泡体积变化

从图 5-3-9 可以看到，大气泡在狭长的喉道处，液膜前端会发生变形，进入喉道的气泡液膜拉长，最后发生断裂，快速通过喉道，出喉道后变为小气泡，并发生聚并。

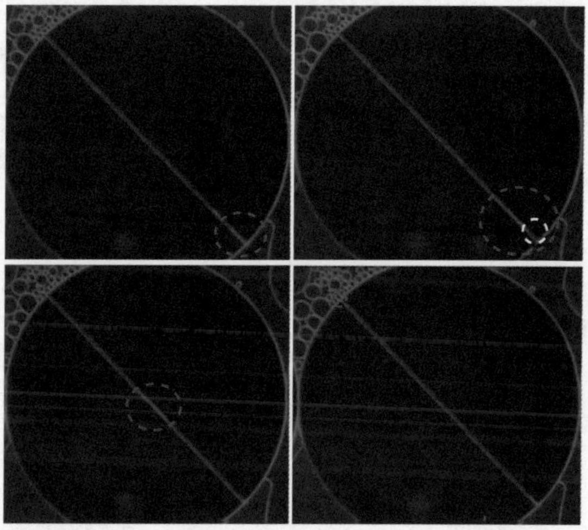

图 5-3-9　大气泡在狭长吼道中的变化特征

第四节　多元多相介质对不同成因剩余油的作用机制

一、泡沫封堵驱油实验

从图 5-4-1 可以看到，在贾敏效应作用下，泡沫对油有一定的封堵作用，使得油的运移方向发生改变，增加可动油的运移范围，同时油的运动使泡沫的形状发生变化。

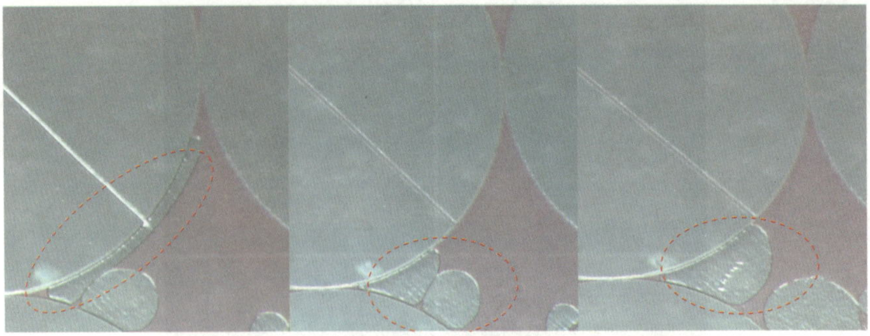

图 5-4-1 泡沫封堵

从图 5-4-2 可以看到，泡沫通过狭窄的喉道时，气泡也通过狭窄的喉道，液膜前端会发生破裂，分裂成一个个小气泡，同时小气泡的移动速度加快，与前面速度较慢的气泡发生挤压，由于气泡间存在油相的存在，使得两个气泡很快发生聚并。

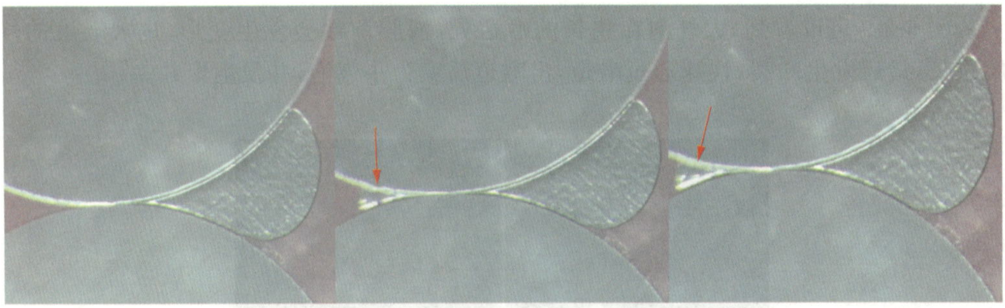

图 5-4-2 泡沫通过喉道的变化特征

二、水驱油实验

从图 5-4-3 可以看到，水驱油通过狭窄的喉道后，油相变为一个个小的油滴，油滴之间容易发生合并，小油滴合并成大油滴，原油的运动能力较强，容易随着水流运动。

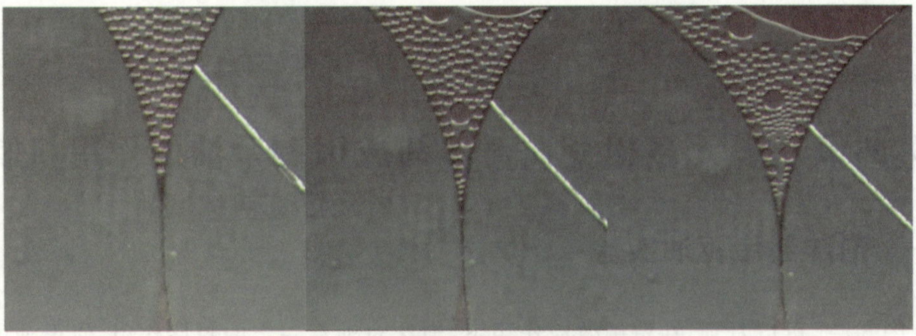

图 5-4-3 水驱油通过喉道变化特征

从图 5-4-4 可以看到，油滴会堵塞狭窄的喉道，较大的油滴阻力较大，不易发生移动，此时改变水驱油的方向。

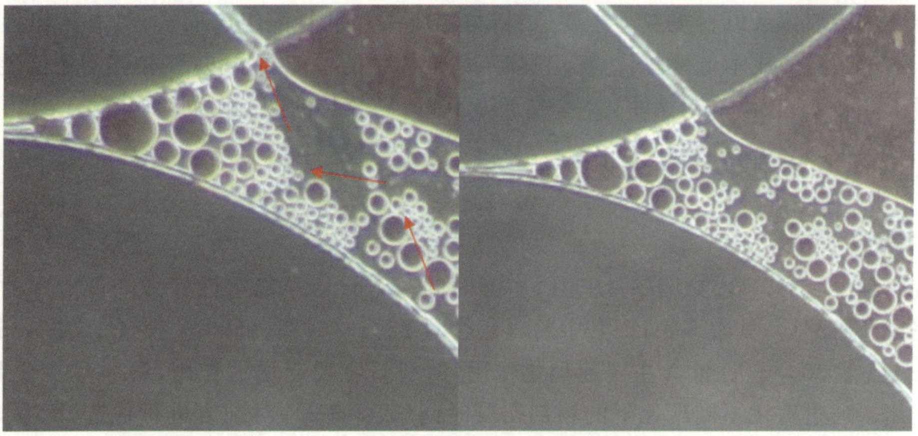

图 5-4-4　油滴封堵效应

第五节　耐高温深部调剖堵剂体系

一、颗粒堵剂体系

由于具有耐温、耐盐、高强度和较好的泵注性能，水泥、粉煤灰和黏性土等非水溶性无机材料已广泛应用于稠油热采调剖堵水。当调剖剂浆液注入油层后，伴随着浆液中固体颗粒的沉淀，油层的孔隙性质和渗透率随之变化，油层渗透率的变化反过来又影响调剖剂浆液的流动状态。因此如果能够定量地预测固相颗粒沉淀作用下注入液的渗流动态，就可以控制调剖过程，使注入的调剖剂浆液既能够有效地封堵高渗透层，又不污染中低渗透层，以较低的能耗和材料消耗代价取得良好的注浆效果。

由于调剖剂浆液中的颗粒尺寸比多孔介质的孔道直径小，当颗粒随液体进入油层内细长而弯曲的喉道时，因分子间力、静电作用力或重力作用，悬浮粒子会黏附沉积在孔隙表面或滞留堵塞喉道。沉积在孔隙表面的颗粒会被再次挟带而继续参与渗滤，由于多孔介质对固相颗粒有渗滤作用，颗粒滞留集中发生在近井周围，因此颗粒堵剂主要用于近井调剖。

通常调剖封窜剂用于蒸汽吞吐井时，运用 1/3～2/3 架桥理论，推算出地层渗透率与颗粒粒径的关系；调剖封窜剂用于蒸汽驱井时，运用 1/9～1/3 架桥理论，推算出地层渗透率与颗粒粒径的关系。调剖封窜剂粒径是根据地层岩石平均孔隙直径推算出的平均值，在实际选用时要考虑最大孔径和最大粒径。调剖封窜剂颗粒分布要有一个合适的范围，应依据有关测井资料、大孔道描述资料和岩芯实验来选定。根据有关资料介绍和实际经验，高温调剖封窜剂的最大粒径可选为平均粒径的 3～5 倍，并控制在总量的 0.1%～0.2%范围内。

在油田矿场，颗粒堵剂的研制主要从环保方面考虑。目前国内大多数稠油油田采油厂都有大量粉煤灰资源与含油污泥需要处置，开展粉煤灰堵剂体系研制，不仅可以降低堵剂成本，而且可以进一步变废为宝，实现资源的有效利用。

粉煤灰堵剂体系以粉煤灰为主要原料，与相应添加剂复配组合而成，具有耐温性、封堵性、施工安全性好，成本低廉等优点。粉煤灰堵剂体系的性能要求包括：较强的耐温性，要求大于等于 300 ℃；较高的封堵率，要求大于等于 95%；较长的初凝时间，要求大于等于 8 h。

1. 粉煤灰堵剂体系的配方研制

1）配方预设

按照耐温≥300 ℃、封堵率≥95%、初凝时间≥8 h、悬浮稳定性好和降低成本的原则，初步完成 8 组配比，见表 5-5-1。其中粉煤灰含量 25%～60%，助剂 A 含量 10%～45%，助剂 B+C 含量 30%。助剂 A 主要起稠化作用，助剂 B 主要起增稠作用，助剂 C 主要起悬浮稳定作用。通过对比不同配比下的堵剂初凝时间（表 5-5-2），对配方进行优选，配方 3 的初凝时间最长。

表 5-5-1　不同配方的药剂比例

配方编号	粉煤灰含量/%	助剂 A 含量/%	助剂 B+C 含量/%
1	60	10	30
2	55	15	30
3	50	20	30
4	45	25	30
5	40	30	30
6	35	35	30
7	30	40	30
8	25	45	30

表 5-5-2　不同配方的初凝时间

配方编号	1	2	3	4	5	6	7	8
初凝时间/h	不初凝	不初凝	72	60	36	12	6	4

注：配方的初凝时间是指自质量分数为 30%的粉煤灰堵剂配方悬浮液放入 70 ℃的恒温水浴锅内开始计时，直至失去流动性所花费的时间。

2）悬浮剂用量优选

以配方 3 为基本配方，对粉煤灰堵剂的悬浮剂用量进行优选，最终确定堵剂构成。从表 5-5-3 可以看出，在粉煤灰堵剂体系质量分数 30%、实验温度 35 ℃条件下，当悬浮剂质量分数为 0.2%时，堵剂调剖液析水率基本稳定。

表 5-5-3　不同悬浮剂质量分数下的调剖液析水率

悬浮剂质量分数/%	0.2	0.4	0.6	0.8	1.0
0.5 h 析水率/%	30	28	24	16	14
1 h 析水率/%	32	30	26	23	22
2 h 析水率/%	32	31	28	26	27
3 h 析水率/%	32	31	28	27	27
4 h 析水率/%	32	31	28	27	27

2. 粉煤灰堵剂体系性能评价

下面分别从流动性、耐温性、密度、粒度分布、稠度、封堵率等方面对粉煤灰堵剂体系性能进行评价。

1）流动性

流动性是评价堵剂可泵性的重要指标，通过旋转黏度计测定不同质量分数下粉煤灰堵剂体系的黏度可以看出，质量分数小于等于 40% 的粉煤灰堵剂体系黏度较低，流动性好，可满足调剖施工要求。

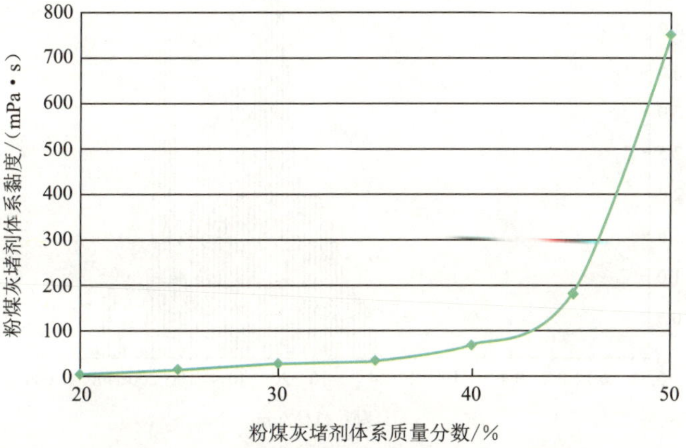

图 5-5-1　不同质量分数下的粉煤灰堵剂体系黏度

2）耐温性

对已确定的粉煤灰堵剂体系进行耐温实验，借鉴 PHG，BSC-1 等调剖剂的实验标准，确定粉煤灰堵剂体系在 300 ℃条件下失重率应小于等于 5%。测试方法：称取 100 g 粉煤灰堵剂体系放入恒温箱内，在 300 ℃条件下烘烤至恒重，称重，计算失重率。实验测得该粉煤灰堵剂体系失重率为 0.45%。

3）密度

在室内条件下对粉煤灰堵剂体系的密度进行测试，结果如图 5-5-2 所示。从图中可以看到，粉煤灰堵剂体系密度随着质量分数的增加而增加。

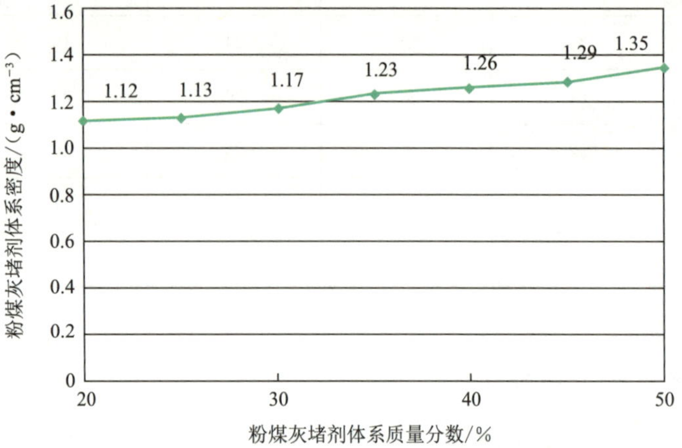

图 5-5-2　不同质量分数下的粉煤灰堵剂体系密度

4）粒度分布

粉煤灰堵剂体系内悬浮颗粒的粒度分布测试结果如图 5-5-3 所示。实验最终测得悬浮颗粒粒度中值为 33.47 μm。

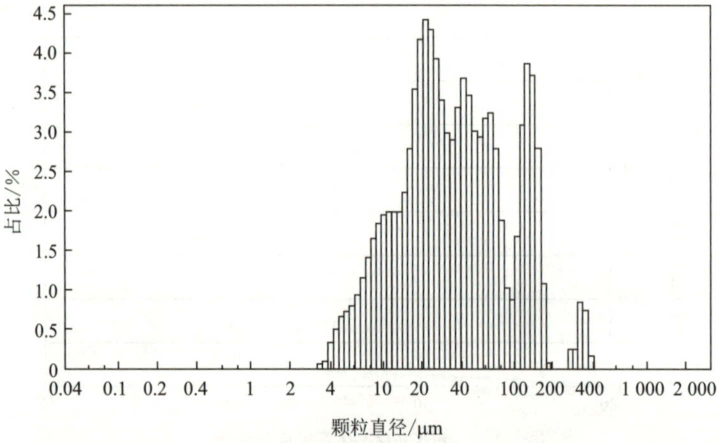

图 5-5-3　粒度分布测试结果

5）稠度

从稠化实验测试结果可以看出，在 80 ℃，6 MPa 条件下，粉煤灰堵剂体系 8 h 稠度为 10 BC（图 5-5-4），满足初凝时间≥8 h 的要求，显示其具有良好的施工安全性。

6）封堵率

粉煤灰堵剂体系封堵率测试的室内实验结果见表 5-5-4，可以得出以下结论：粉煤灰堵剂体系在室内实验中有良好的封堵率，其平均封堵率达到 99.957%。

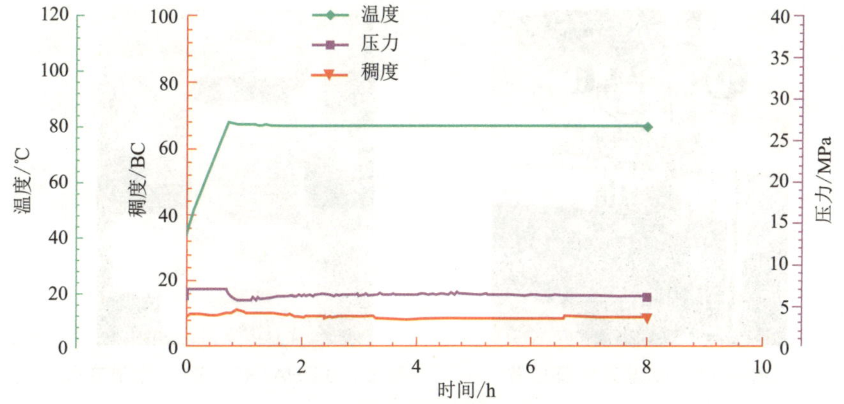

图 5-5-4　稠化实验测试结果

表 5-5-4　粉煤灰调剖剂封堵率测试结果

模型编号	渗透率 $K_1/\mu m^2$	渗透率 $K_2/\mu m^2$	封堵率/%	平均封堵率/%
B1	81	0.004	99.995	99.957
B2	97	0.109	99.888	
B3	83	0.011	99.987	

二、耐高温凝胶堵剂体系

1. 体系确定和静态评价

确定耐高温凝胶堵剂体系所需要的实验装置包括电动搅拌器、Brookfield 黏度计、恒温箱、电子天平和常规玻璃仪器，如图 5-5-5～图 5-5-7 所示。

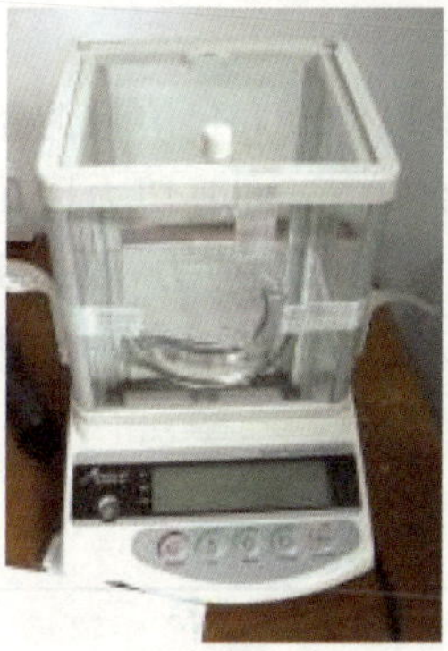

图 5-5-5　电子天平

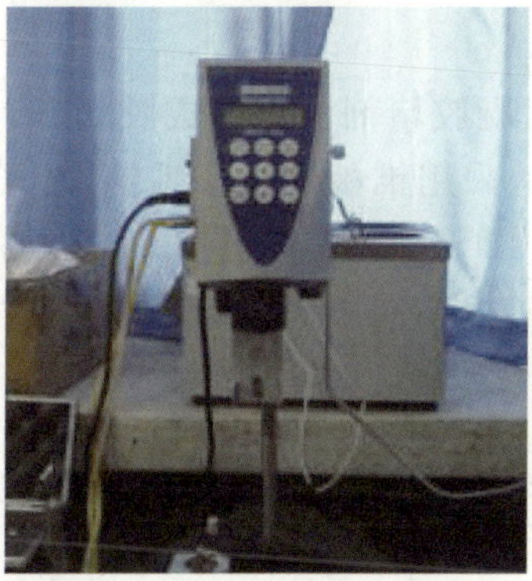

图 5-5-6　Brookfield 黏度仪

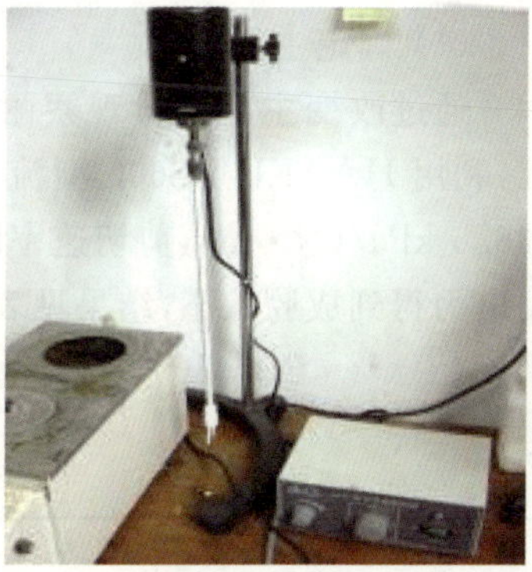

图 5-5-7　水浴和搅拌器

耐高温凝胶体系评价实验以 200 mL 溶液为基准，平行做若干个成胶样品，将其放入高温高压反应釜(图 5-5-8)中模拟高温条件下的老化实验，考察不同时间后的相对强度。实验利用 HAAKE RS600 型流变仪(图 5-5-9)，采用锥板测量头系统(pp20 Ti)，在 90 ℃实验温度下测定成胶状态堵剂样品的断裂应力。

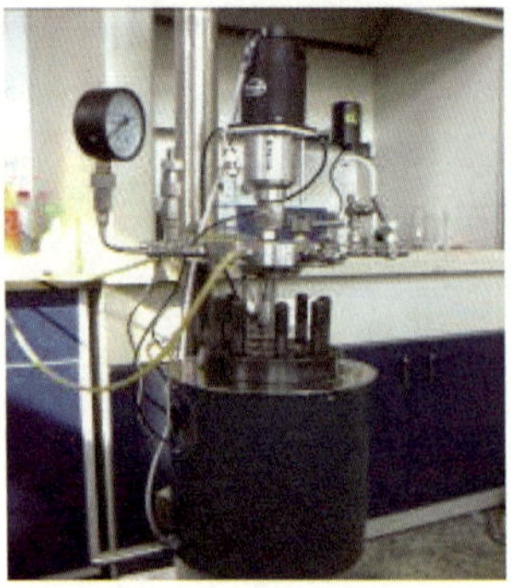

图 5-5-8 高温高压反应釜

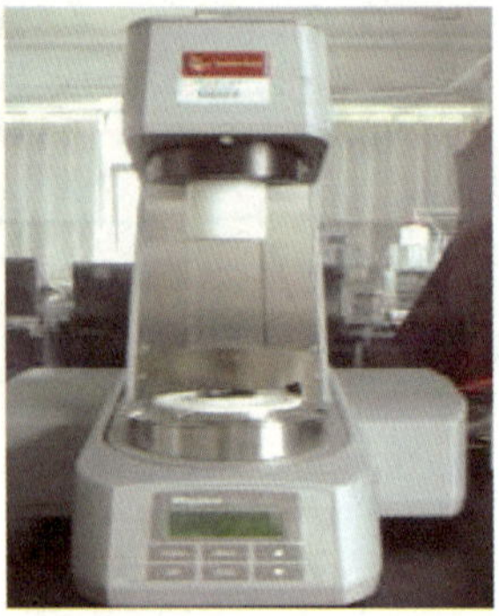

图 5-5-9 HAKKE RS600 型流变仪

1）体系确定

将非离子填料与不饱和烃通过接枝聚合再交联成胶控制剂、交联剂等组分，利用不完全正交方式进行耐高温凝胶堵剂体系配方优选，评价胶凝时间、强度。

（1）主剂体系的选择及确定。

限于耐温要求、经济因素以及油田水中的 Mg^{2+}，Ca^{2+} 等影响，选择非离子填料（FT）和不饱和酸胺单体（AM）作为耐高温凝胶堵剂体系的主剂。利用地层能量，两种主剂在 90 ℃的地下温度环境中进行接枝聚合、交联，得到高强度的凝胶。

（2）交联反应方式。

选择分子内与分子间同时交联的反应方式，形成网络交联的高强度凝胶体系。

（3）成胶控制剂的选择及确定。

井间地层温度在 85～95 ℃之间，对于这种高温条件，常规成胶控制剂已不能满足安全施工与深部运移的要求。因此必须采用高效成胶控制剂 NO-100，并根据待作业井的实际温度以及不同注入水的水质进行调整，以顺利实现成胶时间及成胶效果的控制。

2）静态评价结果

（1）确定主剂用量。

通过改变主剂用量观察耐高温凝胶堵剂体系的成胶状态。实验以 200 mL 溶液为基准，利用 HAAKE RS600 型流变仪，采用锥板测量头系统，转子直径 10 mm，剪切力因子 636.6 kPa/(N·m)，剪切速率因子 10 rad^{-1}，实验温度 90 ℃，测定样品的断裂应力，根据断裂应力得到成胶状态，结果见表 5-5-5。不同主剂用量下的成胶强度变化曲线如图 5-5-10 所示。

表 5-5-5 主剂用量与成胶状态的关系

主剂用量/%	5.5	6	7	8	9	10	11	12
成胶状态	不完全	良 好	良 好	良 好	良 好	良 好	强度差	强度差

不饱和酰胺单体与非离子填料接枝聚合后能够形成大分子链网状结构骨架，然后二者以交联的方式形成化学价键，建立三维网络结构，从而形成具有较高弹性的聚合物强胶材料。

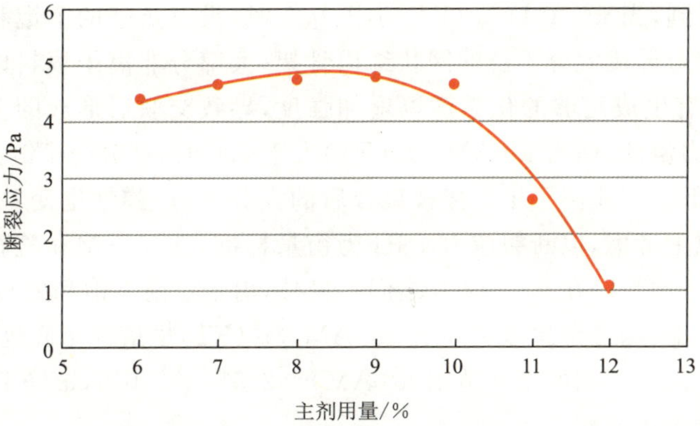

图 5-5-10　不同主剂用量下的成胶强度变化曲线

主剂用量直接影响材料的性能，如果主剂用量过高，不饱和酰胺单体在与非离子填料接枝聚合时就没有足够的反应空间，使得大分子链的增长受阻，最终弹性和强度表现不充分。从表 5-5-5 可以看出，如果主剂用量低于 5.5%，形成的接枝聚合交联产物将很难形成整体凝胶，物质的绝对量不足；而主剂用量高于 10%，凝胶材料的断裂应力将大幅度下降，成本也将大幅度增高。综合考虑经济因素及材料性能，并且由于 FT+AM 在地层中的损失量较小，认为选择 5.5%～8%的主剂用量即可符合强度要求。

(2) 实验主剂比例的选择。

在确定两种主剂用量之和为 7%的基础上，继续考察非离子填料(FT)与不饱和酰胺单体(AM)两种主剂不同配比对成胶效果的影响。

设置两种主剂的配比[w(AM)/w(FT)]为 0.5～3.0，对应的成胶状态仍然用断裂应力进行评价，具体评价结果见表 5-5-6。不同配比主剂下的成胶强度变化曲线如图 5-5-11 所示。

表 5-5-6　主剂比例与成胶状态的关系

w(AM)/w(FT)	0.5	1.0	1.5	2.0	2.5	3.0
成胶状态	较　弱	良　好	良　好	良　好	强度差	强度差

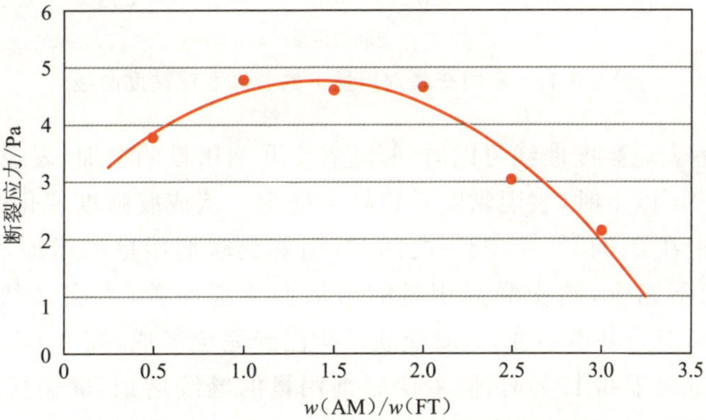

图 5-5-11　不同配比主剂下的成胶强度变化曲线

从图中可以看到，当 $w(AM)/w(FT)$ 小于 0.5 时，没有足够的不饱和酰胺单体与非离子填料通过接枝聚合形成大分子链的网状结构骨架，大部分非离子填料以物理填充方式堆积在网格中，并没有生成足够的化学键以增加强度，导致交联后形成的三维网络结构强度低，表现为断裂应力偏低；而当 $w(AM)/w(FT)$ 大于 2.0 时，部分分子链由不饱和酰胺单体自聚而成，其强度低于与非离子填料接枝聚合后的大分子链，弹性也变差，表现为断裂应力随之降低。基于以上考虑，以断裂应力 4 Pa 为衡量标准，选择不饱和酰胺单体与非离子填料的配比 $w(AM)/w(FT)$ 在 0.7～2.0 之间。另外，由于目前不饱和酰胺单体价格较高，而非离子填料相对价廉，综合考虑多种因素，$w(AM)/w(FT)$ 尽量选择低数值比较合适。

由此可以确定两种主剂的用量范围 $w(AM)=2.5\%\sim3.0\%$，$w(FT)=2.5\%\sim4.0\%$ 作为耐高温凝胶堵剂体系配方。

(3) 交联剂用量的选择。

交联剂的用量也是保证胶凝效果的主要因素之一。交联剂用量过少，交联比例小，成胶不完全，且成胶强度差；交联剂用量过大，交联比例高，凝胶弹性大幅度降低，胶凝物变脆，同样表现为成胶强度差，封堵效果下降。实验结果见表 5-5-7。不同交联剂用量下的胶体表观黏度如图 5-5-12 所示。

表 5-5-7　交联剂用量与成胶状态的关系

交联剂用量/%	0.04	0.06	0.08	0.10	0.12	0.14
成胶状态	不完全	不完全	良　好	良　好	良　好	强度差

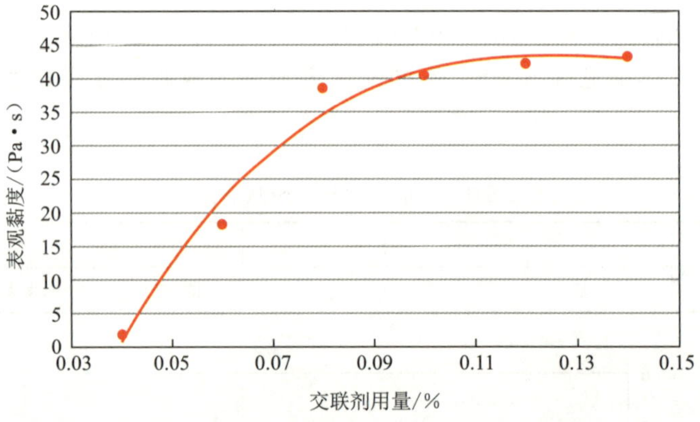

图 5-5-12　不同交联剂用量下的胶体表观黏度曲线

从交联剂用量-表观黏度曲线可以看到，随着交联剂用量的增加，表观黏度增加，但是当交联剂用量在 0.08%以上时，表观黏度开始趋于稳定。从成胶强度变化曲线(图 5-5-13)可以看到，交联剂用量在 0.04%～0.08%之间时，随着交联剂用量的增加，断裂应力增加，此时交联结构形成的不完全，随交联剂用量的增加而逐渐完善；当交联剂用量在 0.08%～0.10%之间时，断裂应力基本不变，此时交联结构已经完全形成，在 0.08%时已经接近完善状态；当交联剂用量大于 0.10%时，随着交联剂用量的继续增加，断裂应力迅速下降，此时交联结构过度，弹性下降，胶凝物变脆。根据以上实验结果，交联剂用量选择在 0.08%～0.10%之间。

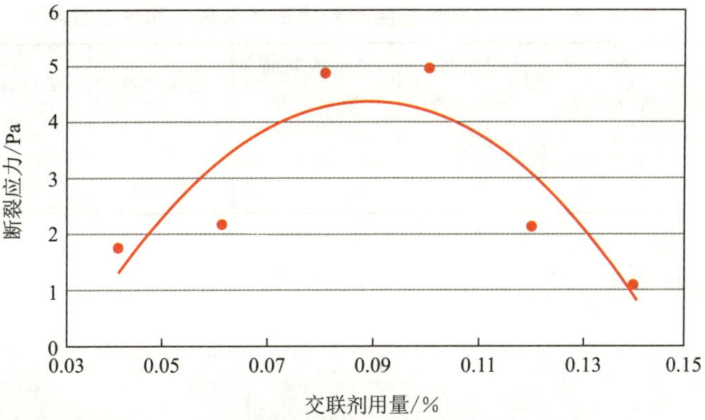

图 5-5-13　不同交联剂用量下的成胶强度变化曲线

(4) 成胶控制剂 NO-100 用量的选择。

成胶控制剂直接关乎成胶时间及施工安全。可以通过调节成胶控制剂 NO-100 的用量来调节成胶时间。在固定其他组分不变的情况下，改变成胶控制剂 NO-100 的用量，考察对应的成胶时间变化情况，结果如图 5-5-14 所示。

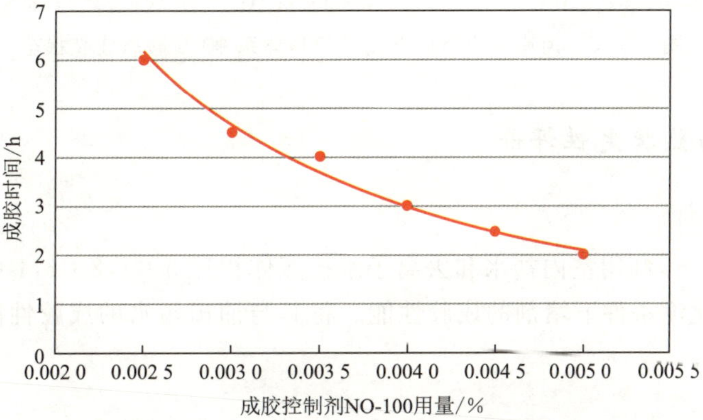

图 5-5-14　不同 NO-100 用量下的成胶时间变化曲线

从图 5-5-14 可以看到，当 NO-100 用量在 0.002 5%～0.003 5%之间时，成胶时间控制在 4～6 h；当 NO-100 用量小于 0.002 5%时，温度在 85～95 ℃范围内，成胶时间不确定；当 NO-100 用量大于 0.004 0%时，成胶时间将小于 3 h。

通过调节 NO-100 的用量可以满足时间控制要求。此外，由于地层水中的溶解气成分对成胶时间的影响敏感，因此取水地点与取水后放置时间都可能给成胶时间带来一定的影响。在实际应用时，必须对成胶控制剂进行室内验证及微量调整。

(5) 配方的优化。

以成胶时间、成胶强度为主要的参考标准，利用不完全正交方式，改变主剂、交联剂和成胶控制剂的量，获得最佳的配方体系。取河南油田蒸汽吞吐转周期前井底温度为 90 ℃，取水点为联合站。通过不完全正交试验，获得最佳的体系组分和性能，见表 5-5-8。

表 5-5-8　河南油田耐高温凝胶堵剂体系组分和静态性能

温　度	FT 质量分数 /%	AM 质量分数 /%	交联剂质量分数 /%	成胶控制剂质量分数 /%	配液黏度 /(mPa·s)	成胶时间 /h	表观黏度 /(mPa·s)
90 ℃	3～3.5	2.5～3	0.05～0.1	0.002 5～0.025	5～20	3～6	30 000～50 000

不同非离子填料体系成胶状态如图 5-5-15 所示。

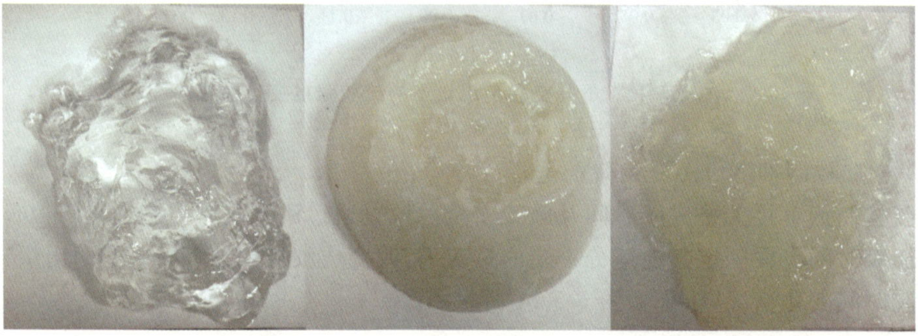

(a) 非离子填料Ⅰ体系 (H1)　(b) 非离子填料Ⅱ体系 (G1)　(c) 非离子填料Ⅲ体系 (G2)

图 5-5-15　河南油田不同非离子填料体系 90 ℃静态成胶状态

2. 耐盐性与热稳定性评价

1) 耐盐性评价

在 90 ℃条件下,利用室内盐水和去离子水按照体积比 3∶1,2∶1,1∶1,1∶2,1∶3 的比例模拟不同矿化度条件下堵剂的成胶性能。将其与油田污水的成胶性能进行对比,结果见表 5-5-9。

表 5-5-9　90 ℃条件下体系的耐盐性能评价

配制用水	矿化度/(10^4 mg·L^{-1})	成胶时间/h	表观黏度/(mPa·s)
油田污水		～6	32 473
室内盐水	7.9	～5	～35 000
盐水:去离子水=3:1	5.92	～5	35 780
盐水:去离子水=2:1	5.26	～5	34 560
盐水:去离子水=1:1	3.95	～5	33 922
盐水:去离子水=1:2	2.63	～5	35 442
盐水:去离子水=1:3	1.97	～5	36 536
蒸馏水	0	～5	38 000

注:～表示近似值。

2）热稳定性评价

考虑段塞注入成胶后，油井继续注入蒸汽，胶体段塞近端与高温蒸汽接触。平行做若干个样品，在高温高压反应釜中模拟不同高温条件下 20 h 的老化实验，考察不同时间后胶体的相对强度，如图 5-5-16～图 5-4-18 所示。

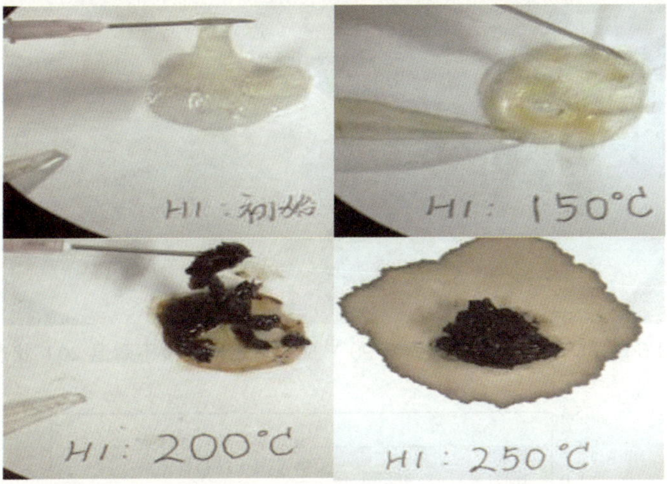

图 5-5-16　非离子填料Ⅰ体系 90 ℃成胶后不同温度下耐温 20 h 状态

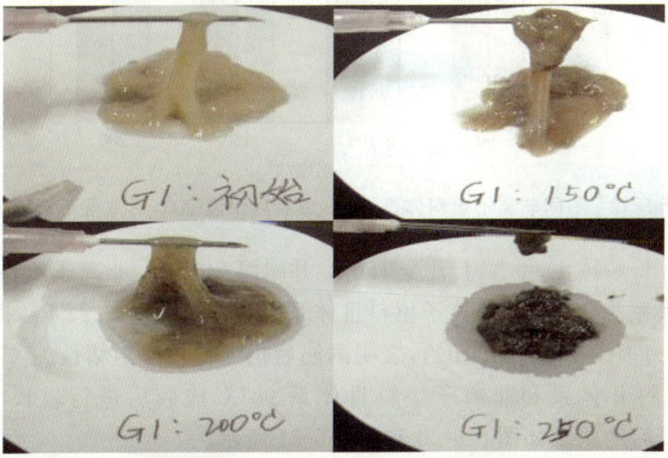

图 5-5-17　非离子填料Ⅱ体系 90 ℃成胶后不同温度下耐温 20 h 状态

由图可以看出，除非离子填料Ⅰ体系（H1）外，非离子填料Ⅱ体系（G1）和非离子填料Ⅲ（G2）体系在 150 ℃耐温 20 h 后外观均能保持较好的胶体状态，在 200 ℃下也只是出现少量碳化，外观仍保持较好的胶体状态，针挑状态基本相同，表明非离子填料Ⅱ体系和非离子填料Ⅲ体系具有较好的耐温性。

分别测试非离子填料Ⅱ体系和非离子填料Ⅲ体系 90 ℃成胶后耐温 20 h 后室温下断裂应力，结果如图 5-5-19 所示。

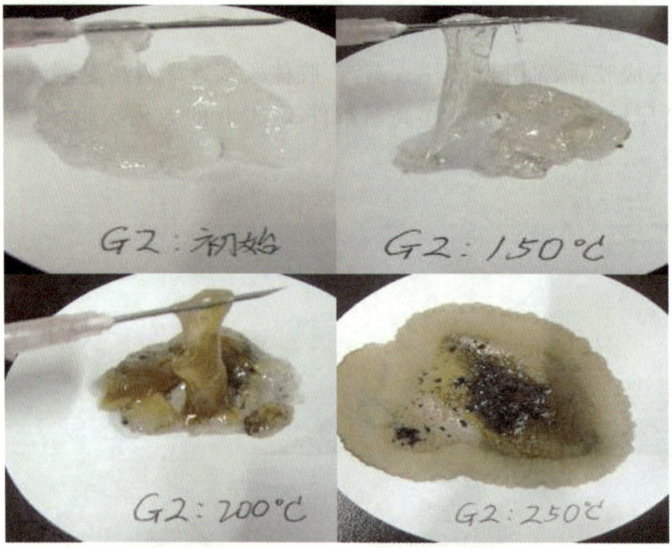

图 5-5-18 非离子填料Ⅲ体系 90 ℃成胶后不同温度下耐温 20 h 状态

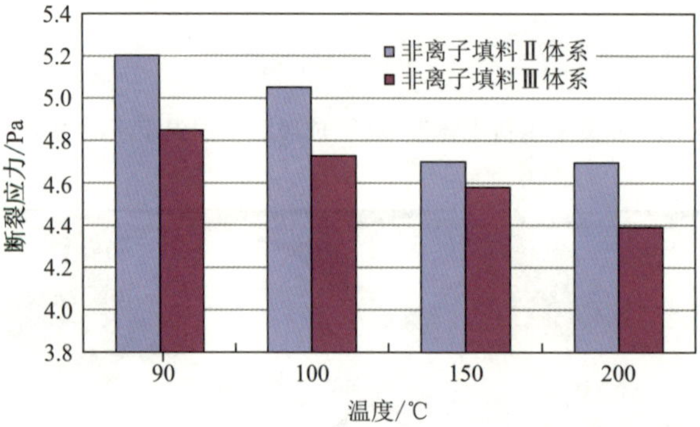

图 5-5-19 不同非离子填料体系 90 ℃成胶后耐温 20 h 后室温下断裂应力

由图可以看出，胶体由 90 ℃上升至 150 ℃并耐温 20 h 后，非离子填料Ⅱ体系断裂应力损失 0.5 Pa，损失率为 9.62%；非离子填料Ⅲ体系断裂应力损失 0.22 Pa，损失率为 4.56%。两个体系断裂应力损失率均不足 10%，表明耐温后仍保持较好封堵性。

对非离子填料Ⅱ体系和非离子填料Ⅲ体系 90 ℃成胶后进行较长时间（72 h）耐温 200 ℃测试，72 h 后的状态如图 5-5-20 和图 5-5-21 所示。

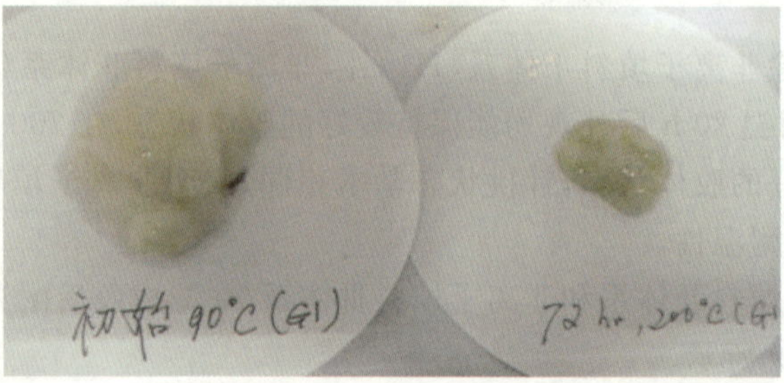

图 5-5-20 非离子填料Ⅱ体系 90 ℃成胶后耐温 200 ℃经过 72 h 后状态

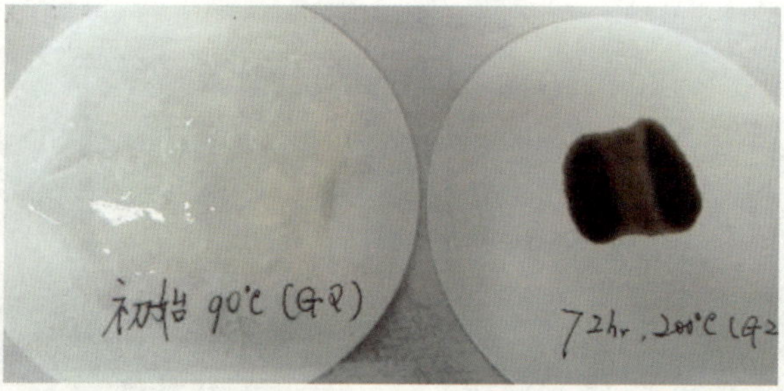

图 5-5-21　非离子填料Ⅲ体系 90 ℃成胶后耐温 200 ℃经过 72 h 后状态

由图 5-5-20 可以看出，非离子填料Ⅱ体系成胶 72 h 耐温 200 ℃后，观察外表发现已经部分脱水，针挑状态表现出黏性较小，胶体强度明显降低。

由图 5-5-21 可以看出，非离子填料Ⅲ体系成胶 72 h 耐温 200 ℃后，观察外表发现胶体全部碳化。对比非离子填料Ⅱ体系和非离子填料Ⅲ体系，非离子填料Ⅱ体系耐温性较好。

3. 封堵强度评价

1）配置液的注入性能

体系的注入性能是指体系的注入流速和注入端的压力变化关系，是体系性能评价的一个重要指标。影响体系注入性能的因素主要包括体系的初始黏度、注入流速和地层的渗透率。下面选用不同目数的玻璃珠，填制不同渗透率填砂管模型。

在不同注入速度下，测定不同渗透率填砂管的注入性能，如图 5-5-22 所示。由图可以看出，体系的注入性能良好。这是由于所选择的非离子填料体系性质更接近纯黏流体的特征，在注入过程中压力基本不在体系中储集与释放，使得注入井井口压力不会很大。

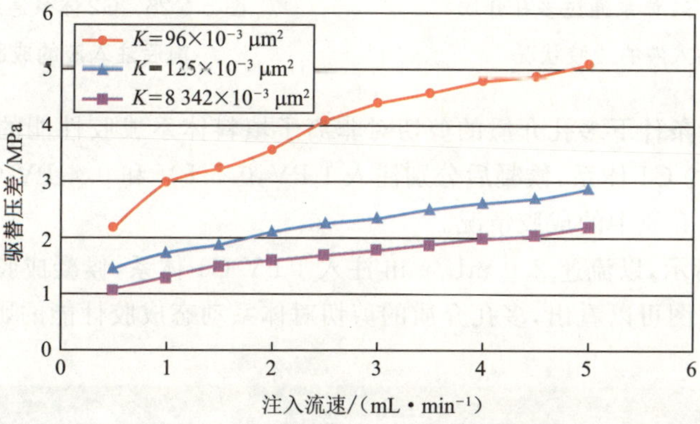

图 5-5-22　配液(G1)注入性能评价

2）多孔介质中动态成胶性能

在 10 cm×ϕ2.54 cm 注射管中装入散砂，注入不同体系，图 5-5-23 和图 5-5-24 所示为 G1 体系和 G2 体系通过多孔介质后成胶状况。由图可以看出，两个体系均能够在多孔介质成胶。

图 5-5-23　G1 体系通过多孔介质后成胶状况

图 5-5-24　G2 体系通过多孔介质后成胶状况

非离子填料体系通过多孔介质前后注入液的成胶状况如图 5-5-25 和图 5-5-26 所示。由图可以看出，两个体系流过 10 cm 长的填砂管后仍然能够多孔介质成胶，且与之前成胶状况差异不大，这表明研制的非离子填料体系在多孔介质中的吸附损耗较小。

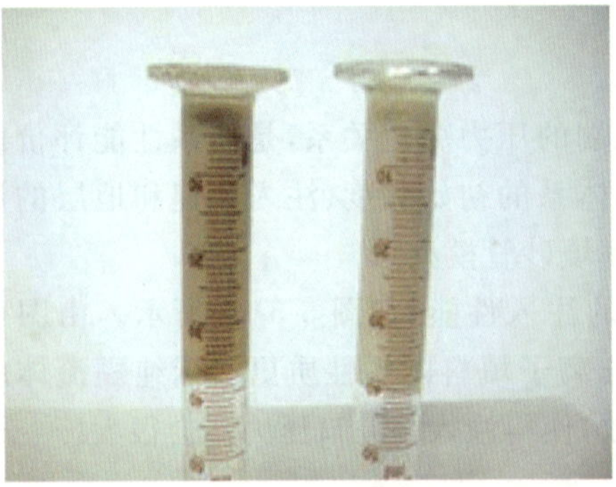

图 5-5-25　G1 体系通过多孔介质前后注入液的成胶状况

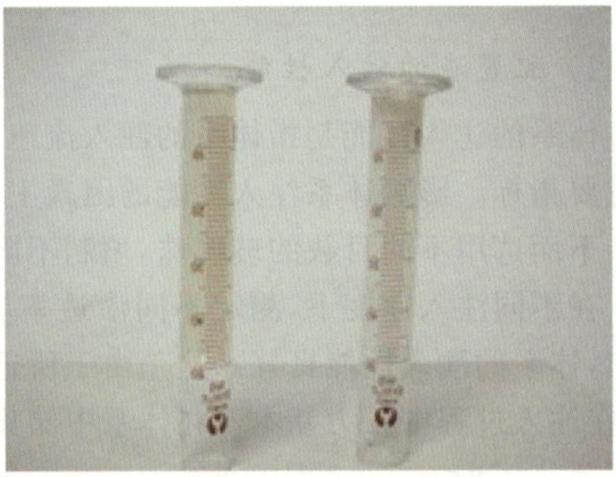

图 5-5-26　G2 体系通过多孔介质前后注入液的成胶状况

为了模拟地层条件下多孔介质的剪切对非离子填料体系成胶性能的影响，利用填砂管模型，注入一定量的 G1 体系，候凝后分别注入 1 PV，0.5 PV 和 0.4 PV G1 体系，观察非离子填料体系在多孔介质中的成胶情况。

如图 5-5-27 所示，以流速 2.0 mL/min 注入 1 PV G1 体系，候凝成胶后，观察出口端体系的成胶情况。由图可以看出，多孔介质的剪切对体系动态成胶性能的影响很小。

图 5-5-27　填砂管模型拆封后观察体系的动态成胶性能

3) 体系成胶突破压力

实验时注入不同长度的段塞,候凝成胶后注水,测定体系的封堵强度,获得封堵强度随注入体系量的关系。影响体系封堵强度的因素除体系注入量外,还包括体系的黏度(强度)和多孔介质的渗透率。利用单管填砂模型(100 cm×ϕ2.54 cm),选择40～120 目的人造砂,得到不同渗透率的模型,在实验温度 90 ℃条件下分别注入不同长度的段塞,结果见表 5-5-10。不同渗透率条件下体系(G1)的封堵性能评价如图 5-5-28 所示。

表 5-5-10 不同渗透率条件下体系(G1)的封堵性能

注入段塞长度/cm	突破压力梯度/(MPa·m^{-1})		
	渗透率(14.12 μm^2)	渗透率(5.8 μm^2)	渗透率(0.57 μm^2)
10(0.1 PV)	2.2	6.4	8.2
20(0.2 PV)	6.3	11.7	17.2
30(0.3 PV)	18.2	20.4	27.7
40(0.4 PV)	20.5	26.7	33.6
50(0.5 PV)	22.0	28.4	34.4

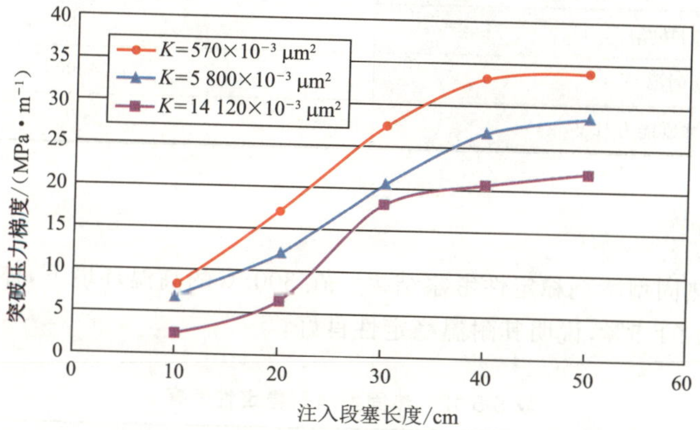

图 5-5-28 不同渗透率条件下体系(G1)的封堵性能评价

由图可以看出,注入量与突破压力梯度有较好的正比关系,因此 G1 体系对于窜流通道具有较好的封堵作用。

三、新型热固型堵剂

蒸汽吞吐过程中,在压力场和温度场的共同作用下,砂岩储层被溶蚀,固体颗粒运移,形成大孔道。为控制蒸汽从优势通道窜流,研制热固型堵剂进行大孔道封堵。铸体薄片条件下的大孔道如图 5-5-29 所示,热固型堵剂固结形态如图 5-5-30 所示。

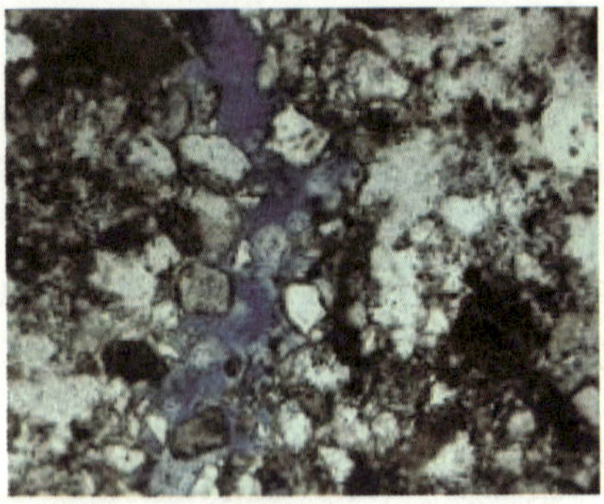

图 5-5-29 铸体薄片条件下的大孔道

图 5-5-30 热固型堵剂固结形态

热固型堵剂初始黏度低（<30 mPa·s），易于定点注入，高温（>80 ℃）固结后封堵强度大（>3 MPa/m），耐高温（>300 ℃），适用于强边水油藏堵水和汽窜治理。堵剂基本性能指标见表 5-5-11。

表 5-5-11 堵剂基本性能指标

初始黏度/(mPa·s)	<30
固化温度/℃	>80
封堵压力/($MPa\cdot m^{-1}$)	>3
封堵率/%	>99
耐温/℃	>300
耐冲刷能力/PV	>70

1. 耐温性能

表 5-5-12 为热固型堵剂稳定性考察结果。在 300 ℃的高温环境下，体系固结后放置 30 d 体积保持率仍为 94.5%，说明其耐温稳定性良好。

表 5-5-12 热固型堵剂稳定性考察

温度/℃	体积保持率/%		
	1 d	15 d	30 d
80	100	96.3	94.8
90	100	97.5	96.0
100	100	100	98.5
120	100	100	98.8
150	100	99.5	98.5
200	100	98.8	97.8
250	100	97.5	96.3

续表

温度/℃	体积保持率/%		
	1 d	15 d	30 d
300	100	96.4	94.5

2. 耐冲刷性及封堵性能

不同温度下的封堵压差如表 5-5-13 和图 5-5-31 所示。随着温度升高，封堵压差逐渐降低，封堵率均高于 99%；120 ℃，200 ℃，250 ℃下分别驱替 75 PV，压力基本维持恒定，封堵效果基本不变，说明该堵剂体系具有良好的耐冲刷性。

表 5-5-13　不同温度下的封堵压差(填砂管长 $L=0.12$ m)

温度/℃	孔隙度/%	堵前渗透率/(10^{-3} μm²)	堵后渗透率/(10^{-3} μm²)	封堵率/%	封堵压差/MPa	封堵压力梯度/(MPa·m^{-1})
120	37.45	2370	2.10	99.91	2.00	16.67
200	32.97	2133	13.13	99.38	1.20	10.00
250	38.06	2482	10.50	99.62	0.40	3.33

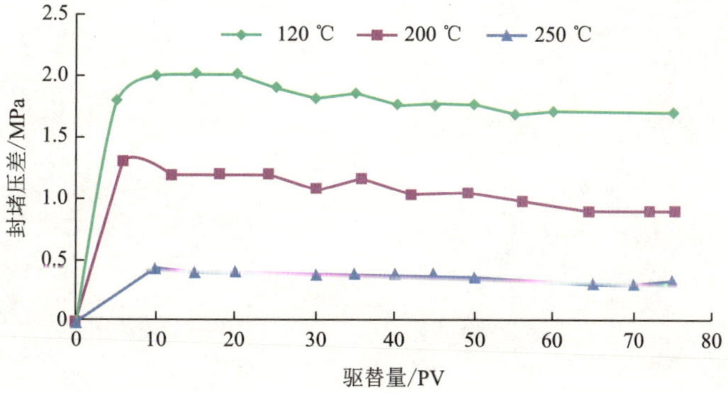

图 5-5-31　不同温度下的封堵压差

不同渗透率下的封堵压差如表 5-5-14 和图 5-5-32 所示。随着渗透率增大，封堵率、封堵压力梯度有所降低。渗透率为 4 682×10^{-3} μm² 时的封堵压差为 0.7 MPa，封堵压力梯度为 5.83 MPa/m，体系封堵率仍在 99%以上，说明该堵剂体系封堵性能良好。

表 5-5-14　200 ℃时体系对不同渗透率的岩芯封堵效果

堵前渗透率/(10^{-3} μm²)	孔隙度/%	堵后渗透率/(10^{-3} μm²)	封堵率/%	封堵压差/MPa	封堵压力梯度/(MPa·m^{-1})
1 288	37.45	1.05	99.91	2.50	20.83
2 865	32.97	10.53	99.63	1.60	13.33
4 682	38.06	19.76	99.58	0.70	5.83

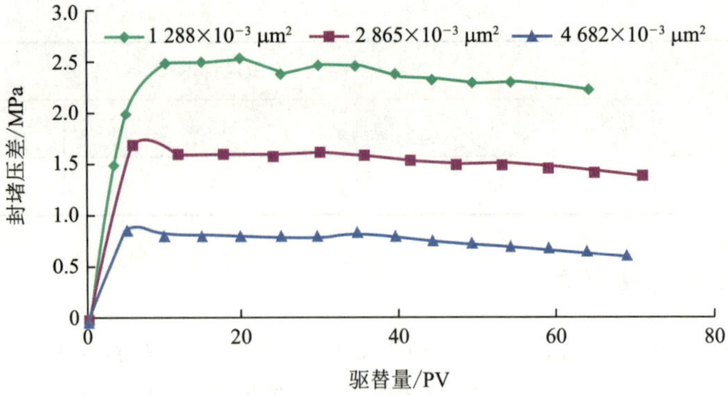

图 5-5-32　不同渗透率下的封堵压差

第六章
多相协同蒸汽驱全生命周期开发技术与方法

在多相协同蒸汽驱提高采收率机理实验和体系研究认识基础上，本章结合矿场实践，重点突出典型区域蒸汽驱中后期注采井网重构、射孔优化、注采参数优化、分层注汽等技术和动态调控方法，实现蒸汽驱中后期井组均衡动用和生产效果最大化。

第一节　蒸汽驱中后期注采井网重构

研究表明，长期注蒸汽开发易使储层形成大量继承性窜流通道，继续原开发策略很难改变蒸汽在油藏中的渗流场，生产状况无法得到有效扭转。通过注采井网调整和注采井别转换，可以实现渗流场重新分布，使蒸汽驱扫剩余油相对富集区。为重建地下热场，改变继承性汽窜方向，选取九$_6$区蒸汽驱井组开展注采井网调整研究。

一、注采井网调整机理研究

1. 机理模型的建立

根据九$_6$区齐古组$J_3q_2^2$沉积相和油层纵向发育特点，设计并建立 9 个 70 m×100 m 反九点井网机理模型。表 6-1-1 为机理模型纵向小层划分设计表。

表 6-1-1　机理模型纵向小层划分设计表

模型纵向小层划分		小层编号	小层渗透率/(10^{-3} μm^2)	小层厚度/m
$J_3q_2^{2\text{-}1}$ 层	油　层	1	2 500	2
夹　层	夹　层	2	300	2
$J_3q_2^{2\text{-}2}$ 层	油　层	3	1 700	2
	油　层	4	1 300	2
	夹　层	5	300	2
	油　层	6	1 900	2
	油　层	7	1 000	2
夹　层	夹　层	8	300	2

续表

模型纵向小层划分		小层编号	小层渗透率/($10^{-3}\ \mu m^2$)	小层厚度/m
$J_3q_2^{2-3}$ 层	油 层	9	900	2
	油 层	10	900	2

为体现九$_6$区平面沉积特点，将平面渗透率主方向设计为 42°(图 6-1-1 和图 6-1-2)。为使机理模型更有代表性，根据九$_6$区蒸汽驱开发历程，将对比基础设计为蒸汽吞吐 21 周期、蒸汽驱 10 a。

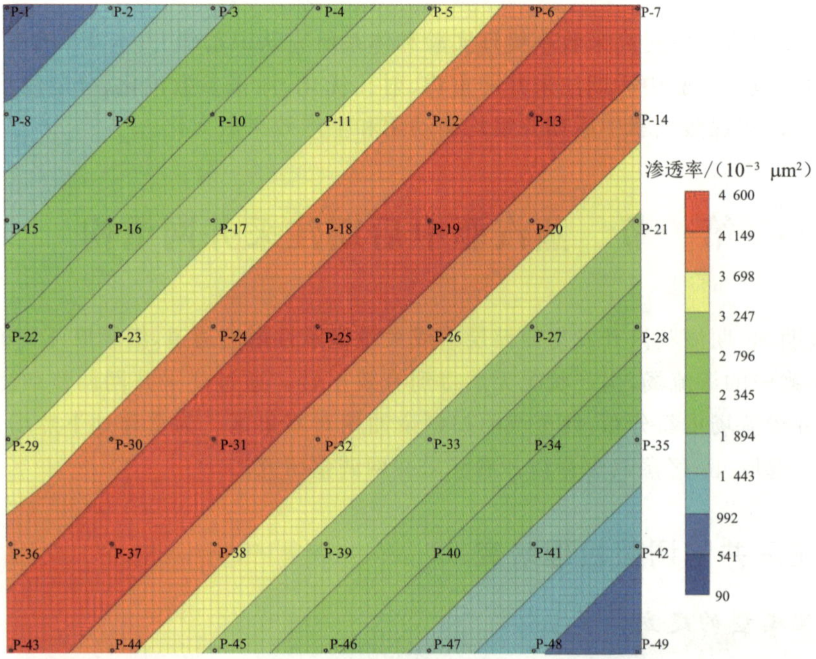

图 6-1-1 综合考虑九$_6$区齐古组 $J_3q_2^2$ 沉积特征的机理模型平面渗透率分布

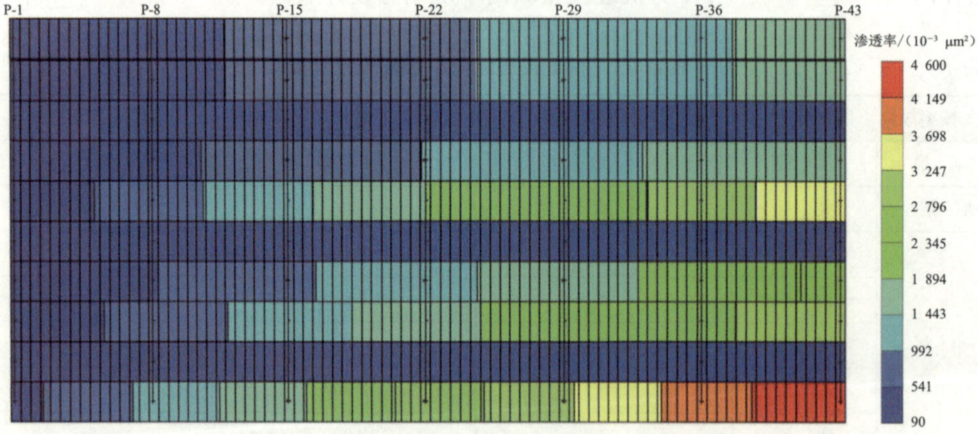

图 6-1-2 综合考虑九$_6$区齐古组 $J_3q_2^2$ 沉积特征的机理模型纵向渗透率分布

2. 注采井网调整机理分析

从蒸汽吞吐 21 周期、蒸汽驱 10 a 后的温度场(图 6-1-3)可以看出,注汽井间 30 m 条带内平均温度已经高于 80 ℃,该条带内的油水流度比为其他区域的 12～20 倍,已经形成了继承性窜流通道。

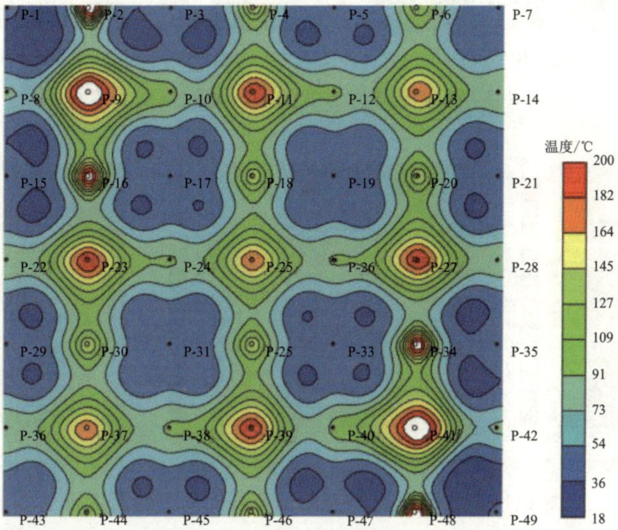

图 6-1-3　开发方式优选之前温度场

利用数值模拟将延续原开发方式、进行注采井网调整两种方案的开发效果做对比,见表 6-1-2。延续原开发方式 4.8 a,阶段采出程度 7.4%;注采井网调整 5.7 a,阶段采出程度 13.1%,比延续原开发方式净增油约 2.0×10^4 t,经济效益显著。对比分析两种方案的温度场发现,削弱继承性窜流通道的影响是注采井网调整能够取得较好效果的主要原因。

表 6-1-2　提高蒸汽驱老区采收率技术开发效果对比

对比方案	阶段油汽比	阶段采注比	阶段采出程度/%	阶段净产油/t
延续原开发方式	0.107	1.03	7.4	19 639
注采井网调整	0.121	1.13	13.1	39 815

图 6-1-4 所示为延续原开发方式的不同时间下的温度场。由图可以看出,即便形成井排,蒸汽仍会沿已形成的窜流通道窜进。

图 6-1-5 所示为注采井网调整后的不同时间下的温度场。沿平行渗透率主方向转换注采井别、建立井排,初期生产仍以原注采格局为基础,随着蒸汽带的形成,死油区形成了相对高温高压区,原注采格局被打破,蒸汽被驱替至采油井排,已有优势通道的影响被削弱,死油区得到有效动用。

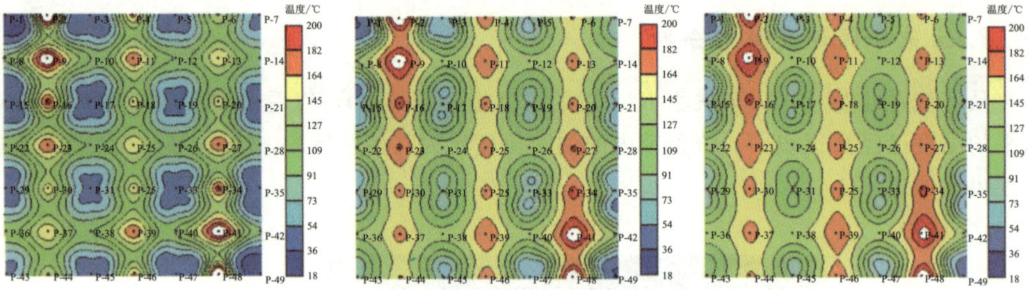

（a）原注汽井井排蒸汽驱初期温度场　（b）原注汽井井排蒸汽驱中期温度场　（c）原注汽井井排蒸汽驱后期温度场

图 6-1-4　延续原开发方式的不同时间下的温度场

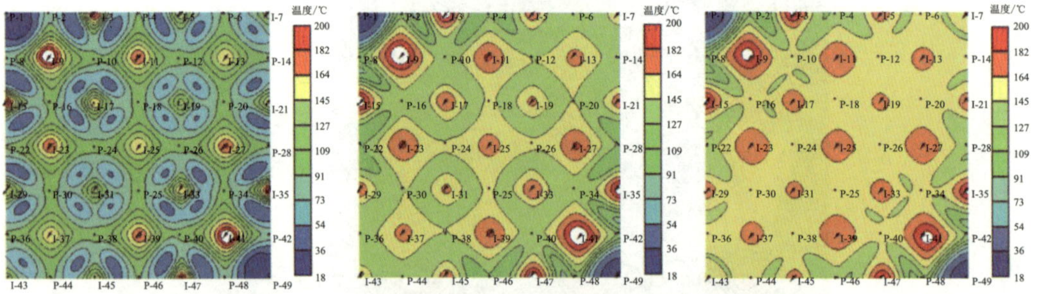

（a）生产井转注井排蒸汽驱初期温度场　（b）生产井转注井排蒸汽驱中期温度场　（c）生产井转注井排蒸汽驱后期温度场

图 6-1-5　注采井网调整后的不同时间下的温度场

3. **井排方式优化**

根据前述分析，九$_6$ 区蒸汽驱区蒸汽运移受沉积微相影响较大，当注汽井与相关蒸汽驱生产井所处相带不同时，蒸汽驱替不均衡，平面蒸汽波及有明显方向性；当注汽井与相关蒸汽驱生产井处于同一相带时，蒸汽驱替相对均衡，汽窜发生概率小。数值模拟优化研究表明，适当方式的井排注汽能够取得较好开发效果。综合这些认识，设计图 6-1-6 所示的 3 种井排方式注采井网调整方案。其中方式一是原注汽井与原角井形成生产井排，原边井转为注汽井，形成注汽井排；方式二是部分边井转为注汽井，在中心注汽井排形成高温高压条带后，原注汽井转为生产井，形成井组驱替模式；方式三是原角井转为注汽井，原注汽井转为生

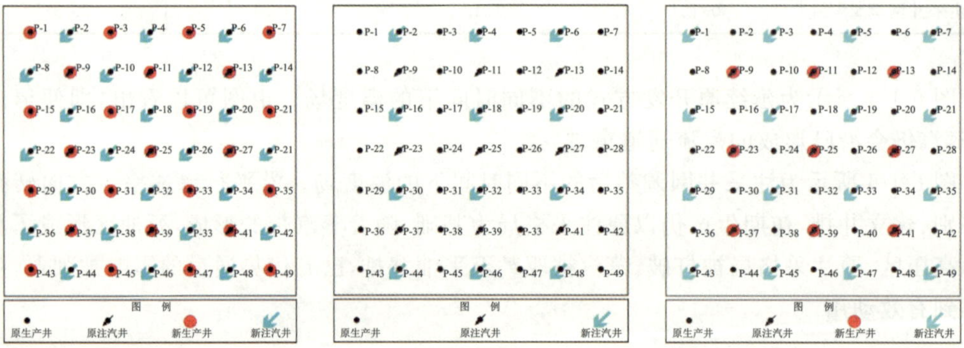

（a）井排方式一　（b）井排方式二　（c）井排方式三

图 6-1-6　不同井排方式示意图

产井，形成井组驱替模式。

表 6-1-3 是 3 种井排方式的蒸汽驱效果预测，可以看出，方式二结合了方式一快速建立高温高压驱替场和方式三注汽井控制适宜储量的优势，开发效果最好。研究中发现，原注汽井在注汽井排形成过程中，能够起到加速热连通、均匀蒸汽带的作用。

表 6-1-3　不同井排方式优化对比

对比方案	阶段油汽比	阶段采注比	阶段采出程度/%	阶段净产油/t
方式一	0.129	1.17	13.5	48 097
方式二	0.123	1.12	17.5	58 574
方式三	0.113	1.09	17.8	52 276

采用机理模型进行的数值模拟研究结果表明，注采井别转换初期，新、老注汽井共同注汽，当沿着注汽井排出现高温高压条带、实现新注汽井与生产井间热连通后，原注汽井转为生产井，转入井组驱替模式，这是最适合目前九$_6$ 区蒸汽驱老区的注采井网调整方式。

4. 井网井距优化

根据上述分析，九$_6$ 区齐古组蒸汽驱老区的注采井网调整可以分为两个阶段，第一阶段是沿沉积微相方向形成井排驱替，第二阶段是沿沉积微相方向的高温高压区域形成后，原注汽井转为生产井，形成井组驱替模式。

图 6-1-7 所示为不同注汽井排距示意图(仅展示 70 m 和 100 m 情况)，从表 6-1-4 的数值模拟优化结果来看，现阶段最优注汽井排距为 100 m。

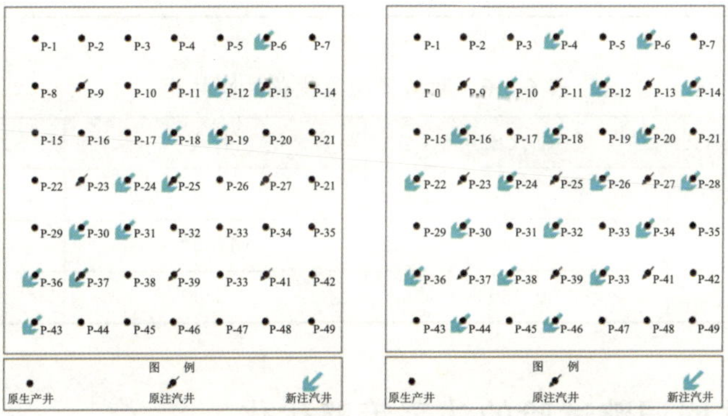

(a) 注汽井排距70 m　　(b) 注汽井排距100 m

图 6-1-7　注汽井排距优化示意图

表 6-1-4　注汽井排距优化

对比方案	阶段油汽比	阶段采注比	阶段采出程度/%	阶段净产油/t
70 m	0.127	1.15	9.8	34 233
100 m	0.123	1.12	17.5	58 574
150 m	0.109	1.05	16.7	45 953

续表

对比方案	阶段油汽比	阶段采注比	阶段采出程度/%	阶段净产油/t
200 m	0.092	1.02	13.9	24 812

表 6-1-5 和表 6-1-6 是分别采用经验公式法(式 6-1-1)和数值模拟法优化的井组驱替阶段井网井距。从优化结果来看,九$_6$ 区齐古组 70 m×100 m 的反九点井网能够满足注采井网调整井组驱替阶段的要求。

$$d = 86.6\left(\frac{q_1}{Q_s h_o R_{PI}}\right)^{0.5}$$
$$q_s = 4 \times 10^{-4} Q_s h_o d^2 \tag{6-1-1}$$

式中 d——相邻生产井井距,m;

h_o——油层厚度,m;

q_1——平均单井最大产液能力,t/d;

q_s——单井注汽速度,t/d;

R_{PI}——采注比;

Q_s——井组单位油藏体积的注汽速率,t/(d·ha·m),1 ha=10 000 m^2。

表 6-1-5 经验公式法优化井网井距

注汽速度/(t·d^{-1})	排液能力/(t·d^{-1})	采注比	厚度/m	井距/m
80	24	1.13	21.0	106
60	24			70
40	24			47

表 6-1-6 数值模拟法优化井网井距

井网井距/(m×m)	油汽比	采出程度/%	净产油/t
100×140(反九点)	0.103	14.0	46 778
70×100(反九点)	0.123	17.5	58 574
50×70(反九点)	0.130	18.4	51 621

二、注采井网调整试验的注采策略优化

以 96782 井为中心的试验区位于油层发育稳定的九$_6$ 区中部,因此关于该试验区注采井网调整优化的重点集中在注采井别转换策略及注采参数优化上。

1. 生产井转注汽井方式优化

图 6-1-8 所示为拟合结束时该试验区的继承性窜流通道发育情况及高流度通道分布。根据这些资料,延续前述北部试验区的注采井网调整原则,设计了 4 种对比方案,表 6-1-7 为这 4 种方案的数值模拟计算结果。

方案一：原注汽井转换为生产井，18口井同时转注。

方案二：先转①字井（图6-1-8b中①对应的井），与原注汽井同注30 d后关井，再转②字井（图6-1-8b中②对应的井）。

方案三：先转①字井，与原注汽井同注60 d后关井，再转②字井。

方案四：先转①字井，与原注汽井同注90 d后关井，再转②字井。

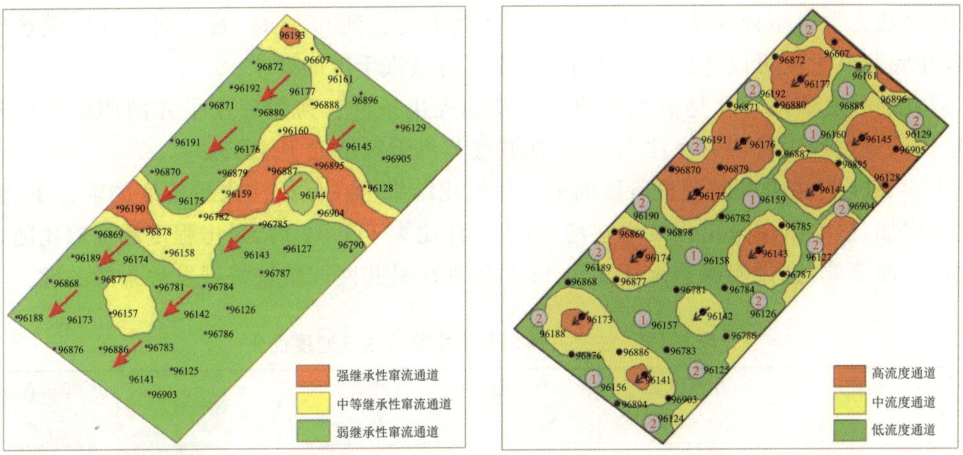

（a）继承性窜流通道发育情况　　（b）高流度通道分布

图6-1-8　拟合结束时的继承性窜流通道发育情况及高流度通道分布

表6-1-7　注采井网调整方案优化

对比方案	注汽量/(10^4 t)	产油量/(10^4 t)	产液量/(10^4 t)	油汽比	采注比	采出程度/%
方案一	143.3	14.5	162.0	0.101	1.13	12.7
方案二	155.5	16.6	172.6	0.107	1.11	14.6
方案三	164.8	18.5	183.0	0.112	1.11	16.2
方案四	156.4	17.7	178.3	0.113	1.14	15.5

对比来看，方案一中注汽井进汽量差异大，高压驱替场难以均衡发育，注汽井排的延展受原优势通道影响较大，开发效果不好；方案二中由原注汽井配合①字井，协助新注汽井形成高温高压条带，不仅使油藏中的渗流场实现重新分布，而且这些重新分布的渗流场覆盖了原开发过程形成的死油区，有效动用原驱替模式中无法采出的原油，在此基础上再转注②字井，注汽井排蒸汽带能够均衡扩展，开发效果较好；方案三延长了原注汽井配合①字井的时间，开发效果进一步好转；方案四继续延长原注汽井配合①字井的时间，蒸汽利用率降低，有效生产时间短。因此，建议中部试验区注采井网调整采用方式三，即先转①字井60 d后关井，再转②字井。

2. 注采参数优化

96782井区的注采井网调整需要原注汽井与新注汽井（原生产井转为注汽井）协调配合，因此对注汽速度的优化也分为整体优化和新老注汽井配合阶段优化。表6-1-8和

表 6-1-9分别为整体的注汽速度优化及新老注汽井配合阶段注汽速度优化。由表可以看出，96782 井区注采井网调整的最优注汽速度为 65～70 t/d;在新老注汽井配合阶段,新转的①字井最优注汽速度为 50～65 t/d,原注汽井最优注汽速度为 40～44 t/d。

九$_6$ 区齐古组平均埋深为 250 m,根据目前现场工艺技术条件,模拟井底可能蒸汽干度范围内的开发效果,见表 6-1-10。由表可以看出,井底蒸汽干度越高,注采井网调整的采出程度越高,开发效果也越好;当井底蒸汽干度大于 45%之后,采出程度及油汽比的增幅减缓。井筒热力学模型计算结果表明,当井口蒸汽干度达到 65%时,若采取较好的隔热保温措施,井底蒸汽干度可以达到 45%左右,能满足对蒸汽干度的要求。

适宜的井底蒸汽干度是蒸汽驱取得成功的先决条件。为保证注采井网调整的试验效果,建议试验过程中密切关注注汽质量,使井底蒸汽干度不低于 45%。

表 6-1-11 为注采井网调整阶段的采注比优化结果。在保持注入量不变的前提下,随采注比的增加,试验阶段采出程度也在增加;当采注比大于 1.12 后,采出程度和油汽比随采注比的增加而降低,这说明保持采注比 1.12 是实现注采井网调整较好开发效果的关键。

表 6-1-8　注采井网调整阶段整体注汽速度优化

注汽速率 /($t\cdot d^{-1}\cdot ha^{-1}\cdot m^{-1}$)	注汽速度 /($t\cdot d^{-1}$)	注汽量 /(10^4 t)	产油量 /(10^4 t)	油汽比	采出程度 /%
1.0	42	119.6	11.7	0.098	10.3
1.2	50	140.2	14.7	0.105	12.9
1.4	58	155.3	17.0	0.109	14.9
1.6	67	164.8	18.5	0.112	16.2
1.8	75	160.1	17.9	0.112	15.7
2.0	84	148.7	16.3	0.109	14.3
2.2	92	136.4	14.4	0.105	12.6
2.4	100	114.3	11.6	0.101	10.2

表 6-1-9　新老注汽井配合阶段注汽速度优化

注汽速率 /($t\cdot d^{-1}\cdot ha^{-1}\cdot m^{-1}$)		注汽速度 /($t\cdot d^{-1}$)		注汽量 /(10^4 t)	产油量 /(10^4 t)	油汽比	采出程度/%
①字井	原注汽井	①字井	原注汽井				
1.6	0.8	67	33	162.2	16.4	0.101	14.4
1.4	0.9	58	38	164.0	17.5	0.107	15.4
1.2	1.0	50	42	164.8	18.5	0.112	16.2
1.0	1.1	42	46	164.9	18.1	0.110	15.9
0.8	1.2	33	50	167.2	17.5	0.105	15.3
0.6	1.3	25	54	173.3	16.7	0.096	14.6
2.0	0.8	84	33	141.1	14.2	0.101	12.4

续表

注汽速率/(t·d⁻¹·ha⁻¹·m⁻¹)		注汽速度/(t·d⁻¹)		注汽量/(10^4 t)	产油量/(10^4 t)	油汽比	采出程度/%
①字井	原注汽井	①字井	原注汽井				
1.8	0.9	75	38	155.6	16.8	0.108	14.7
1.6	1.0	67	42	160.3	17.9	0.112	15.7
1.4	1.1	58	46	159.7	17.6	0.110	15.4
1.2	1.2	50	50	156.4	16.9	0.108	14.9
1.0	1.3	42	54	151.0	15.9	0.105	13.9
0.8	1.4	33	58	143.1	14.5	0.101	12.7

表 6-1-10 注采井网调整阶段井底蒸汽干度优化

井底蒸汽干度/%	注汽量/(10^4 t)	产油量/(10^4 t)	油汽比	采出程度/%
15	106.1	6.9	0.065	6.0
25	137.7	11.6	0.084	10.2
35	159.0	16.0	0.100	14.0
45	164.9	18.5	0.112	16.2
55	166.3	19.4	0.117	17.1

表 6-1-11 注采井网调整阶段采注比优化

采注比	注汽量/(10^4 t)	产油量/(10^4 t)	油汽比	采出程度/%
1.00	107.9	10.0	0.093	8.8
1.03	139.1	13.2	0.095	11.6
1.06	162.7	16.3	0.100	14.3
1.09	165.9	18.1	0.109	15.9
1.12	164.9	18.5	0.112	16.2
1.15	164.3	18.2	0.111	16.0
1.18	164.4	17.7	0.108	15.5
1.21	165.6	17.3	0.104	15.2

需要注意的是，采注比保持 1.12 是注采井网调整全程的总体控制指标。生产井转注早期，注采井间还没有建立起足够驱动力，很难实现采注比 1.12。这一阶段应以使注汽井排蒸汽带均衡扩展为油藏管理的主要工作，不应片面要求采注比达到 1.12。随着全部新注汽井都投注，油藏压力和温度上升，产出体积逐渐增加，这时在保证单井组注汽量、排液量要求的情况下，整个开发系统会自动进行采注调节，最终达到地下注采体积平衡(地面条件下采注比大约为 1.12)。

第二节　蒸汽驱中后期射孔优化设计

基于油汽井注采对应分析，进行九$_6$ 先导试验区蒸汽驱中后期射孔优化设计。

一、老井射孔及注采对应分析

1. 一次井网老井射孔情况

1989 年投产的一次井网老井为 100 m×140 m 反九点井网，根据“克拉玛依油田九$_4$～九$_6$ 区东南部齐古组油藏射孔方案及动用储量计算”完成射孔，其射孔原则如下：

(1) $J_3q_2^{2-1}$，$J_3q_2^{2-2}$ 及 $J_3q_2^1$ 层可作为一套层系投入开发，即一次射孔不留后备层。$J_3q_2^{2-3}$ 层储量仅占总储量的 0.4%，且下部为高含水层，故一律不予射孔。

(2) 蒸汽吞吐后期将有部分井转蒸汽驱生产，为确保蒸汽驱效果，在地层对比基础上，油汽井需对应射孔。

(3) 为防止底水锥进，应避射含水层。

(4) 考虑保护油层套管，连续射孔厚度不宜超过 7 m。

(5) 采用 YD-89 射孔弹射孔，射孔密度为 16 孔/m。

2. 二次井网加密井射孔情况

1994—1996 年，对原 100 m×140 m 反九点井网进行加密调整，加密后为 70 m×100 m 反九点井网。加密井根据“九$_6$ 区齐古组稠油油藏注蒸汽开发加密调整井剩余油饱和度研究及射孔原则”完成射孔，其射孔原则如下：

(1) 原则上加密井与老井注汽井应对应射孔，单井射孔厚度不小于 5 m。

(2) 加密井射孔时，应与邻近老井测井曲线进行对比，岩性无变化且电阻率降幅大于 35%的层段，原则上不射。

(3) 有效厚度小于 10 m 且电阻率值无明显降低时，应全部射孔。

(4) 有效厚度在 10～16 m，且中下部电阻率无明显降低时，只射下部 2/3；有效厚度大于 16 m，且电阻率曲线无明显降低时，只射下部 1/2。若中下部地层电阻率曲线有明显降低，则射孔井段应往上移，与中强水洗段留出避射距离。

(5) 为保证加密井投产效果，电阻率小于 50 Ω·m、密度大于 2.28 g/cm^3 的层段原则上不射。

(6) 射孔厚度不得小于 1.0 m，夹层起扣厚度为 0.5 m。

(7) 为防止出地层水，$J_3q_2^{2-3}$ 层不射。

(8) 考虑保护油层套管，连续射孔厚度不宜超过 7 m。

(9) 采用 YD-89 射孔弹射孔，射孔密度为 16 孔/m。

二、老井、加密井射孔效果及注采对应分析

1. 射孔厚度分析

统计一次井网老井射孔厚度在 9.0～22.8 m 之间的开发效果可知，射孔厚度在 11.0～19.0 m 之间的开发效果好，蒸汽驱阶段单井产油量 1.18×10^4 t；统计二次井网加密井射孔厚度在 9.0～18.5 m 之间的开发效果可知，射孔厚度在 11.0～13.0 m 之间的开发效果好，蒸汽驱阶段单井产油量 5.4×10^4 t。

2. 射孔程度分析

统计一次井网老井射开程度在 34%～96%之间的开发效果可知，射开程度在 60%～70%之间的开发效果好，单井产油量 1.17×10^4 t，射开程度大于 70%效果变差；统计二次井网加密井射开程度在 34%～96%之间的开发效果可知，射开程度在 70%～90%之间的开发效果好，射开程度大于 90%效果变差。

3. 井间注采对应分析

对比油层和隔夹层发育情况可知，九$_6$ 先导试验区 $J_3q_2^{2-1}$ 层连通性较好，90%以上的油汽井井间连通程度在 80%以上；$J_3q_2^{2-2}$ 层连通性稍差，20%的油汽井井间连通程度在 80%以上，50%的油汽井井间连通程度保持在 60%～80%之间，30%的油汽井井间连通程度低于 60%。在油汽井井间连通程度影响下，$J_3q_2^{2-1}$ 层平均剩余油饱和度为 39.4%，整体动用程度高，但局部存在弱动用层；$J_3q_2^{2-2}$ 层平均剩余油饱和度为 38.3%。

三、蒸汽驱中后期选择性射孔优化设计

在油汽井注采对应和动用程度分析基础上，九$_6$ 先导试验区蒸汽驱中后期选择性射孔可减少蒸汽沿优势通道窜流，因此对试验区注汽井、生产井原射孔井段进行挤灰封堵后，开展选择性射孔工作。由于 $J_3q_2^{2-1}$ 和 $J_3q_2^{2-2}$ 小层之间没有稳定隔层，物性夹层局部发育，封挡作用有限，因此整体考虑 $J_3q_2^{2-1}$ 和 $J_3q_2^{2-2}$ 小层，射孔设计针对整个油层。注汽井射开油层下部的 1/3（表 6-2-1），生产井射开油层下部 1/2（表 6-2-2）的开发效果较好。

表 6-2-1　注汽井射孔方式优化

注汽井射孔方式	采出程度/%	油汽比
射开上部 1/2	11.3	0.065
射开下部 1/3	24.9	0.139
射开下部 1/2	21.9	0.125
射开下部 3/4	19.7	0.118
全射开	15.4	0.091

表 6-2-2 生产井射孔方式优化

生产井射孔方式	采出程度/%	油汽比
射开上部 1/2	17.3	0.101
射开下部 1/3	21.5	0.122
射开下部 1/2	24.9	0.139
射开下部 3/4	23.2	0.135
全射开	21.7	0.123

第三节 蒸汽驱中后期注采参数优化设计

蒸汽驱利用连续注入高干度蒸汽在油层中形成蒸汽带，保证蒸汽带持续稳定扩展，通过加热油层和驱扫原油提高采收率。蒸汽从注汽井向生产井推进的过程中，注采井间形成蒸汽带、凝析带、热水带、冷水带，驱替过程十分复杂。对于一个具体油藏，首先要运用油藏工程和数值模拟研究方法，对注汽参数进行优化设计。

一、蒸汽干度优化

根据蒸汽驱开采的主要机理，蒸汽干度是影响蒸汽驱开采效果的最重要的注采参数。高质量的蒸汽既是加热油层所需要的良好热载体，又是驱替原油的驱替介质。

克拉玛依油田九$_6$区油层相对较厚，利用数值模拟方法研究不同蒸汽干度下的蒸汽驱开采效果，见表 6-3-1。由表可知，随着蒸汽干度的升高，产油量逐渐增多，采出程度不断提高；当蒸汽干度大于 50%时，净产油量降低。

表 6-3-1 九$_6$区蒸汽驱蒸汽干度优选表

蒸汽干度/%	生产时间/d	注汽量/t	产油量/t	油汽比	采出程度/%	净产油量/t
20	1 100	60 500	4 840	0.080	7.1	2 486
30	1 560	85 800	7 430	0.087	10.9	3 541
40	1 850	101 750	11 070	0.109	16.3	5 804
50	1 960	107 800	12 234	0.113	18.0	5 963
60	2 050	112 750	13 200	0.117	19.4	5 917
70	2 120	116 600	13 780	0.118	20.3	5 499

在相同的油藏地质条件下，蒸汽干度越高，热焓越大，注入油层的热量越多，加热的体积越大，蒸汽驱开采的效果越好；同时，蒸汽干度越高，加热面积增大，热量向顶部盖层与下伏地层的热损失也增大，加热范围内的油藏温度也升高，产出的原油温度相对升高，导致产出液的热量增大，油层热利用效率降低。综合生产和经济效益两方面的因素，认为蒸汽干度在

40%以上时净产油量较高，在50%时净产油量最高。因此，蒸汽驱井底蒸汽干度应在40%以上，最好在50%左右。

克拉玛依油田九$_3$区的油层单一，油层厚度12 m、埋深220 m，原油黏度4 000 mPa·s，采用100 m×140 m五点井网，不同蒸汽干度下蒸汽驱数值模拟结果见表6-3-2。由表可知，随着蒸汽干度升高，蒸汽驱效果变好，但当锅炉出口蒸汽干度大于70%时，蒸汽驱井组日产油量和油汽比指标增加幅度减小。

表6-3-2　不同蒸汽干度下蒸汽驱数值模拟结果(九$_3$试验区，单井组)

蒸汽干度/%	生产时间/d	产油量/m^3	注汽量/m^3	日产油量/($m^3 \cdot d^{-1}$)	油汽比指标	采出程度/%
40	1 578	11 040	0.146	75 700	7.0	33.68
50	1 378	11 130	0.168	66 100	8.1	33.92
60	1 249	11 280	0.188	60 000	9.0	34.41
70	1 435	13 640	0.198	68 900	9.5	41.58
80	1 583	15 620	0.206	76 000	9.9	47.61

九$_6$区和九$_3$区的研究表明，注入蒸汽干度升高，蒸汽驱开发效果变好，油汽比及采出程度均提高。但是随着油层厚度的增大，蒸汽向顶部的超覆作用增大，蒸汽干度增加的效果减弱。而对于油层较薄的油藏，油层中热损失率增大，低蒸汽干度下会变成热水驱。因此，对薄油层要强调尽量提高蒸汽干度，对块状油层要取最优范围。

由实验结果可知，蒸汽干度降低导致注入热焓降低，蒸汽驱产油量、采出程度都降低，这说明蒸汽驱过程中在蒸汽突破之前，不宜降低蒸汽干度；当蒸汽驱井组蒸汽突破或发生汽窜至生产井时，为减少热量消耗，应采取间歇注汽或降低注汽速度或汽水交注等，不宜过早降低蒸汽干度，可根据具体油藏条件基于数值模拟结果选择。

二、连续汽驱注汽速率优化

对于一个具体的油藏，注汽速率是指单位井组控制体积下的注汽速度。对于每个具体的稠油油藏，在开发系统条件下，蒸汽驱开采存在一个最优的注汽速率。在此注汽速率下，既能达到有效加热油层的目的，热能利用率高，热损失较小，又能发挥有效驱油的作用，蒸汽超覆或蒸汽窜进程度较轻，蒸汽带体积大。

注汽速率的高低直接影响蒸汽驱替效果：一方面，注汽速率过低，不能有效提高原油流度比，并且蒸汽在地下基本以热水状态驱替，热损失大，热效率低，难以建立蒸汽驱替关系，油层能量弥补不足，油层压力、温度回升慢，生产压差小，造成产液量低；另一方面，注汽速率过高，油层中蒸汽推进速度过快，只能驱扫流度较大的部位，造成油层动用程度低，且蒸汽易沿汽窜通道发生指进现象，造成生产井水淹、水窜。

在确定的蒸汽干度基础上，利用数值模拟方法，对不同注汽速率进行优选，见表6-3-3。由表可知，不同注汽速率下，产油量存在差异。当注汽速率小于1.8 $m^3/(d \cdot ha \cdot m)$时，产油量增长幅度较大，油汽比随注汽速率的增大而升高；当注汽速率大于1.8 $m^3/(d \cdot ha \cdot m)$时，产油量增长幅度减小,油汽比随注汽速率的增大而降低。从注汽速率与能量变化的关系来看,注汽量越大,注入地层热量越多,采出热量越多,随着加热面积的增大,向顶部盖层与下伏地层的散热量也增多,而储存在油层中的热量不断减小,但注汽速率大于 1.8 $m^3/(d \cdot ha \cdot m)$后,产热率和储热率的变化幅度都在减小。综合注汽速率与产量和能量的变化规律,同时考虑油藏物性条件,推荐采用 1.8 $m^3/(d \cdot ha \cdot m)$的注汽速率,即注汽速度为 55 t/d。

表 6-3-3　九$_6$区蒸汽驱注汽速率优选

注汽速率/($m^3 \cdot d^{-1} \cdot ha^{-1} \cdot m^{-1}$)	生产时间/d	注汽量/t	产油量/t	油汽比	采出程度/%
1.0	1 000	31 000	2 110	0.068	3.1
1.2	1 150	42 780	3 796	0.089	5.6
1.4	1 470	63 798	6 100	0.096	9.0
1.6	1 640	81 344	9 010	0.111	13.3
1.8	1 960	107 800	12 234	0.113	18.0
2.0	2 070	128 340	13 820	0.108	20.3
2.2	2 110	143 902	14 610	0.102	21.5

三、采注比优化

在蒸汽驱开采过程中,除保证采用优选的蒸汽干度和注汽速率外,还有一个非常重要的参数——采注比。采注比的大小将直接影响到是否能够实现有效蒸汽驱。当采注比小于 1 时,地层压力不断上升,蒸汽带的体积缩小,蒸汽波及体积减小,不能实现有效蒸汽驱;当采注比大于 1 后,油藏压力将会降低,蒸汽的比容(每吨蒸汽的体积)增加,蒸汽带的体积不断扩大,将可流动的原油驱替到生产井采出地面,实现有效蒸汽驱。因此,采注比大于 1(争取达到 1.2～1.5),注采井间形成压降梯度,才能使蒸汽驱前缘推进至生产井。

根据蒸汽开采要在油层中形成蒸汽带这一基本要求,蒸汽驱前的蒸汽吞吐阶段要充分降低油层压力,蒸汽驱过程中用大的排液量形成注采井间的压力梯度,以保持蒸汽驱前缘向前不断扩展。

蒸汽体积的扩大与油层压力(蒸汽压力)直接相关,蒸汽比容与油层压力相关联,也与蒸汽干度相关联(表 6-3-4)。

表 6-3-4　不同干度的蒸汽在不同压力下的比容与水的热水比容比较

油层压力/MPa	温度/℃	10%蒸汽干度		50%蒸汽干度		80%蒸汽干度	
		比容/($m^3 \cdot t^{-1}$)	倍　数	比容/($m^3 \cdot t^{-1}$)	倍　数	比容/($m^3 \cdot t^{-1}$)	倍　数
1	179	20.8	20.8	99.5	99.5	158.6	158.6
3	232	7.8	7.8	34.5	34.5	54.6	54.6
5	262	5.1	5.1	20.7	20.7	32.4	32.4

续表

油层压力/MPa	温度/℃	10%蒸汽干度		50%蒸汽干度		80%蒸汽干度	
		比容/($m^3 \cdot t^{-1}$)	倍数	比容/($m^3 \cdot t^{-1}$)	倍数	比容/($m^3 \cdot t^{-1}$)	倍数
7	284	4.0	4.0	14.5	14.6	22.6	22.6
9	302	3.3	3.3	11.2	11.2	17.0	17.0
10	309	3.1	3.1	9.9	9.9	15.0	15.0

注：与蒸汽同温度下的热水比容在 0.1～6.0 MPa 范围下变化不大，为 1.00～1.31 m^3/t。为方便计算，热水比容近似为 1.0 m^3/t。

当油层压力越低、蒸汽干度越高时，同样注汽量条件下形成蒸汽带的体积也越大，远远超过注入热水的体积，高出几倍，甚至几十倍。例如，油层注入 80%干度的蒸汽，当油层压力为 7.0 MPa 时，蒸汽的体积是同样温度、同样注入量热水的 22.6 倍；如果油层压力降低至 5.0 MPa，则蒸汽体积增加至 32.4 倍；如果油层压力再降低至 3.0 MPa，则蒸汽体积增加至 54.6 倍。由此可见，油层压力降低 1.0 MPa，蒸汽带体积增大幅度十分可观。

根据产液量与注汽量关系（即采注比关系），将油层压力变化与油层驱替分为以下 3 种情形：

(1) 当产液量/注汽量＞1.0，油层压力下降，油层中是蒸汽驱。

(2) 当产液量/注汽量＝1.0，油层压力不变，油层中是蒸汽驱＋热水驱。

(3) 当产液量/注汽量＜1.0，油层压力上升，油层中蒸汽消失，基本上是热水驱。

利用数值模拟方法，对九$_6$区蒸汽驱不同采注比进行数值模拟计算，见表 6-3-5。由表可知，不同采注比条件下的生产结果各有差异。随着采注比的增加，产油量、油汽比和采出程度增加。当采注比小于 1.2 时，增加的幅度较大，当采注比大于 1.2 时，增加的幅度较小，这是由于采注比大于 1.2 后，油层内已实现有效蒸汽驱，开发效果已经得到明显改善。

表 6-3-5 九$_6$区蒸汽驱采注比优选表

采注比	生产时间/d	注汽量/t	产油量/t	油汽比	采出程度/%
0.8	2 350	129 250	8 678	0.067	12.8
1.0	2 290	125 950	10 311	0.082	15.2
1.2	1 960	107 800	12 234	0.113	18.0
1.4	1 930	106 150	12 384	0.117	18.2
1.6	1 890	103 950	12 400	0.119	18.2

在高采注比条件下，油层压力下降，蒸汽驱具有以下优点：

(1) 增加蒸汽带的体积，提高蒸汽波及系数。

(2) 增加蒸汽驱的驱替倍数，提高驱油效率。

(3) 降低蒸汽锅炉及水泵的工作压力，减少损坏。

(4) 减少汽窜。

(5) 减少油层中矿物质的溶解、生产中的结垢。

四、间歇汽驱注汽参数优化

连续汽驱见效后，生产井含水升高、产液温度升高，部分井明显汽窜，产油水平开始下降，油汽比降低，此时一般转间歇汽驱提高油汽比。

1. 连续汽驱转间歇汽驱时机

在连续汽驱注汽速度优化基础上，模拟九$_8$区齐古组加密调整小井距井网(50 m×70 m反九点)连续汽驱180～450 d转间歇汽驱的生产情况，见表6-3-6。数值模拟结果显示，连续汽驱生产360 d(图6-3-1和图6-3-2)后，注汽井和生产井间蒸汽腔体积占比18%，有效受热体积占比42%，低温体积占比40%，高温区到达边井，生产井受干扰明显，日产油量开始下降，阶段油汽比低，此时转间歇汽驱生产效果较好(表6-3-6、图6-3-3和图6-3-4)。

表6-3-6 不同时间转间歇汽驱结果

转间歇汽驱时间/d	阶段油汽比	阶段采出程度/%
连续汽驱	0.114	36.0
180	0.137	37.5
270	0.139	37.5
360	0.138	37.6
450	0.132	37.1
540	0.130	36.6

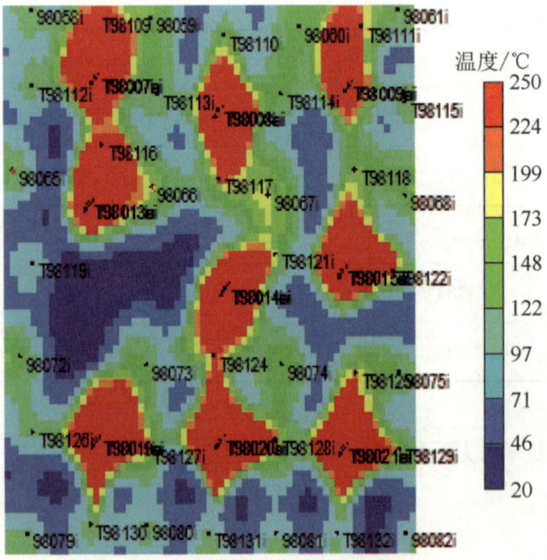

图6-3-1 连续汽驱360 d温度场分布图

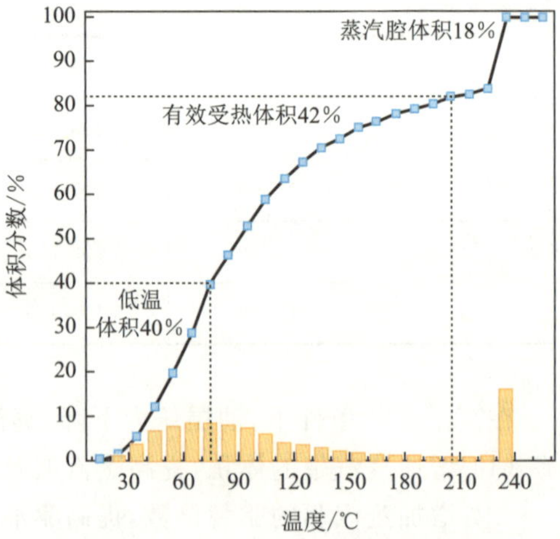

图6-3-2 连续汽驱360 d温度分布直方图

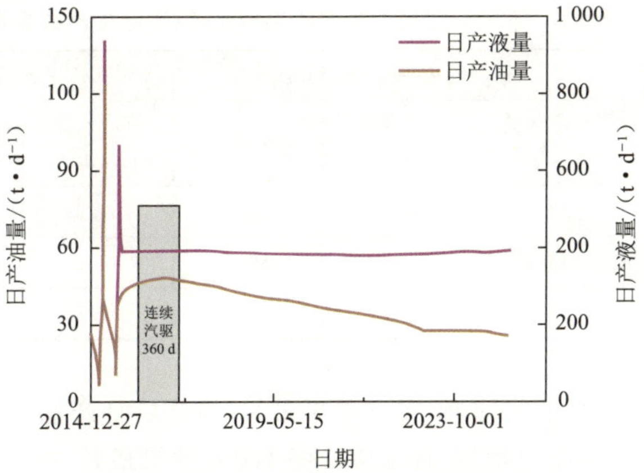

图 6-3-3　连续汽驱 360 d 后日产油量和日产液量

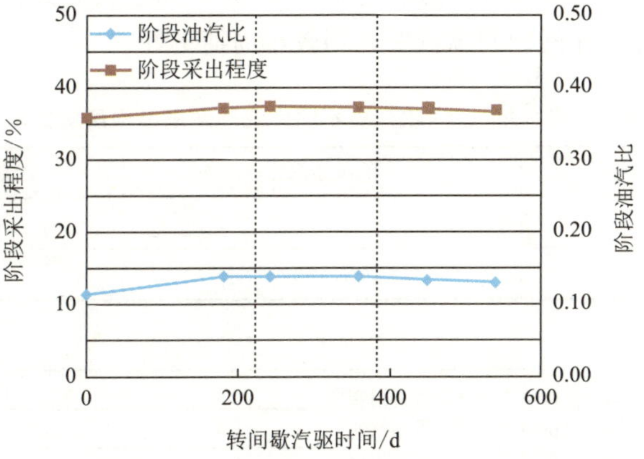

图 6-3-4　连续汽驱转间歇汽驱时机优选

2. 间歇汽驱注采参数优选

1) 间注周期优化

间注周期与油藏特性和井网井距等因素有关。九$_6$区 70 m×100 m 反九点井网间歇汽驱数值模拟结果显示，注 90 d 停 90 d 效果最好(表 6-3-7)。

表 6-3-7　不同间注周期生产效果对比表(数值模拟)

方　案	产汽量/(10^4 t)	产油量/(10^4 t)	产水量/(10^4 t)	油汽比
不间注	190.12	41.29	183.47	0.22
注 30 d 停 30 d	122.29	37.41	118.45	0.31
注 60 d 停 60 d	123.97	37.61	119.69	0.30
注 90 d 停 90 d	123.97	37.70	119.33	0.30

九$_6$区采用调向间歇注汽方式，注汽井以线状排列方式注汽。实际施工中，由于炉线调整等因素，可能会出现表 6-3-8 中的 3 种情况。

表 6-3-8　不同间注周期生产效果对比表(实际生产数据)

方　案	井组数/个	措施前单井组平均情况			措施后单井组平均情况		
		日产液量/(t·d⁻¹)	日产油量/(t·d⁻¹)	含水率/%	日产液量/(t·d⁻¹)	日产油量/(t·d⁻¹)	含水率/%
注 60 d 停 60 d	5	37.6	4.1	89.1	37.3	4.2	88.7
注 90 d 停 90 d	8	45.7	5.5	88.0	42.0	6.1	85.5
注 120 d 停 120 d	5	38.5	4.8	90.1	37.3	4.1	89.0

由表可知,间注周期为注 90 d 停 90 d 效果最好,措施后日产油大幅增加;注 60 d 停 60 d 效果次之,措施后日产油略有增加;注 120 d 停 120 d 效果最差,措施后日产油降低。

九$_8$ 区齐古组加密调整小井距井网模拟对比了注 60 d 停 60 d 和注 90 d 停 90 d 的间歇汽驱生产效果(表 6-3-9、图 6-3-5)。其中注 60 d 停 60 d 间歇汽驱方式的阶段油汽比和阶段采出程度高,表明小井距井网的间歇汽驱采用较小周期更好。

表 6-3-9　九$_8$ 区间歇汽驱不同间注周期采出程度对比表

方　案	阶段油汽比	阶段采出程度/%
注 60 d 停 60 d	0.133	35.4
注 90 d 停 90 d	0.132	35.3

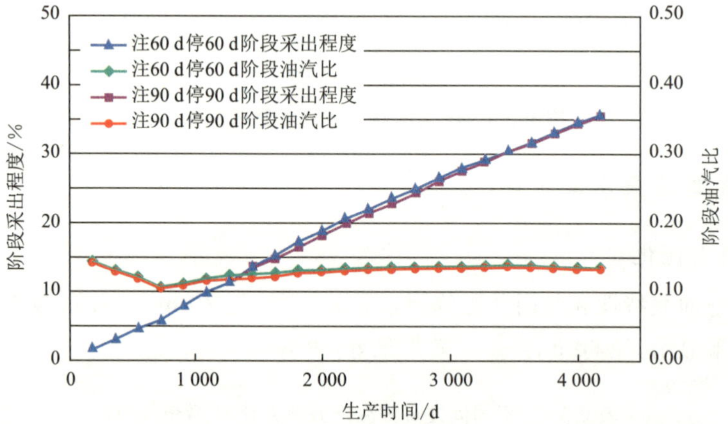

图 6-3-5　九$_8$ 区不同间注周期阶段油汽比、阶段采出程度对比图

2) 间歇注汽速度优化

对于间歇汽驱来说,由于注汽时间相对较短,因此注汽速度也应有别于连续汽驱的注汽速度。由九$_6$ 区数值模拟结果可知,70～90 t/d 的注汽速度较为适宜(表 6-3-10)。

九$_8$ 区齐古组加密调整小井距井网蒸汽驱模拟结果表明(图 6-3-6),在同一注汽速度下,与选层间歇注汽($J_3q_2^{2-1}$ 层不注汽,$J_3q_2^{2-2-1}$ 和 $J_3q_2^{2-2-2}$ 层笼统注汽)、合层间歇注汽($J_3q_2^{2-1}$,$J_3q_2^{2-2-1}$ 和 $J_3q_2^{2-2-2}$ 笼统注汽)相比,分层间歇注汽速度为 55 t/d($J_3q_2^{2-1}$ 层不注汽,$J_3q_2^{2-2-1}$ 层注汽速度为 20 t/d,$J_3q_2^{2-2-2}$ 层注汽速度为 35 t/d)时,阶段采出程度最高,为 37.9%(表 6-3-11)。

表 6-3-10　九$_6$ 区间歇汽驱注汽速度优选表

注汽速度/(t·d^{-1})	生产时间/d	产汽量/t	产油量/t	油汽比	净产油量/t
55	5 040	138 600	24 720	0.178	15 778
70	4 440	155 400	28 190	0.181	18 164
90	3 240	145 800	26 940	0.185	17 534
110	2 280	125 400	23 220	0.185	15 130
130	1 920	124 800	22 490	0.180	14 438
150	1 680	126 000	21 610	0.172	13 481

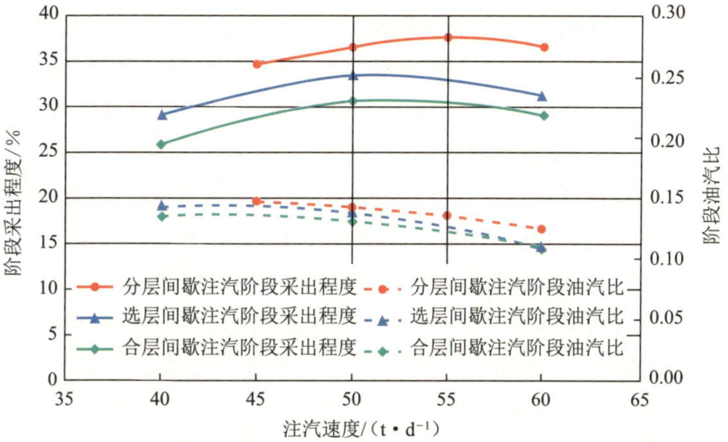

图 6-3-6　九$_8$ 区间歇汽驱不同注汽速度下阶段油汽比、阶段采出程度对比图

表 6-3-11　九$_8$ 区分层间歇汽驱不同注汽速度下阶段油汽比、阶段采出程度对比表

注汽速度/(t·d^{-1})	小层配注速度/t·d^{-1}			阶段油汽比	阶段采出程度/%
	$J_3q_2^{2-1}$ 层	$J_3q_2^{2-2-1}$ 层	$J_3q_2^{2-2-2}$ 层		
45	0	15	30	0.148	34.7
50	0	15	35	0.144	36.9
55	0	20	35	0.138	37.9
60	0	20	40	0.126	36.8

第四节　蒸汽驱中后期动态调控方法

一、井网加密调整

1. 井网井距优化

在历史拟合的基础上，模拟对比九$_1$～九$_5$ 区将 100 m×140 m 井网井距加密为 70 m×100 m和 50 m×70 m 井网井距两种情况，见表 6-4-1。

表 6-4-1 九$_1$~九$_5$ 区不同加密方式模拟生产结果对比表

小 区	加密为 70 m×100 m		加密为 50 m×70 m	
	油汽比	采出程度增量/%	油汽比	采出程度增量/%
九$_1$ 区	0.165	19.0	0.162	25.1
九$_2$ 区	0.173	25.1	0.167	31.6
九$_3$ 区	0.162	21.4	0.160	28.7
九$_4$ 区	0.169	23.2	0.165	31.0
九$_5$ 区	0.189	33.0	0.181	38.7

由表可知,实施井网加密可较大幅度提高该区原油采出程度。对比两种加密方式可以看出,尽管加密为 50 m×70 m 井距的采出程度增量较高,但仅比加密为 70 m×100 m 的方式高 5.7%~7.8%,而所需加密井数是 70 m×100 m 的 3 倍,且油汽比也低,综合效益较差。因此,选择 70 m×100 m 的加密方式。

通过缩小井距,提高注采井间温度,充分改善蒸汽驱的效果。将九$_1$～九$_5$ 区目前井网加密为 70 m×100 m 井距后,其生产井网形式主要有两种,即 70 m×100 m 反九点井网和 70 m×100 m 反五点井网。数值模拟研究结果表明,加密后以反九点井网形式生产的效果好于反五点井网,采出程度增量高 1.2%～4.3%,油汽比也略高(表 6-4-2)。另外,采用反九点井网形式生产的地面设施改造工程量小,今后调整余地大。因此,确定将九$_1$～九$_5$ 区目前井网加密为 70 m×100 m 反九点井网。

表 6-4-2 九$_1$～九$_5$ 区加密为 70 m×100 m 井网形式模拟结果对比表

小 区	反五点井网		反九点井网	
	油汽比	采出程度增量/%	油汽比	采出程度增量/%
九$_1$ 区	0.162	17.1	0.165	19.0
九$_2$ 区	0.170	22.6	0.173	25.1
九$_3$ 区	0.160	19.8	0.162	21.4
九$_4$ 区	0.166	22.0	0.169	23.2
九$_5$ 区	0.182	28.7	0.189	33.0

2. 加密注采参数优化

(1) 由蒸汽驱筛选标准可知,只要井网井距合理,在不同原油黏度有效加热半径条件下井间能够形成热连通,均可转蒸汽驱开发。转蒸汽驱时机为:九$_1$、九$_2$ 和九$_3$ 区以新井吞吐一轮后,新井和老井一同转入小井距反九点井网进行蒸汽驱开发的效果较好;而九$_4$ 和九$_5$ 区则以老井直接转入小井距反九点井网蒸汽驱,新井吞吐一轮后转入为佳。

根据生产实践结合数值模拟结果(表 6-4-3)可知,蒸汽驱开发中后期采用间歇汽驱可明显改善开发效果。连续汽驱使油层积累一定能量后,进行间歇汽驱开发效果较好:九$_1$ 区、九$_3$ 区连续汽驱 600 d 后转间歇汽驱,九$_2$ 区、九$_4$ 区连续汽驱 900 d 后转间歇汽驱,九$_5$ 区连续汽驱

800 d 后转间歇汽驱。若在设计转间歇注汽时间前发生蒸汽突破，则可提前进行间歇汽驱。

表 6-4-3　九$_1$～九$_5$ 区加密为 70 m×100 m 不同生产方式效果对比表

小　区	连续汽驱		连续+间歇汽驱	
	油汽比	采出程度增量/%	油汽比	采出程度增量/%
九$_1$ 区	0.165	19.0	0.175	19.5
九$_2$ 区	0.173	25.1	0.186	25.7
九$_3$ 区	0.162	21.4	0.168	21.8
九$_4$ 区	0.169	23.2	0.178	25.1
九$_5$ 区	0.189	33.0	0.201	33.1

(2) 连续汽驱注汽速度和采注比优化。数值模拟研究结果表明，加密为 70 m×100 m 反九点井网后，连续汽驱时各区的最佳注汽速度分别为：九$_1$ 区 50 t/d、九$_2$ 区 55 t/d、九$_3$ 区 50 t/d、九$_4$ 区 55 t/d、九$_5$ 区 50 t/d；连续汽驱采注比以 1.2～1.5 效果最好。

(3) 间歇汽驱注汽速度优化。九$_1$～九$_5$ 区间歇汽驱阶段最佳注汽速度分别为：九$_1$ 区 70 t/d、九$_2$ 区 60 t/d、九$_3$ 区 60 t/d、九$_4$ 区 65 t/d、九$_5$ 区 60 t/d。

(4) 间歇汽驱间歇时间优化。通过对注停时间相等的对称型间歇汽驱进行数值模拟研究可知，九$_1$～九$_5$ 区间歇时间以 2～3 个月为宜。

二、蒸汽驱分类分治

1. 蒸汽驱井组分类

为使于蒸汽驱油藏的优化调控，根据油藏条件及历年转蒸汽驱井组动态特征，对蒸汽驱井组进行分类，原则如下：

(1) 以油藏地质条件为基础，选取能代表油层条件的静态参数，如沉积相带、韵律、有效厚度、20 ℃原油黏度、渗透率等作为分类的主要静态参数。

(2) 以蒸汽驱井组的动态特征为主要标志，选取能代表开发效果的日产油量、综合含水率、水淹水窜情况、温度、压力、C/O 比等测试特征及井组转蒸汽驱前变化周期、储量动用状态参数作为分类的主要动态参数。

根据油层条件及历年转蒸汽驱井组动态特征，将蒸汽驱井组分为以下 4 种类型（表 6-4-4）。

表 6-4-4　蒸汽驱井组分类表

类　型	类　名	有效厚度/m	20 ℃原油黏度/(mPa·s)	转蒸汽驱前变化周期	治理前日产油量/(t·d^{-1})	治理前综合含水率/%
1	见效井组	>10	<20 000	3～4	>4.0	<85
2	未见效井组	5～10	<20 000	<4	<4.0	90
3	水淹汽窜井组	>5	<20 000	6～8	<4.0	>90

续表

类　型		类　名	有效厚度/m	20 ℃原油黏度/(mPa·s)	转蒸汽驱前变化周期	治理前日产油量/($t \cdot d^{-1}$)	治理前综合含水率/%
4	(1)	产地层水井组	>5	<20 000		<2.0	>95
	(2)	薄油层井组	<5	<20 000		<2.0	
	(3)	高黏井组	>5	>20 000		<2.0	

2. 控关调控

1）蒸汽驱水淹井控关

对汽窜通道上的水淹井分别模拟采取生产井控关、注汽井间注（即间歇汽驱）措施的开发效果。由图 6-4-1 可以看出，与汽窜严重（水淹井不控关）相比，两种措施下开发效果均能得到不同程度的改善，井组生产时间延长，且采出程度可增加 2.4%。

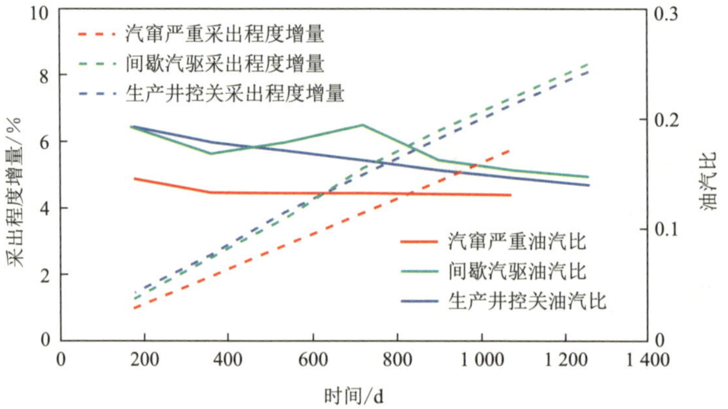

图 6-4-1　不同方式改善蒸汽驱开发效果对比

2）生产井控关时间

对汽窜严重的生产井分别模拟控关 30 d，60 d，90 d，120 d，150 d 的开发效果。由图 6-4-2可以看出，以控关 90～120 d 开发效果为好。

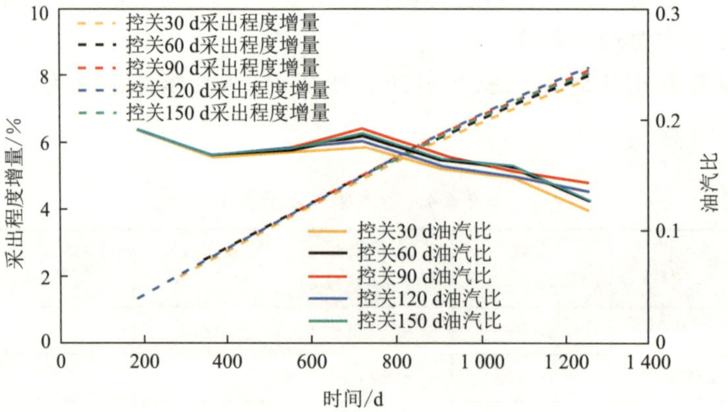

图 6-4-2　生产井控关不同时间对开发效果影响

3）生产井控关时注汽井的注汽速度

对汽窜严重的生产井进行控关时，分别模拟注汽井的注汽速度为 40 t/d，50 t/d，60 t/d 的开发效果。由图 6-4-3 和图 6-4-4 可以看出，注汽速度以 50 t/d 为佳。

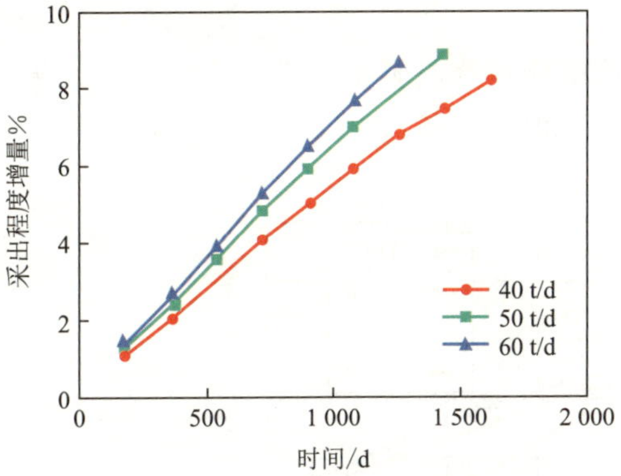

图 6-4-3　生产井控关时不同注汽速度采出程度与时间关系

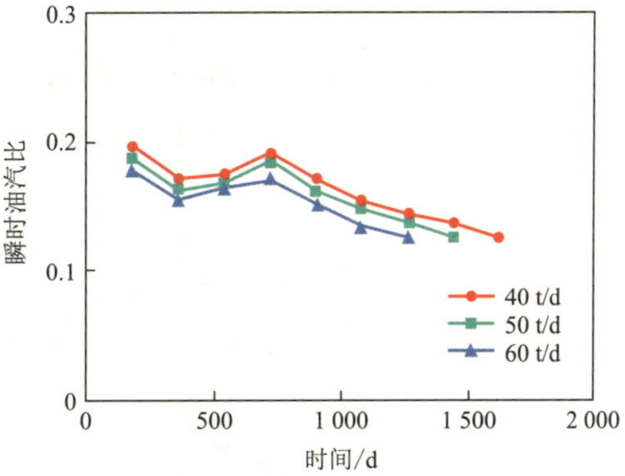

图 6-4-4　生产井控关时不同注汽速度瞬时油汽比与时间关系

3. 吞吐引效

数值模拟结果表明，蒸汽驱阶段对吞吐轮次较低的未见效井进行吞吐引效效果较好，而对吞吐轮次高的未见效井吞吐引效效果较差。蒸汽驱生产现场通过对未见效井进行吞吐引效，可扩大加热半径，加速注采井间油层热连通，提高井组平面波及系数和产油量，九区蒸汽驱历年共实施吞吐引效 1 069 井次，累计增油 11.8×10^{4} t，平均单井增油 125 t。

4. 间歇注汽

在蒸汽驱开发过程中，适时对注汽井采用高低速交替注汽和间歇注汽，通过注汽速度、方向的交替变化，扩大蒸汽波及体积，提高油层动用程度；同时，形成不稳定的压力降，促使流体发生重力分异和闪蒸，使热量在油藏中有较充分的时间和空间通过传导和对流而重新分布，将更多原油驱替到井底，达到改善蒸汽驱效果的目的。根据不同类型井组蒸汽驱生产特点，运用数值模拟技术重点开展 3 种模式研究，以指导生产应用。

3 种蒸汽驱开发模式（表 6-4-5）分别为：

模式一：不间注，即转入蒸汽驱后连续注汽。

模式二：转入蒸汽驱后立即间注。

模式三：蒸汽驱见效后间注。

表 6-4-5　不同注汽模式模拟结果对比表

模　式	产油量/(10^3 t)	产水量/(10^3 t)	注汽量/(10^3 t)	油汽比
不间注	41.29	183.47	190.12	0.22
转入蒸汽驱后立即间注	35.42	84.54	120.88	0.29
蒸汽驱见效后间注	37.61	119.69	123.97	0.30

模拟结果表明，不间注时，随注汽速度加大，蒸汽驱见效时间提前，同时汽窜加快，尽管产油量较高，但油汽比最低；转入蒸汽驱后立即间注与不间注相比，蒸汽驱见效时间推迟较多，但见效时间长，油汽比提高，采出程度较低；蒸汽驱见效后间注与转入蒸汽驱后立即间注相比，生产持续稳定，产油量与油汽比相对较高。因此，采取蒸汽驱见效后间注的模式三效果最佳。

分别以 45 t/d，50 t/d，60 t/d，75 t/d 的注汽速度模拟蒸汽驱见效后间注的生产效果。模拟结果表明，60 t/d 的注汽速度效果最好（图 6-4-5 和图 6-4-6）。

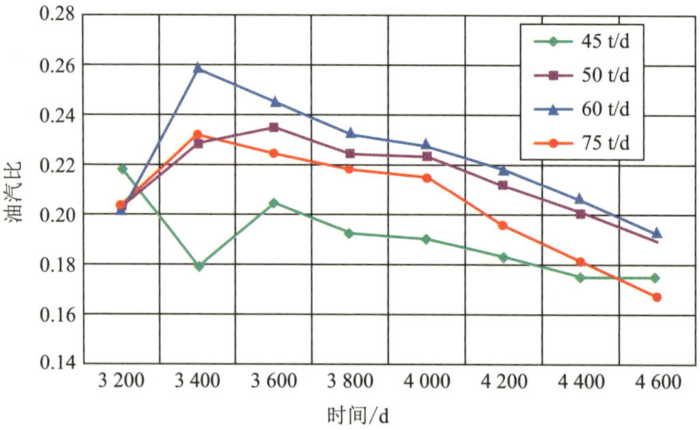

图 6-4-5　不同注汽速度下的油汽比

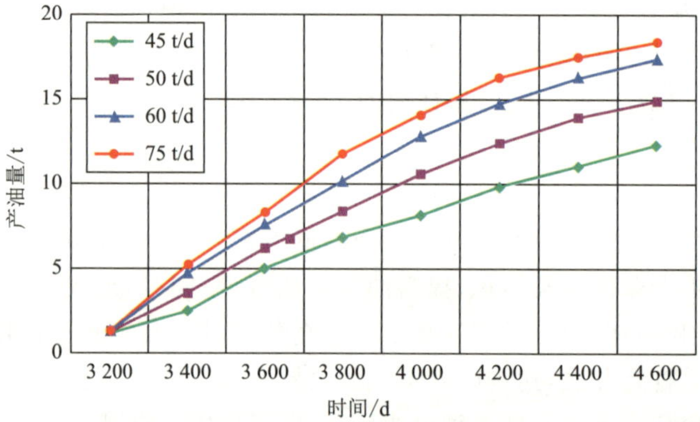

图 6-4-6　不同注汽速度下的产油量

第五节　蒸汽驱分层注汽技术

一、井组分层注汽可行性数值模拟研究

按照九$_6$ 区蒸汽驱区储层发育特点将井组分为 3 类，其中一类井组隔夹层不发育，一套厚油层内部仅发育一些小的夹层；二类和三类井组储层内均发育一套大于 2.5 m 的隔夹层，但隔夹层下部储层有所差异：二类井组下部储层厚度较大，三类井组下部储层减薄，厚度较小（图 6-5-1）。根据 3 类井组特征，分别开展井组分层注汽可行性的数值模拟研究。

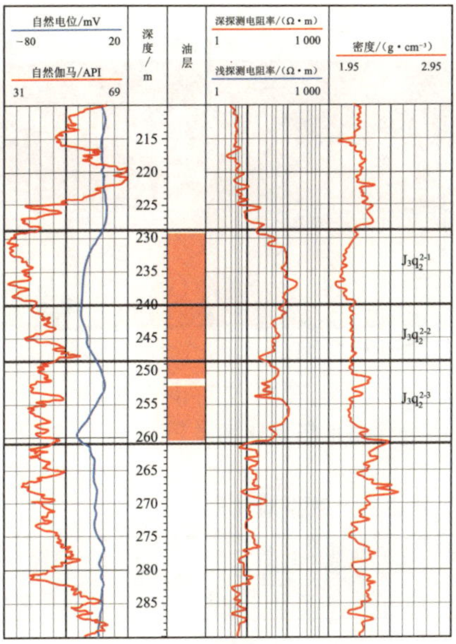

（a）一类井组

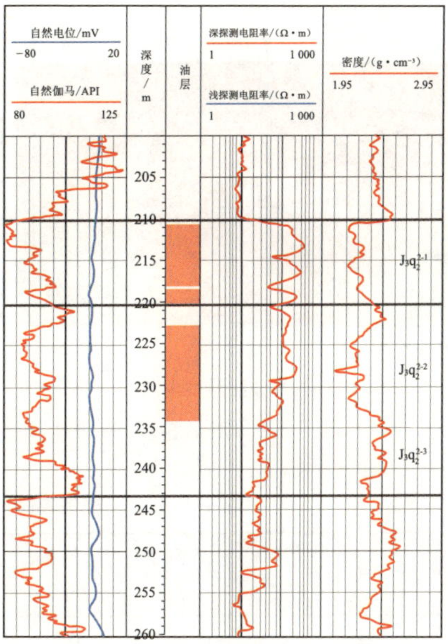

（b）二类井组

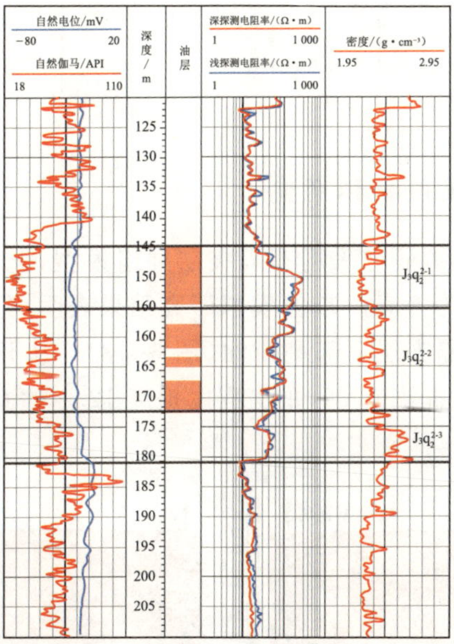

（c）三类井组

图 6-5-1　具有 3 类储层发育特点的典型井组

1. 一类井组可行性数值模拟研究

该类井组可行性数值模拟研究采用无隔夹层井组模型，上部油层厚度为 10 m，下部油层厚度为 11 m。数值模拟研究结果表明，分注后蒸汽腔下移，油藏温度场范围明显扩大，主要动用油层中下部剩余油（图 6-5-2）。从开发效果来看，分注后生产时间延长、产油量增加，油汽比提高 0.04，采出程度提高 4.08%（表 6-5-1）。

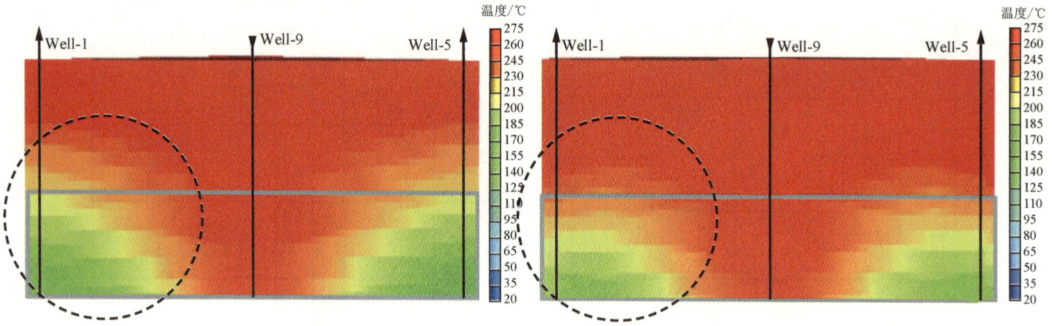

（a）不分注温度场图　　（b）分注温度场图

图 6-5-2　一类井组分注与不分注温度场对比图

表 6-5-1　一类井组分注与不分注生产数据对比表

下部油层厚度/m	方　式	生产时间/d	产液量/t	注汽量/t	产油量/t	净产油量/t	采注比	油汽比	储量/(10^4 t)	采出程度/%
11	分　注	1 947	115 399.5	96 166.2	10 355.8	3 486.8	1.2	0.11	9.2	11.26
	不分注	1 796	106 449.6	88 708.0	6 603.0	266.7	1.2	0.07	9.2	7.18
	差　值	151	8 949.9	7 458.2	3 752.8	3 220.1	0	0.04	0	4.08

2. 二类井组可行性数值模拟研究

该类井组可行性数值模拟研究采用有隔夹层井组模型，上部油层厚度为 10 m，下部油层厚度为 9 m，隔夹层厚度为 3 m。数值模拟研究结果表明，分注后蒸汽腔下移，油藏温度场范围明显扩大，主要动用隔夹层下部剩余油（图 6-5-3）。从开发效果来看，分注后生产时间延长、产油量增加，油汽比提高 0.09，采出程度提高 12.10%（表 6-5-2）。

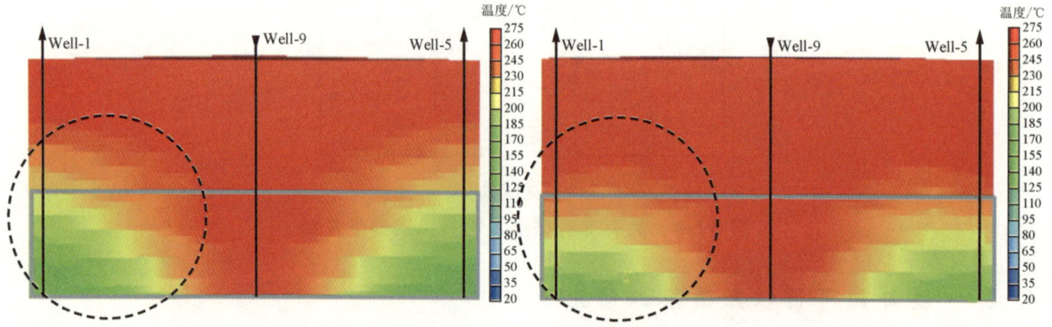

（a）不分注温度场图　　（b）分注温度场图

图 6-5-3　二类井组分注与不分注温度场对比图

表 6-5-2　二类井组分注生产数据对比表

下部油层厚度/m	方　式	生产时间/d	产液量/t	注汽量/t	产油量/t	净产油量/t	采注比	油汽比	储量/(10^4 t)	采出程度/%
9	分　注	1 430	76 684.6	63 903.8	11 327.6	6 763.1	1.2	0.18	8.3	13.65
	不分注	334	17 911.0	14 925.8	1 288.3	222.1	1.2	0.09	8.3	1.55
	差　值	1 096	58 773.6	48 978.0	10 039.3	6 541.0	0	0.09	0	12.10

3. 三类井组可行性数值模拟研究

该类井组可行性数值模拟研究采用有隔夹层井组模型，上部油层厚度为 10 m，下部油层厚度为 5 m，隔夹层厚度为 3 m。数值模拟研究结果表明，分注后蒸汽腔下移，隔层上下油层温度场范围明显扩大，主要动用隔夹层下部剩余油（图 6-5-4）。从开发效果来看，分注后生产时间延长、产油量增加，油汽比提高 0.06，采出程度提高 4.00%（表 6-5-3）。

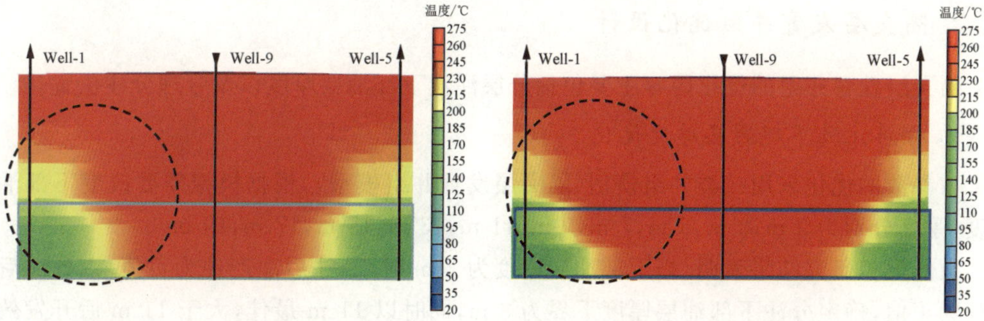

(a) 不分注温度场图　　(b) 分注温度场图

图 6-5-4　三类井组分注与不分注温度场对比图

表 6-5-3　三类井组分注与不分注生产数据对比表

下部油层厚度/m	方　式	生产时间/d	产液量/t	注汽量/t	产油量/t	净产油量/t	采注比	油汽比	储量/(10^4 t)	采出程度/%
5	分　注	943	33 599.8	28 833.2	5 528.1	3 468.6	1.2	0.19	5.6	9.87
	不分注	851	30 224.2	26 020.2	3 289.7	1 431.1	1.2	0.13	5.6	5.87
	差　值	92	3 375.6	2 813.0	2 238.4	2 037.5	0	0.06	0	4.00

综合以上分析认为，不论井组的储层如何发育，分注均能提高采收率，3 类井组分注后采收率分别提高 4.08%，12.10%和 4.00%，二类井组的分注效果要好于一类井组和三类井组。

二、分层注汽优化设计

1. 设计思路

按照隔夹层发育与否（隔夹层厚度是否大于 2.5 m）对蒸汽驱井组进行分类，之后根据两类井组的特点，对分注厚度、分注位置、分注时机（即分注前不同采出程度）、注采厚度比及井组合理注采厚度比下不匹配井数等参数进行优化设计，并根据优化结果建立不同储层的分注筛选标准(图 6-5-5)。

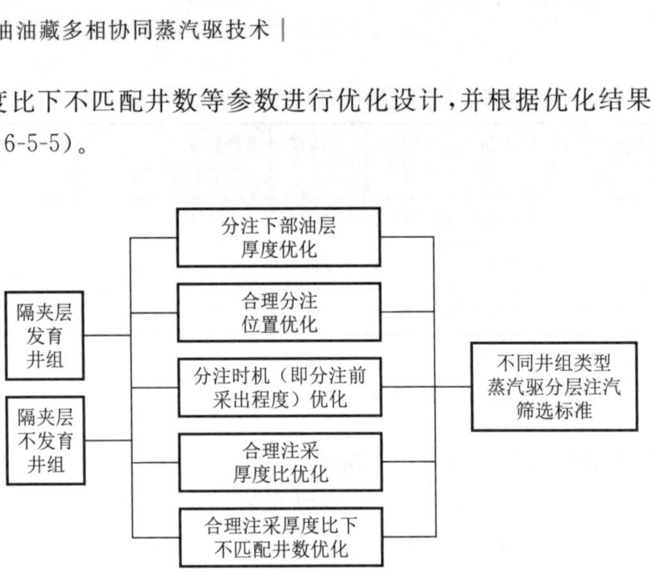

图 6-5-5　分层注汽优化设计思路

2. 隔夹层发育井组优化设计

隔夹层发育井组的优化内容主要包括分层注汽下部油层厚度以及合理分注位置。

1) 分层注汽下部油层厚度优化

该参数的优化采用二类井组模型(隔夹层发育井组模型)，根据模拟需要改变下部油层厚度，厚度分别为 2 m，3 m，5 m，7 m，9 m，11 m，13 m，15 m，17 m，19 m。

数值模拟研究结果表明，当下部油层厚度为 2 m 时，分注后净产油为负值，以分注后净产油为正值，确定分注下部油层厚度下界为 3 m，同时以 11 m 最佳，大于 11 m 后开发效果变差，净产油和采出程度降低(表 6-5-4、图 6-5-6)。从不同下部油层厚度蒸汽驱温度场图(图 6-5-7)可以看出，随着下部油层厚度的增加，分注后蒸汽超覆现象加剧，直接影响下部油层蒸汽腔的发育，使下部油层动用程度逐渐降低。从开发效果来看，随着下部油层厚度的增加，驱替厚度越大，日产油量越高(图 6-5-8)，产油量越大(图 6-5-9)。

表 6-5-4　不同下部油层厚度蒸汽驱生产数据对比表

下部油层厚度/m	方　式	生产时间/d	产液量/t	注汽量/t	产油量/t	净产油量/t	采注比	油汽比	储量/(10^4 t)	采出程度/%
2	分　注	721	34 893	29 078	1 820	−257	1.2	0.06	5.1	3.57
	不分注	673	33 104	27 587	1 683	−288	1.2	0.06	5.1	3.30
	差　值	48	1 789	1 491	138	31	0	0.00	0	0.27
3	分　注	943	33 600	28 833	5 528	3 469	1.2	0.19	5.6	9.87
	不分注	851	30 224	26 020	3 290	1 431	1.2	0.13	5.6	5.87
	差　值	92	3 376	2 813	2 238	2 038	0.0	0.06	0	4.00
5	分　注	1 006	42 590	35 492	7 723	5 188	1.2	0.22	6.5	11.88
	不分注	822	34 800	29 000	3 566	1 494	1.2	0.12	6.5	5.49
	差　值	184	7 790	6 492	4 158	3 694	0	0.10	0	6.39

续表

下部油层厚度/m	方　式	生产时间/d	产液量/t	注汽量/t	产油量/t	净产油量/t	采注比	油汽比	储量/(10^4 t)	采出程度/%
7	分　注	1 279	61 367	51 140	9 469	5 817	1.2	0.19	7.4	12.80
	不分注	761	36 513	30 428	2 932	758	1.2	0.10	7.4	3.96
	差　值	518	24 854	20 712	6 538	5 058	0	0.09	0	8.84
9	分　注	1 430	76 685	63 904	11 328	6 763	1.2	0.18	8.3	13.65
	不分注	334	17 911	14 926	1 288	222	1.2	0.09	8.3	1.55
	差　值	1 096	58 774	48 978	10 039	6 541	0	0.09	0	12.10
11	分　注	1 642	97 322	81 102	13 030	7 237	1.2	0.16	9.2	14.16
	不分注	10	593	494	64	28	1.2	0.13	9.2	0.07
	差　值	1 632	96 729	80 608	12 966	7 209	0	0.03	0	14.09
13	分　注	1 461	94 841	79 034	12 523	6 878	1.2	0.16	10.1	12.40
	不分注	0	0	0	0	0	0	0	10.1	0
	差　值	1 461	94 841	79 034	12 523	6 878	1.2	0.16	0	12.40
15	分　注	1 553	109 580	91 316	13 181	6 659	1.2	0.14	11.0	11.98
	不分注	0	0	0	0	0	0	0	11.0	0
	差　值	1 553	109 580	91 316	13 181	6 659	1.2	0.14	0	11.98
17	分　注	1 431	109 049	90 874	12 464	5 973	1.2	0.14	11.9	10.47
	不分注	0	0	0	0	0	0	0	11.9	0
	差　值	1 431	109 049	90 874	12 464	5 973	1.2	0.14	0	10.47
19	分　注	1 492	122 120	101 766	12 382	5 113	1.2	0.12	12.7	9.75
	不分注	0	0	0	0	0	0	0	12.7	0
	差　值	1 492	122 120	101 766	12 382	5 113	1.2	0.12	0	9.75

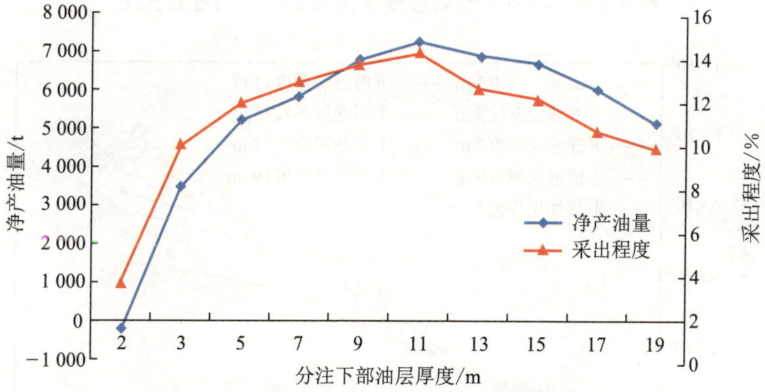

图 6-5-6　不同下部油层厚度开发效果对比图

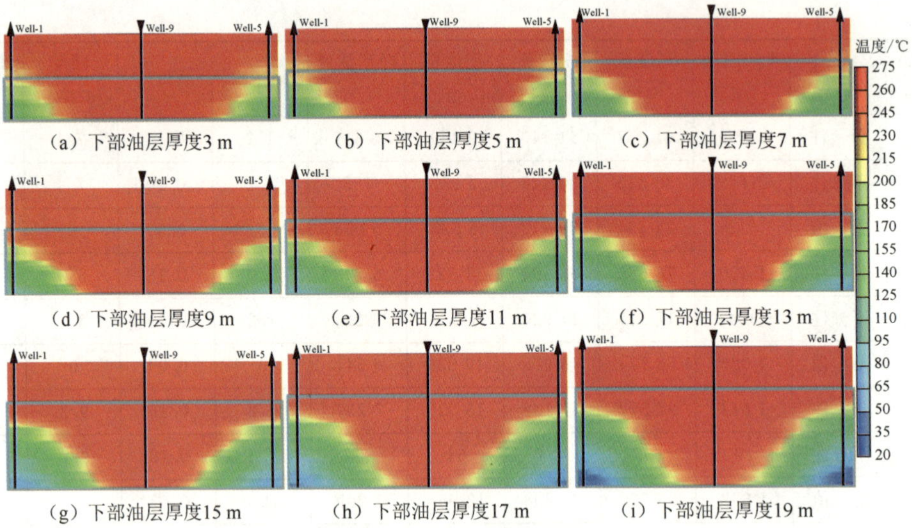

图 6-5-7　不同下部油层厚度蒸汽驱温度场对比图

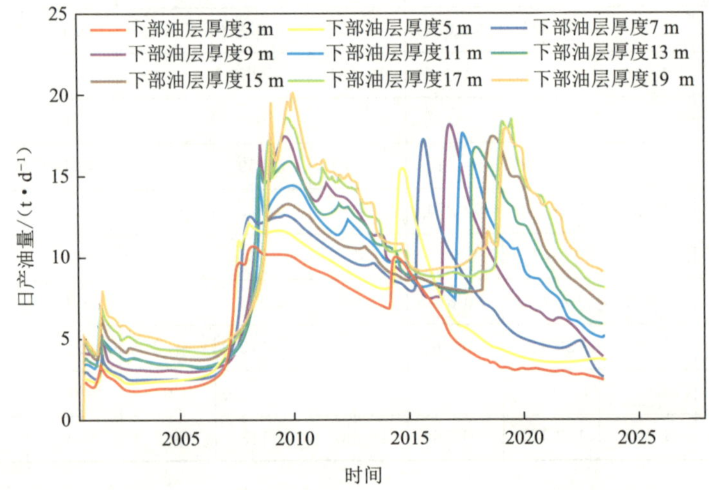

图 6-5-8　不同下部油层厚度蒸汽驱日产油量对比图

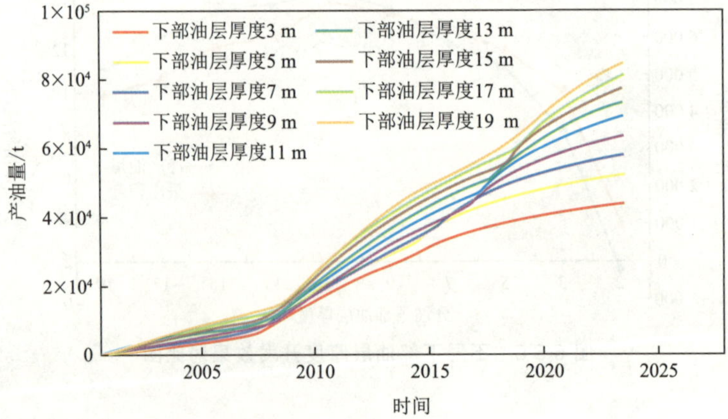

图 6-5-9　不同下部油层厚度蒸汽驱产油量对比图

2）合理分注位置优化

根据以上优化结果，下部油层厚度下限为 3 m，实际分注井组下部油层有薄也有厚。下部油层厚度不同，分注位置就不同，开发效果也不同，因此应该分别设计合理的分注位置。数值模拟研究表明，在蒸汽驱开发过程中，受蒸汽超覆作用影响，开采厚度越大，下部油层受蒸汽波及程度越差，动用程度差的油层厚度越大。结果显示：当下部油层厚度大于 7 m 后，蒸汽超覆作用加剧，下部油层动用程度差的厚度比例大于 40%，当下部油层厚度为 19 m 时，动用程度差的油层厚度比例达到 63%，因此对于厚度较大的油层，开展分注研究对减弱蒸汽超覆作用意义重大。从图 6-5-10 和图 6-5-11 可以看出，下部油层厚度达到 7 m 时蒸汽超覆作用开始变强，因此以 7 m 为界限将下部油层厚度分成两类，分别优化其分注位置。

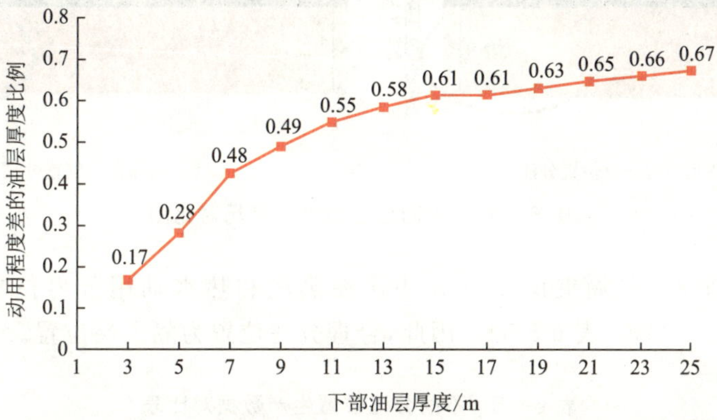

图 6-5-10　不同下部油层厚度下动用程度差的油层厚度比例对比图

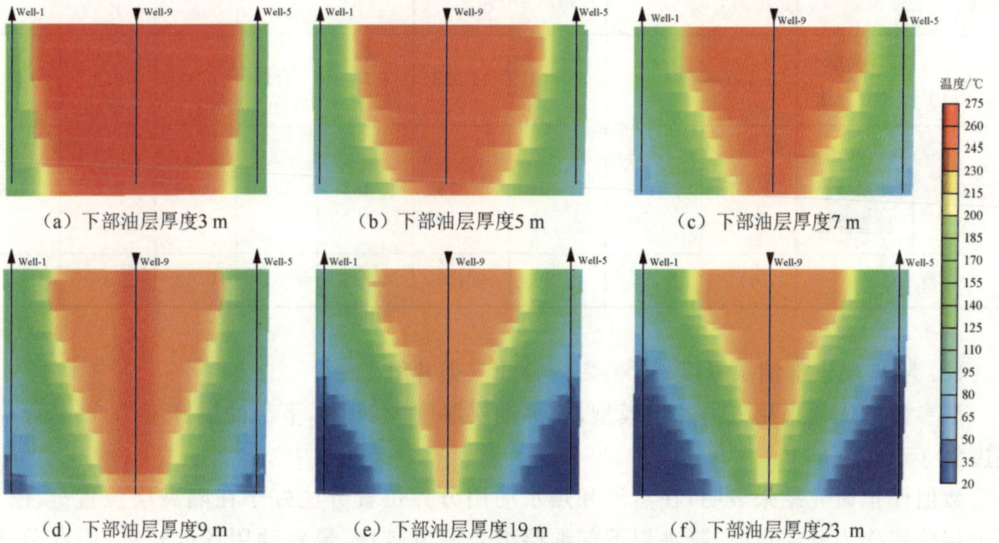

（a）下部油层厚度3 m　（b）下部油层厚度5 m　（c）下部油层厚度7 m

（d）下部油层厚度9 m　（e）下部油层厚度19 m　（f）下部油层厚度23 m

图 6-5-11　不同下部油层厚度下蒸汽驱后温度场图

（1）隔夹层下部油层厚度较大（≥7 m）的二类井组。

该参数的优化采用二类井组模型，上部油层厚度为 10 m，下部油层厚度为 9 m，隔夹层厚度为 3 m。

数值模拟研究结果表明，在隔夹层位置分注好于在蒸汽和热水动用分界位置分注。蒸汽和热水动用分界位置一般在油层的上部位，分注会造成下部位油层过厚，蒸汽超覆严重，同时隔夹层厚度大于 2.5 m，也影响蒸汽热能的利用，选择在厚度较大的隔夹层部位作为分注点，能实现更好的分注效果(图 6-5-12)。

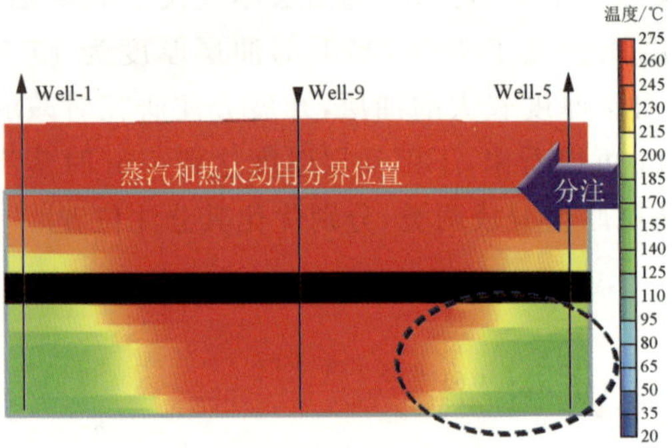

(a) 按蒸汽和热水动用分界位置分注

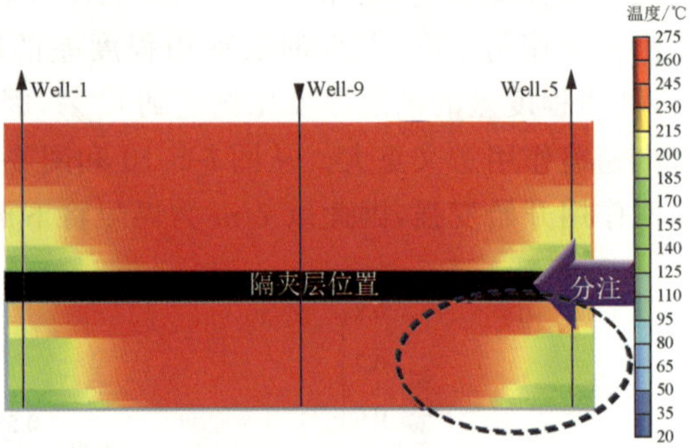

(b) 按隔夹层位置分注

图 6-5-12　不同分注位置温度场对比图

从开发效果来看，在隔夹层位置分注比在蒸汽和热水动用分界位置分注油汽比高 0.02，采出程度高 1.75%(表 6-5-5)。因此，合理分注位置为隔夹层位置。

表 6-5-5　不同分注位置生产数据对比表

下部油层厚度/m	分注位置	生产时间/d	产液量/t	注汽量/t	产油量/t	净产油量/t	采注比	油汽比	储量/(10^4 t)	采出程度/%
9	隔夹层位置分注	1 430	76 685	63 904	11 328	6 763	1.2	0.18	8.3	13.65
15	蒸汽和热水动用分界位置分注	1 367	67 912	61 738	9 878	5 468	1.1	0.16	8.3	11.90
差　值		63	8 773	2 166	1 450	1 295	0.1	0.02	0	1.75

(2) 隔夹层下部油层厚度较小(<7 m)的三类井组。

该参数的优化采用三类井组模型，上部油层厚度为 10 m，下部油层厚度为 5 m，隔夹层厚度为 3 m。

数值模拟研究结果表明，在蒸汽和热水动用分界位置分注好于在隔夹层位置分注。将隔夹层位置作为分注点时，隔夹层下部油层组合厚度较薄，导致动用程度较低，因此分注位置上移，提高分注下部位的油层厚度，效果更好(图 6-5-13)。

从开发效果来看，在蒸汽和热水动用分界位置分注比在隔夹层位置分注油汽比高 0.03，采出程度高 2.64%(表 6-5-6)。因此，合理分注位置为蒸汽和热水动用分界位置。

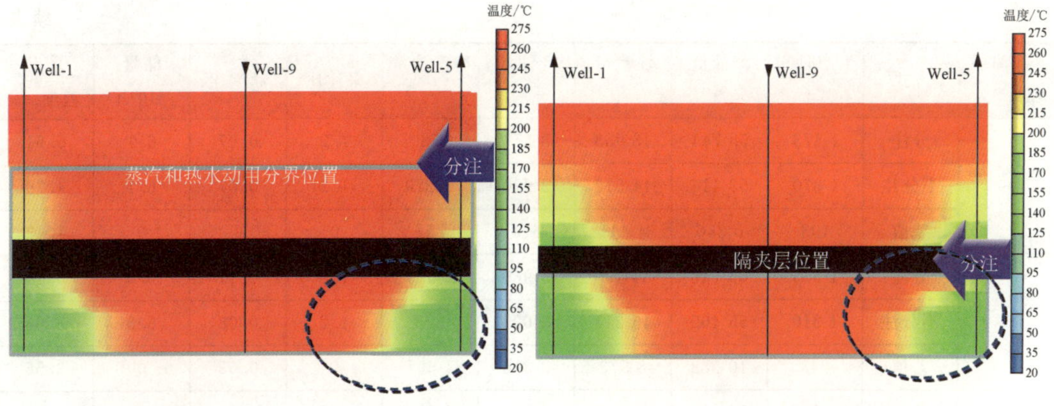

（a）按蒸汽和热水动用分界位置分注　　（b）按隔夹层位置分注

图 6-5-13　不同分注位置温度场对比图

表 6-5-6　不同分注位置生产数据对比表

下部油层厚度/m	分注位置	生产时间/d	产液量/m^3	注汽量/m^3	产油量/t	净产油量/t	采注比	油汽比	储量/(10^4 t)	采出程度/%
7	蒸汽和热水动用分界位置分注	1 006	42 590	35 492	7 723	5 188	1.2	0.22	6.5	11.88
5	隔夹层位置分注	822	38 400	32 000	6 006	3 720	1.2	0.19	6.5	9.24
差　值		184	4 190	3 492	1 717	1 468	0	0.03	0	2.64

3. 隔夹层不发育井组优化设计

隔夹层不发育井组的优化主要包括分层注汽下部油层厚度以及合理分注位置。

1）分层注汽下部油层厚度优化

该参数的优化采用一类井组模型，根据模拟需要改变下部油层厚度，厚度分别为 3 m，4 m，5 m，7 m，9 m，11 m，13 m，15 m，17 m，19 m。

数值模拟研究结果表明，当下部油层厚度为 3 m 时，分注后净产油为负值，以分注后净产油为正值，确定分注下部油层厚度下限为 4 m，同时以 13 m 最佳，大于 13 m 后开发效果变差，净产油和采出程度降低（表6-5-7、图6-5-14）。从不同下部油层厚度蒸汽驱温度场图

表 6-5-7　不同下部油层厚度蒸汽驱生产数据对比表

下部油层厚度/m	方式	生产时间/d	产液量/t	注汽量/t	产油量/t	净产油量/t	采注比	油汽比	储量/10^4 t	采出程度/%
3	分注	1 410	51 378	43 116	2 640	−440	1.2	0.06	5.6	4.71
	不分注	1 400	51 368	42 806	2 371	−687	1.2	0.06	5.6	4.23
	差值	10	10	310	269	247	0	0	0	0.48

续表

下部油层厚度/m	方式	生产时间/d	产液量/t	注汽量/t	产油量/t	净产油量/t	采注比	油汽比	储量/10^4 t	采出程度/%
4	分注	1 473	58 744	48 953	3 574	78	1.2	0.07	6.1	5.91
	不分注	1 370	53 414	44 512	2 900	−279	1.2	0.07	6.1	4.79
	差值	103	5 330	4 441	674	357	0	0	0	1.12
5	分注	1 553	65 748	54 790	5 939	2 025	1.2	0.11	6.5	9.14
	不分注	1 310	55 460	46 217	3 629	328	1.2	0.08	6.5	5.58
	差值	243	10 288	8 573	2 310	1 697	0	0.03	0	3.56
7	分注	1 551	74 418	62 015	6 822	2 392	1.2	0.11	7.4	9.22
	不分注	1 402	71 587	59 656	4 568	307	1.2	0.08	7.4	6.17
	差值	149	2 831	2 359	2 254	2 085	0	0.03	0	3.05
9	分注	1 888	101 245	84 371	8 476	2 449	1.2	0.10	8.3	10.21
	不分注	1 766	94 703	78 919	5 736	99	1.2	0.07	8.3	6.91
	差值	122	6 542	5 452	2 740	2 350	0	0.03	0	3.30
11	分注	1 947	115 400	96 166	10 356	3 487	1.2	0.11	9.2	11.26
	不分注	1 796	106 450	88 708	6 603	267	1.2	0.07	9.2	7.18
	差值	151	8 950	7 458	3 753	3 220	0	0.04	0	4.08
13	分注	1 946	126 325	105 271	11 851	4 331	1.2	0.11	10.1	11.73
	不分注	1 826	118 535	98 779	8 692	1 637	1.2	0.09	10.1	8.61
	差值	120	7 790	6 492	3 159	2 694	0	0.02	0	3.12
15	分注	1 977	139 497	116 248	12 322	4 019	1.2	0.11	11.0	11.20
	不分注	1 826	128 843	107 369	9 206	1 537	1.2	0.09	11.0	8.37
	差值	151	10 654	8 879	3 116	2 482	0	0.02	0	2.83
17	分注	2 068	157 592	131 326	13 101	3 942	1.2	0.10	11.9	11.01
	不分注	1 887	143 799	119 832	10 942	2 382	1.2	0.09	11.9	9.19
	差值	181	13 793	11 494	2 159	1 560	0	0.01	0	1.82
19	分注	2 099	171 802	143 169	12 866	3 240	1.2	0.09	12.7	10.13
	不分注	2 007	164 272	136 894	11 611	1 832	1.2	0.08	12.7	9.14
	差值	92	7 530	6 275	1 255	1 408	0	0.01	0	0.99

(图 6-5-15)可以看出，随着下部油层厚度的增加，分注后向下部油层牵引蒸汽腔的能力增强，下部蒸汽腔逐渐发育，动用程度有一定提高。从开发效果来看，随着油层厚度的增加，驱替厚度变大，日产油量升高(图 6-5-16)，产油量增加(图 6-5-17)。

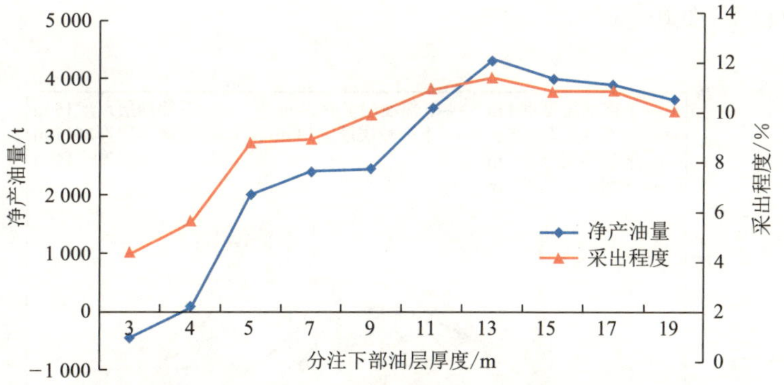

图 6-5-14 不同下部油层厚度开发效果对比图

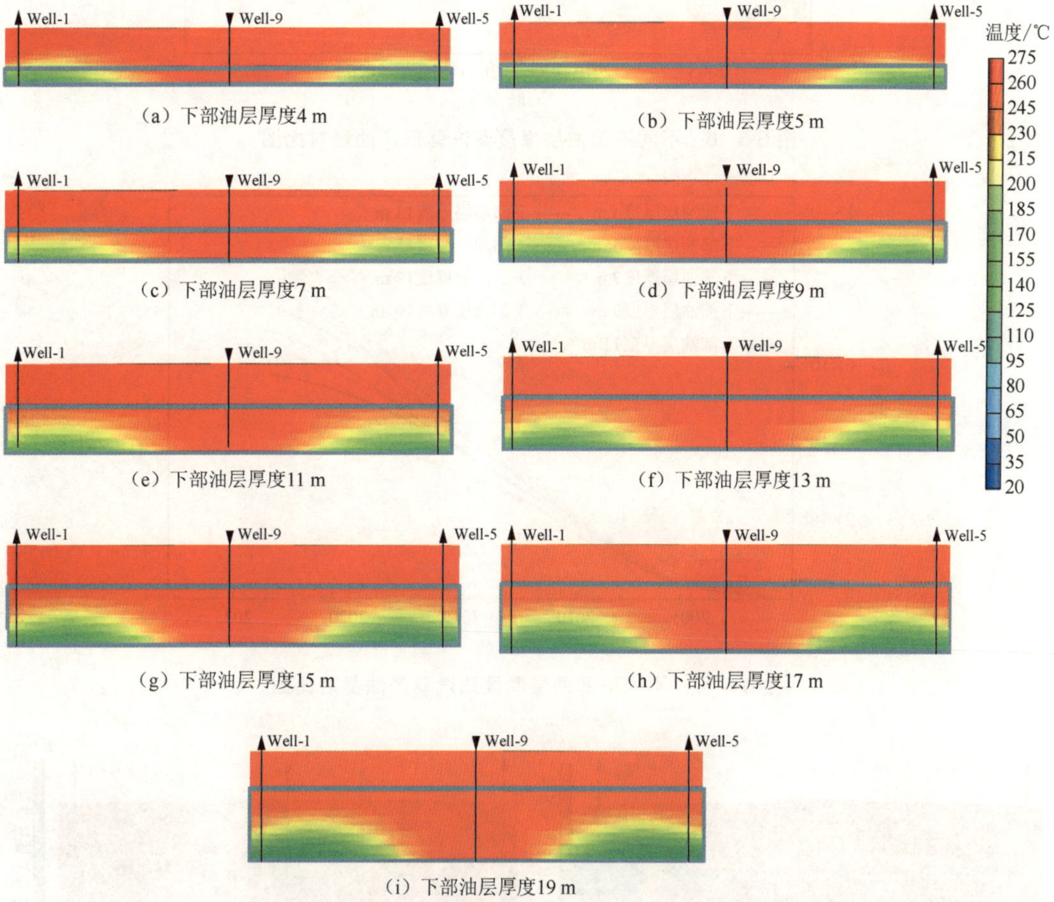

图 6-5-15 不同下部油层厚度蒸汽驱温度场对比图

2) 合理分注位置优化

该参数的优化采用一类井组模型，上部油层厚度为 10 m，下部油层厚度为 9 m。

数值模拟研究结果表明，厚度较大的油层在中间位置分注效果较好。当在蒸汽和热水动用分界位置分注时，上部油层蒸汽形成无效循环，下部油层厚度过大，蒸汽向上超覆后，动用程度提高幅度较小；而在油层中间位置分注时，通过优化上部层段射孔，可一定程度提高上部油层动用程度(图 6-5-18)。

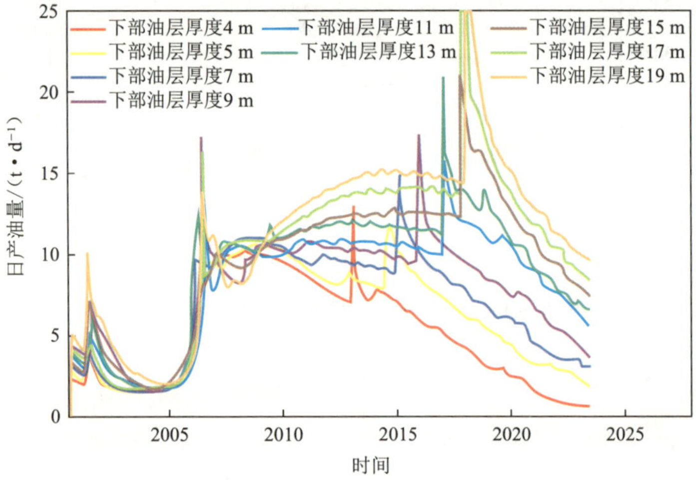

图 6-5-16　不同下部油层厚度蒸汽驱日产油量对比图

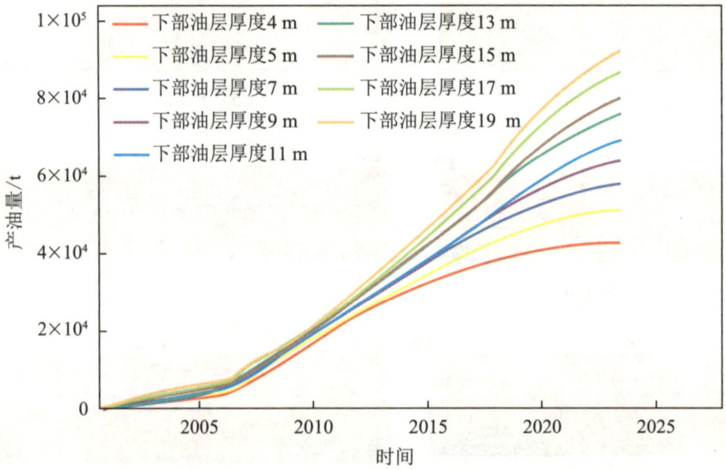

图 6-5-17　不同下部油层厚度蒸汽驱产油量对比图

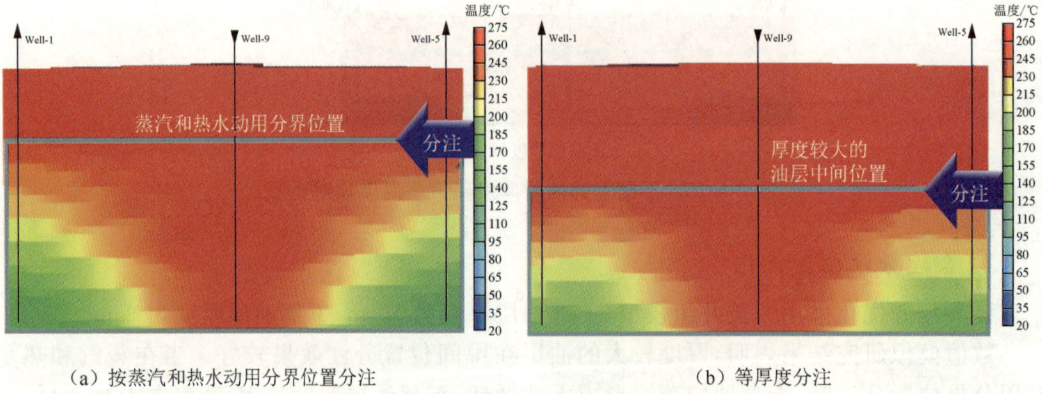

图 6-5-18　不同分注位置温度场对比图

从开发效果来看，按蒸汽和热水动用分界位置分注，生产时间长，但产量略低（图 6-5-19 和图 6-5-20），采注比和油汽比低，较油层中间位置分注分别低 0.1 和 0.02，采出程度低 0.83%（表 6-5-8）。因此，合理分注位置为油层中间位置。

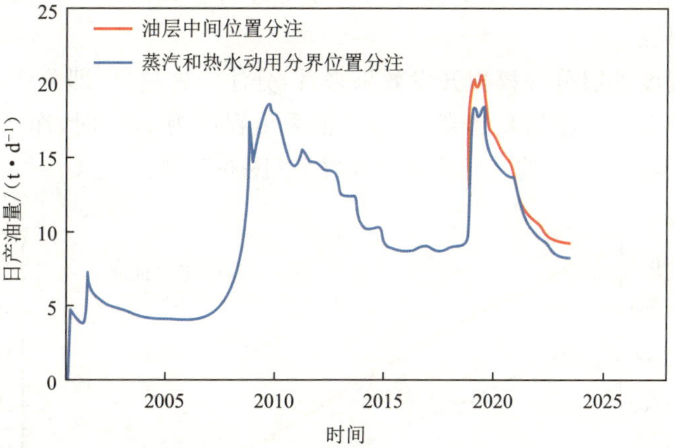

图 6-5-19　不同分注位置日产油量对比图

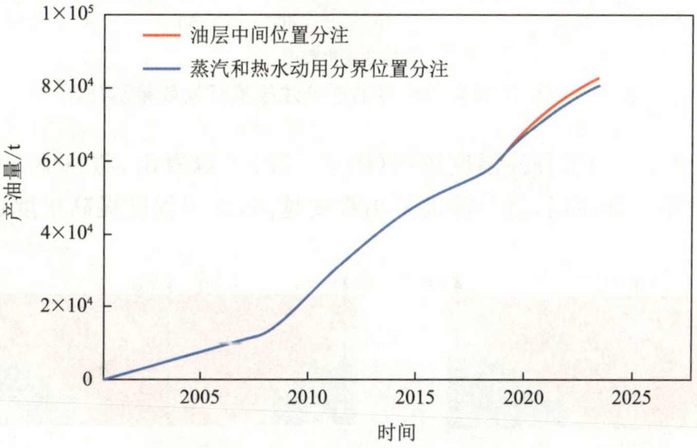

图 6-5-20　不同分注位置产油量对比图

表 6-5-8　不同分注位置生产数据对比表

分注位置	生产时间/d	产液量/t	注汽量/t	产油量/t	采注比	油汽比	储量/(10^4 t)	采出程度/%
蒸汽和热水动用分界位置分注	2 064	71 366	64 878	7 785	1.1	0.12	8.3	9.38
油层中间位置分注	1 888	72 637	60 531	8 474	1.2	0.14	8.3	10.21
差　值	176	−1 271	4 347	−689	−0.1	−0.02	0	−0.83

4. 蒸汽驱井组分注综合优化

蒸汽驱井组分注综合优化主要针对分注时机、注采厚度比和井组合理注采厚度比下的不匹配井数等参数优化。

1）分注时机优化

分注时机不同，分注前的采出程度不同，对不同采出程度下的油层进行分注，开发效果也不同。根据模拟需要，分别设置分注前采出程度为10%，20%，30%，40%，50%，60%，对其进行数值模拟研究。

从不同采出程度油层分注模拟开发效果来看，分注实施越早（即分注前采出程度越低），蒸汽驱净产油量和采出程度增量越高，当分注前采出程度为60%时，净产油为负值，因此建议在采出程度小于等于50%的井组实施分层注汽（图6-5-21）。

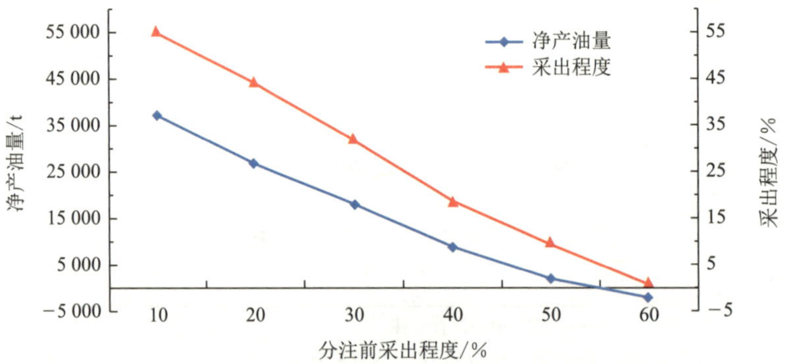

图 6-5-21　不同采出程度油层分注模拟开发效果对比图

从不同采出程度下油层分注温度场图（图6-5-22）可以看出，蒸汽驱井组分注后都能向下牵引蒸汽腔，动用下部油层，且分注前采出程度越高，动用程度提高幅度越小。

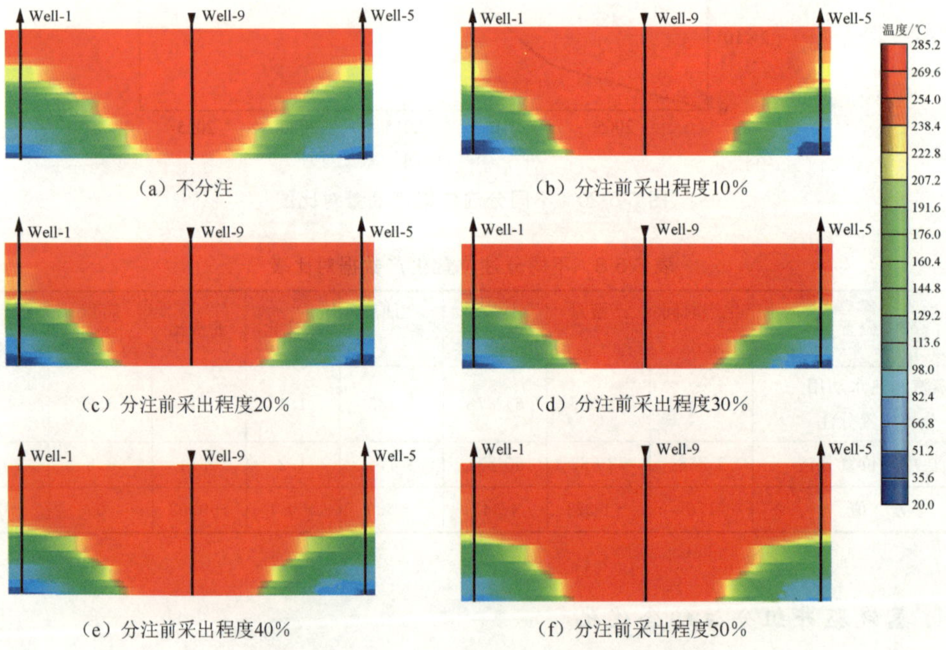

图 6-5-22　不同采出程度油层分注后温度场图

从不同采出程度油层分注开发效果(图 6-5-23 和图 6-5-24)来看,分注后井组日产油量和产油量均较不分注时有较明显提高。

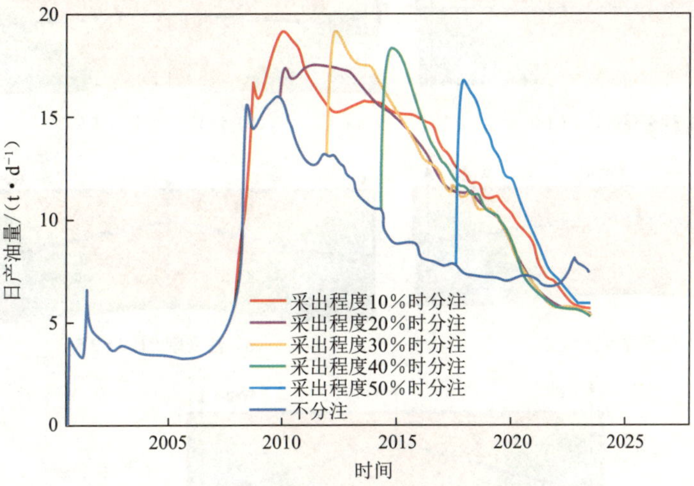

图 6-5-23　不同采出程度油层分注后日产油量对比图

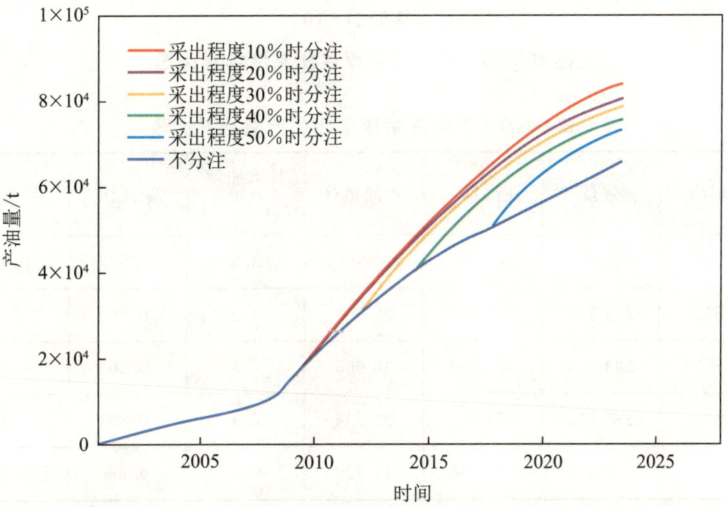

图 6-5-24　不同采出程度油层分注后产油量对比图

2) 注采厚度比优化

(1) 注汽井与生产井呈薄注厚采关系。

数值模拟研究结果表明,当注汽井与生产井呈薄注厚采关系时,随着小层注采厚度比的减小,蒸汽腔发育程度减缓(图 6-5-25),生产时间延长,采出程度降低(表 6-5-9)。当注采厚度比为 1∶1.5～1∶1.0 时,采出程度最高。

(2) 注汽井与生产井呈厚注薄采关系。

数值模拟研究结果表明,当注汽井与生产井呈厚注薄采关系时,随着小层注采厚度比的增加,蒸汽腔更容易发生汽窜(图 6-5-26),导致累产油、油汽比和采出程度均降低(表 6-5-10)。当注采厚度比为1.0∶1～1.5∶1时，采出程度最高。

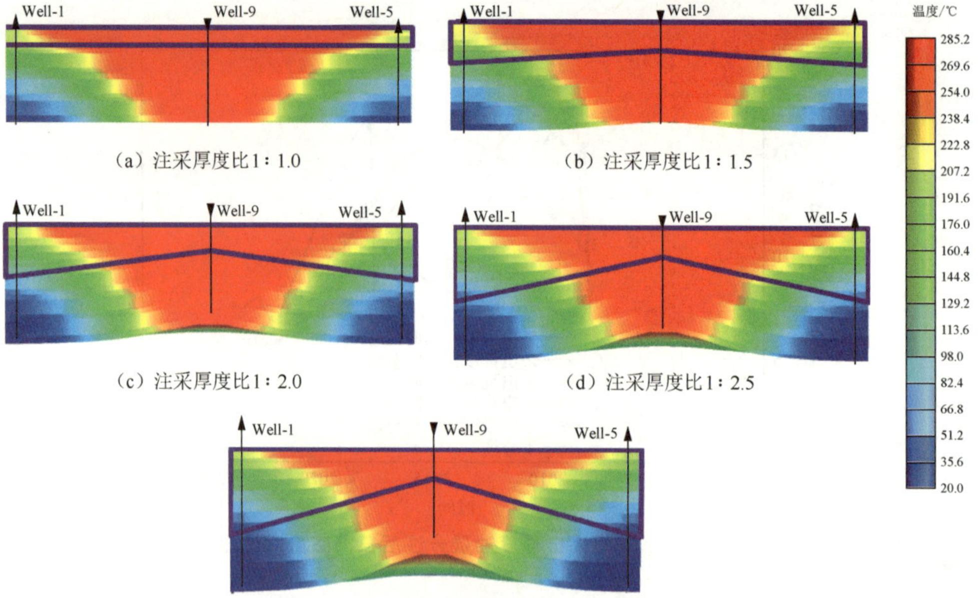

(a) 注采厚度比1∶1.0　(b) 注采厚度比1∶1.5

(c) 注采厚度比1∶2.0　(d) 注采厚度比1∶2.5

(e) 注采厚度比1∶3.0

图 6-5-25　不同注采厚度比温度场对比图

表 6-5-9　不同注采厚度比生产数据对比表

注采厚度比	生产时间/d	产液量/t	注汽量/t	产油量/t	日产油量/(t·d^{-1})	采注比	油汽比	采出程度/%
1∶1.0	5 753	214 370	229 296	20 506	3.6	0.93	0.09	67.98
1∶1.5	5 814	236 272	262 032	28 663	4.9	0.90	0.11	67.26
1∶2.0	6 758	293 094	324 337	36 965	5.5	0.90	0.11	66.27
1∶2.5	6 483	285 810	324 893	39 254	6.1	0.88	0.12	57.89
1∶3.0	7 183	329 349	375 150	45 920	6.4	0.88	0.12	56.81

3）合理注采厚度比下不匹配井数优化

合理注采厚度比下不匹配井数影响分注效果。根据模拟需要，分别设置井组内合理注采厚度比下的不匹配井数为1口、2口、3口、4口、5口、6口、7口。注采厚度比的优化分为薄注厚采和厚注薄采两种类别，因此在进行不匹配井数优化时也应该根据两种注采厚度比的关系分别研究。

(1) 注汽井与生产井呈薄注厚采关系。

数值模拟研究结果表明，当注汽井与生产井呈薄注厚采关系时，随着不匹配井数的增加，蒸汽腔发育范围逐渐减小(图6-5-27)，采出程度逐渐降低(表6-5-11)。当不匹配井数达到3口以上时，采出程度小于58%，因此建议井组内不匹配井数不超过3口。

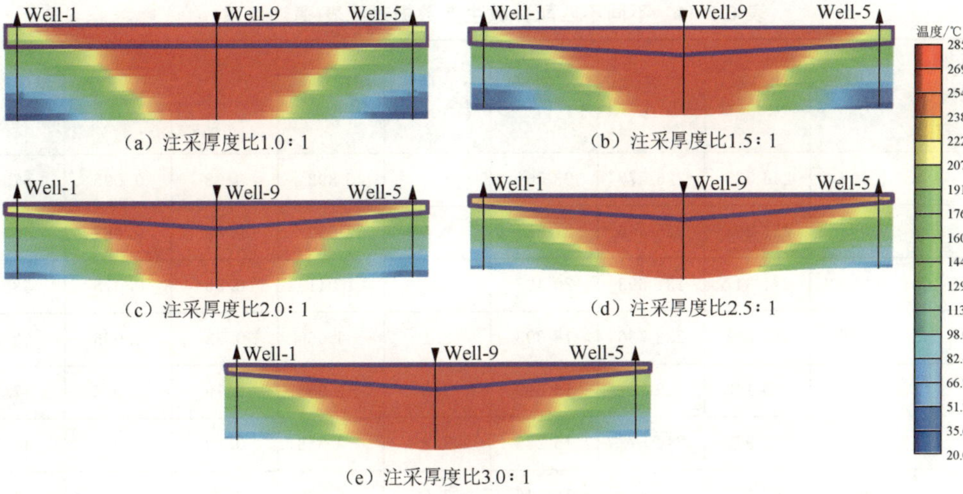

（a）注采厚度比1.0∶1　（b）注采厚度比1.5∶1

（c）注采厚度比2.0∶1　（d）注采厚度比2.5∶1

（e）注采厚度比3.0∶1

图 6-5-26　不同注采厚度比温度场对比图

表 6-5-10　不同注采厚度比生产数据对比表

注采厚度比	生产时间/d	产液量/t	注汽量/t	产油量/t	采注比	油汽比	采出程度/%
1.0∶1	5 753	214 370	229 296	20 506.2	0.93	0.09	67.98
1.5∶1	5 844	184 938	197 667	14 595	0.94	0.07	67.30
2.0∶1	5 936	156 327	169 981	11 160	0.92	0.07	62.62
2.5∶1	6 118	147 666	162 759	9 441	0.91	0.06	61.45
3.0∶1	6 301	138 484	155 126	8 125	0.89	0.05	59.53

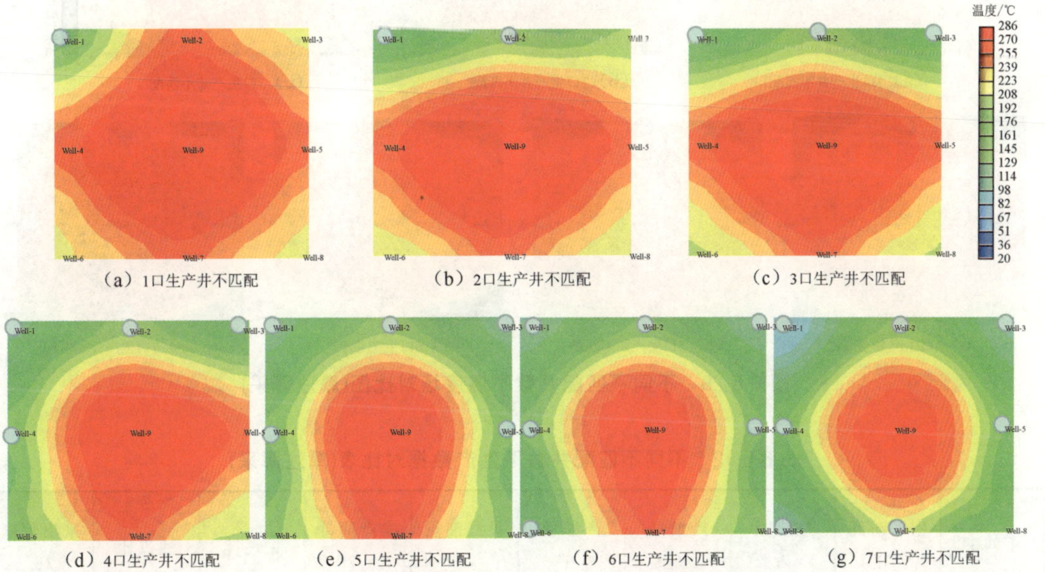

（a）1口生产井不匹配　（b）2口生产井不匹配　（c）3口生产井不匹配

（d）4口生产井不匹配　（e）5口生产井不匹配　（f）6口生产井不匹配　（g）7口生产井不匹配

图 6-5-27　不同不匹配数下温度场对比图(薄注厚采)

表 6-5-11　不同不匹配井数生产数据对比表(薄注厚采)

生产井不匹配井数/口	生产时间/d	注汽量/t	产液量/t	产油量/t	日产油量/(t·d⁻¹)	净产油量/t	采注比	油汽比	采出程度/%
1	5 906	246 533	226 578	23 501	4.0	5 892	0.92	0.095	67.1
2	5 906	257 368	225 356	21 035	3.6	2 652	0.88	0.082	60.1
3	5 906	271 347	234 693	20 423	3.5	1 041	0.86	0.075	58.4
4	5 906	280 683	232 736	18 393	3.1	−1 656	0.83	0.066	52.6
5	5 906	289 143	229 127	16 699	2.8	−3 955	0.79	0.058	47.7
6	5 906	293 972	240 572	16 275	2.8	−4 528	0.82	0.055	46.5
7	5 906	302 187	242 611	15 446	2.6	−6 139	0.8	0.051	44.1

(2) 注汽井与生产井呈厚注薄采关系。

数值模拟研究结果表明，当注汽井与生产井呈厚注薄采关系时，随着不匹配井数的增加，蒸汽腔更易发生汽窜(图 6-5-28)，采出程度逐渐降低(表 6-5-12)。当不匹配井数达到 3 口以上时，净产油为负值，采出程度小于 55%，因此建议井组内不匹配井数不超过3 口。

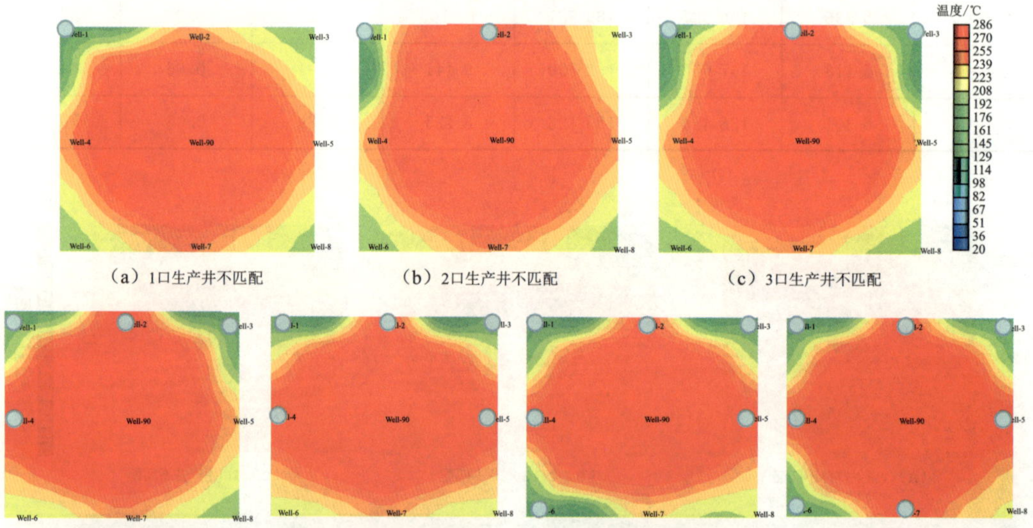

(a) 1口生产井不匹配　(b) 2口生产井不匹配　(c) 3口生产井不匹配

(d) 4口生产井不匹配　(e) 5口生产井不匹配　(f) 6口生产井不匹配　(g) 7口生产井不匹配

图 6-5-28　不同不匹配井数下温度场对比图(厚注薄采)

表 6-5-12　不同不匹配井数下生产数据对比表(厚注薄采)

生产井不匹配井数/口	生产时间/d	注汽量/t	产液量/t	产油量/t	日产油量/(t·d⁻¹)	净产油量/t	采注比	油汽比	采出程度/%
1	5 387	200 913	175 859	16 757	3.1	2 405	0.88	0.083	71.3

续表

生产井不匹配井数/口	生产时间/d	注汽量/t	产液量/t	产油量/t	日产油量/(t·d⁻¹)	净产油量/t	采注比	油汽比	采出程度/%
2	5 387	198 168	175 741	15 415	2.9	1 260	0.89	0.078	65.6
3	5 387	178 888	153 609	13 028	2.4	250	0.86	0.073	55.4
4	5 387	174 162	151 889	11 688	2.2	−752	0.87	0.067	49.7
5	5 387	172 646	153 046	10 432	1.9	−1901	0.89	0.060	44.4
6	5 387	147 630	124 955	8 038	1.5	−2 508	0.85	0.054	34.2
7	5 387	141 463	121 522	6 922	1.3	−3 183	0.86	0.049	29.5

5. 分层注汽井组筛选标准

根据数值模拟研究结果，对隔夹层发育和隔夹层不发育两种井组类型分别建立分层注汽筛选标准，包括隔夹层厚度、分注前采出程度、分注后合理注采厚度下不匹配井数、分注后下部油层厚度及分注位置等，这套筛选标准同样可作为两类井组分注的设计要点使用，标准具体见表 6-5-13。

表 6-5-13　不同井组类型分层注汽筛选标准

井组类型	隔夹层厚度/m	分注前采出程度/%	分注后合理注采厚度比下不匹配井数/口	分注后下部油层厚度/m	分注位置
隔夹层发育	≥2.5	≤50	≤3	≥3	隔夹层下部油层≥7 m 时，隔夹层位置分注； 隔夹层下部油层<7 m 时，蒸汽和热水动用分界位置分注
隔夹层不发育	<2.5	≤50	≤3	≥4	油层中间位置分注

第七章
稠油蒸汽驱监测技术与方法

蒸汽驱开发过程中，储层非均质性增强，剩余油分布复杂，需通过各种监测技术认识油藏状况（如蒸汽驱前缘、调剖效果分析、剩余油分布范围等），以确定动态开发调整的措施方向。本章重点介绍已广泛应用的新疆浅层稠油蒸汽驱监测技术与方法，主要包括示踪剂监测、四维地震监测、井间电位法监测、注氮气非混相驱监测。

第一节　示踪剂在蒸汽驱前缘监测中的应用

示踪剂监测是监测蒸汽驱前缘推进方向和速度的主要技术。将示踪剂实测资料与模拟技术结合，通过拟合计算和分析，可得到注入流体的运动方向、推进速度、波及情况、储层非均质性以及剩余油饱和度等信息资料。

九$_8$区加密调整小井距先导试验区采用 50 m×70 m 井距反九点井网。2015 年 7 月，9 个井组转入蒸汽驱试验，2016 年 8—9 月对试验区的 9 口蒸汽驱井采取调剖措施。为了解小井距试验区转蒸汽驱后的汽窜情况以及储层动态非均质特征，选择 4 个井组进行两轮次示踪剂监测，拟监测蒸汽驱中汽窜方向、速度、层位，估算渗流通道体积，分析油层物性各向异性，分层监测、评价分注井组隔夹层封闭情况；通过调剖前后的监测对比，分析调剖封堵对蒸汽驱前缘的影响。

一、监测方案及地质建模

1. 监测方案

选择相邻的 T98014，T98015，T98020，T98021 井组作为主要监测对象，考虑到井距较小，测试取样分析井包括了一线井、二线井、三线井，同时根据吞吐采油期的汽窜方向和汽窜井，增加个别三线外的监测井（图 7-1-1）。

监测的 4 口注剂井均只对中下部注蒸汽小层进行分层注剂，4 井组 8 层段示踪剂监测所需微量物质筛选结果见表 7-1-1。

2. 地质建模

根据九$_8$区齐古组超稠油油藏动静态资料建立地质模型，为示踪剂监测结果的解释提

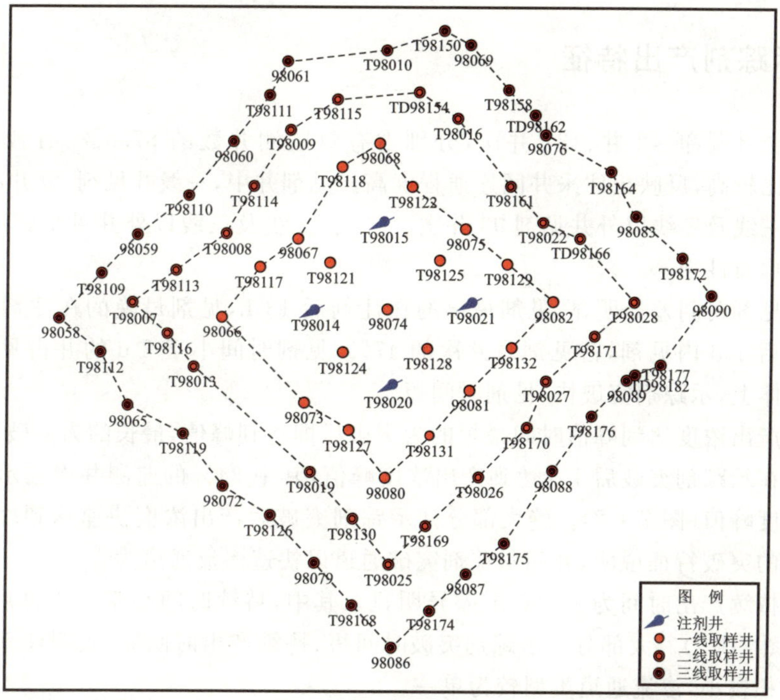

图 7-1-1 九$_8$ 区 50 m×70 m 小井距蒸汽驱 4 井组示踪剂监测取样井分布图

表 7-1-1 九$_8$ 区齐古组超稠油蒸汽驱 4 井组微量物质筛选结果

监测井组	层位	储层厚度/m	射孔厚度/m	对应油井数/口	层间跨度/m	隔夹层厚度/m	分注类型	注剂方式	监测示踪剂元素	
									蒸汽驱	调剖后
T98014	$J_3q_2^{2-2}$ 上层	12.1	5.5	44	2.0	1.1	偏 心	分 层	Nd	Sm
	$J_3q_2^{2-2}$ 下层	7.8	6.0	44					Dy	Eu
T98015	$J_3q_2^{2-2}$ 上层	7.3	5.0	42	2.0	2.0	同 心	分 层	Tm	Sm
	$J_3q_2^{2-2}$ 下层	5.8	5.0	42					Yb	Eu
T98020	$J_3q_2^{2-2}$ 上层	11.0	5.0	43	6.0	3.0	同 心	分 层	Gd	Tb
	$J_3q_2^{2-2}$ 下层	8.0	7.0	43	1.0	0.9			Ho	Lu
T98021	$J_3q_2^{2-2}$ 上层	14.9	9.0	46	2.0	0.5	偏 心	分 层	Pr	Yb
	$J_3q_2^{2-2+3}$ 下层	9.0	9.0	46					Er	Tm

供支撑。示踪剂监测共涉及 4 个相邻井组，它们具有共同的受益井，可作为一个整体建模。研究区域大小为 564 m×716 m，建模层位为监测井组主要的注汽层位 $J_3q_2^{2-2}$，主要参考井区单井动态数据(射孔数据及注汽、生产数据)及油藏描述资料(厚度、孔隙度、渗透率、含油饱和度等)建立地质模型。地质模型平面网格单元大小为 10 m×10 m，根据示踪剂产出情况、射孔及剖面测试等资料，以地质分层为基础，纵向划各模拟小层，网格数目为 116×127×4。

二、示踪剂产出特征

监测井合计见剂 42 井、137 井次，分别占有效监测井数的 87.5%、有效监测井次的 36.83%，占比较高，反映出注采井间连通程度高。见剂井中，一线井见剂 20 井次，二线井见剂 24 井次，三线及三线以外井见剂 93 井次。二线、三线及三线以外井见剂情况大量出现，表明油藏非均质性强。

监测井见剂时间差异明显，见剂最早的在注剂后 13 h，见剂最晚的在注剂后 25 d。64 井次在注剂后 1 d 内见剂，占见剂总井次的 47%，见剂时间小于 2 d 的井占见剂总井次的 63.5%。总体上，示踪剂突破快、见剂时间短。

示踪剂产出浓度达到峰值时间最短的为突破后即达到峰值，最长的为突破后 9 d。68% 的监测井次在示踪剂突破后 1 d 达到产出浓度峰值，其中 34%的监测井次在示踪剂突破后即达产出浓度峰值（图 7-1-2）。绝大部分井示踪剂突破后产出浓度快速达到峰值和示踪剂见剂时间短的突破特征说明，井间示踪剂突破通道以快速渗流通道为主。

示踪剂持续产出时间为 1～20 d，差异明显。其中，持续时间小于 5 d 的井占见剂总井次的 63%（图 7-1-3）。大部分井示踪剂突破时间短、持续产出时间短，表明注采井间示踪剂突破通道体积较小，渗流通道类型较为单一。

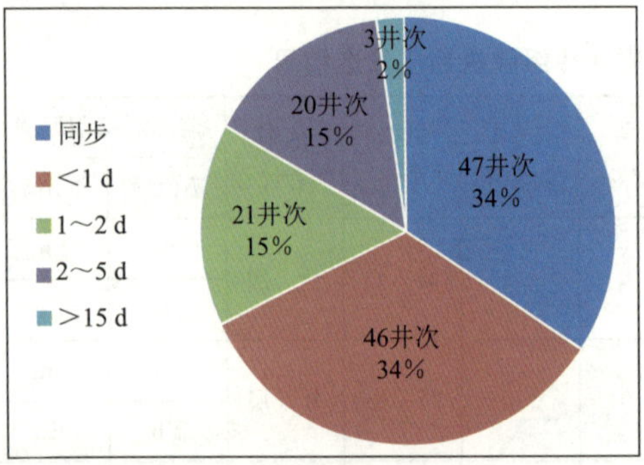

图 7-1-2　示踪剂产出浓度达到峰值时间统计

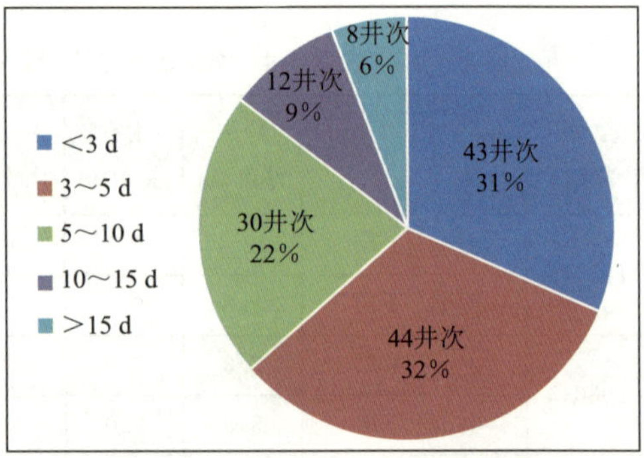

图 7-1-3　示踪剂持续产出时间统计

三、注采流线分布

通过数值模型拟合，利用流线追踪法计算九$_8$区齐古组超稠油蒸汽驱 4 井组调剖后建模范围内的渗流场分布，如图 7-1-4 所示。注汽流线（图中蓝色线条）表明注入蒸汽在地层中的运动趋势，注采井间存在流线说明注汽井注入的蒸汽可以流向生产井，理论上注采井间存在流体连通关系。另外，渗流场分布图上两条相邻流线间具有相同的流量，因此在厚度基本相同的情况下，流线的疏密可以在一定程度上反映注入蒸汽的流量或流速的相对大小。

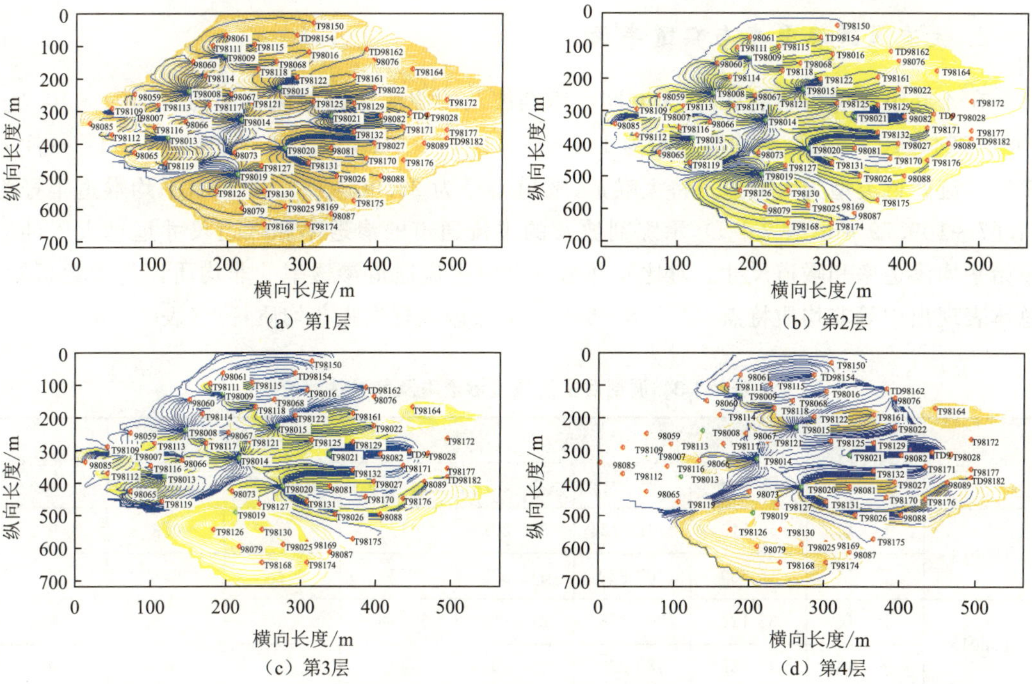

（a）第1层　（b）第2层

（c）第3层　（d）第4层

图 7-1-4　调剖后示踪剂监测区域渗流场分布图

四、示踪剂突破通道参数

1. 主流通道厚度

在 4 井组各层段调剖后，注采井间示踪剂波及的主流通道的厚度在 0.88～113.3 cm 之间，平均厚度为 6.38～21.67 cm，除 T98020 井组下层段及 T98021 井组下层段的主流通道厚度为中等非均质外，其他各井组、层段均为强非均质，表现出注入蒸汽纵向主流通道波及厚度总体较小、差异明显的特点（表 7-1-2）。

表 7-1-2　调剖后主流通道厚度及差异性评价

井　组	层　段	厚度/cm			非均质评价参数			评价结论
		最　小	最　大	平　均	级　差	突进系数	变异系数	
T98014	上　层	1.73	94.57	21.67	55	4	1.3	强
	下　层	0.88	69.69	18.21	79	4	1.0	强
T98015	上　层	1.66	100.15	16.77	60	6	1.3	强
	下　层	1.29	113.30	21.57	88	5	1.4	强
T98020	上　层	0.94	24.14	6.38	26	4	0.9	强
	下　层	1.93	14.82	6.67	8	2	0.6	中
T98021	上　层	1.95	62.21	16.04	32	4	0.9	强
	下　层	3.99	42.70	16.49	11	3	0.7	中

2. 主流通道渗透率与喉道半径

在 4 井组各层段调剖后，注采井间示踪剂波及的主流通道的渗透率为 17 171×10^{-3}～1 012 724×10^{-3} μm^2，平均渗透率为 131 625×10^{-3}～434 738×10^{-3} μm^2（表 7-1-3）；注入蒸汽主流通道类型为大喉道—特大喉道，喉道半径为 23.06～180.02 μm，平均喉道半径为 61.67～109.79 μm（表 7-1-4），示踪剂波及的主流通道的渗透率和喉道尺寸远远大于油层原始平均渗透率和喉道尺寸。对比 4 井组各层段主流通道渗透率的非均质评价参数可知，总体表现出中等非均质特点，仅 T98015 井组上层段表现出强非均质特点（表 7-1-3）。

表 7-1-3　调剖后主流通道渗透率及差异性评价

井　组	层　段	渗透率/(10^{-3} μm^2)			非均质评价参数			评价结论
		最　小	最　大	平　均	级　差	突进系数	变异系数	
T98014	上　层	59 519	1 012 724	388 261	17	3	0.8	中
	下　层	46 680	703 822	312 829	15	2	0.8	中
T98015	上　层	33 127	909 378	273 110	27	3	0.8	强
	下　层	40 859	439 262	219 906	11	2	0.6	中
T98020	上　层	80 245	965 751	434 738	12	2	0.6	中
	下　层	50 981	661 315	233 212	13	3	0.8	中
T98021	上　层	61 589	999 056	359 084	16	3	0.6	中
	下　层	17 171	292 664	131 625	17	2	0.6	中

表 7-1-4　调剖后主流通道喉道半径及差异性评价

井　组	层　段	喉道半径/μm			非均质评价参数			评价结论
		最　小	最　大	平　均	级　差	突进系数	变异系数	
T98014	上　层	43.64	180.02	109.79	4.1	1.6	0.4	大喉道—特大喉道
	下　层	35.96	150.07	90.67	4.2	1.7	0.5	大喉道—特大喉道
T98015	上　层	34.01	164.57	86.74	4.8	1.9	0.4	大喉道—特大喉道
	下　层	33.84	114.09	78.23	3.4	1.5	0.3	大喉道—特大喉道
T98020	上　层	50.37	171.33	109.42	3.4	1.6	0.3	大喉道—特大喉道
	下　层	40.39	144.80	80.88	3.6	1.8	0.4	大喉道—特大喉道
T98020	上　层	40.90	149.96	97.29	3.7	1.5	0.2	大喉道—特大喉道
	下　层	23.06	96.77	61.67	4.2	1.6	0.3	大喉道

3. 主流通道波及体积与波及系数

注采井间示踪剂波及的主流通道的波及体积为 1.40～3 128.98 m^3，平均波及体积为 72.58～285.54 m^3；对应的波及系数为 0.009 2%～43.02%，平均波及系数为 1.518 4%。

其中，波及体积超过 100 m^3 的有 51 井次，占 37.23%，波及体积超过 10 m^3 的井次占 94.89%。总体上，主流通道波及体积小、波及系数低。由表 7-1-5 可以看出，各井组、层段内注采井间主流通道波及体积差异大，注入蒸汽整体波及不均匀。

表 7-1-5　调剖后主流通道波及体积及差异性评价

井　组	层　段	波及体积/m^3			非均质评价参数			评价结论
		最　小	最　大	平　均	级　差	突进系数	变异系数	
T98014	上　层	11.58	989.09	216.93	85	5	1.4	强
	下　层	1.80	463.78	185.97	258	2	0.8	强
T98015	上　层	8.35	1 316.00	163.45	158	8	1.7	强
	下　层	13.85	3 128.98	285.54	226	11	2.6	强
T98020	上　层	1.40	365.03	74.15	261	5	1.1	强
	下　层	6.07	300.49	72.58	50	4	1.0	强
T98021	上　层	7.17	530.57	145.85	74	4	1.0	强
	下　层	33.53	533.36	158.94	16	3	1.1	强

4. 上下层段对比

由表 7-1-6 可知，示踪剂监测井组的上层段主流通道渗透率稍大于下层段，主流通道厚度、波及体积略小于下层段。结合各井组注采井间示踪剂主流通道厚度、渗透率、波及体积进行综合分析，认为监测区域内部具有强非均质性。

表 7-1-6　调剖后上、下层段主流通道非均质性评价

评价参数	井　段	最　小	最　大	平　均	级　差	突进系数	变异系数	评价结论
厚度/m	上　层	0.94	100.15	14.69	107	7	1.2	强
	下　层	0.88	113.30	15.93	129	7	1.3	强
渗透率/($10^{-3}\mu m^2$)	上　层	33 127	1 012 724	349 527	31	3	0.7	中
	下　层	17 171	703 822	226 022	41	3	0.8	强
波及体积/m^3	上　层	1.40	1 316.00	143.29	940	9	1.5	强
	下　层	1.80	3 128.98	182.41	1 738	17	2.4	强

五、注汽分配比例

根据生产井示踪剂产出浓度曲线及相应的生产数据，计算得到示踪剂单井回采率为 0.000 007%～0.526 3%，平均单井回采率为 0.018%；示踪剂单井组回采率为 0.015 7%～1.348%，平均单井组回采率为 0.307 9%。就示踪剂微量物质本身回采特性而言，4 个井组的示踪剂不论是单井回采率还是单井组回采率整体上都相对较高，说明注采井间主要发育强水淹快速渗流通道，在一定程度上表明注汽利用率较低，无效或低效循环注汽量较多。

根据示踪剂回采率可确定井组范围内注入蒸汽向各生产井方向的分配比例，4 井组各层段注入蒸汽的主要流向见表 7-1-7。由表可以看出，主要流向上占比仅 13.14%的 18 个井次分配了一半以上的注入蒸汽。

表 7-1-7　蒸汽驱 4 井组调剖后注入蒸汽主流方向

井　组	层　段	蒸汽主要流向 （单井蒸汽分配比例超过 10%）	井数占比/%	流量占比/%
T98014	上　层	98060，98061	22.22	70.88
	下　层	98061，T98164	16.67	75.40
T98015	上　层	98059	3.45	42.70
	下　层	98061	5.88	72.08
T98020	上　层	98073，T98114，T98122，TD98154	21.05	77.35
	下　层	T98117，T98127	14.29	68.24
T98021	上　层	T98115，T98118	7.69	51.89
	下　层	98081，T98115，T98117，T98118	36.36	83.84

六、调剖效果分析

1. 示踪剂产出特征对比

调剖前见剂时间明显早于调剖后(图 7-1-5)。调剖前峰值浓度明显高于调剖后，考虑调剖前后所使用示踪剂本底浓度不同，调剖前峰值浓度超出本底浓度的倍数也明显高于调剖后(图 7-1-6)。

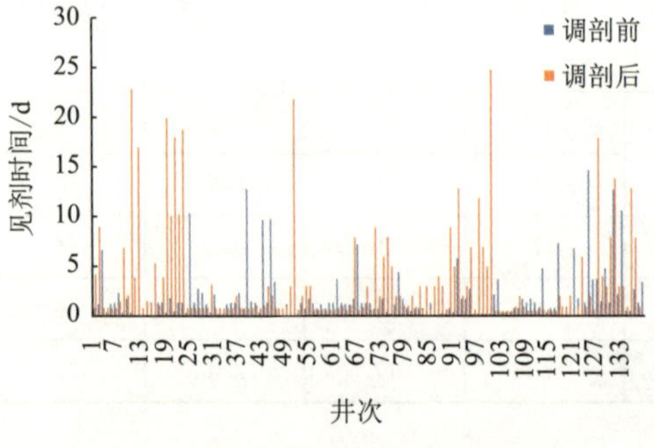

图 7-1-5　调剖前后示踪剂见剂时间对比

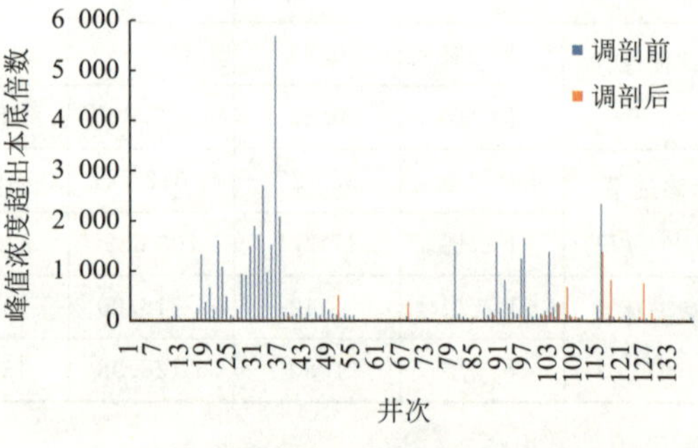

图 7-1-6　峰值浓度超出本底浓度倍数对比

调剖前后各井组、层段示踪剂推进速度与方向发生变化。例如，T98014 井组上层段调剖前示踪剂产出集中在东南—西北一线，调剖后示踪剂产出集中在东北和西北(图 7-1-7)；T98014 井组下层段调剖前示踪剂产出没有明显的方向性，各方向均有一定产出，调剖后示踪剂产出集中在东北和东南两个方向(图 7-1-8)。

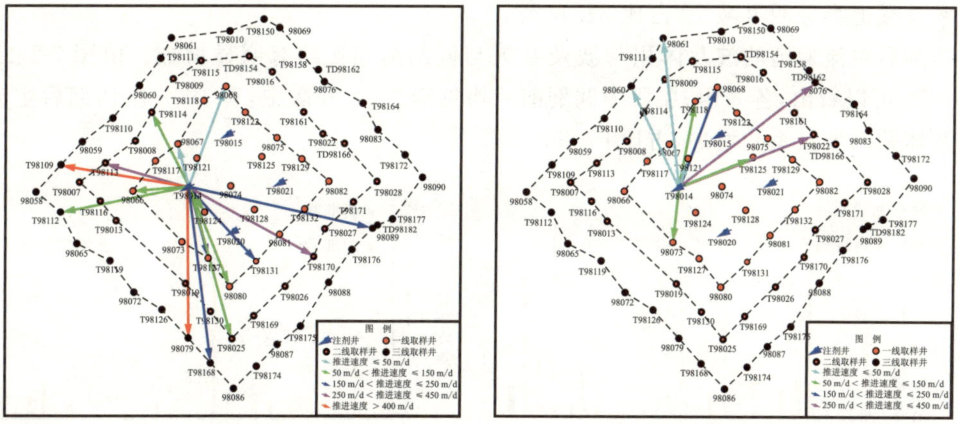

（a）调剖前　　（b）调剖后

图 7-1-7　T98014 井组上层段示踪剂推进速度与方向示意图

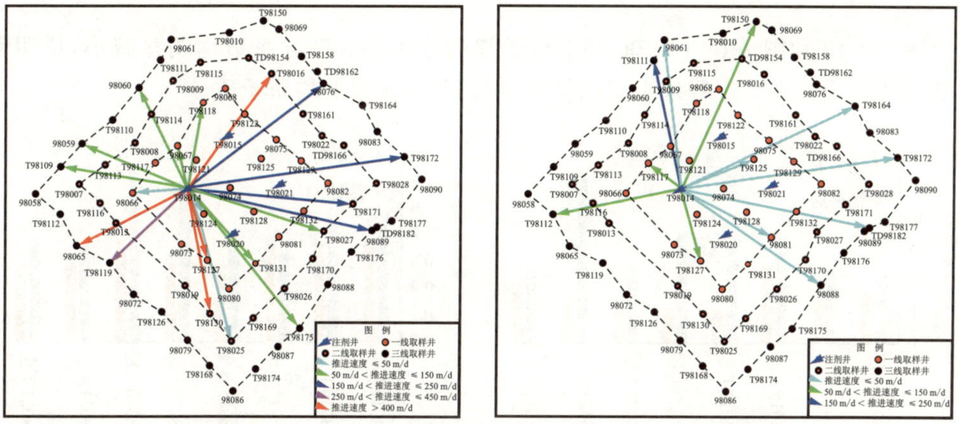

（a）调剖前　　（b）调剖后

图 7-1-8　T98014 井组下层段示踪剂推进速度与方向示意图

2. 主流通道参数对比

与调剖前相比，调剖后主流通道渗透率和喉道半径均有明显降低。由图 7-1-9 和图 7-1-10 可以看出，在各井组、层段调剖前后均见剂的28井次中，有16井次调剖后主流通道

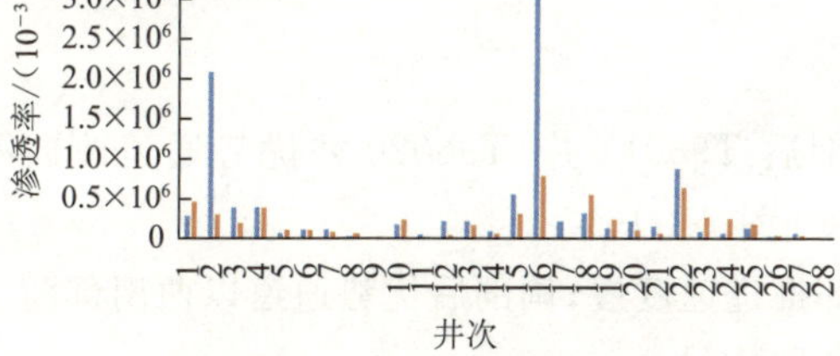

图 7-1-9　调剖前后同井主流通道渗透率对比

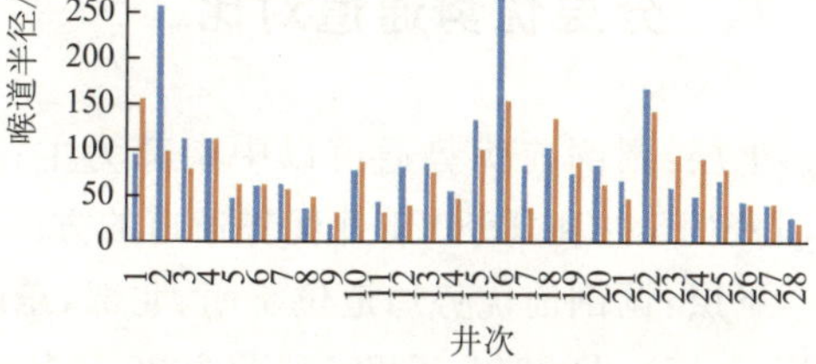

图 7-1-10　调剖前后同井主流通道喉道半径对比

渗透率及喉道半径明显减小，占比 57.14%。

调剖后主流通道的波及体积与波及系数与调剖前相比均有明显增加。由图 7-1-11 和图 7-1-12 可以看出，各井组、层段中调剖前后均见剂的 28 井次中，有 19 井次调剖后主流通道波及体积与波及系数增加，占比 67.86%。

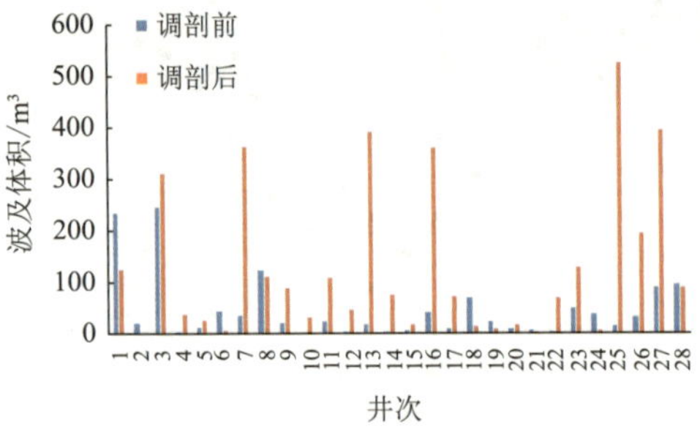

图 7-1-11　调剖前后同井主流通道波及体积对比

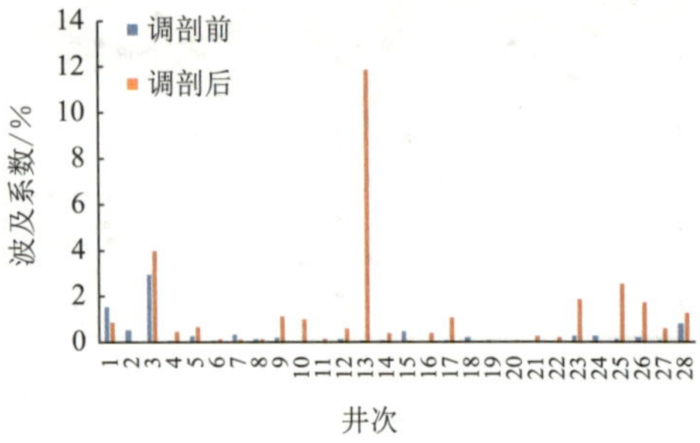

图 7-1-12　调剖前后同井主流通道波及系数对比

由图 7-1-13 和图 7-1-14 可知，调剖后的渗透率级差和变异系数均明显减小，说明调剖使得油藏非均质性在一定程度上得以缓解，但仍具有较强非均质矛盾。

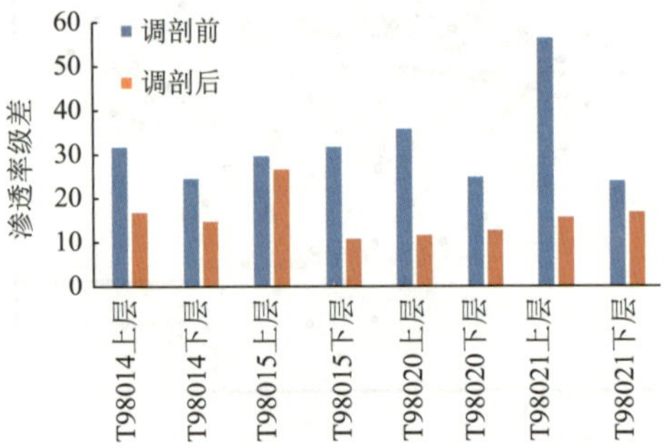

图 7-1-13　调剖前后渗透率级差对比

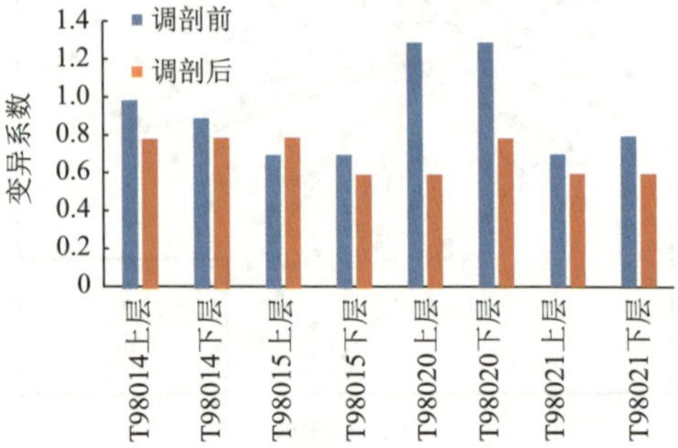

图 7-1-14　调剖前后渗透率变异系数对比

七、蒸汽驱前缘监测分析

调剖前后蒸汽驱前缘方向变化如图 7-1-15 所示，其中 T98021 井组前缘方向改善明显，T98015 井组和 T98020 井组改向效果一般。调剖前后 4 口监测井的蒸汽驱前缘都已到达或超过一线生产井，所以造成一线生产井汽窜严重而不能正常开井生产。

八、分层优势通道对比

上层：调剖前优势通道以中南部为主；调剖后 T98014 井、T98020 井优势通道改向明显，T98015 井和 T98021 井优势通道的方向没变（图 7-1-16）。

下层：调剖前优势通道位于南、北部，东南部推进速度慢；调剖后优势通道以西南部为主（图 7-1-17），T98014，T98015，T98020 三井改向明显。

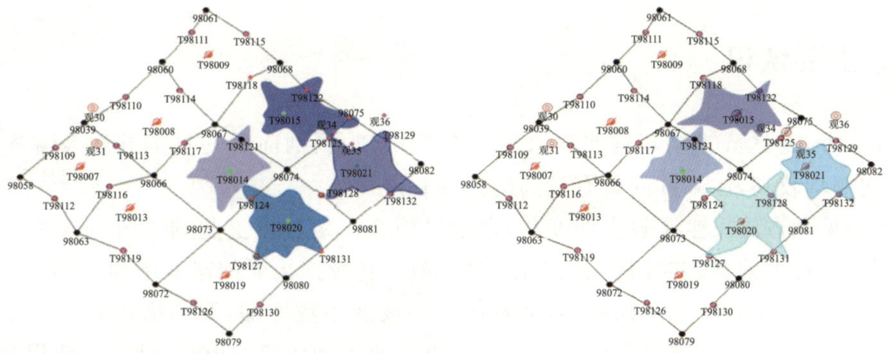

（a）调剖前（2016-07）　　（b）调剖前（2016-12）

图 7-1-15 4 个井组调剖前后蒸汽驱前缘变化对比

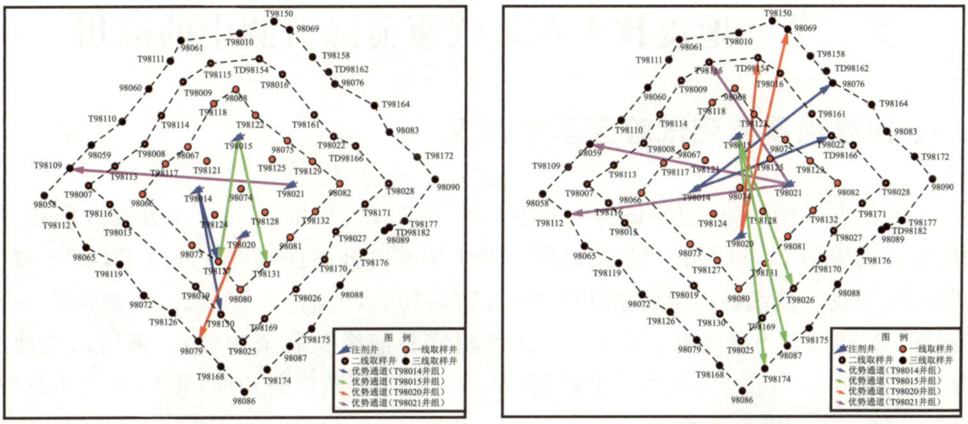

（a）调剖前　　（b）调剖后

图 7-1-16 九$_8$区齐古组超稠油蒸汽驱 4 井组上层调剖前后优势通道对比

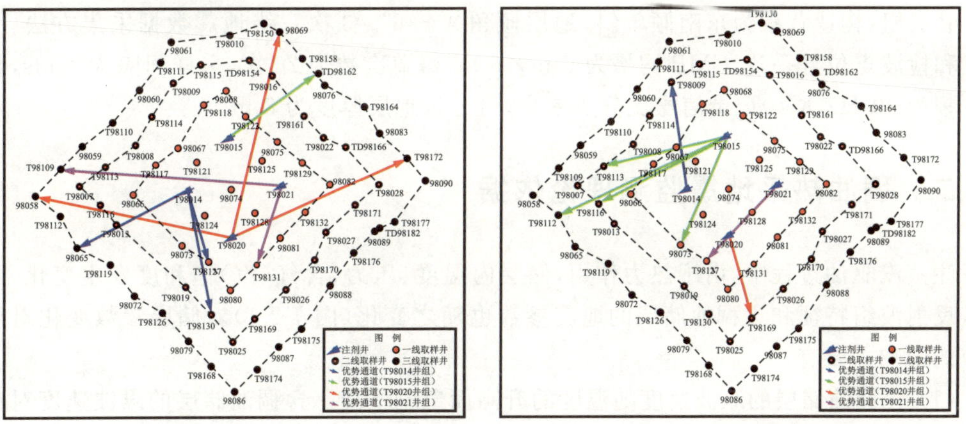

（a）调剖前　　（b）调剖后

图 7-1-17 九$_8$区齐古组超稠油蒸汽驱 4 井组下层调剖前后优势通道对比

九、主要认识

综合分析九$_8$区齐古组超稠油蒸汽驱 4 井组可知，调剖前后的见剂井数及井次比例相当，见剂比例均较高，注采井间具有较高的连通程度。

调剖后见剂方向发生了较大的变化，调剖措施在一定程度上起到了改变液流方向的作用。调剖后示踪剂的突破时间变长、产出浓度降低、持续产出时间略有增加。调剖后蒸汽推进速度降低，渗透率与喉道半径减小，波及体积和波及系数增加，调剖措施对井间窜流通道起到了一定的封堵作用，部分井组蒸汽驱前缘方向改善和优势通道改向明显，使得油藏非均质性在一定程度上得以缓解。

第二节　地震技术在蒸汽驱前缘监测中的应用

一、四维地震监测试验区基本情况

克拉玛依九区稠油油藏九$_5$试验区有生产井 49 口，观察井 5 口，以反九点井网布井，主力油层为齐古组 $J_3q_2^{2-1}$ 和 $J_3q_2^{2-2}$ 层。该区于 1991 年 6 月开始注蒸汽吞吐开发，1994 年 5 月转入蒸汽驱开发。蒸汽吞吐阶段累计注汽 29.77×10^4 t，产油 16.22×10^4 t，油汽比 0.545，采出程度 22.89%。为研究九$_5$区 95159 井区蒸汽驱前缘及剩余油分布，采用四维地震技术，分别于 1993 年 11 月(蒸汽吞吐中后期)、1994 年 8 月(蒸汽驱初期)和 1995 年 7 月(蒸汽驱中期)开展 3 次三维地震监测。

地震监测区(95159 井区)面积为 0.36 km^2，油层厚度约 80 m，平均埋深 270 m，主要岩石类型为灰绿色细—中砂岩和含砾砂岩，属于辫状河流相沉积，自上而下分为 J_3q_1，J_3q_2，J_3q_3 砂层组，构造背景为东南倾单斜，地层倾角 4°～6°。3 次三维地震数据采集方法一致，炮点和检波点位置一致，CMP 网格为 5 m×5 m，覆盖次数为 20 次，采样间隔为 1 ms，目的层主频为 90 Hz，原始记录信噪比分辨率高，可分辨地层厚度为 8 m。

二、稠油热采地震监测理论依据

注蒸汽驱油过程中，由于热力作用，储层内温度、压力、含气(汽)饱和度发生变化，导致地震反射波组特征和含稠油储层的地震参数也随之变化(图 7-2-1)。储层参数变化对地震响应的影响主要有：

(1) 含稠油储层的纵波速度随温度的升高而急剧下降。含稠油储层的纵波速度对温度的变化最敏感，当未固结砂岩含油饱和度为 100%时，纵波速度随着温度的升高而急剧下降。当温度从 25 ℃增加到 150 ℃时，纵波速度降低 22%～40%。

(2) 热蒸汽作用后，岩石结构及孔隙流体性质发生变化，导致地震波高频成分被吸收衰减，反射主频降低。因此，储层下方反射频谱发生变化，注汽影响范围内高频衰减显著，而储层以上的高频成分无变化。

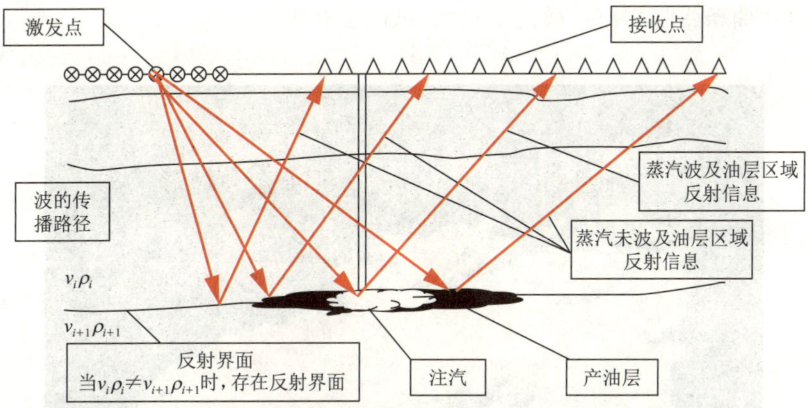

v_i，v_{i+1}—地震波在反射界面上方地层和下方地层中的传播速度；ρ_i，ρ_{i+1}—反射界面上方地层和下方地层密度。

图 7-2-1　随时间推移地震信息的变化和差异图

(3) 受蒸汽驱热场影响，储层出现新的地震反射特征，或反射振幅发生变化（变强或者变弱）。在受蒸汽驱热场影响的范围内，储层的反射变强，且地震反射波组出现下拉现象。

(4) 注蒸汽前后地震波反射时间发生变化。在受蒸汽驱热场影响的范围内，储层下方的地震波反射时间延迟。

(5) 高温蒸汽注入及重油液化时产生的部分气体和油被驱替后，储层体密度的变化造成波阻抗发生变化。

三、四维地震资料处理方法

95159 井区四维地震处理方法有：时频域球面发散与吸收补偿、鸣震压制与统一子波、提高分辨率、消除非目的层引起的相位和时间差异。处理地震资料采用的技术手段有相位校正、频率校正、振幅标定、静态时移校正等互均衡处理，其目的是消除非油藏动态变化引起的振幅、时差和波形的差异，只保留油藏地震反射的动态变化，以此保证 3 期三维地震资料具有一致性和可比性。相对保持振幅处理技术使用统一的补偿方法和系数，既补偿球面扩散和吸收的影响，又保留不同时期油藏动态变化引起的振幅差异；用差异处理技术来分析油藏不同时期的动态变化，即后一次地震观测数据体与前一次地震观测数据体整体相减，差值部分就是油藏受热蒸汽影响的蒸汽驱前缘。

四、监测方法及效果分析

四维地震资料的解释实际就是对各种地震参数和属性的时移观测与基础观测求差。

1. 含稠油储层特征描述

根据第 1 期三维地震数据体对监测目标进行静态描述，包括准确标定受蒸汽热影响砂层所对应地震反射波组的位置、确定各砂层组的地震反射特征、划分砂层并确定砂体的剖面形态和平面分布等。由图 7-2-2 可知，研究区含稠油砂层为典型的网状河流相沉积，平面上为南北向（呈弯曲条带状）分布，横向变化大，纵向互有叠置。

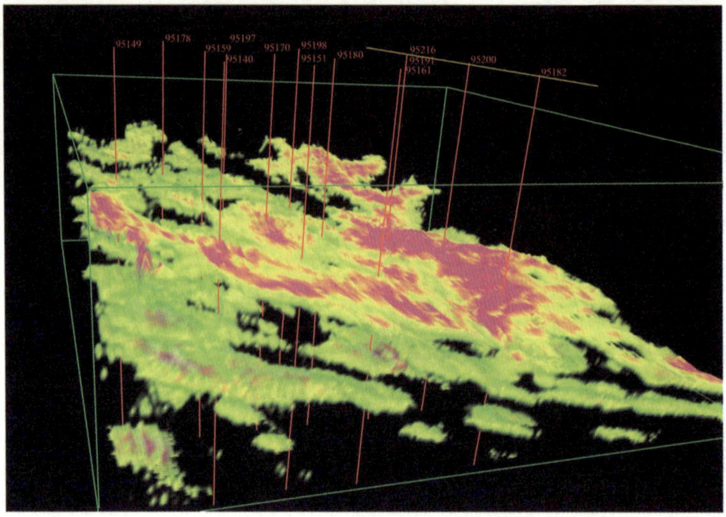

图 7-2-2　砂层($J_3q_2^2$)的空间展布

2. 振幅信息对蒸汽驱热场的响应

在确定含稠油储层地震反射特征的基础上，对应其反射波组的位置，提取不同时期的振幅信息，进行差异分析。提取振幅采用两种手段：一是提取油层顶面对应的反射波峰最大振幅值；二是以油层的顶、底面作为时窗，提取整个油层段的平均能量（也反映最大振幅的响应）。分析最大振幅属性的差异认为，前后不同时期最大振幅发生变化（无论变化大小）的区域就是蒸汽驱前缘的影响范围。分析最大振幅的变化可知，监测区内有两个受蒸汽驱热场影响明显的范围：一是 95140 井和 95161 井之间；二是 95159 井、95180 井以南 110 m 处，长度范围 260 m。随着热采时间的增长，界面反射系数变大，反射振幅明显增强，后期比前期最大振幅明显增强（图 7-2-3）。不难发现，3 a 内监测区西南部最大振幅分布逐年缩小，而东

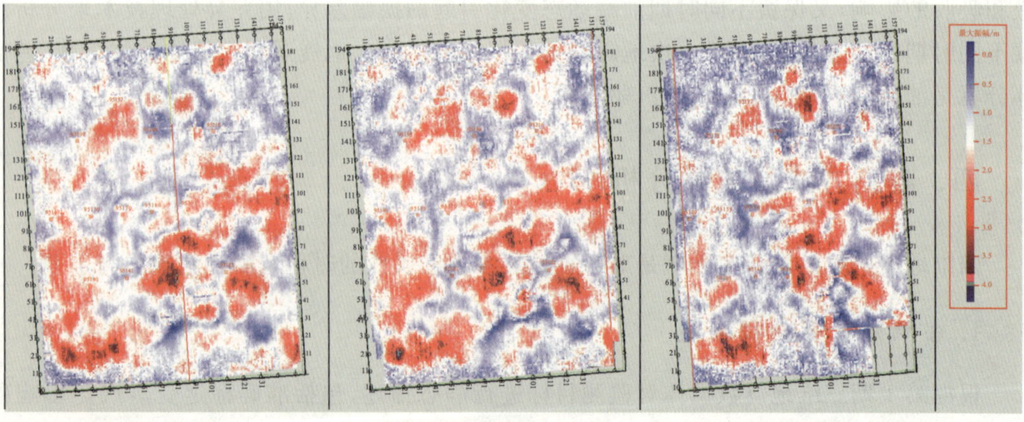

(a) 1993年　　(b) 1994年　　(c) 1995年

图 7-2-3　油层顶面最大振幅的比较

部区域最大振幅基本没有变化。上述监测成果显示，3 a 来监测区西南区域蒸汽驱油效率较高，而东部区域油层动用程度仍较低。

3. 地震层速度对蒸汽驱热场的响应

监测区油层原始地震层速度变化趋势与其砂体厚度和单位体积含油量有较好的对应关系。监测区西部为河道砂体及心滩砂体沉积区域，砂体有效厚度较大，储层具有较好的孔隙度、渗透率、含油饱和度，其相应的原始地震层速度较低；而监测区东部为河漫滩沉积区域，储层砂体不发育，物性较差，其相应的原始地震层速度较高。随着注汽开采历程的延续，低速区逐步向高孔、高渗、有效厚度大的砂体方向扩展。蒸汽驱初期的地震层速度低值区（地震层速度降低幅度已变得很小）主要集中在注汽井附近，且规模较小，蒸汽驱中期低值区规模增大。地震层速度平面分布的变化与生产动态关系见表 7-2-1。

表 7-2-1　地震层速度平面分布变化与生产动态关系表

时　期	参数区间	井数/口	地震层速度/($m \cdot s^{-1}$)	平均单井累积产油量/(10^4 t)	采出程度/%	平均剩余油饱和度/%
第 1 期（蒸汽吞吐期）	低值区	15	1 800～2 000	0.412 9	14.5	53.01
	高值区	3	2 800～3 200	0.139 5	6.6	62.80
第 2 期（蒸汽驱初期）	低值区	15	1 800～2 000	0.508 4	20.8	54.66
	高值区	9	2 800～3 200	0.295 9	14.1	58.00
第 3 期（蒸汽驱中期）	低值区	17	1 800～2 000	0.586 6	22.8	50.78
	高值区	2	2 800～3 200	0.096 9	8.4	62.86

另外，距地震监测时间较近测试的 C/O 测井资料同样反映着地震层速度的变化特征。采出程度变化幅度较大，则对应的地震层速度较低；采出程度变化幅度较小或未动用，则对应的地震层速度较高。

对油田现场测得的各生产井的油层中部井温以及各时期井点位置的地震层速度进行分析统计，得到的关系式（相关系数为 0.721 5）为：

$$v_{in} = -16.69T + 2\,918.22$$

式中　v_{in}——地震层速度，m/s；

T——井温（范围为 20～90 ℃），℃。

地震层速度与井温呈反比线性关系，说明随着温度升高，含油砂层的地震层速度明显降低，因此可以根据地震层速度的变化来判断热蒸汽的推进范围。

吞吐末期低速区基本位于监测区以南区域；而蒸汽驱 3 个月后，低速区趋于连片；蒸汽驱 1 a 后，低速区在南北向已连成一片，东部高速区变化不大，这与实际动态见效分布状况基本一致。可见，平面上蒸汽波及范围有限，仅有部分区域得到蒸汽驱替。

4. 延迟时间对蒸汽驱热场的响应

地震波穿透含蒸汽油层所需旅行时间大于穿透不含蒸汽油层所需旅行时间，其差值称为延迟时间(图 7-2-4)。比较 3 期地震数据体中的时间厚度可以看出，以 95159 井和 95180 井为中心向外，延迟时间逐渐增大，95159 井附近最大延迟时间为 5 ms。

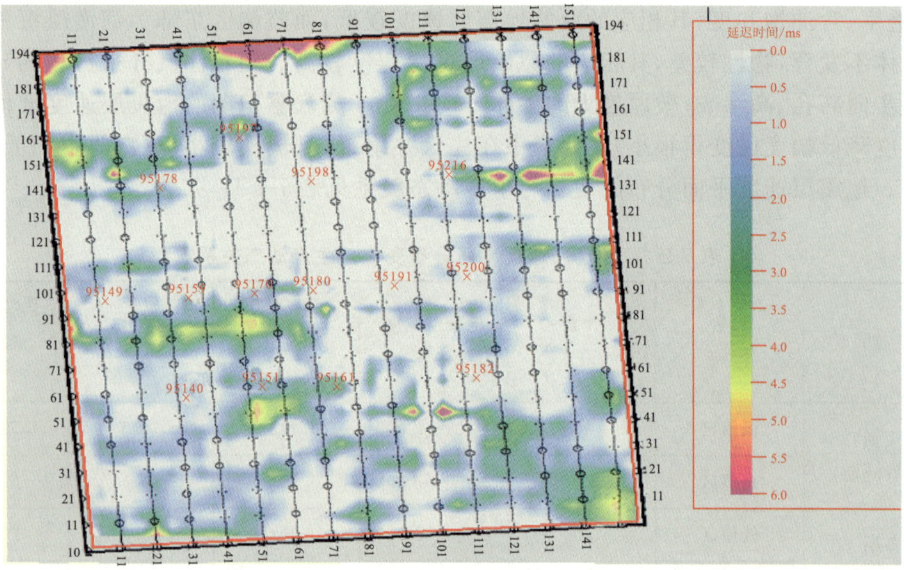

图 7-2-4　延迟时间的平面图

根据上述 3 种地震属性的变化规律，可以综合判断不同时期蒸汽驱所到达的范围、各个时期注汽井的热驱效果、蒸汽驱前缘的推进方向以及蒸汽驱的波及面积等。通过 3 期地震监测可知，监测区内 9 口注汽井中，除东侧的 3 口井蒸汽驱效果较差(原因是注汽井附近存在垂向微裂缝，使注入蒸汽沿裂缝发生上窜)外，其余 6 口井(95140 井、95149 井、95159 井、95178 井、95180 井和 95198 井)均见到了好的蒸汽驱效果，由吞吐转蒸汽驱，蒸汽驱前缘最大推进了 170 m。

5. 剩余油分布范围分析

根据 3 期地震资料的对应反射特征及对各地震属性变化的综合判断可知，监测区有 3 个剩余油分布区：① 95140 井以南，为东西向长方形(210 m×46 m)区域，包括 95131 井、95111 井；② 95178 井与 95198 井之间，包括 95189 井、95197 井；③ 围绕 95200 井，范围较大，包括 95209 井、95191 井、95171 井、95192 井(图 7-2-5)。四维地震、注采剖面、C/O 测试、密闭取芯等动态监测资料表明，在 100 m×140 m 反九点井网条件下，蒸汽驱后仅见效方向上的上部油层得到动用，而油层中下部含油饱和度基本没有变化，蒸汽驱不见效方向的含油饱和度变化不大。因此，如何对蒸汽驱油藏进行综合治理、提高油层动用程度及扩大蒸汽波及范围，是改善稠油油藏蒸汽驱开发效果的关键。

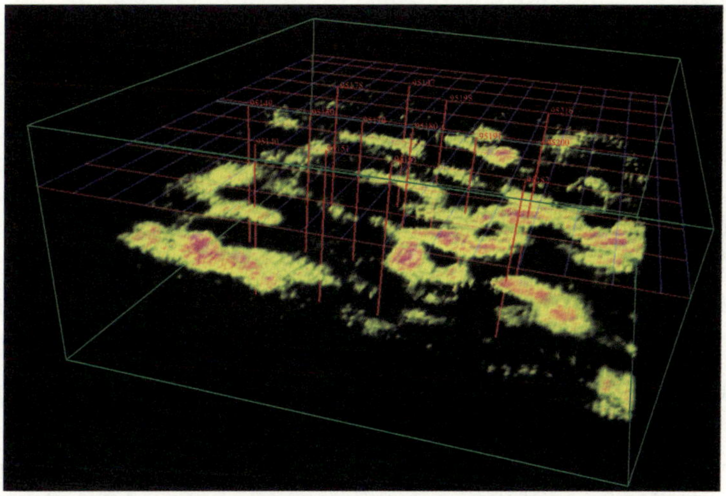

图 7-2-5　油层振幅未发生变化区的空间范围(剩余油分布范围)

第三节　井间电位法在蒸汽驱前缘监测中的应用

一、井间电位法油藏监测基本原理及施工方法

1. 井间电位法油藏监测的基本原理

井间电位法油储动态监测技术以传导类电法勘探的基本理论为依据,通过测量注水或注汽层位内高电离能量的工作液和气体所引起的地面电位梯度的变化,并根据这些变化反演出目的层的电性参数变化,来达到解释推断目的层段有关油藏动态参数(如蒸汽驱效果、方向和汽窜方向等)的目的。

蒸汽驱井间电位法监测以注汽后地下目的层的电阻率变化为基础。蒸汽注入后,注汽层位介质的物理性质通常发生如下变化:

(1) 蒸汽带,包括高温水蒸气、汽化的烃类轻成分、水和液烃。此带含汽饱和度较高,含油饱和度低。由于蒸汽为高阻,所以注汽后,电阻率升高。

(2) 凝析带,包括液烃、凝析热水和油层内原生水。注蒸汽后此带电阻率升高,可能原因包括:高阻蒸汽形成的凝析热水、高阻液烃、蒸汽带的驱入油(相对于蒸汽带,此带的含油饱和度升高)进入此带。

(3) 热水带,包括液烃和不饱和热水。随着开采的进行,热水带的含油饱和度相比近井蒸汽带要高。由于注入汽与矿物质混合,该带电阻率相比蒸汽带会有所降低,但就整体而言,该带电阻率可能会升高。若精细地考察热水带的电阻率,则这实际上是一个很复杂的动态变化过程。

由蒸汽冷却变成的热水相当于淡水。热水驱替掉油层中的可动油和可动水,占据了孔隙的一部分,从而使油层孔隙中的水变成热水和束缚水的混合物。已知地层孔隙中剩余油饱和度 S_{oil}、热水饱和度 S_{wj} 和束缚水(注汽前)饱和度 S_{wi},若假定地层原生水(注汽前)的电阻率为 R_{wi},热水的电阻率为 R_{wj},地层中混合液的电阻率为 R_Z,地层总含水饱和度为 S_{wt},

则油层电阻率 R_t 为：

$$R_t = \frac{a}{\phi^m S_{wt}^n} R_Z = \frac{a R_{wj} R_{wi} S_{wt}}{\phi^m S_{wt}^n [S_{wi} R_{wj} + (S_{wt} - S_{wi}) R_{wi}]} \tag{7-3-1}$$

式中　上标 m——地层胶结因数，$m \cong 2.15$（对砂岩）；

上标 n——饱和指数，$n \cong 2$（对砂岩）；

a——常数，约为 0.62（对砂岩）；

ϕ——油层孔隙度。

对于蒸汽驱来说，热水的电阻率 R_{wj} 大于地层原生水（注汽前）的电阻率 R_{wi}。随着热水进入油层，油层电阻率 R_t 是下降的，这是因为热水先驱出大孔隙中的油，水的淡化抵不过 S_{wt} 增加对电阻率的影响。随着 S_{wt} 增加，R_t 缓慢下降，当 S_{wt} 增加到一定程度时，R_t 不再下降，且随着 S_{wt} 的增加而上升，这时表现为淡化热水电阻率起主要作用，形成"U"形曲线。

热水运移至热水带后，油层温度升高，导致电阻率下降，这部分将与电阻率升高的部分相抵消，抵消程度取决于热量传递的多少，甚至整体而言表现为电阻率下降。由于此带没有蒸汽潜热，热水带在向下游井运移过程中温度下降很快，因此温度升高导致电阻率下降的程度随靠近下游井的距离越近而越小。此外，由于热水会冲洗掉一部分孔隙中的分散泥质，使储层孔隙度变大，相应地，渗透度也有所增大，因此油层电阻率减小。

综上，注汽后的热水带处于"U"形曲线的后段时会引起地层电阻率变大，而引起油层电阻率下降有多方面的因素：处于"U"形曲线前段（地层总含水饱和度增加）、油层温度升高、孔隙度变大等。

(4) 冷水带，位于生产井的周边区域。随着开采的进行，此带的含油饱和度相对而言较低。当汽窜发生时，此带的温度接近油层初始温度或吞吐阶段末期油层温度，驱油机理接近常规水驱（流体为蒸汽经长距离运移冷却后抵达，含水饱和度变大），电阻率下降的可能性较大。而引起电阻率上升的原因有两个，即从上游被驱替的油进入此带和地层水矿化度降低。

(5) 汽窜通道，指注汽井与生产井之间可能存在的汽窜通道。注汽后，汽窜通道电阻率升高。通常发生汽窜的上下游井之间存在电阻率升高的异常条带，但若存在汽窜通道的"瓶颈"，则这种异常条带将被割离。

总的来看，注汽后，目的层位大部分区域电阻率升高，这主要与蒸汽的分布及运移有关。通过测量注汽前后的电阻率差异，可达到定性和定量研究目的层蒸汽驱效果、蒸汽推进方向和可能的汽窜的目的，其物理基础是存在的。

图 7-3-1 所示为蒸汽驱注采井间温度、含油饱和度和电阻率变化径向分带示意图。

2. 施工方法及参数

1) 监测设备

考虑到油田矿区存在干扰大等不利因素，故井间电位法所选仪器系统应具有抗干扰的超低频输出与对应接收功能，测量接收仪器应具有抗干扰能力强、测试精度高的特点。图 7-3-2 所示为井间电位法资料采集仪器，包括接收机 V5、发射机 T30 和发电机 MG30 三大部分。该仪器系统可在信噪比不低于 −30 dB 的条件下保证信号精度，比常规电法仪器提高一个数量级以上。该仪器可以同时采集 8 道电位差数据，各测点在供电情况下的电位差可达几十至几百毫伏，而背景噪声水平仅约 $n \times 10^{-2}$ mV，可见信噪比很高。

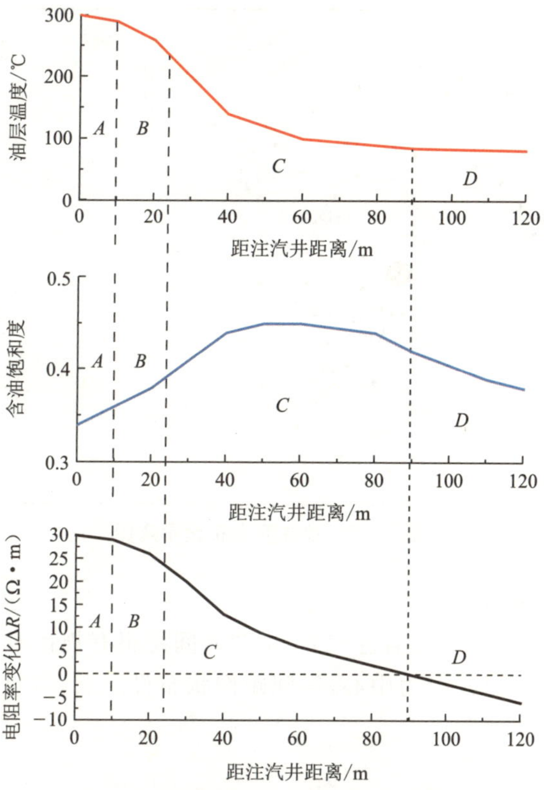

A—蒸汽带；*B*—凝析带；*C*—热水带；*D*—冷水带。

图 7-3-1　注采井间温度、含油饱和度和电阻率变化径向分带示意图

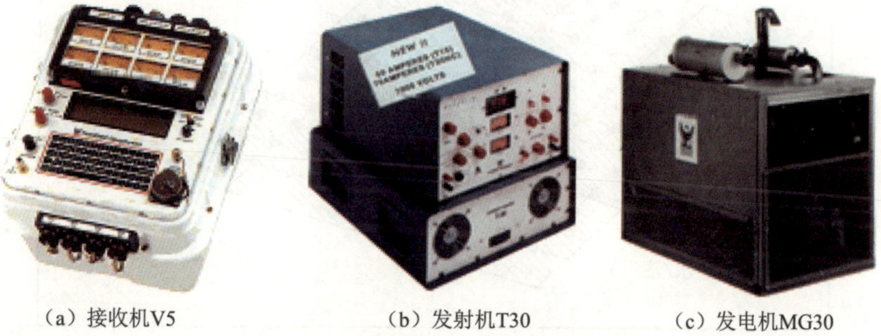

(a) 接收机V5　　(b) 发射机T30　　(c) 发电机MG30

图 7-3-2　井间电位法资料采集仪器

2) 测点布设方式

(1) 单井测点布设。

该方式以单个被测井为圆心多圈布设测点。实际应用中，以被测井(供电电极 A)为圆心，分别布置内、中、外呈放射线对应的 3 圈测点(通称 M 极，其中内圈测点半径为 10 m，中圈测点半径为 30 m，外圈测点半径为 70 m，同环相邻两测点间夹角为 15°，3 圈共布设 20×3＝72 个测点)，另一相对无穷远点(实测时取 800 m)为 N 极，回流井(供电电极 B)距离 A 极 4 km 左右，现场布置如图 7-3-3 所示。

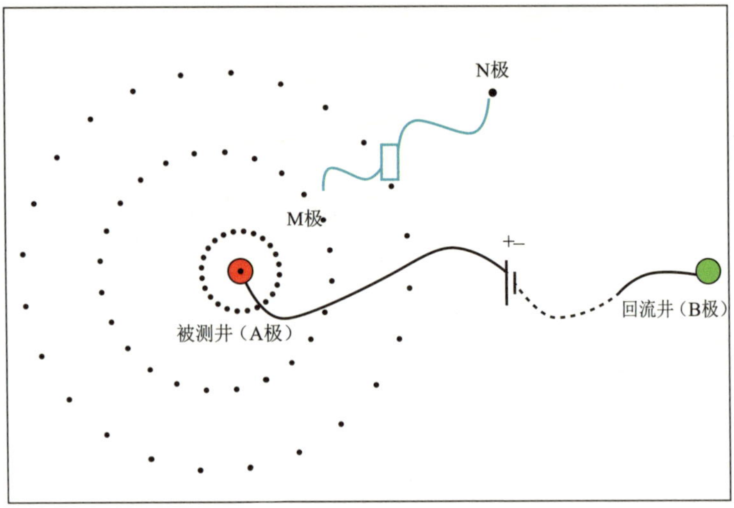

图 7-3-3　单井测点布设示意图

（2）网格状分布式测点布设。

当测试工区监测井多、面积大且注汽井、生产井间距很有规律时，可以采用网格状分布式（或称棋盘式）布极，即以井组为中心，等间距网状布设测点，均匀覆盖满测区面积，如图 7-3-4 所示。

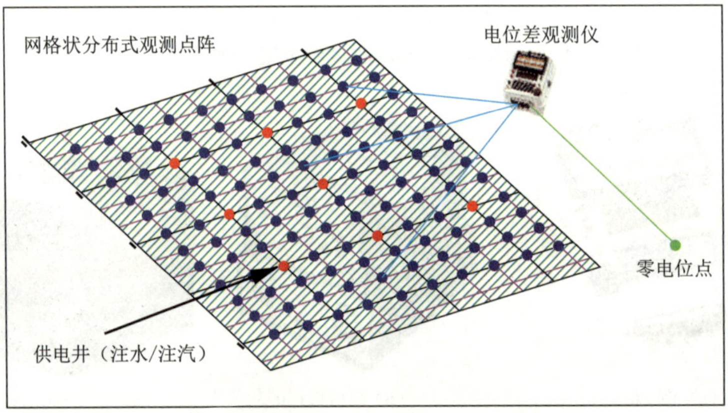

图 7-3-4　网格状分布式布设示意图

网格状分布式的井间电位供电系统采用注汽井组方式（多口井同时供电，这是其他同类功率较小的设备所不易做到的），即把测试区块中多口注汽井连接在一起构成供电极组（A 极），再在距测区以外 5 km 左右的位置选一口独立井作为供电电极 B（回流井）。供电系统布设如图 7-3-5 所示。现场测量时，输出电压为 800 V 左右，供电电流总强度 I 为 20 A 左右，各分井电流 I_i 可达 2 A 以上。

网格状分布式的测点部分为方格测线网（点、线距均为 14.14 m）的交点，作为电位测量的 M 极，在距测区以外 1 800 m 干扰较小处选一点作为电位差测量的 N 极（即所有测点共用的一个零电位点）。网格状分布式测点布设可以弥补常规放射状圆环形测量方式中测点

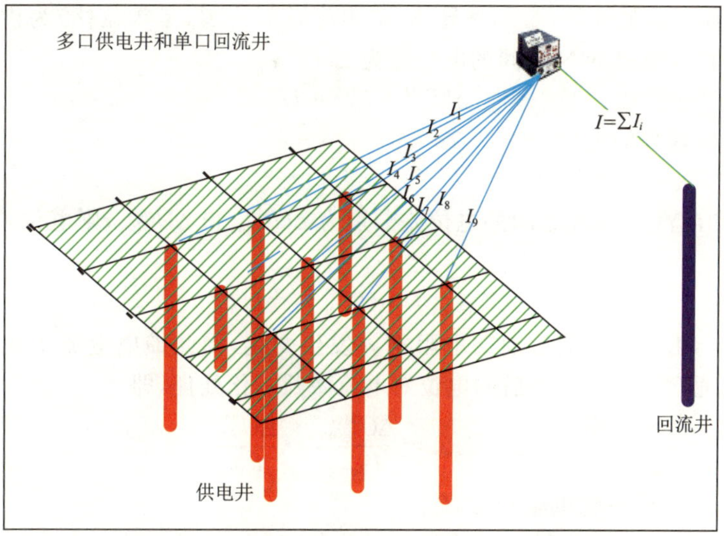

图 7-3-5　网格状分布式供电系统布设示意图

随圆环半径变大而出现的测量电位差数据空白区变大的不足（即常规方法存在相应的信息空白区）。

在施工过程中做 $2^{-2}\sim2^{4}$ Hz 的频率加密试验，优选干扰最小的频率范围。根据现场试验，最后设定 2^{2}，2^{0}，2^{-2} 和 2^{-4} Hz 4 个频率为实测频率点。

二、井间电位法资料处理与反演方法

图 7-3-6 所示为单井井间电位法动态监测系统及正反演计算示意图。A 为被测注汽井（供电井），B 为回流井，由 A 和 B 两口井构成馈电回路，A 和 B 均为金属套管井，恰为供电电极，供电电流为 I。接收电偶极子的两个电极（测量极）分别为 M 和 N，观测 M 和 N 两电极之间的电位差 ΔU^{MN}。

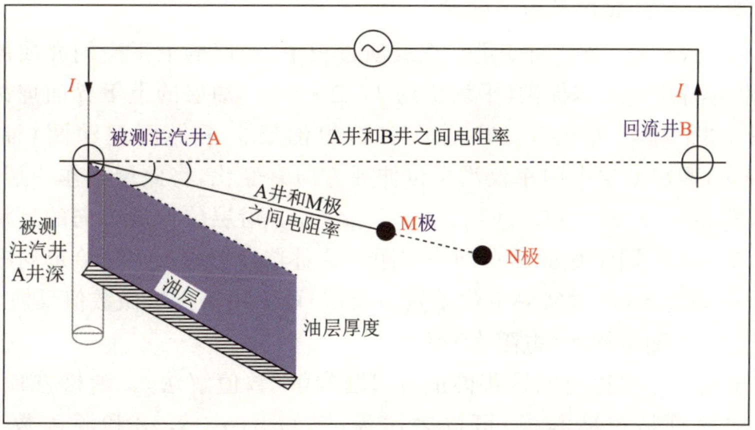

图 7-3-6　井间电位法监测系统及正反演计算示意图

在以 A 井和 B 井的套管(金属良导体,电阻率近似为零,是等位体)为供电电极向地层馈电的情况下,接收电极 MN 之间的电位差为 ΔU^{MN}:

$$\Delta U^{\mathrm{MN}}=U^{\mathrm{M}}-U^{\mathrm{N}} \tag{7-3-2}$$

式中 U^{M}——M 极处的电位,V;

U^{N}——N 极处的电位,V。

记注汽前和注汽后 MN 之间的电位差分别为 $\Delta U^{\mathrm{MN}}_{\mathrm{Before}}$ 和 $\Delta U^{\mathrm{MN}}_{\mathrm{After}}$,则电位差异常 $\Delta U^{\mathrm{MN}}_{\mathrm{Anomaly}}$ 为:

$$\Delta U^{\mathrm{MN}}_{\mathrm{Anomaly}}=\Delta U^{\mathrm{MN}}_{\mathrm{Before}}-\Delta U^{\mathrm{MN}}_{\mathrm{After}} \tag{7-3-3}$$

实际情况下,由于注汽前后油层电阻率 ρ 发生变化,因此馈电电流 I 也可能有所变化(但变化不大),通常要将注汽前后的电位对电流做归一化处理,即

$$\Delta R^{\mathrm{MN}}_{\mathrm{Anomaly}}=\frac{\Delta U^{\mathrm{MN}}_{\mathrm{Before}}}{I_{\mathrm{Before}}}-\frac{\Delta U^{\mathrm{MN}}_{\mathrm{After}}}{I_{\mathrm{After}}} \tag{7-3-4}$$

式中 $\Delta R^{\mathrm{MN}}_{\mathrm{Anomaly}}$——归一化电阻异常,Ω。

对于多口井同时供电的情况,则应采用对总电流归一化的方法。

油层电阻率反演即泊松方程反演,反演的数学问题可以表述为:已知源函数 f 和地面位函数(电位差 ΔU)的分布,根据方程

$$\begin{cases}\nabla\left[\dfrac{\nabla(\Delta U)}{\rho(x,y,z)}\right]=f(\text{单源或多源,已知})\\ \Delta U=g(\text{地面场值,已知})\end{cases} \tag{7-3-5}$$

求电阻率 $\rho(x,y,z)$的分布。

现对反演数学问题中的物理量做简要说明。

源函数 f:在源点具有奇异特性。各个供电井与回流井均为金属套管,各供电井套管在供电时连成一体,正反演计算时均设为一等位体。电流主要由射孔段流入地层,由于管径相对于射孔段长度较小,射孔段可近似看作线电流源;很小一部分电流通过井口非胶结段从地面流入地下(相对于射孔段可近似为点电流源,分流量约占 1%,大小与射孔段长度有关,正反演时分流量将根据射孔段长度自动计算)。

位函数(电位差 ΔU):ΔU 在地面的分布即井间电位法观测数据,由于只有半空间部分区域 ΔU 的观测数据,反演将是边值问题。

电阻率 $\rho(x,y,z)$:三维空间变量。在反演过程中,油层的上下空间介质的电阻率固定不变,其数值由电测井数据体提供(平均值约 17 Ω·m)。油层的上下界面埋深由射孔段顶底面确定。图 7-3-7 所示为克浅 109 井区齐古组油层上下界面埋深图(油层平均厚度 8.2 m)。反演时,假定此层电阻率仅沿层位伸展方向有变化,将此层当作一层(未在纵向上细分出小段),即 $\rho(x,y,z)=\rho(x,y)\big|_{\text{油层下界}<z<\text{油层上界}}$。沿层位伸展方向的反演网格划分为 14.14 m×14.14 m(等同于地面测点网格间距),这种选择形成反演的恰定问题。

对方程(7-3-5)的求解(对实测电位差资料反演)可采用谱方法做数值反演,步骤如下:

(1) 先假定一个油层初始(电阻率)模型。

(2) 通过解泊松方程边值问题获得正演问题的解(数值解法)。泊松方程正演问题(在数学上,正演问题总是较易实现)可以表述为:已知 $\rho(x,y,z)$和源函数 f,根据方程 $\nabla\left[\dfrac{\nabla(\Delta U)}{\rho(x,y,z)}\right]=f$(单源或多源,已知),求地面位函数(电位差 ΔU)的分布。谱方法是将正

演公式中的泊松方程化为离散形式来实现正演的，即

$$\nabla(\Delta U_{i+1}) = \frac{f - \nabla^2(\Delta U_i)}{\nabla\left[\frac{1}{\rho(x,y,z)}\right]} \tag{7-3-6}$$

式中　ΔU_i——现测点 i 处的电位差。

在整个反演过程中，这个公式实际上又是一个嵌入式的迭代。

(3) 根据实测数据（地面电位差观测数据）和正演理论数据（计算的电位差数据）的拟合情况修订油层模型。

(4) 重复(2)和(3)多次，直至实测数据和正演理论数据达到满意的拟合精度（即 $\varepsilon < \varepsilon_0$，$\varepsilon$ 为实测数据和正演理论数据的拟合误差，ε_0 为拟合精度限值）为止，从而获取最终油层电阻率 $\rho(x,y)|_{油层下界<z<油层上界}$ 分布。

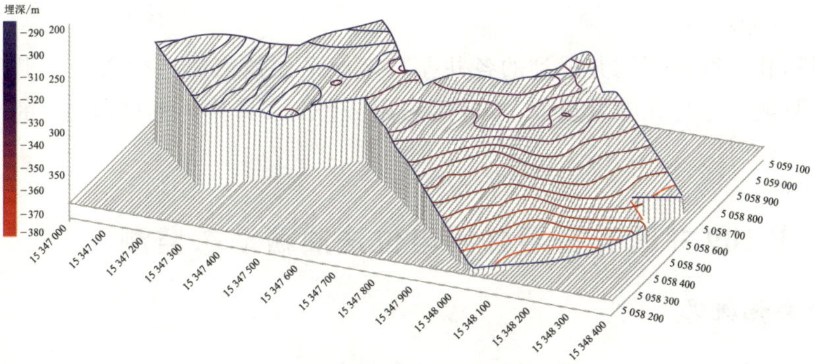

(a) 克浅109井区齐古组油层顶面埋深

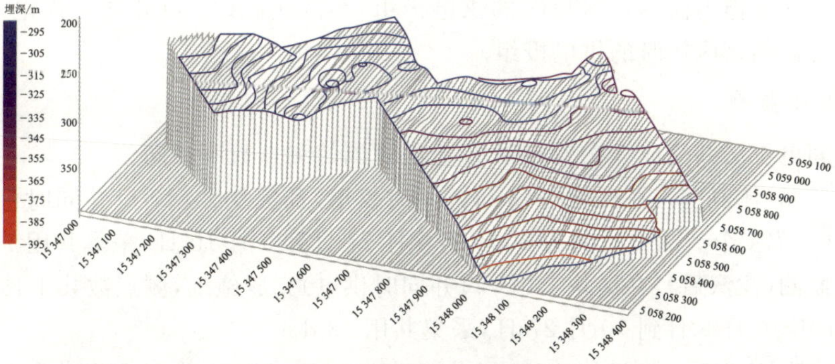

(b) 克浅109井区齐古组油层底面埋深

图 7-3-7　克浅 109 井区齐古组油层上下界面埋深图

对注汽前后的多次观测结果分别进行反演，获得每次资料采集时地下油层的电阻率分布。不同次反演结果相减代表各次之间的电阻率差异，它与蒸汽的分布、蒸汽运移的状态、油层中流体分布状态的改变以及油相被驱替运移的情况有关。

根据反演的油层电阻率，结合油层孔隙度和地层矿化水电阻率，转换得到油层的剩余油饱和度。

剩余油饱和度的转换基于阿尔奇公式的近似公式，即

$$S_{oil} = (1 - 10^{\frac{\lg R_t - \lg R_Z - \lg a + m \cdot \lg \phi}{-n}}) \times 100\% \tag{7-3-7}$$

式中 R_t——反演的油层电阻率，$R_t = \rho(x, y, z)$，Ω·m；

R_Z——地层当前状态下矿化水（混合液）电阻率，Ω·m；

m——地层胶结因数，$m \cong 2.15$（对砂岩）；

n——饱和指数，$n \cong 2$（对砂岩）；

a——常数，约为 0.62（对砂岩）；

ϕ——油层孔隙度。

在注汽导致油层电阻率升高的情况下，将注汽前地层矿化水（混合液）电阻率代入式(7-3-7)计算的剩余油饱和度偏高；在注汽导致油层电阻率降低的情况下，将注汽前地层矿化水（混合液）电阻率代入式(7-3-7)计算的剩余油饱和度偏低；只有用当前状态下的地层矿化水（混合液）电阻率 R_Z 时，用式(7-3-7)计算的剩余油饱和度才是合乎实际的。不过，地层矿化水（混合液）电阻率不准对剩余油饱和度平面总的格局特征和形态影响不大，除非其在横向上有很强的非均匀性。

严格来说，孔隙度要用测井得到的各井孔隙度做平面插值。在没有单口井的孔隙度资料的情况下，只能用平均孔隙度近似，本区可采用 $\phi = 28.6\%$ 作为油层（$J_3q_3^2$）的平均孔隙度来计算剩余油饱和度。

三、克浅 109 井区齐古组井间电位法油藏动态监测

1. 监测实施概况

设计原始场监测井 27 口。原始场监测时分两个区块进行，即区块一（8 口井同时供电，这 8 口井连在一起作为监测该区块时的供电极组）和区块二（19 口井同时供电，这 19 口井连在一起作为监测该区块时的供电极组）。

1) 2004 年监测

本次井间电位法共完成 3 次资料采集，3 次观测的测点数不相同。

第 1 次监测（注汽前）：在区块一（8 口井同时供电）和区块二（19 口井同时供电）完成施工，测点数共 2 704 个。测量时间为 2004 年 8 月 27 日到 9 月 10 日，采集共用 14 d。

第 2 次监测（注汽后）：在区块二（19 口井同时供电）完成施工，测点数共 1 130 个。测量时间为 2004 年 10 月 9 日到 10 月 27 日，采集共用 18 d。

第 3 次监测（注汽后）：在区块二（19 口井同时供电）完成施工，测量面积比第 2 次监测时有所扩大，测点数共 1 581 个。测量时间为 2004 年 12 月 6 日到 12 月 19 日，采集共用 14 d。

2) 2005—2006 年监测

第 1 次监测时间段：区块一为 2005 年 11 月 30 日到 12 月 7 日，区块二为 2005 年 12 月 21 日到 12 月 27 日。

第 2 次监测时间段：区块一为 2006 年 3 月 12 日到 3 月 15 日，区块二为 2006 年 3 月 21 日到 3 月 29 日。

两次监测时间间隔约 3 个月。本次监测施工测线共 72 条，实际完成有效测点 2 704 个。实测点位图如图 7-3-8 所示。

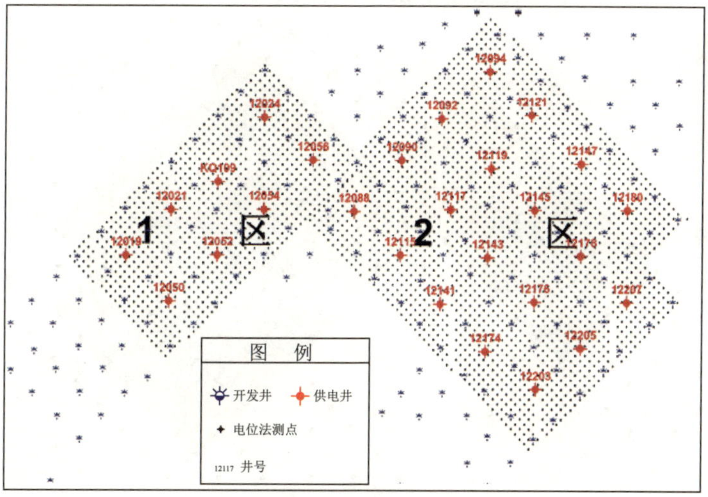

图 7-3-8 克浅 109 井区井间电位法油气监测实测点位图

2. 反演电阻率平面等值线图综合解释

由于多口井同时供电、多口井同时注汽，因此无法像常规单井那样对单井周围的电位差数据做环状分布图分析（注汽扩散效果、扩散优势方向和汽窜方向等）。只有对油层做电阻率反演（多口供电井供电时总的电位差资料的联合反演）后，方可进行综合分析。

把 $J_3q_3^2$ 当作一个目的层，对电位差数据进行反演（采用谱方法），可得 $J_3q_3^2$ 层位电阻率平面分布。第 1 次监测 $J_3q_3^2$ 层位电阻率平面图、第 2 次监测 $J_3q_3^2$ 层位电阻率平面图分别如图 7-3-9 和图 7-3-10 所示。

(1) 第 1 次监测的电阻率平面图（图 7-3-9）：电阻率最大值为 33.5 Ω·m，最小值为 15.79 Ω·m，平均值约 24.1 Ω·m。电阻率相对低值区大部分落在生产井井口周围，相反，

图 7-3-9 第 1 次监测 $J_3q_3^2$ 层位电阻率平面图(2005-12-21)

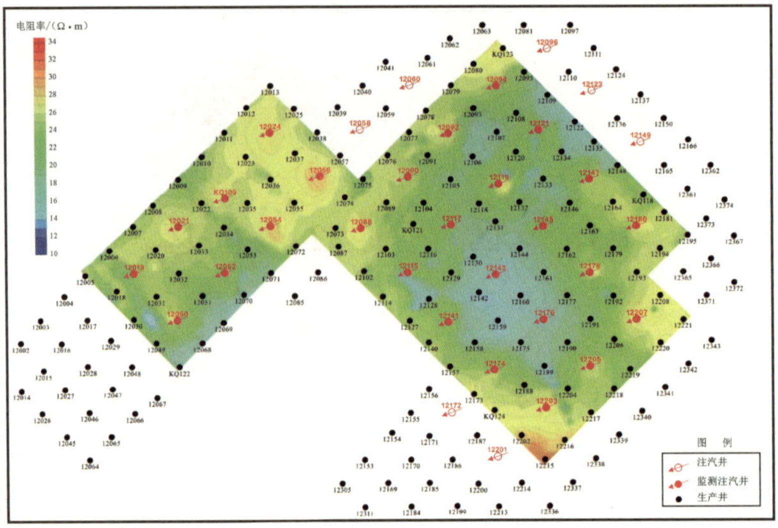

图 7-3-10 第 2 次监测 $J_3q_3^2$ 层位电阻率平面图(2006-03-21)

电阻率相对高值区大部分落在注汽井井口周围。根据图 7-3-1,这是生产井开采一段时间以后的必然结果(剩余油饱和度降低)。蒸汽吞吐会导致井口周围电阻率上升(冷却后的淡水使地层混合液电阻率升高),但幅度微小。

(2) 第 2 次监测的电阻率平面图(图 7-3-10):与第 1 次监测的电阻率平面图总体分布形态相似,电阻率变化幅度并不大,其最大值为 32.48 Ω·m,最小值为 16.76 Ω·m,平均值约 24.2 Ω·m。电阻率相对低值区大部分落在生产井井口周围;落入井间电位法监测区内的 27 口注汽井周围表现为局部高阻,是对高阻蒸汽的直接反映。

3.(动态监测)电阻率变化平面图综合解释

根据两次监测结果的反演电阻率平面图,可以绘制出两次监测时间段(约 3 个月)电阻率变化平面图。根据图 7-3-1,由于蒸汽为高阻,故电阻率升高的区域主要对应蒸汽波及区域或汽窜通道;热水带处的电阻率可能升高也可能降低(处于"U"形曲线的位置);生产井井口处的电阻率降低的可能性大。

1) 第 2 次与第 1 次监测 $J_3q_3^2$ 层位电阻率变化

第 2 次与第 1 次监测 $J_3q_3^2$ 层位电阻率变化如图 7-3-11 所示。

(1) 电阻率变化情况。

从电阻率变化平面图上可以看出,两次观测电阻率变化明显。由于两次观测均是在注汽期间进行的,所以电阻率有变小也有变大。电阻率变小最大幅度为−8.0 Ω·m,电阻率变大最大幅度为 9.5 Ω·m,电阻率变化的绝对值平均值为 0.5 Ω·m,电阻率相对变化最大为 9.1%,电阻率相对变化的绝对值平均值为 1.4%。

(2) 动态监测特征分析。

① 电阻率变小的区域:电阻率变小的区域主要包括以 12052—KQ109,12115—12141 和 12094—12121 井为中心的 3 个区域。电阻率变小主要以总含水饱和度增大为诱因。电阻率变小的原因包括:原油被驱替、蒸汽降温、第 2 次观测相对于第 1 次观测时的注汽量变少。

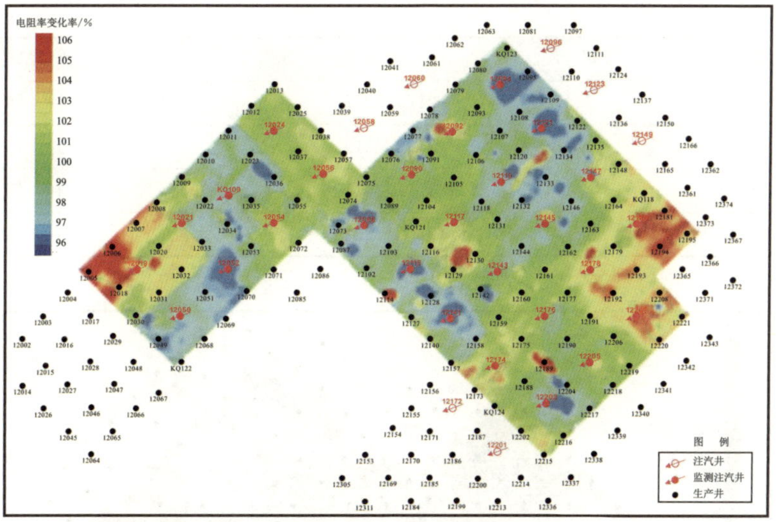

图 7-3-11　第 2 次与第 1 次监测 $J_3q_3^2$ 层位电阻率变化平面图(2005-12-21—2006-03-21)

② 电阻率变大区域：电阻率变大区域对应蒸汽扩散量增大区域或蒸汽运移主力通道。

③ 汽窜情况：有些注汽井周围电阻率变化为正异常，呈现（有方向突进性的）条带状，若与下游井相通，则表明注汽井与下游井之间将要或已存在汽窜（表 7-3-1）。图 7-3-12 为推测的汽窜情况，图中箭头表示蒸汽运移主力通道（对应条带状电阻率变化正异常）。需要说明的是，由于对汽窜引起电阻率变化的大小目前还没有非常精确的定量化指标，因此这里所推测的汽窜情况可能含有两种状态，即蒸汽驱前缘已突破和蒸汽驱前缘将要突破的前期预警。

④ 图 7-3-12 中带有圆圈标识的注汽井为蒸汽扩散较均匀的井，电阻率变化大都为负异常，考虑到两次观测均在正常注汽期，此负异常可能主要由原油被驱替所引起。这些井周围电阻率变化未表现出明显的突进性和方向性，为蒸汽驱见效较正常的注汽井。

表 7-3-1　推测的可能将要发生的汽窜

注汽井井号	下游井井号	建议措施
12019	12005,12006,12018,12020	封　堵
12021	12008,12020,12033	封　堵
12054	12072	
12056	12057	
12088	12073	
12090	12089	
12092	12093	封　堵
12115	12114	
12117	12116,12129,12130	封　堵
12147	12148	封　堵
12149	12148	
12172	12173	封　堵

续表

注汽井井号	下游井井号	建议措施
12174	12173,12175	封　堵
12178	12192,12193	封　堵
12180	12181,12194,12195	封　堵
12207	12208,12220	封　堵

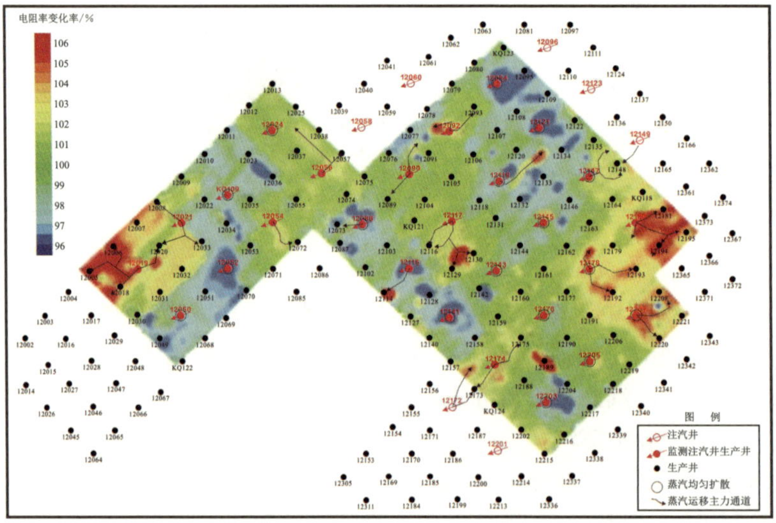

图 7-3-12　推测 $J_3q_3^2$ 层位的蒸汽运移状态示意图(2006-03-21 相比较于 2005-12-21)

⑤ 12114 和 12189 井的情况较特殊。这两口井均为生产井，显示为孤立电阻率变化正异常。引起生产井孤立电阻率变化正异常的可能原因包括 3 个方面：较多的油被注入蒸汽驱替进生产井(产油量增大，但温度上升不高)、热水带进入“U”形曲线的后段(产液量、产油量、产水量均变大，井口温度升高)、与注汽井之间存在汽窜通道的“瓶颈”(蒸汽、热水与油一同采出，井口温度升高)。

2) 第 1 次(注汽后)与 2004 年 9 月份(注汽前，背景场)监测 $J_3q_3^2$ 层位电阻率变化

根据前人研究的结果，在注汽情况下，孔隙流体性质及温度变化引起的油层电阻率的变化可用如下关系描述：

$$\frac{R_{t1}}{R_{t2}}=\frac{C_1}{C_2}\left(\frac{T_1+21.5}{T_2+21.5}\right)\left(\frac{S_{w1}}{S_{w2}}\right)^n \tag{7-3-8}$$

式中　R_{t1}，R_{t2}——注蒸汽前、后的油层电阻率，Ω·m；

C_1，C_2——注蒸汽前、后孔隙流体电导率，S/m；

T_1，T_2——注蒸汽前、后的地层温度，℃；

S_{w1}，S_{w2}——注蒸汽前、后地层的含水饱和度；

n——饱和指数。

一方面，地层原油被蒸汽驱替后，地层含水饱和度会增加，油层电阻率会降低；另一方面，纯净蒸汽驱入孔隙，会使孔隙流体电导率变小，从而导致油层电阻率升高。

导电溶液氯化钠电阻率的大小与其内在温度和溶液矿化度有关。在溶液矿化度不变的情况下，该溶液电阻率与其内在温度在双对数坐标系内成反比直线关系；如果改变该溶液的矿化度，则该溶液电阻率与其内在温度关系在双对数坐标系内仍然成反比直线关系，只是整体沿温度轴左右平移。这说明不管地层内溶液矿化度如何，地层温度上升，必然导致油层电阻率下降，反之亦然。电阻率与温度、矿化度的关系如图 7-3-13 所示。

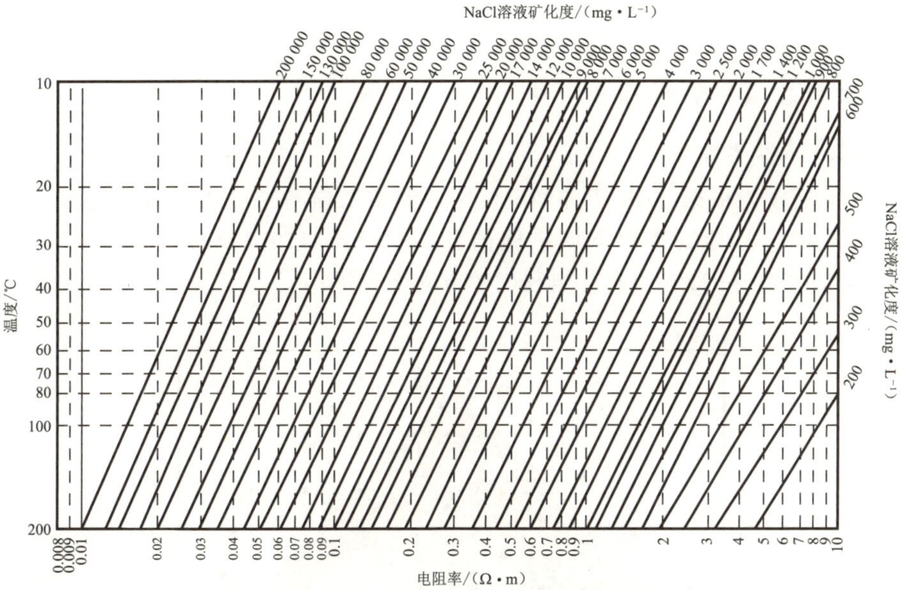

图 7-3-13　电阻率与温度、矿化度的关系

第 1 次(注汽后)与 2004 年 9 月份(注汽前，背景场)监测 $J_3q_3^2$ 层位电阻率变化如图 7-3-14所示。此图是相隔 1 年 3 个月的两次观测结果的比较。

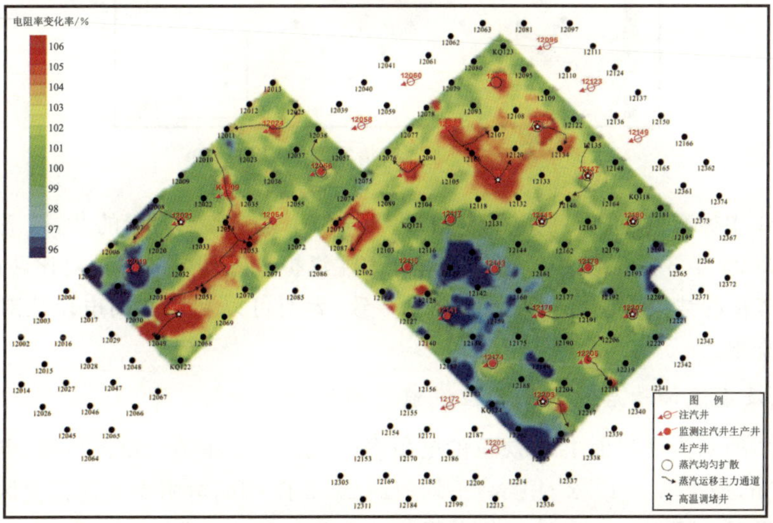

图 7-3-14　第 1 次(注汽后)与 2004 年 9 月份(注汽前)监测 $J_3q_3^2$ 层位电阻率变化平面图
(2005-12-21 相比较于 2004-09-10)

从电阻率变化平面图上可以看出，注汽前后电阻率变化十分明显。围绕注汽井井口，电阻率变化绝大多数为正异常，这是对高温蒸汽的直接反映。

电阻率变大的区域为：12050—12054 一线、12088—12092 一线、12119—12121 一线。这些区域存在蒸汽驱的方向性突进，易产生汽窜现象。

电阻率变小的区域为：以 12019，12189，12202 为中心的区域；12115—12117—12141—12143 所圈定的区域。这些区域内蒸汽驱扩散较均匀。地层内的温度缓慢上升，导致地层电阻率下降。

4. 多次动态监测资料综合解释

1）高温调堵效果分析

图 7-3-15 所示为根据 2004 年井间电位法观测结果预测的可能注窜情况图。由图可以看出，在 2005 年 8 月计划采取调堵措施的井（12115，12119，12121，12141，12145，12147，12178，12180，12203 和 12207）有一定程度的方向性突进。，

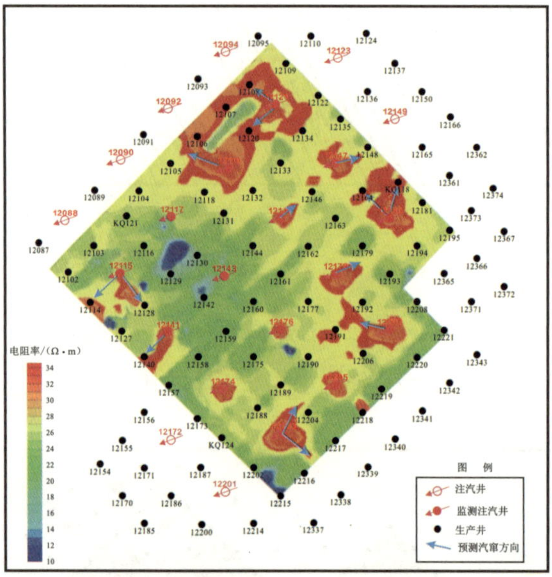

图 7-3-15　预测注窜情况图(2004-12-19)

图 7-3-14 中标有白色"★"的井为 2005 年 5—8 月实施高温调堵的井，图 7-3-12 中标有"○"的井为 2006 年 3 月根据井间电位法解释的注汽扩散较均匀的井。对比两图可以看出，井间电位法解释的结果与调堵预期效果较为一致，表明可以利用井间电位法对蒸汽驱的运移进行动态监测。

2）注汽及高温调堵后的状态与注汽前状态的对比分析

图 7-3-16 所示为注汽前 $J_3q_3^2$ 层位的电阻率（背景场）分布图。由图可知，电阻率最大值为 35.2 Ω·m，最小值为 13.2 Ω·m，平均值约 22.2 Ω·m，电阻率相对低值区大部分落在生产井井口周围。图 7-3-16 所显示的电阻率分布整体形态与图 7-3-9、图 7-3-10 所显示的本井区 $J_3q_3^2$ 层位的电阻率分布状态是一致的，对此认识如下：

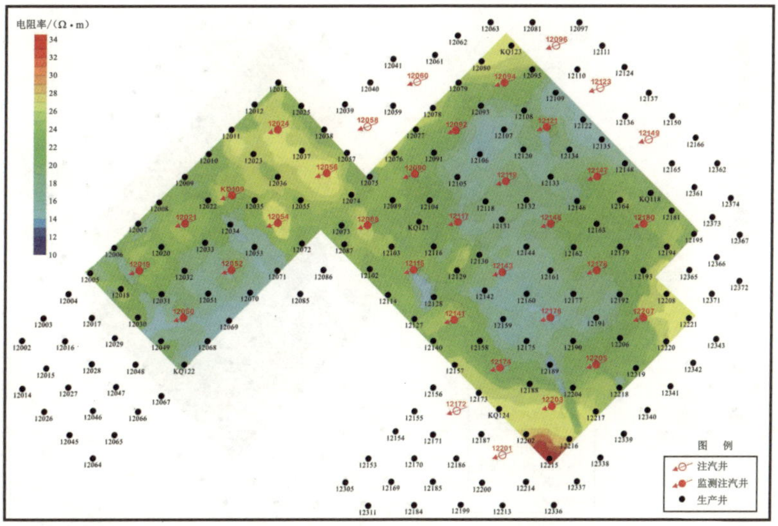

图 7-3-16 注汽前 $J_3q_3^2$ 层位电阻率平面图(2004-09-10)

(1) 经过一段时间的注汽和调堵后,相对于注汽前的背景场分布,注汽后电阻率有所升高,平均值达 24 Ω · m(据图 7-3-9 和图 7-3-10 的统计结果),符合蒸汽为高阻的规律。

(2) 图 7-3-17 为 2006 年 3 月相对于 2004 年 9 月的电阻率变化图。图中显示了 18 个月以来油相和蒸汽运移后,$J_3q_3^2$ 层位整体的电阻率变化。电阻率降低区域(主要是 12019,12129,KQ124,12204,12159 几口井周围的区域)为蒸汽波及慢、地层温度缓慢上升的部位。电阻率升高区域(其余的区域)大致对应蒸汽快速运移、突进和可能的汽窜部位。

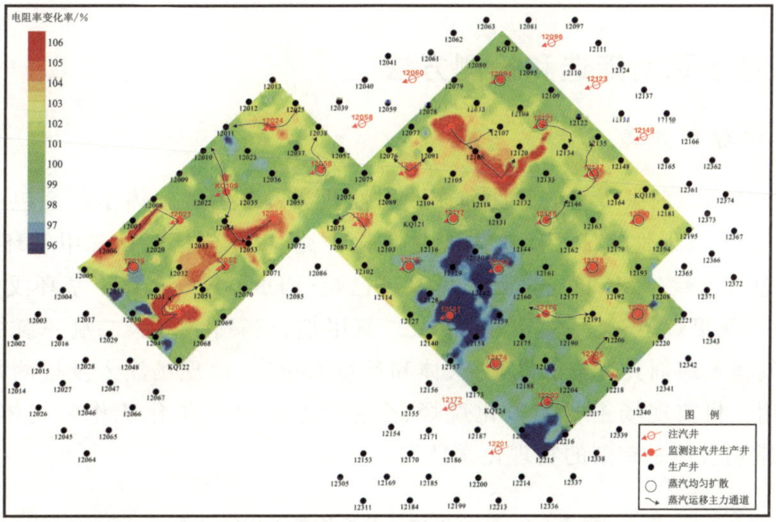

图 7-3-17 注汽后与注汽前 $J_3q_3^2$ 层电阻率变化(2006-03-21 相比较于 2004-09-10)

(3) 对比沉积相图发现,电阻率变大的区域与心滩有较好的一致性(图 7-3-18),而电阻率变小的区域则主要分布在河道上。

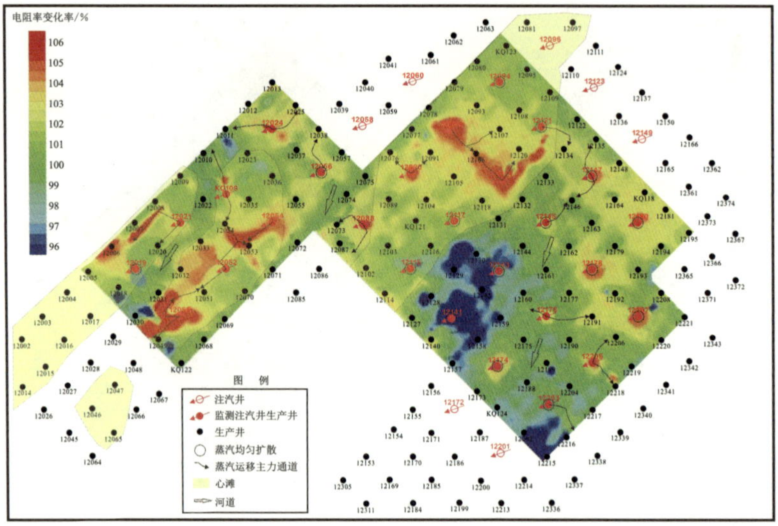

图 7-3-18 $J_3q_3^2$ 沉积相与电阻率变化关系图(2006-03-21 相比较于 2004-09-10)

第四节 注氮气非混相驱在蒸汽驱前缘监测中的应用

特超稠油蒸汽吞吐和蒸汽驱过程中同时注入氮气等非冷凝气，将在油藏中形成非混相驱前缘，可以采用气体示踪剂测试与数值模拟和动态分析相结合的方法监测注蒸汽热采非混相驱前缘。

一、气体示踪剂筛选和检测方法

1. 气体示踪剂筛选

油田用气体示踪剂主要有放射性和非放射性两类。放射性气体示踪剂包括氚化烃类、Kr^{85} 和 Xe^{127} 等，非放射性气体示踪剂主要是氟化物类，主要包括氟化二甲基环丁烷（PDMCB）、全氟甲基环己烷（PMCH）、全氟二甲基环己烷（PDMCH）、全氟甲基环戊烷（PMCP）、六氟化硫、溴三氟甲烷、三氯一氟甲烷、二氯二氟甲烷、三氟化甲烷、二氟一氯甲烷、氟利昂等。放射性气体示踪剂具有放射性，对人体和环境有危害，给现场注入及检测带来困难，不利于现场应用。目前现场主要用氟化烷烃、全氟环烷烃和六氟化硫作为气体示踪剂。表 7-4-1为一些常用气体示踪剂的物理化学性质。

表 7-4-1 常用气体示踪剂的物理化学性质

物理化学性质	示踪剂					
	F11	F12	F22	PMCP	PMCH	F6
相对分子质量	137.5	121	86.5	310	360	146
溶点/℃	−111	−158	−160	−45	−39	−50.5(加压)

续表

物理化学性质	示踪剂					
	F11	F12	F22	PMCP	PMCH	F6
沸点/℃	23.8	−29.8	−40.8	48	76	−63.8(升华)
化学性质	无毒,性质稳定	无毒,性质稳定	无毒,性质稳定	无毒,性质稳定	无毒,性质稳定	无毒,性质稳定

注:F11 为三氯一氟甲烷,F12 为二氯二氟甲烷,F22 为二氟一氯甲烷,F6 为六氟化硫。

2. 气体示踪剂检测方法

1) 气体示踪剂检测定性方法

一般使用气相色谱仪检测气体示踪剂。天然气中加入 F6 气体示踪剂,对其进行检测,获得色谱图。根据定性分析研究,示踪剂 F6 色谱峰保留时间为 0.848 min。采取同样方法得出示踪剂 F12 色谱峰保留时间为 3.017 min,示踪剂 F11 色谱峰保留时间为 13.078 min。

2) 气体示踪剂检测定量方法

气体示踪剂定量检测可采用外标法,即首先根据标准样品中检测到的数据(AREA)与示踪剂含量绘制出标准工作曲线,然后根据实际样品的检测数据,使用标准工作曲线计算实际样品中的气体示踪剂含量。图 7-4-1 所示为 F6,F11,F12 示踪剂的标准工作曲线,由图可以看出,标准工作曲线线性较好,符合定量分析要求。

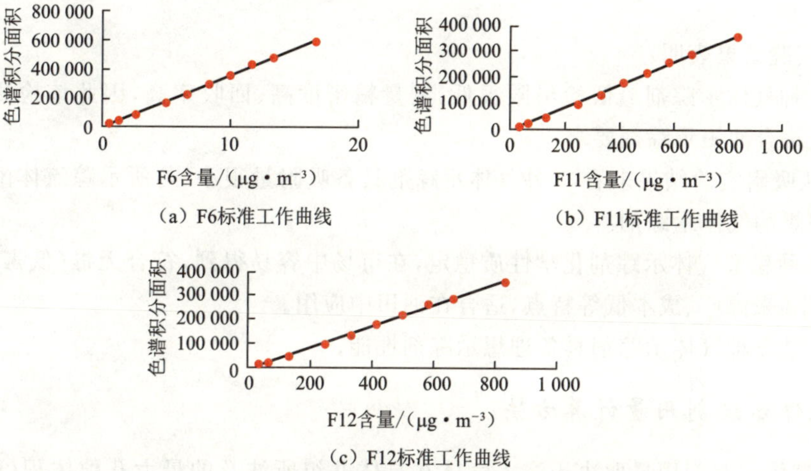

图 7-4-1　示踪剂标准工作曲线

3) 气体示踪剂最低检出限实验

对于油田示踪剂来说,最低检出限是判定其性能好坏的重要指标,也是决定示踪剂用量的关键因素。在实验中,根据仪器信噪比来确定最低检出限,当信噪比为 2 时得到最低检出限。使用 GC-14B 气相色谱仪,F6,F12,F11 气体示踪剂最低检出限为 2.0 $\mu g/m^3$。最低检出限低的适合作为气体示踪剂。

3. 气体示踪剂性能评价实验

气体示踪剂检测方法实验研究表明,对新型气体示踪剂建立的检测方法是可行的,但在油田应用时还需要对其性能进行实验评价。

1）气体示踪剂本底值实验

F6，F11，F12 都是人工合成的气体示踪剂，其在自然界中并不存在，这一点在进行天然气分析时也被证实。F6，F11，F12 的空白色谱符合地层流体中背景浓度低的特点。

2）气体示踪剂吸附性能实验

理想的气体示踪剂应具备在地层中滞留少、与所示踪流体配伍性好的特点。气体示踪剂吸附实验结果见表 7-4-2。从 3 组吸附实验结果数据来看，F6，F11，F12 气体示踪剂在含油岩中吸附率低于 5%，具备理想示踪剂性能。

表 7-4-2 气体示踪剂附实验数据

示踪剂	类　型	实验结果/($\mu g \cdot m^{-3}$)	不吸附率/%
F6	不进行吸附实验	8.93	98.32
	进行吸附实验	8.78	
F11	不进行吸附实验	455.68	95.25
	进行吸附实验	434.04	
F12	不进行吸附实验	446.82	95.83
	进行吸附实验	428.19	

上述实验结果表明：

（1）3 种气体示踪剂最低检出限很低、测量精密度高、回收率高，因此该检测方法准确可靠，完全符合油田示踪剂要求。

（2）从吸附实验结果来看，3 种气体示踪剂具备吸附量很小、与所示踪流体配伍性好的特点，是理想的气体示踪剂。

（3）3 种新型气体示踪剂化学性质稳定，在市场中容易得到，符合无毒（低毒）、安全、对环境污染小、来源广、成本低等特点，适合在油田中应用。

综上，这 3 种气体示踪剂具备理想示踪剂性能。

4. 气体示踪剂用量计算方法

油田气体示踪剂用量取决于注入气体在具体井组所波及的最大孔隙体积（V）、地层压力（p）、地层温度（T）以及该气体示踪剂在相关仪器上的最低检出限等。由于油层的非均质性、井网封闭性等因素，在进行气体示踪剂用量计算时需加一保障系数。由气体状态方程 $pV=nRT$ 推导出气体示踪剂用量计算公式如下：

$$G=3.14pHL^2\phi MC_p/(RT) \tag{7-4-1}$$

式中 G——示踪剂用量，kg；

p——地层压力，Pa；

H——有效厚度，m；

L——注采井距，m；

ϕ——地层孔隙度；

M——气体示踪剂相对摩尔质量，kg/mol；

C_p——气体示踪剂检出量最大值与对应地层压力条件下注入量的体积比；

T——地层温度，K；

R——气体常数，$R=8.31\ \mathrm{J/(mol \cdot K)}$。

根据注入井地层参数，计算该注入井组气体示踪剂注入量。一般注入量在 150～300 kg之间。

二、现场示踪剂监测设计

1. 试验井组选择及示踪剂注入量设计

选择检 230 井区蒸汽驱加密先导试验区的 5 个井组开展非混相驱前缘监测，分别是 95974，95969，95977，95961，951204 井组（图 7-4-2）。

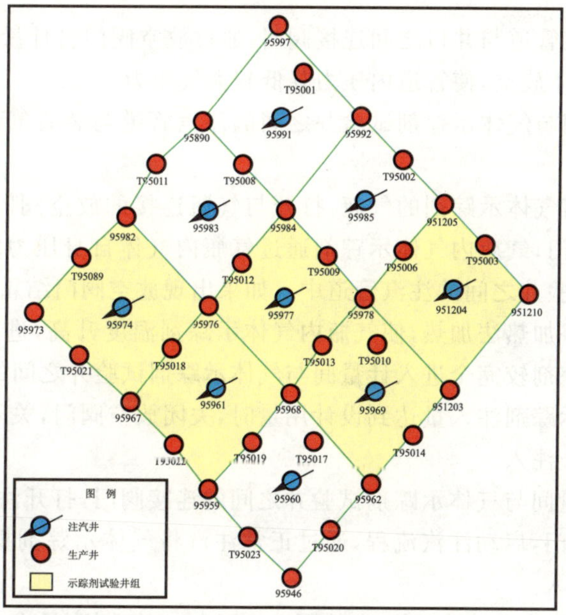

图 7-4-2　注入气体示踪剂试验井井位图

参考井网井距和储层性质等参数，设计各井组示踪剂注入量，见表 7-4-3。

表 7-4-3　示踪剂注入量

井　组	95974	95977	951204	95961	95969
示踪剂	F6	F11	F12	F12	F6
注入量/kg	52	54	35	51	40

2. 气体示踪剂现场注入工艺设计

现场注气泵氮气入口压力为 6.0～10.5 MPa，从注气泵入口实现气体示踪剂注入比较困难，且注入操作安全系数低。结合现场注汽流程，设计在注汽前通过计量间与注汽井之间的管道实现示踪剂气体注入。注入流程如图 7-4-3 所示。

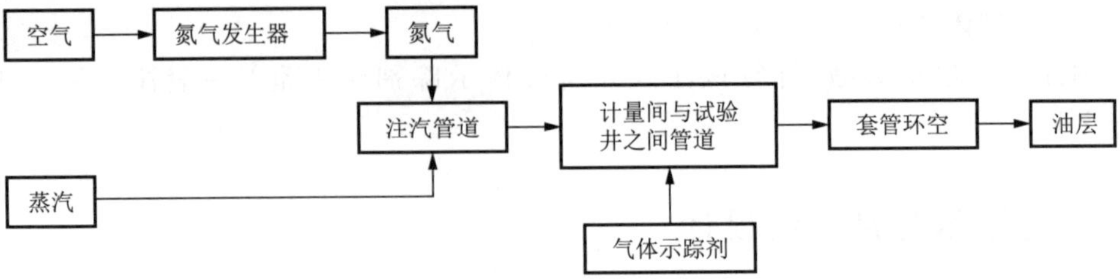

图 7-4-3　气体示踪剂注入流程图

注入工艺过程如下。

第 1 步：在可以正常注汽的情况下，关闭计量间与气体示踪剂试验井之间的连接阀门，停止对其注气。

第 2 步：关闭注汽管道与井口之间连接阀门，通过放空阀门将计量间与气体示踪剂试验井之间的注汽管道气体放空，使管道内压力降低到大气压力。

第 3 步：将计量间与气体示踪剂试验井之间的注汽管道与装有气体示踪剂的气瓶通过放空阀门进行连接。

第 4 步：倒立装有气体示踪剂的气瓶，打开与气瓶连接的放空阀门，接着缓慢打开装有气体示踪剂的气瓶阀门；气瓶内气体示踪剂通过气瓶内气体自身压力缓慢注入（转移）到计量间与气体示踪剂试验井之间的注汽管道中。如果出现放空阀门结霜或气体示踪剂注入缓慢的情况，则采用水浴加热法加热，使气瓶内气体示踪剂温度升高，进而升高气体示踪剂饱和压力，确保气体示踪剂较完全进入计量间与气体示踪剂试验井之间的注汽管道中。

第 5 步：当气体示踪剂注入量达到设计用量时，关闭放空阀门，关闭气瓶阀门，断开气瓶与注汽管道连接，停止注入。

第 6 步：打开计量间与气体示踪剂试验井之间的连接阀门，打开注汽管道与气体示踪剂试验井之间的连接阀门，启动注汽流程，通过正常注汽将气体示踪剂携带到试验井地层内，即完成气体示踪剂注入。

若气体示踪剂试验井为新转注井（套管环空无压力），则可直接在气体示踪剂试验井注入。

考虑到注汽特点和储层特性，气体示踪剂注入完成后 4 h 首次取样，以后每天取样一次，4 d 后每 2 d 取样一次，取样时间持续 2～3 个月。取样井以及分析项目见表 7-4-4。

表 7-4-4　气体示踪剂取样井以及分析项目

注汽井	监测井	分析项目
95974	95973	气体示踪剂 F6,F11 和 F12
	95982	气体示踪剂 F6,F11 和 F12
	95967	气体示踪剂 F6,F11 和 F12
	95976	气体示踪剂 F6,F11 和 F12

续表

注汽井	监测井	分析项目
95977	95976	气体示踪剂 F6,F11 和 F12
	95968	气体示踪剂 F6,F11 和 F12
	95978	气体示踪剂 F6,F11 和 F12
	95984	气体示踪剂 F6,F11 和 F12
951204	95978	气体示踪剂 F6,F11 和 F12
	951203	气体示踪剂 F6,F11 和 F12
	951205	气体示踪剂 F6,F11 和 F12
	951210	气体示踪剂 F6,F11 和 F12
95961	95976	气体示踪剂 F6,F11 和 F12
	95967	气体示踪剂 F6,F11 和 F12
	95959	气体示踪剂 F6,F11 和 F12
	95968	气体示踪剂 F6,F11 和 F12
95969	95968	气体示踪剂 F6,F11 和 F12
	95978	气体示踪剂 F6,F11 和 F12
	95962	气体示踪剂 F6,F11 和 F12
	951203	气体示踪剂 F6,F11 和 F12

三、试验区示踪剂监测结果综合分析

1. 试验区见剂响应概况

监测结果显示，5 个注示踪剂井组都检测到示踪剂产出，共有 32 个见剂方向，见表 7-4-5。示踪剂见剂方向如图 7-4-4 所示。

表 7-4-5　示踪剂见剂响应统计

井　组	层　段	示踪剂代号	见剂井
95974	$J_3q_3^1$	F6	95982,95967,95976 T95018,T95021,T95089
95961	$J_3q_3^1$	F12	95976,95967,95968 T95018,T95019,T95022
95977	$J_3q_3^1$	F11	95984,95976,95968,95978 T95009,T95012,T95013
95969	$J_3q_3^1$	F6	95962,951203 T95010,T95013,T95014,T95017
951204	$J_3q_3^1$	F12	95978,951203,951205,951210 T95003,T95006,T95010

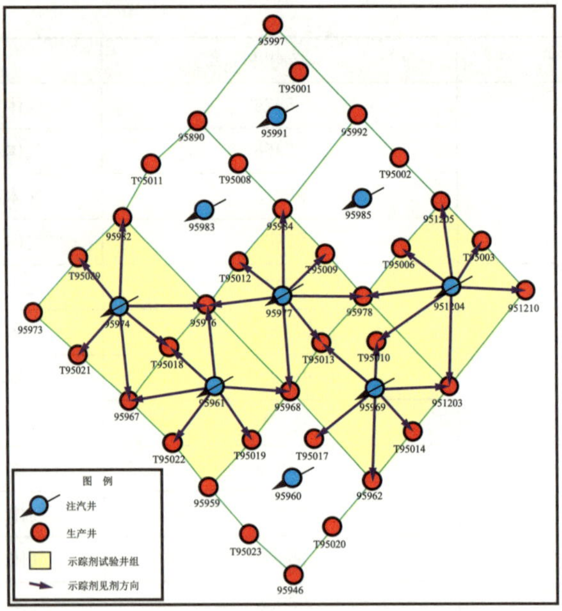

图 7-4-4 示踪剂见剂方向

2. 示踪剂曲线类型

检测结果表明，存在 4 种典型示踪剂曲线类型：

(1) 双峰型(图 7-4-5)，特点是见剂时间早、峰值速度大、峰值浓度高。曲线有两个峰值，说明井间至少存在两个汽窜通道。

(2) 不对称单峰型(图 7-4-6)，特点是见剂时间早、峰值速度大、峰值浓度高。曲线峰型呈非对称形态，峰型窄，有明显的汽窜特征，汽窜速度大。

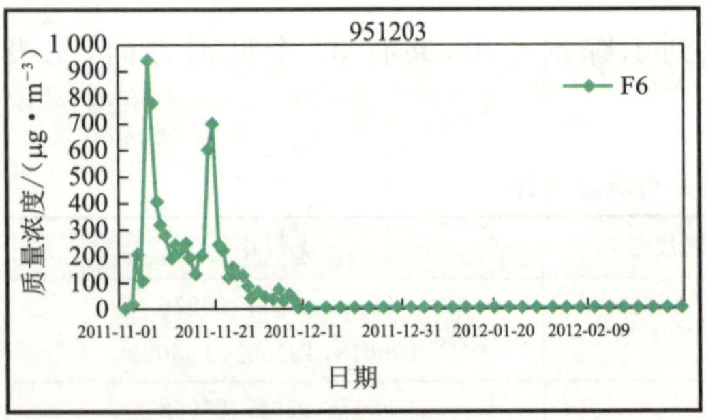

图 7-4-5 双峰型曲线

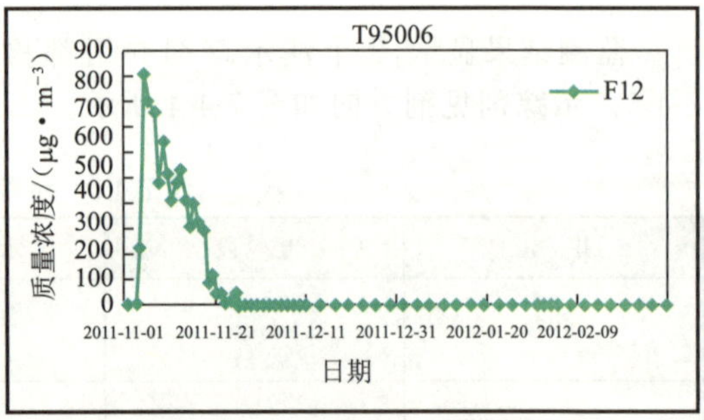

图 7-4-6 不对称单峰型曲线

(3) 宽峰型(图 7-4-7)，特点是见剂时间较晚、峰值速度小、峰值浓度低。曲线峰型宽，示踪剂浓度上升慢、下降慢，表明井间动用厚度较大，蒸汽驱效果较好。

(4) 对称单峰型(图 7-4-8)，特点是见剂时间较晚、峰值速度小、峰值浓度低。曲线峰型窄，表明井间动用厚度较小，蒸汽驱效果相对较差。

统计表明，各类示踪剂曲线中，对称单峰型曲线达到 37%，不对称单峰型曲线达到 34%，双峰型曲线占 13%，宽峰型曲线占 16%。示踪剂曲线以不对称单峰型和对称单峰型为主，说明汽窜方向较多，蒸汽驱蒸汽带厚度相对较小。

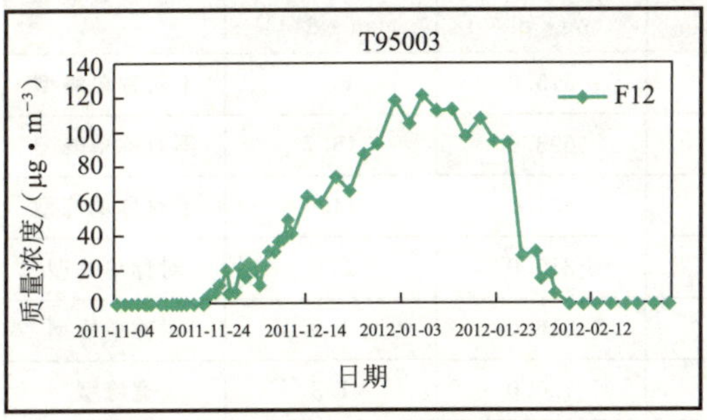

图 7-4-7　宽峰型曲线

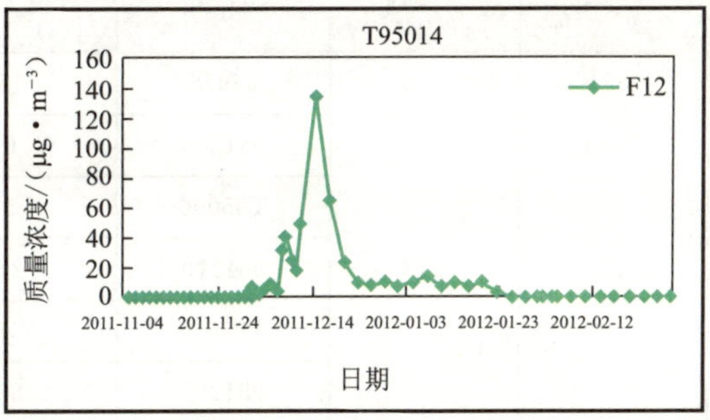

图 7-4-8　对称单峰型曲线

各类型示踪剂曲线的示踪剂峰值速度统计结果为：不对称单峰型曲线示踪剂峰值速度最大，达到 11.4 m/d；其次是双峰型曲线，为 9.9 m/d；对称单峰型曲线和宽峰型曲线示踪剂平均峰值速度小，分别为 2.7 m/d，1.2 m/d。

四、典型井组示踪剂见剂特征分析

1. 951204 井组示踪剂测试分析

951204 井于 2011 年 10 月 31 日注入示踪剂 F12，目前日注汽 45.8 m^3/d。951204 井组于 2011 年 11 月转蒸汽驱后，日产液量、日产油量上升明显，含水率下降，蒸汽驱取得较好的效果，属于一类生产井组(图 7-4-9)。井组中 T95006 处于控关状态。

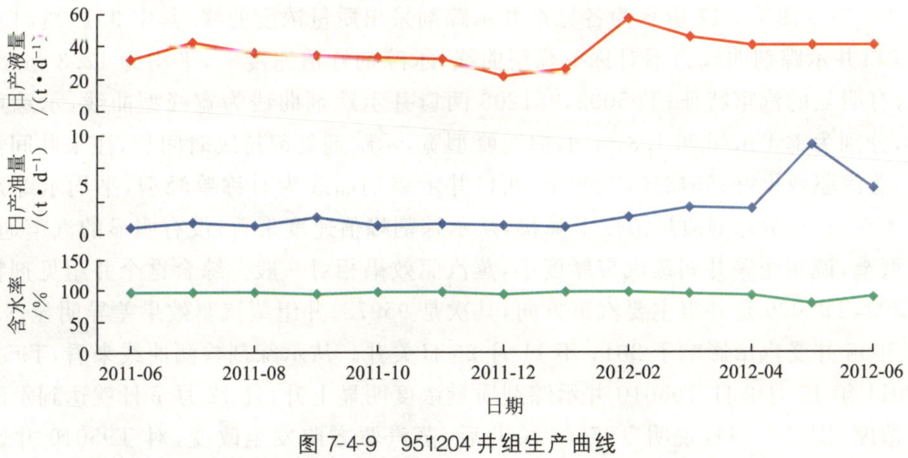

图 7-4-9　951204 井组生产曲线

951204 井组见剂特征参数见表 7-4-6。井组共有 7 口井见剂，平均峰值速度为 6.6 m/d，平均峰值质量浓度为 415.2 $\mu g/m^3$，其中 951203 和 T95006 井峰值速度最大，是井组的主要汽窜方向。951204 井组示踪剂见剂方向及峰值速度分布如图 7-4-10 所示。

表 7-4-6 井组见剂特征参数统计

井 组	示踪剂	生产井	峰值天数/d	峰值质量浓度/(μg·m⁻³)	峰值速度/(m·d⁻¹)	曲线类型
951204	F12	95978	16	615.0	6.3	不对称单峰型
		951203	6	693.0	16.7	不对称单峰型
		T95006	5	831.0	14.0	不对称单峰型
		951210	20	210.0	5.0	对称单峰型
		T95010	37	316.0	1.9	对称单峰型
		951205	80	120.0	1.3	宽峰型
		T95003	61	121.3	1.1	宽峰型

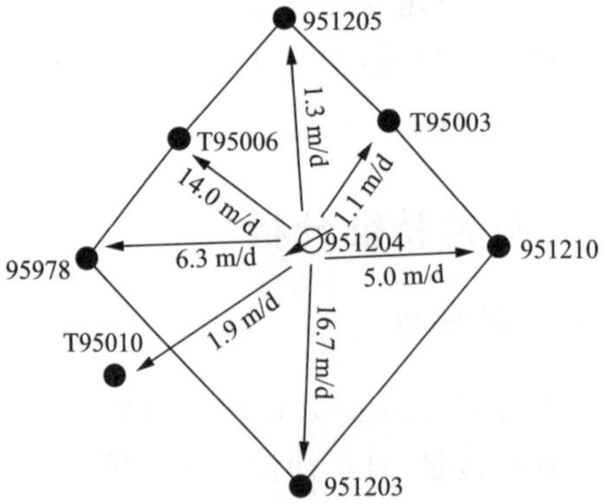

图 7-4-10 951204 井组示踪剂见剂方向及峰值速度分布图

图 7-4-11～图 7-4-17 所示为各见剂井示踪剂采出质量浓度曲线，其中 951203，T95006，95978 三口井示踪剂曲线为不对称单峰型曲线，示踪剂峰值速度大，平均为 12.3 m/d，曲线峰型窄，有明显的汽窜特征；T95003，951205 两口井示踪剂曲线为宽峰型曲线，示踪剂峰值速度小，分别为 1.1 m/d 和 1.3 m/d，曲线峰型宽，示踪剂见剂持续时间长，注采井间蒸汽带厚度大，蒸汽驱效果好；951210，T95010 两口井示踪剂曲线为对称单峰型，平均示踪剂峰值速度为 3.5 m/d，示踪剂质量浓度下降快，从示踪剂峰值速度来看，没有明显的汽窜通道，但曲线峰型窄，说明注采井间蒸汽带厚度小，蒸汽驱效果相对一般。综合这个井组见剂特征来看，951203，T95006 是井组主要汽窜方向，其次是 95978，井组蒸汽驱效果差异明显。

T95006 井受汽窜影响于 2011 年 11 月 26 日关井。从示踪剂检测曲线来看，T95006 关井后，2011 年 12 月 2 日 T95010 井示踪剂质量浓度明显上升，且 12 月 7 日就达到示踪剂峰值质量浓度（图 7-4-15），说明 T95006 关井后，蒸汽驱方向发生改变，对 T95010 井影响较大。

2. 95977 **井组见剂特征分析**

95977 井组转蒸汽驱后，日产液量、日产油量都有所上升，蒸汽驱取得一定效果，属于二类生产井组，井组中 95976 井和 95984 井处于控关状态。95977 井注入示踪剂 F11。

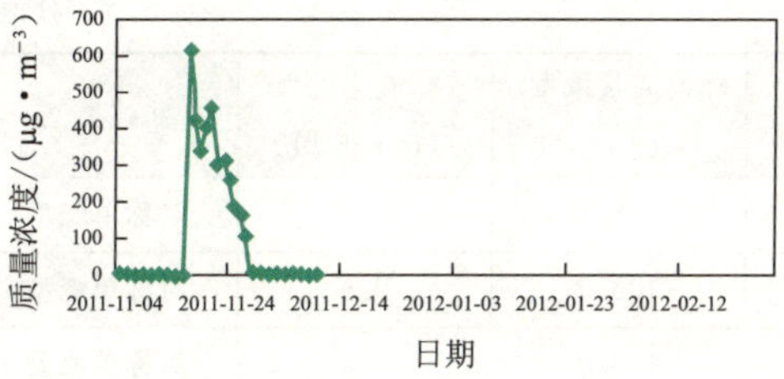

图 7-4-11　95978 井示踪剂 F12 产出质量浓度曲线

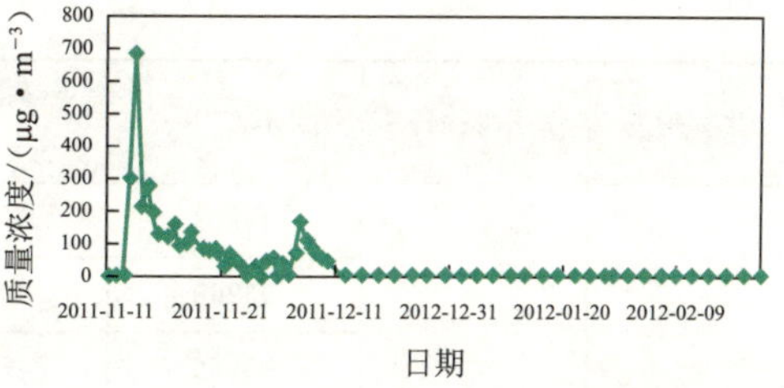

图 7-4-12　951203 井示踪剂 F12 产出质量浓度曲线

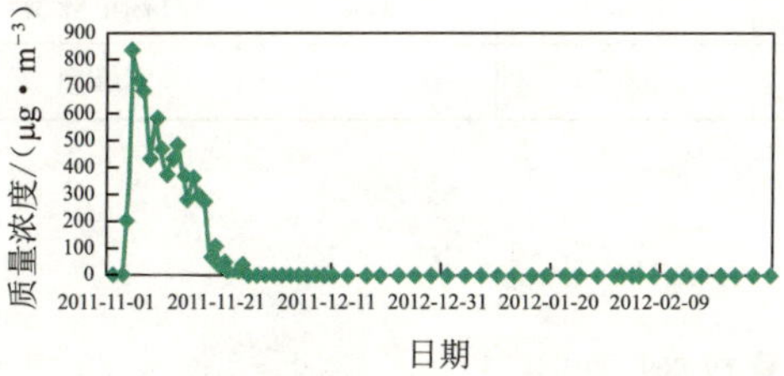

图 7-4-13　T95006 井示踪剂 F12 产出质量浓度曲线

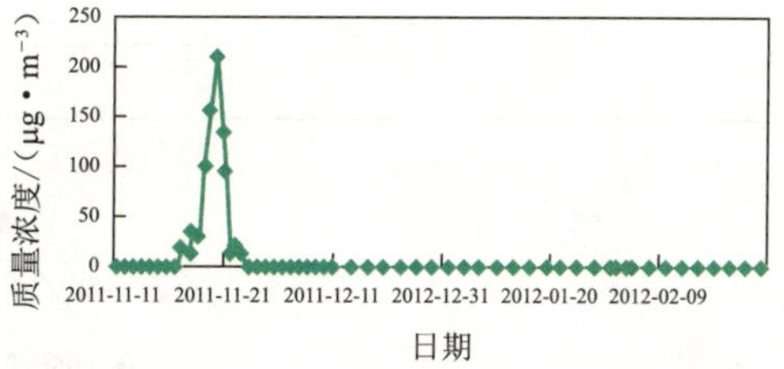

图 7-4-14　951210 井示踪剂 F12 产出质量浓度曲线

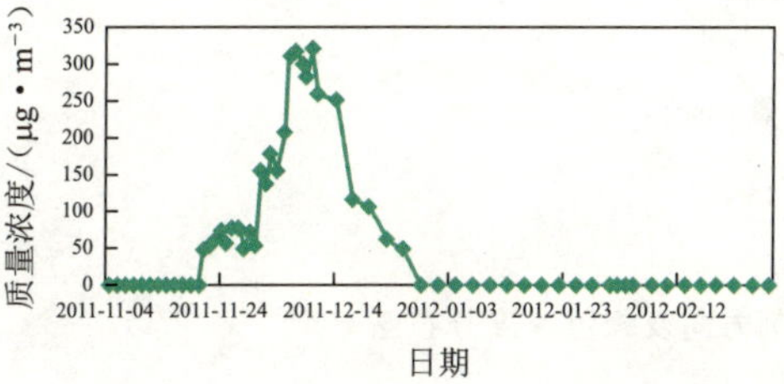

图 7-4-15　T95010 井示踪剂 F12 产出质量浓度曲线

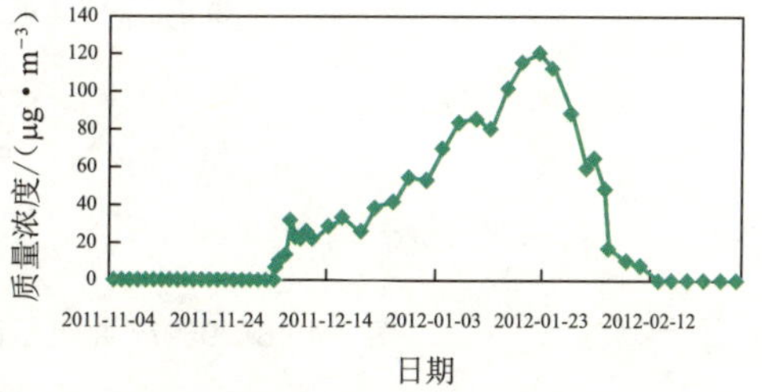

图 7-4-16　951205 井示踪剂 F12 产出质量浓度曲线

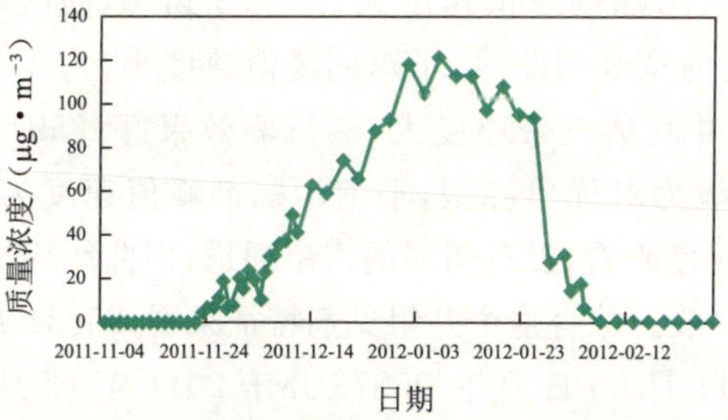

图 7-4-17　T95003 井示踪剂 F12 产出质量浓度曲线

井组见剂特征参数见表 7-4-7。井组共有 7 口井见剂，平均峰值速度为 3.4 m/d，平均峰值质量浓度为 181.5 μg/m³。95977 井组示踪剂见剂方向及示踪剂峰值速度分布如图 7-4-18 所示，峰值速度最大的 95984 井是井组主要汽窜方向。

表 7-4-7　井组见剂特征参数统计

井　组	示踪剂	生产井	峰值天数/d	峰值质量浓度/(μg·m⁻³)	峰值速度/(m·d⁻¹)	曲线类型
95977	F11	95984	12	570.0	8.3	不对称单峰型

续表

井　组	示踪剂	生产井	峰值天数/d	峰值质量浓度/($\mu g \cdot m^{-3}$)	峰值速度/($m \cdot d^{-1}$)	曲线类型
95977	F11	95978	24	108.6	4.2	对称单峰型
		95968	40	106.9	2.5	对称单峰型
		95976	21	168.0	4.8	对称单峰型
		T95012	51	118.0	1.4	对称单峰型
		T95009	46	100.0	1.5	对称单峰型
		T95013	73	98.7	1.0	宽峰型

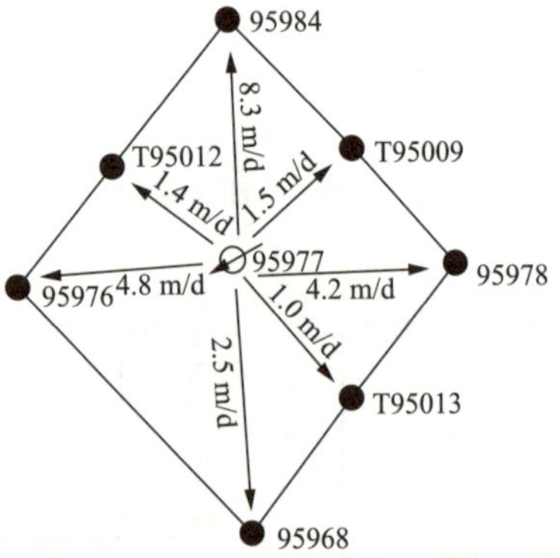

图 7-4-18　95977 井组示踪剂见剂方向及峰值速度分布图

图 7-4-19～图 7-4-25 所示为各见剂井示踪剂采出质量浓度曲线，其中 95984 井示踪剂曲线为不对称单峰型曲线，示踪剂峰值速度大，为 8.3 m/d，曲线峰型窄，有明显的汽窜特征；T95013 井示踪剂曲线为宽峰型曲线，示踪剂峰值速度小，为 1.0 m/d，曲线峰型宽，示踪剂见剂持续时间长，注采井间蒸汽带厚度大，蒸汽驱效果好；95978，95968，95976，T95009，T95012 五口井示踪剂曲线为对称单峰型，平均示踪剂峰值速度为 2.9 m/d，示踪剂质量浓度下降快，从示踪剂峰值速度来看，没有明显的汽窜通道，但曲线峰型窄，说明注采井间蒸汽带厚度小，蒸汽驱效果相对一般。综合这个井组见剂特征来看，95984 井为井组的主要汽窜方向。

95984 井于 2011 年 11 月 26 日关井，95976 井于 2011 年 12 月 11 日关井。两口井汽窜控关后，井组蒸汽驱方向发生改变。从示踪剂检测结果可以看出，95968，T95009 受影响较大，T95009 反应时间更早，在汽窜井关井后，示踪剂质量浓度明显上升，如图 7-4-21 和图 7-4-23 所示。

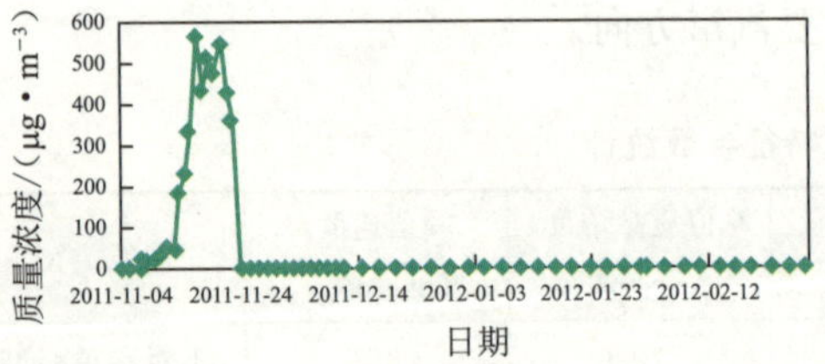

图 7-4-19　95984 井示踪剂 F11 产出质量浓度曲线

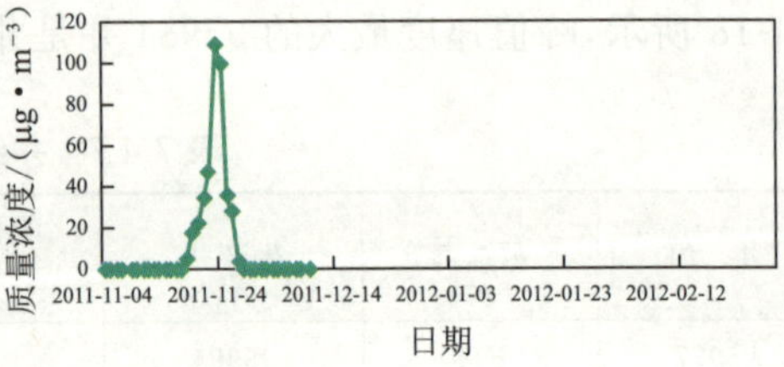

图 7-4-20　95978 井示踪剂 F11 产出质量浓度曲线

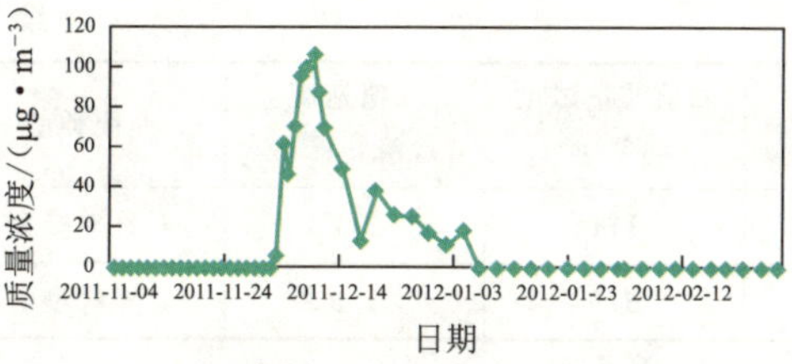

图 7-4-21　95968 井示踪剂 F11 产出质量浓度曲线

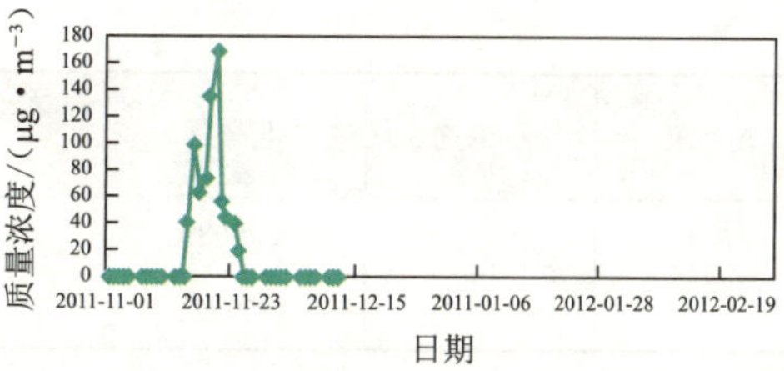

图 7-4-22　95976 井示踪剂 F11 产出质量浓度曲线

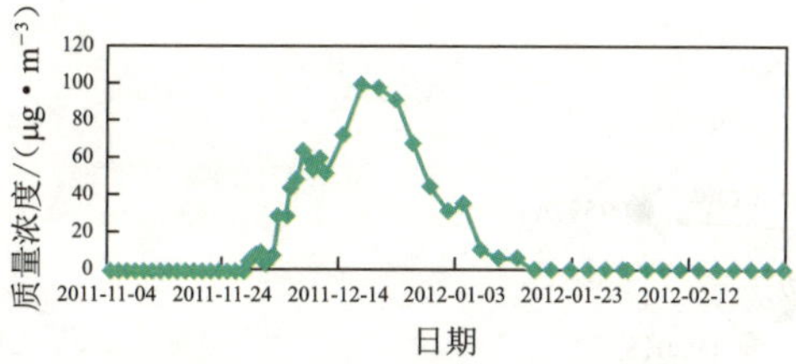

图 7-4-23　T95009 井示踪剂 F11 产出质量浓度曲线

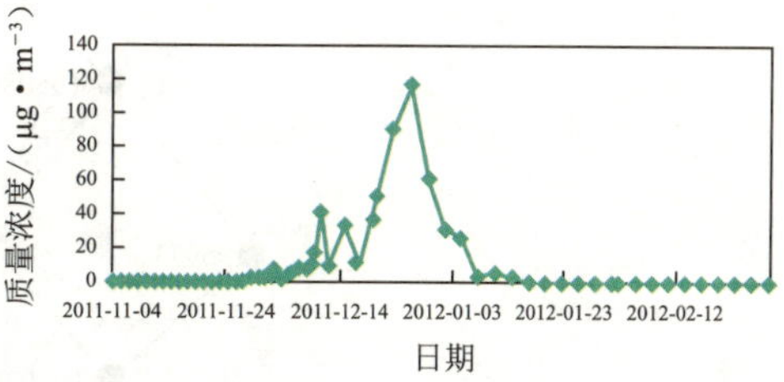

图 7-4-24　T95012 井示踪剂 F11 产出质量浓度曲线

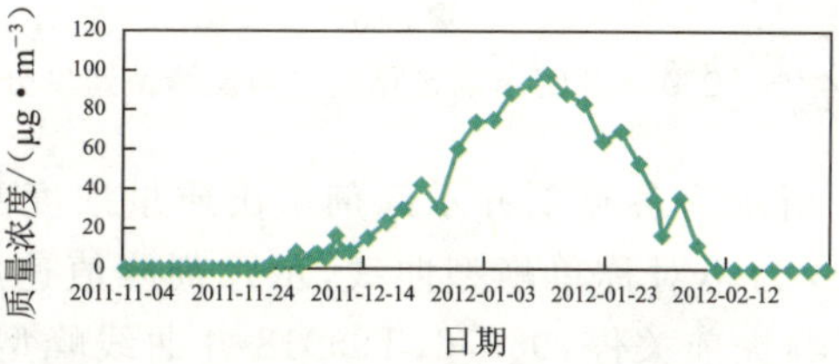

图 7-4-25　T95013 井示踪剂 F11 产出质量浓度曲线

3. 95974 井组见剂特征分析

95974 井组于 2011 年 11 月转蒸汽驱后，效果相对较差，属于三类开采井组。95974 井于 2011 年 11 月 3 日注入示踪剂 F6，日注汽 45 m^3/d。

95974 井组见剂特征参数见表 7-4-8。井组共有 6 口井见剂，平均峰值速度为 7.8 m/d，平均峰值质量浓度为 744 $\mu g/m^3$，其中 95976，T95018，95967，T95021 井示踪剂峰值速度较大，是井组的主要汽窜方向。95974 井组示踪剂见剂方向及峰值速度分布图如图 7-4-26 所示。

表 7-4-8　井组见剂特征参数统计

井　组	示踪剂	生产井	峰值天数/d	峰值质量浓度/($\mu g \cdot m^{-3}$)	峰值速度/($m \cdot d^{-1}$)	曲线类型
95974	F6	T95021	6	630	11.7	双峰型
		95967	13	516	7.7	不对称单峰型
		95976	9	1 239	11.1	不对称单峰型
		T95018	6	1 590	11.7	不对称单峰型

续表

井　组	示踪剂	生产井	峰值天数/d	峰值质量浓度/(μg·m⁻³)	峰值速度/(m·d⁻¹)	曲线类型
95974	F6	T95089	26	114	2.7	对称单峰型
		95982	64	375	1.6	宽峰型

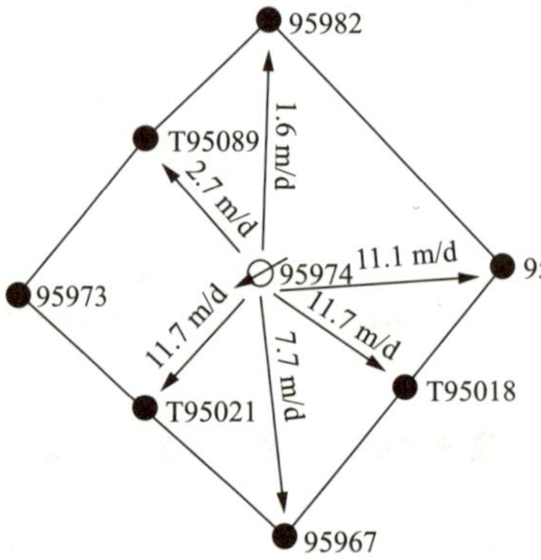

图 7-4-26　95974 井组示踪剂见剂方向及峰值速度分布图

图 7-4-27～图 7-4-32 所示为各见剂井示踪剂采出质量浓度曲线，其中 95967，95976，T95018 三口井示踪剂曲线为不对称单峰型曲线，示踪剂峰值速度大，平均为 10.2 m/d，95967 井受周边井注汽影响提前关停，95976，T95018 井曲线峰型窄，有明显汽窜的特征；T95021 井示踪剂曲线为双峰型曲线，示踪剂峰值速度大，有两个示踪剂质量浓度高峰值，表明注采井间存在两个以上的汽窜通道；T95089 示踪剂曲线为对称单峰型，示踪剂峰值速度为 2.7 m/d，从示踪剂峰值速度来看，没有明显的汽窜通道，但曲线峰型窄，说明注采井间蒸汽驱动用厚度较小。综合这个井组见剂特征来看，95967，95976，T95018，T95021 是井组的主要汽窜方向。

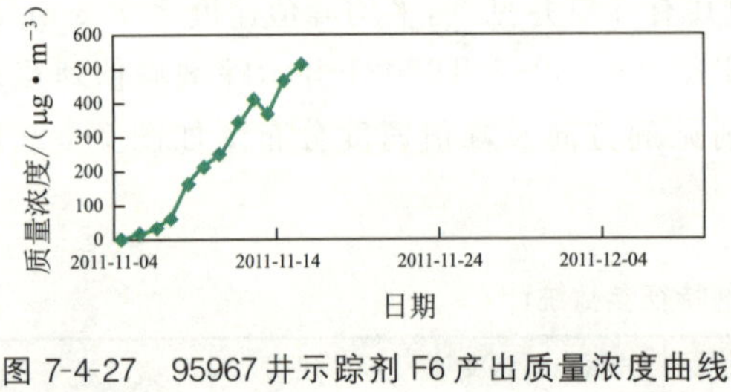

图 7-4-27　95967 井示踪剂 F6 产出质量浓度曲线

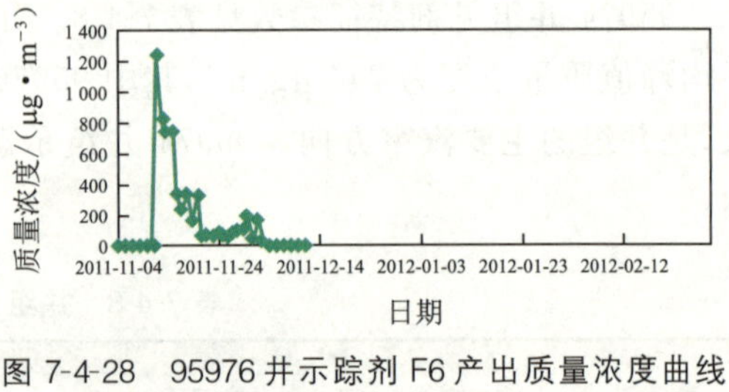

图 7-4-28　95976 井示踪剂 F6 产出质量浓度曲线

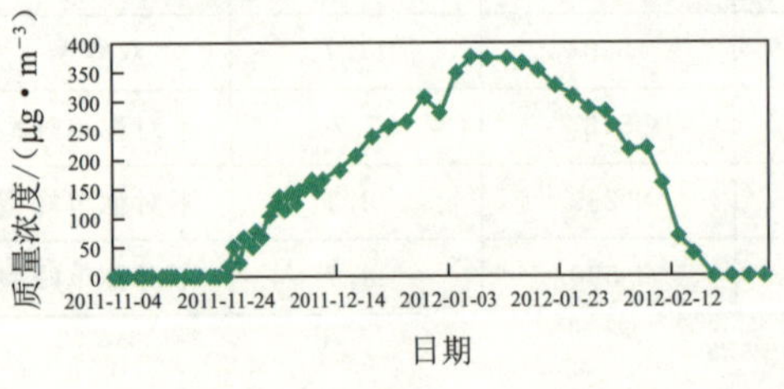

图 7-4-29　95982 井示踪剂 F6 产出质量浓度曲线

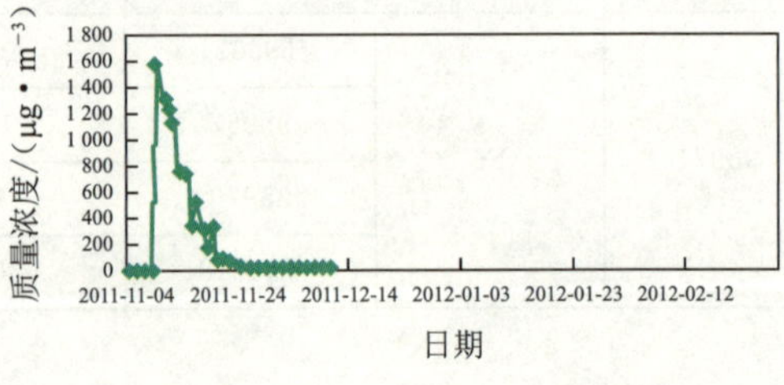

图 7-4-30　T95018 井示踪剂 F6 产出质量浓度曲线

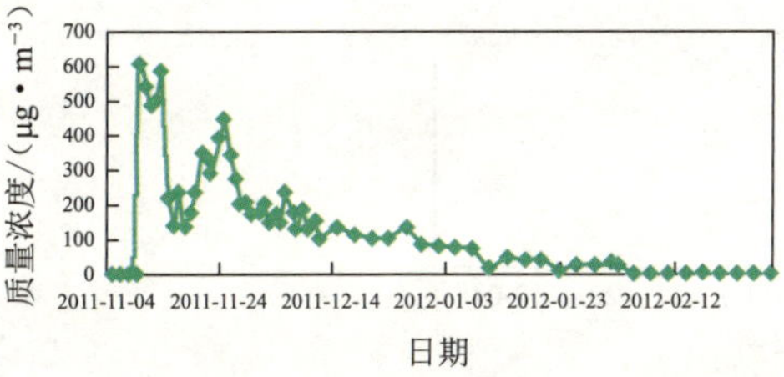

图 7-4-31　T95021 井示踪剂 F6 产出质量浓度曲线

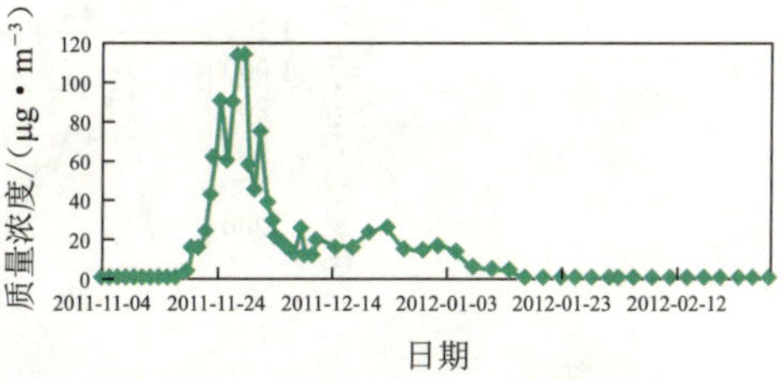

图 7-4-32　T95089 井示踪剂 F6 产出质量浓度曲线

95967,95976,T95018 三口井汽窜控关后，井组蒸汽驱方向发生改变。从示踪剂检测结果可以看出，T95021 反应明显，出现第二个示踪剂峰值(图 7-4-31)，T95089 示踪剂质量浓度下降速度减慢(图 7-4-32)。

4. 多向见剂井分析

试验区示踪剂监测井组中共有 8 口多向见剂井，它们受多口注汽井影响，从示踪剂见剂曲线特征可以判断出这些多向见剂井的主要汽窜方向及主要受效方向。以 95967 井和 95976 井为例，对见剂情况进行分析。

1) 95967 井见剂分析

受汽窜影响，95967 井井口温度上升较快(图 7-4-33)，并在井口同时监测到 95974，95961 两口注汽井的示踪剂，两个见剂方向的示踪剂曲线均为不对称单峰型(表 7-4-9)，示踪剂曲线如图 7-4-27 和图 7-4-34 所示。从表中可以看出，95961 注汽井方向示踪剂峰值速度更大，是 95967 井的主要汽窜方向，其次是 95974 注汽井方向。

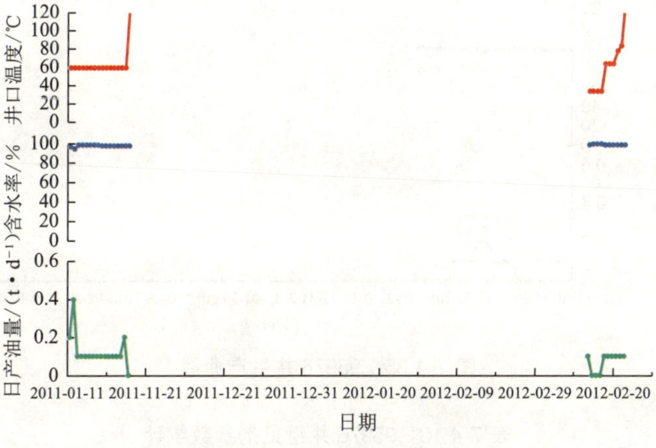

图 7-4-33　95967 井生产曲线

表 7-4-9　95967 井组见剂参数统计

生产井	注汽井	峰值天数/d	峰值质量浓度/(μg·m⁻³)	峰值速度/(m·d⁻¹)	曲线类型
95967	95974	13	516	7.7	不对称单峰型
	95961	6	1032	16.7	不对称单峰型

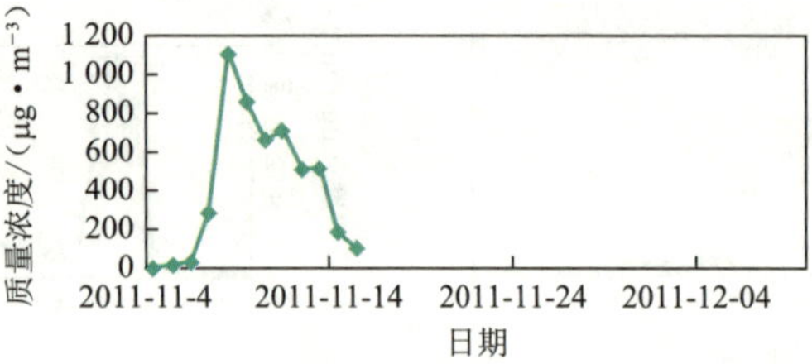

图 7-4-34　95967 井示踪剂 F12 产出质量浓度曲线

2）95976 井见剂分析

受汽窜影响，95976 井井口温度上升明显，含水率在 98%以上，蒸汽驱效果差，于 2011 年 12 月 10 日关井(图 7-4-35)。95976 井井口监测到 95974，95961，95977 三口注汽井的示踪剂，其中 95974，95961 方向的示踪剂曲线为不对称单峰型，95977 方向的示踪剂曲线为对称单峰型(表 7-4-10)，示踪剂曲线如图 7-4-22、图 7-4-28 和图 7-4-36 所示。从表中可以看出，95974 注汽井方向的示踪剂峰值速度最大，是 95976 井的主要汽窜方向，其次是 95961 注汽井方向。

五、蒸汽波及效率评价

蒸汽超覆作用对蒸汽的波及效率及开发效果影响很大，可以采用 Van Lookeren 解析解

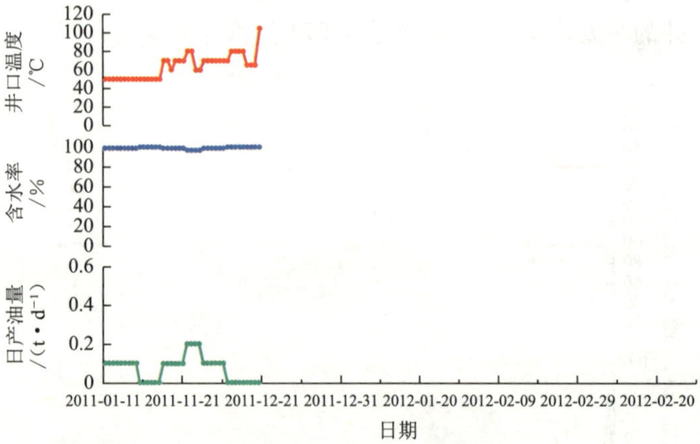

图 7-4-35　95976 井生产曲线

表 7-4-10　95976 井组见剂参数统计

生产井	注汽井	峰值天数/d	峰值质量浓度/(μg·m⁻³)	峰值速度/(m·d⁻¹)	曲线类型
95976	95974	9	1 239	11.1	不对称单峰型
	95961	15	450	6.7	不对称单峰型
	95977	21	168	4.8	对称单峰型

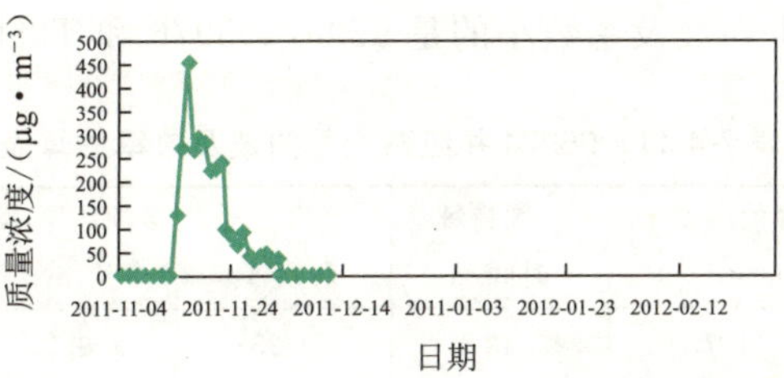

图 7-4-36　95976 井示踪剂 F12 产出质量浓度曲线

方法对蒸汽超覆程度进行评价。超覆程度方程式以达西定律基本原理为依据，利用分层流动(与储层面垂直的流动忽略不计)的假设，蒸汽超覆程度用无因次系数 A_R 来表征，A_R 的定义式为：

$$A_R=\sqrt{\frac{\upsilon_s W_{si}}{\pi\Delta\rho g h^2 K_s}}(1-M) \tag{7-4-2}$$

其中，

$$M=\frac{\mu_o K_s \rho_s}{\mu_s K_o \rho_o}$$

式中　M——拟流度比；

υ_s——蒸汽动力黏度，m^2/s；

W_{si}——蒸汽注入速度，kg/s；

$\Delta\rho$——油相密度 ρ_o 与蒸汽密度 ρ_s 之差，$\Delta\rho=\rho_o-\rho_s$，kg/m^3；

g——重力加速度，m/s^2；

h——油层厚度，m；

K_s——蒸汽带渗透率，μm^2；

μ_o——油相黏度，Pa·s；

μ_s——蒸汽黏度，Pa·s；

K_o——油相渗透率，μm^2。

一般情况下，拟流度比 M 相对较小，可以忽略。A_R 受式中平方根项的控制，该项的变量中唯一可调控的操作参数是蒸汽注入速度。蒸汽注入速度越大，即在重力相同的情况下黏滞力增加，A_R 越高。此外，低的蒸汽带渗透率也会导致较高的 A_R。因此，通过提高蒸汽注入速度和降低蒸汽带渗透率可以增加 A_R。

在低 A_R 下，蒸汽可能被限制在油层顶部流动，而且前缘以小角度倾斜；当 A_R 增大时，蒸汽前缘趋于垂直，蒸汽带变厚，蒸汽的波及体积与原油采收率得到提高。

综合示踪剂监测结果及式(7-4-2)来看，在同一蒸汽注入速度操作条件下，示踪剂峰值速度越小，蒸汽带渗透率越小，A_R 越大；见剂持续时间越长，形成的蒸汽带厚度(蒸汽带厚度 $h_s=0.5A_R h$)越大，A_R 与见剂持续时间成正比。根据示踪剂监测成果，95982 井方向示踪剂峰值速度小、见剂持续时间长、蒸汽驱效果好，将 95982 井方向作为标准方向，给出 A_R。实验结果表明，蒸汽超覆系数 A_R 一般在 0～1.5 之间，取最高的 $A_R=1.5$ 为 95982 井方向的蒸汽超覆系数，95982 井示踪剂峰值速度为 1.6 m/d，见剂持续时间为 92 d。

95974 井组的蒸汽垂向波及效率估算结果见表 7-4-11，井组内 95982 井方向的蒸汽带厚度最大、动用最好，蒸汽垂向波及系数(蒸汽垂向波及系数 $E_{sv}=h_s/h$)达到 74.7%，其次是 T95089 井方向，蒸汽垂向波及系数小的是 95967，95976 和 T95018 三口汽窜明显的井。

表 7-4-11　95974 井组蒸汽垂向波及效率估算表

井　组	生产井	峰值速度 /(m·d⁻¹)	见剂持续时间/d	蒸汽超覆系数 A_R	油层厚度 /m	蒸汽带厚度 /m	蒸汽垂向波及系数/%
95974	T95021	11.7	42	0.25	9.0	1.1	12.2
	95967	7.7	12	0.09	9.5	0.4	4.2
	95976	11.1	22	0.14	10.5	0.7	6.7
	T95018	11.7	16	0.10	8.5	0.4	4.7
	T95089	2.7	34	0.43	7.5	1.6	21.3
	95982	1.6	92	1.5	9.5	7.1	74.7

95977 井组的蒸汽垂向波及效率估算结果见表 7-4-12，井组内 T95013 井方向蒸汽带厚度最大、动用最好，蒸汽垂向波及系数达到 72%，其次是 T95009 和 T95012 方向；平均蒸汽垂向波及系数为 26.3%，是 5 个井组中平均蒸汽垂向波及系数最大的。

表 7-4-12　95977 井组蒸汽垂向波及效率估算表

井　组	生产井	峰值速度 /(m·d⁻¹)	见剂持续时间/d	蒸汽超覆系数 A_R	油层厚度 /m	蒸汽带厚度 /m	蒸汽垂向波及系数/%
95977	95984	8.3	16	0.11	10.6	0.6	5.7
	95978	4.2	10	0.1	10.0	0.5	5.0
	95968	2.5	28	0.37	8.5	1.6	18.8
	95976	4.8	10	0.09	12.1	0.5	4.1
	T95012	1.4	44	0.77	8.5	3.3	38.8
	T95009	1.5	47	0.79	9.5	3.8	40.0
	T95013	1.0	70	1.44	7.5	5.4	72.0

951204 井组蒸汽垂向波及效率估算结果见表 7-4-13，井组内 951205 和 T95003 井方向蒸汽带厚度最大、动用最好，蒸汽垂向波及系数分别为 59.2%，70.0%；井组平均蒸汽垂向波及系数为 25.8%，处于相对较高水平。

表 7-4-13　951204 井组蒸汽垂向波及效率估算表

井　组	生产井	峰值速度 /(m·d⁻¹)	见剂持续时间/d	蒸汽超覆系数 A_R	油层厚度 /m	蒸汽带厚度 /m	蒸汽垂向波及系数/%
951204	95978	6.3	11	0.09	10.0	0.5	5.0
	951210	5.0	12	0.11	11.5	0.6	5.2
	T95010	1.9	35	0.52	10.0	2.6	26.0

续表

井　组	生产井	峰值速度/(m·d^{-1})	见剂持续时间/d	蒸汽超覆系数 A_R	油层厚度/m	蒸汽带厚度/m	蒸汽垂向波及系数/%
951204	951203	16.7	37	0.19	6.5	0.6	9.2
	T95006	14.0	22	0.12	8.5	0.5	5.9
	951205	1.3	66	1.19	13.0	7.7	59.2
	T95003	1.1	71	1.40	7.0	4.9	70.0

95961 井组蒸汽垂向波及效率估算结果见表 7-4-14。95961 井组整体蒸汽垂向波及系数较小，平均为 12.6%，是 5 个井组中蒸汽垂向波及系数最小的，井组汽窜井较多，蒸汽驱效果较差，95968，T95019 和 T95022 三口井蒸汽垂向波及系数相对较大。

表 7-4-14　95961 井组蒸汽垂向波及效率估算表

井　组	生产井	峰值速度/(m·d^{-1})	见剂持续时间/d	蒸汽超覆系数 A_R	油层厚度/m	蒸汽带厚度/m	蒸汽垂向波及系数/%
95961	95967	16.7	12	0.06	9.5	0.3	3.2
	95976	6.7	19	0.15	12.1	0.9	7.4
	T95018	7.8	15	0.11	7.0	0.4	5.7
	95968	3.1	34	0.4	8.5	1.7	20.0
	T95019	2.1	32	0.46	10.5	2.4	22.9
	T95022	10	52	0.34	8.5	1.4	16.5

95969 井组蒸汽垂向波及效率估算结果见表 7-4-15，井组内 T95013 井方向蒸汽带厚度最大、动用最好，蒸汽垂向波及系数达到 64%，其次是 T95010 井方向；井组平均蒸汽垂向波及系数为 21.8%。

表 7-4-15　95969 井组蒸汽垂向波及效率估算表

井　组	生产井	峰值速度/(m·d^{-1})	见剂持续时间/d	蒸汽超覆系数 A_R	油层厚度/m	蒸汽带厚度/m	蒸汽垂向波及系数/%
95969	T95013	1.2	68	1.28	7.5	4.8	64.0
	T95010	1.8	30	0.46	10.0	2.3	23.0
	T95014	1.6	20	0.33	8.0	1.3	16.3
	95962	12.5	34	0.2	7.5	0.8	10.7
	T95017	4.7	22	0.21	12.5	1.3	10.4
	951203	16.7	25	0.13	6.5	0.4	6.2

第八章
蒸汽驱采油工艺设计

新疆浅层稠油蒸汽驱采油工艺设计已趋于成熟，涵盖完井工艺、举升工艺、动态监测等设计内容。采油工艺方案立足稠油油藏特点，通过完井和举升工艺设计，最大限度地保护油层、保障注蒸汽热利用率和合理采油速度。生产过程中，还应利用动态监测手段实时掌握油层变化，优化注采参数，配套实施降黏和防砂等措施，使井组达到理想的开发效果。

第一节　完井工艺设计

一、完井方式

根据浅层稠油油藏注蒸汽热采特点和开发要求，直井采用加砂水泥预应力固井、套管射孔完井方式。现有 3 000 多口热采井，绝大多数采用 ϕ177.8 mm 油层套管完井，经长期注汽，生产井筒状况良好。由于 ϕ177.8 mm 套管井筒半径大，流动阻力较小，有利于稠油流入井筒，从减少液流对井壁岩石冲刷和便于防砂措施等方面考虑，新井常采用 ϕ177.8 mm 套管。

二、油层套管选择

六、九区多采用 ϕ177.8 mm×8.05 mm 或 ϕ177.8 mm×9.19 mm 的 N80 套管，实践证明其能够满足注蒸汽开发要求。对于后期要采取蒸汽+CO_2 复合驱的区块，需考虑套管腐蚀因素。室内实验结果表明，与常规 N80 套管、3Cr 套管相比，9Cr 套管的耐腐蚀性能大幅提高(图 8-1-1)。综合考虑防腐性能与成本，蒸汽+CO_2 复合驱块选择 9Cr 套管。

三、固井及套管质量要求

在转蒸汽驱修井通井过程中，如发现有套管变形损坏，应用铅模打印搞清井况，并做好详细记录。对于套管变形严重以致无法下入封隔器的生产井，可要求换井；对于部分套管头有缩径现象而影响封隔器下入的生产井，应使用较小(大于 150 mm)通井规再次通井，仍不能进行通井作业的，需更换套管头，以保证每口井都下入封隔器。套管损坏严重井应待大修后再转蒸汽驱。

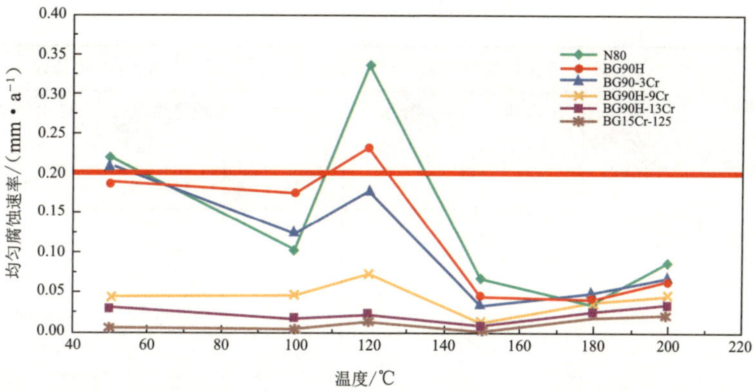

图 8-1-1　油层套管材质在 CO_2+ H_2S 条件下的均匀腐蚀速率对比图

四、注汽管柱设计

根据稠油注蒸汽开发工艺技术现状，结合区块特点、开发配产和井筒热损失情况，优选注汽、采油管柱。

1. 注汽管柱选择

为提高注汽效果，应尽量选取热损失小的管柱结构，以提高注入蒸汽的热利用率。设定注汽压力为 2 MPa，5 MPa，注汽速度为 50 t/d，40 t/d，35 t/d，注汽干度为 75%，90%，分别采用平式油管、平式油管+封隔器和隔热油管 3 种注蒸汽管柱结构，计算平均井深 220 m 时不同注汽参数下的井筒热损失，结果见表 8-1-1。

表 8-1-1　九$_6$ 区齐古组油藏井筒热损失计算结果(井深 220 m)

注蒸汽管柱结构	井口注入参数			到达井底参数			
	干度/%	注汽速度/($t \cdot d^{-1}$)	压力/MPa	干度/%	累计热损失/($kJ \cdot kg^{-1}$)	热损失率/%	环空外壁温度/℃
ϕ73 mm×5.51 mm 平式油管	75	50	2	60.9	268.77	11.55	206.12
			5	52.9	360.42	15.12	258.69
		40	2	57.2	337.46	14.51	206.81
			5	47.3	451.20	18.93	258.87
		35	2	54.6	386.43	16.61	207.15
			5	43.4	516.05	21.65	258.96
	90	50	2	75.9	268.23	10.28	205.61
			5	68.0	360.32	13.70	258.44
		40	2	72.2	336.92	12.91	206.43
			5	62.4	451.09	17.15	258.61
		35	2	69.6	385.92	14.79	206.76
			5	58.5	515.92	19.62	258.70

续表

注蒸汽管柱结构	井口注入参数			到达井底参数			
	干度/%	注汽速度/(t·d⁻¹)	压力/MPa	干度/%	累计热损失/(kJ·kg⁻¹)	热损失率/%	环空外壁温度/℃
φ73 mm×5.51 mm 平式油管+封隔器	75	50	2	69.1	112.79	4.85	120.59
			5	64.9	165.05	6.92	160.90
		40	2	67.5	142.22	6.11	121.03
			5	62.3	206.93	8.68	161.06
		35	2	66.4	163.13	7.01	121.28
			5	60.5	236.85	9.94	161.10
	90	50	2	84.1	112.56	4.31	120.24
			5	79.9	165.00	6.27	160.72
		40	2	82.5	141.84	5.43	120.80
			5	77.4	206.88	7.87	160.85
		35	2	81.4	162.81	6.24	121.02
			5	75.5	236.79	9.00	160.90
φ114 mm×φ62 mm 隔热油管	75	50	2	72.4	51.20	2.20	205.42
			5	70.6	70.83	2.97	257.74
		40	2	71.6	65.04	2.80	206.11
			5	69.5	89.11	3.74	257.89
		35	2	71.1	74.85	3.22	206.39
			5	68.7	102.17	4.29	257.95
	90	50	2	87.4	51.11	1.96	204.93
			5	85.7	70.83	2.69	257.53
		40	2	86.6	64.77	2.48	205.75
			5	84.6	89.12	3.39	257.69
		35	2	86.1	74.62	2.86	206.09
			5	83.8	102.19	3.89	257.75

另外，对 70 口蒸汽驱注汽井进行测试，得到不同管柱结构的热损失率，见表 8-1-2。

表 8-1-2　4 种井下管柱的热损失率

井下管柱	井数/口	注入条件及参数	热损失率/%
平式油管	15	注汽量　20～40 t/d 注汽干度　40%～60% 井下温度　150～180 ℃ 井下压力　0.8～1.5 MPa	4.1～8.72
平式油管+封隔器	21		2.6～6.3
隔热油管	14		0.91～2.93
隔热油管+封隔器	20		0.79～2.57

理论计算和测试结果均表明，由于蒸汽驱阶段注汽速度低，采用平式油管注汽时热损失

率较高，井底干度低。为提高注汽质量，保证蒸汽驱阶段的开发效果，推荐蒸汽驱阶段注汽井采用隔热油管或隔热油管＋封隔器。注汽管柱结构如图 8-1-2 所示。

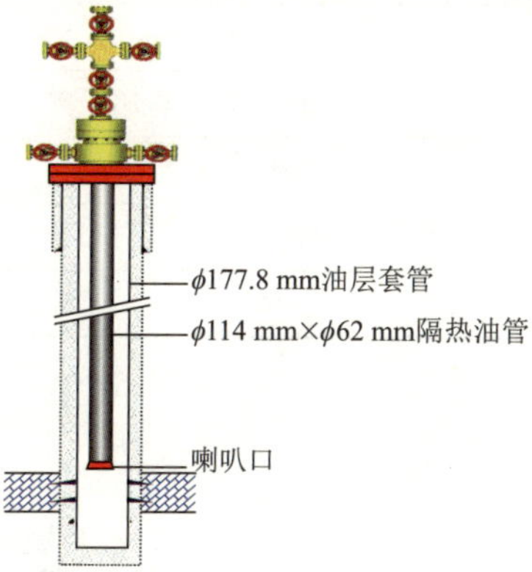

图 8-1-2　注汽管柱结构示意图

2. 隔热油管选择

目前应用较多的隔热油管为高真空隔热油管，与普通隔热油管相比，其视导热系数低 20%以上。蒸汽驱井常用的高真空隔热油管参数为：规格 ϕ114 mm×ϕ62 mm，单根长度 9.6 m，接箍外径 127 mm 或 132 mm，连接螺纹 ϕ114 mm BCSG，允许下深 1 400 m，工作温度 350 ℃，视导热系数≤0.015 W/(m·℃)。

3. 封隔器选择

蒸汽驱注汽井井下封隔器应具备在高温下长期密封的性能，能够适应蒸汽驱不同注汽方式的需要，且封隔器应坐封、解封容易。通过对近几年六、九区注汽井采用的两种封隔器进行综合评价对比(表 8-1-3)可知，热膨胀封隔器价格低，结构简单合理，坐封、解封容易，目前普遍被用作蒸汽驱井井下结构用封隔器。

表 8-1-3　两种封隔器综合评价对比表

技术指标	型　号	
	7# 耐热可钻丢手封隔器	热膨胀封隔器
最大外径/mm	152	154
适用套管内径/mm	157.1～161.7	157.1～161.7
适应井深/m	≥500	200～500
通径/mm	85.5	62
设计耐压差/MPa	10	15
设计耐温/℃	300	325
密封件材质	石棉橡胶金属组合	聚四氟乙烯、软金属
总长/mm	976	1 080

续表

技术指标	型　号	
	7# 耐热可钻丢手封隔器	热膨胀封隔器
寿　命	3 a 以上	3 a
坐封方式	打　压	高温热膨胀
成功率/%	94.1	98
解封方式	磨　铣	上提自动解封
实施井数/井次	65	74

五、采油管柱设计

浅层稠油油藏油层中深 130～700 m，蒸汽驱的生产井与生产监测井分别采用 ϕ56 mm，ϕ44 mm 管式泵，对采油生产中采用的 ϕ73 mm×5.51 mm N80 平式油管与 ϕ60.3 mm×4.83 mm N80 平式油管进行强度校核和生产适应性对比，见表 8-1-4。校核结果表明，钢级为 N80 的 ϕ73 mm×5.51 mm 与 ϕ60.3 mm×4.83 mm 平式油管允许最大下深分别为 2 827 m 和 2 700 m，抗内压强度、抗挤毁强度、抗滑扣强度满足生产要求。生产井油管推荐采用 ϕ73 mm×5.51 mm N80 平式油管；生产监测井要满足双管下入的要求，可采用 ϕ60.3 mm×4.83 mm N80 平式油管。采油管柱结构如图 8-1-3 所示。

表 8-1-4　ϕ73 mm 和 ϕ60.3 mm N80 平式油管强度校核和生产适应性对比

尺　寸	材　质	壁厚/mm	抗内压强度/(kg·cm^{-2})	抗挤毁强度/(kg·cm^{-2})	抗滑扣强度/t	允许最大下深/m	生产适应性
ϕ73 mm×5.51 mm	N80	5.51	743	662	47.88	2 827	满足要求
ϕ60.3 mm×4.83 mm	N80	4.83	787	699	32.64	2 700	满足要求

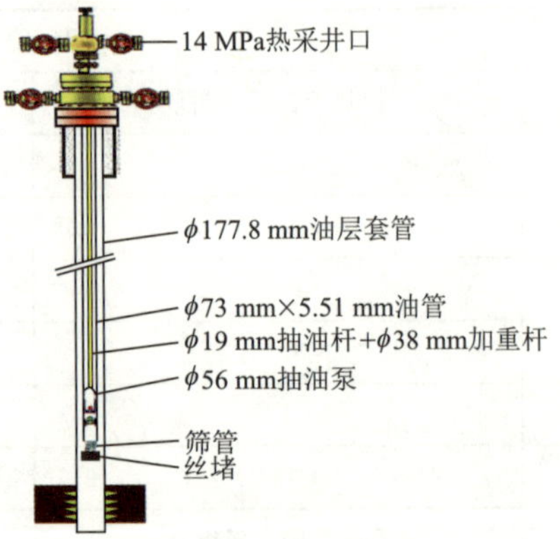

图 8-1-3　采油管柱结构示意图

六、射孔参数设计

浅层稠油油藏孔隙度、渗透率高，原始油藏压力和温度低，原油黏度高，正常条件下射开储层后无自喷能力，且蒸汽有极强的破堵能力，因此常用的射孔工艺参数见表 8-1-5。

表 8-1-5　九$_8$区大孔径高密度射孔与常规射孔参数对比

射孔类别	射孔弹型	孔密/(孔·m^{-1})	相位/(°)	射孔液	射孔方式
大孔径高密度射孔	BH54RDX-3	40	45	稠油脱油清水	电缆传输
常规射孔	YD-89	20	60	稠油脱油清水	电缆传输

九$_8$区齐古组超稠油油藏曾进行大孔径高密度射孔改善近井渗流能力对比试验，采用大孔径射孔 62 口，日产油较常规射孔提高 0.6 t/d(表 8-1-6)。

表 8-1-6　九$_8$区大孔径射孔与常规射孔加密井生产情况表

类　别	射孔弹型	井数/口	产油量/t	产水量/t	日产油量/(t·d^{-1})	周期注汽量/t	生产天数/d	射孔厚度/m	含水率/%
2011 年投产井	BH54RDX-3	3	1 322	2 257	4.1	1 773	318.6	15.8	64
	YD-89	3	1 034	3 262	3.4	1 515	298.0	13.3	76
2012 年投产井	BH54RDX-3	59	684	2 120	2.4	1 240	152.7	11.3	74
	YD-89	8	541	1 872	2.0	1 160	134.5	9.5	78

七、井口装置

(1) 注汽井、生产井与观察监测井：采用 KR14-337 热采井口装置，最高工作压力 14 MPa，最高工作温度 337 ℃，公称通径 65 mm。

(2) 生产监测井：采用 KRS14-337-52×52 双管热采井口装置，最高工作压力 14 MPa，最高工作温度 337 ℃，公称通径 52 mm×52 mm。

第二节　举升工艺设计

一、采油方式选择

浅层稠油油藏注蒸汽热采单井产量较低，而有杆泵能在井筒流体温度变化很大的范围内正常工作，其举升能力可调范围较大，机械性能可靠，免修期长，易于维修，举升成本较其他类型抽油方式低，不论深井、浅井、直井、定向井都适宜。因此，一般采用有杆泵采油。

二、采油设备选择

转蒸汽驱时，可根据机采设备的使用情况和理论计算，对井下抽油泵与抽油杆进行设计，重新计算校核抽油机的载荷利用率。下面以九$_6$ 区齐古组油藏为例说明。

1. 抽油泵

表 8-2-1 为不同冲程、冲次组合下，ϕ56 mm/ϕ38 mm 反馈泵、ϕ56 mm 和 ϕ44 mm 泵的理论排量。根据地质油藏方案预测结果，估算单井产液量不超过 20 m^3/d，采用 ϕ56 mm 和 ϕ44 mm 的抽油泵可以满足配产要求。在稠油生产中，为减少稠油进泵阻力，要求优选泵径较大的泵，因此生产井采用 ϕ56 mm 注抽两用泵；生产监测井受管柱结构限制，采用 ϕ44 mm 管式泵。

表 8-2-1　不同泵径的抽油泵理论排量

泵　径	冲程/m	1.20			1.50			1.80		
	冲次/(次・min^{-1})	3	5	7	3	5	7	3	5	7
ϕ56 mm/ϕ38 mm 反馈泵	理论排量/(m^3・d^{-1})	6.85	11.42	15.99	8.56	14.27	19.98	10.28	17.13	23.98
	50%排量/(m^3・d^{-1})	3.43	5.71	7.99	4.28	7.14	9.99	5.14	8.56	11.99
ϕ56 mm 泵	理论排量/(m^3・d^{-1})	12.77	21.28	29.79	15.96	26.60	37.23	19.15	31.91	44.68
	50%排量/(m^3・d^{-1})	6.38	10.64	14.90	7.98	13.30	18.62	9.58	15.96	22.34
ϕ44 mm 泵	理论排量/(m^3・d^{-1})	7.88	13.13	18.38	9.85	16.41	22.97	11.81	19.69	27.57
	50%排量/(m^3・d^{-1})	3.94	6.56	9.19	4.93	8.21	11.49	5.91	9.85	13.78

2. 抽油杆

根据载荷计算结果，当抽油杆在不同下深时，采用下式对 ϕ19 mm D 级杆进行强度校核（表 8-2-2）。

$$\sigma_{max} = p_{max} / f_{杆} \tag{8-2-1}$$

$$\sigma_{min} = p_{min} / f_{杆} \tag{8-2-2}$$

$$[\sigma_{max}] = (0.25T + 0.5625\sigma_{min}) \times F \tag{8-2-3}$$

式中　p_{max}、p_{min}——最大、最小载荷，N；

σ_{max}，σ_{min}——最大、最小工作应力，N/mm^2；

$[\sigma_{max}]$——许用应力，N/mm^2；

$f_{杆}$——抽油杆截面积，mm^2；

T——抽油杆材料最低抗拉强度，N/mm^2；

F——抽油杆使用系数。

表 8-2-2　抽油杆强度校核

强度校核	抽油杆规格 CYG-19 mm D级杆		抽油杆规格 CYG-19 mm D级杆＋ϕ38 mm 加重杆(10 根)	
黏度/(mPa·s)	1 000			
外径/mm	19			
截面积/mm^2	285			
下泵深度/m	220			
泵径/mm	44	56	44	56
最大/最小载荷/N	9 664.7/2 141	11 807.6/2 140.9	13 611.5/2 271.8	7 513.9/1 362.4
扭矩/(N·m)	5 975.6	6 754.8	7 363.1	7 857.7
最低抗拉强度/($N·mm^{-2}$)	810			
使用系数	0.7			
最大工作应力/($N·mm^{-2}$)	33.91	41.43	47.76	52.53
最小工作应力/($N·mm^{-2}$)	7.51	7.51	7.97	7.97
[σ_{max}]/($N·mm^{-2}$)	144.7	144.7	144.9	144.9
应力范围比	0.19	0.25	0.29	0.33

由表可以看出，采用 ϕ19 mm D 级抽油杆的最大工作应力都小于许用应力。结合九$_6$区抽油杆使用情况，采用 ϕ19 mm D 级抽油杆，配 8～10 根 ϕ38 mm 加重杆。

3. **抽油机**

在不同黏度、下泵深度条件下，采用 ϕ56 mm 注抽两用泵、ϕ19 mm D 级抽油杆配 ϕ38 mm 加重杆 80 m(8 m/根)，当含水率 85%的混合液密度为 0.98 g/cm^3 时，得到抽油机最大载荷。一般根据抽油机载荷的 75%来选择机型，故选择 1.8 m 冲程的 3 型机，电机功率为 7.5 kW。

第三节　其他配套工艺及监测方案设计

一、其他配套工艺

1. **降黏工艺**

稠油降黏工艺可提高原油流动能力，提高生产效果。根据前期油田开发经验，直井(定向井)采取油套管环空伴热降黏措施。对于部分黏度较高的生产井，针对本区稠油特性，从降黏效果及化学剂对原油破乳的影响等方面进行研究，优选适宜本区的降黏剂。

2. **防砂工艺**

采用防排结合来保证生产井的正常生产。生产井一旦出砂，利用常规转轮或检泵时的冲砂作业冲砂，个别严重出砂井可采取套管内悬挂筛管或泵挂筛管防砂(套管内悬挂筛管或泵挂筛管的缝宽为 0.4 mm)，或者进行不钻塞人工井壁防砂工艺。

二、监测方案设计

通过监测井下温度、压力能及时了解注采动态情况，判断地层的动用及连通情况。目前大规模应用的成熟监测工艺有热电偶监测工艺、光纤监测工艺。

1. 热电偶监测工艺

根据油层厚度选择热电偶多点测温，要求热电偶耐温 350 ℃，测温误差±1 ℃。如采用 3 点测温，在油管内下入 1 根 ϕ6.35 mm 热电偶管缆至设计位置，安装井口密封装置、仪表箱等，即可实现长期温度实时监测。具体结构如图 8-3-1 所示。

2. 光纤监测工艺

光纤监测工艺分为固定式监测及移动式监测，可根据现场监测需求选择不同的监测工艺。

固定式光纤监测工艺即在油管内下入分布式光缆至设计位置，安装井口密封装置、铺设地面通信管缆、安装仪表箱等，实现长期温度实时监测。该工艺要求分布式光纤测温 300 ℃，测温误差±1 ℃。具体结构如图 8-3-2 所示。固定式光纤监测工艺在新疆油田稠油井中得到了广泛应用，可以实现温度、压力同时监测，但是固定式光纤监测工艺需配备地面光端机，一次性投入费用较高。移动式光纤监测工艺原理与固定式光纤监测工艺相同，只是测试时采用车载测量仪器，光缆下入井中测取数据即可，地面不再配备固定设备，一次性投入小。如果监测频率要求不高，可采用该方式。

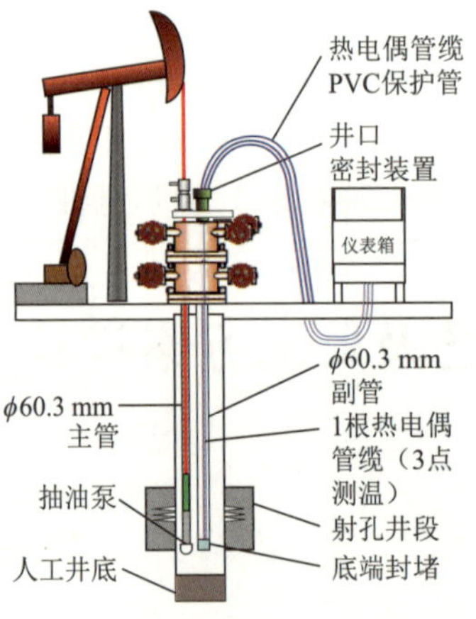

图 8-3-1 热电偶监测工艺结构图

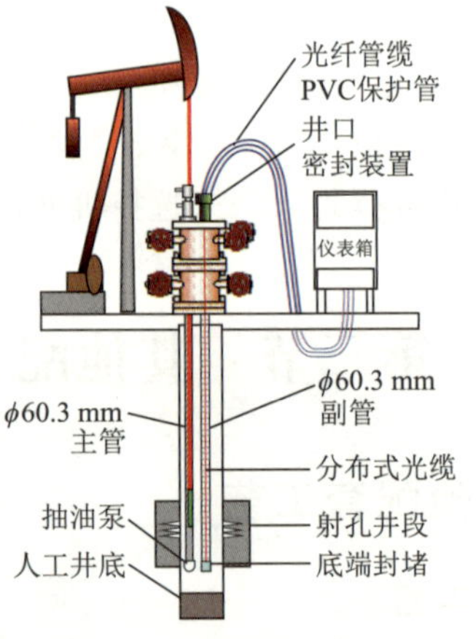

图 8-3-2 光纤监测工艺结构图

三、开发过程中系统保护油层的要求及措施

1. 完井过程中保护油层的要求及措施

(1) 完井作业中的储层保护需严格按照钻井工程方案中油气层保护相关要求执行。

（2）射孔时选择对油层污染小、配伍性好的射孔液，建议采用稠油脱油清水。

2. 修井作业中保护油层的要求及措施

（1）修井作业应尽可能降低入井液中固体微粒侵入以及入井液造成的地层冷却，压井液使用稠油脱油清水。

（2）修井作业过程中，采用近平衡压井并及时返排，减少对油层的污染。对于入井工具，要求采用措施冲洗干净后方能入井。

3. 采油作业中保护油层的要求及措施

制定合理的注采制度，防止汽窜以及强注、强喷造成出砂而破坏油层。应严格按照油藏工程方案的要求控制注汽压力和注排速度。

第九章 注汽地面工程

新疆浅层稠油热采实现了注、采、集、输系统工程配套，形成了高压注汽系统、采油系统、集输处理、污水处理、污水回用锅炉等一系列适用的地面工程配套工艺，其基本工艺流程如图 9-0-1 所示。供汽所需水源既可采用清水，也可采用油田净化后的污水。

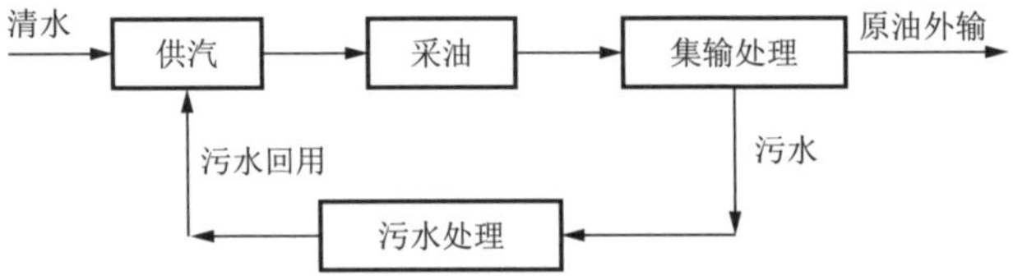

图 9-0-1 新疆浅层稠油热采基本工艺流程

第一节 蒸汽输送和计量技术

一、管道补偿技术

1. 方形补偿器的特点

注汽管线常用方形补偿器，其工作原理为利用弯头和管段的弹性变形来吸收注汽管道的热胀冷缩，如图 9-1-1 所示。以常见的 DN100 注汽管道为例，50 m 长度内需要利用 4 只弯头向外伸出 4 m 形成一个自然补偿。方形补偿器的制造、安装较为方便，但存在以下缺点。

(1) 增大了阻力：采用方形补偿器使注汽管道的实际长度增大 20%，同时由于弯头数量多，局部阻力增大。采用方形补偿器的注汽管道压降为 1.5～2.5 MPa/km，注汽系统运行压力较井口压力提高 1～3 MPa，投资和运行费用增加。弯头的增多还使湿蒸汽流向多变，导致注汽管道易产生震动或水击。

(2) 增大了热损失：采用方形补偿器使注汽管道的实际长度增大 20%，热损失相应增大。另外，管道弯头处变形较大，只能利用复合硅酸盐毡现场缠绕处理，很难保证良好的保温效果。

2. 旋转补偿器的特点

旋转补偿器是一种新型热力管道补偿器，补偿距离长，可有效减少注汽管道压力损失及热损失。以 DN100 注汽管道为例,采用旋转补偿器后可使注汽管道热损失减少 17.1 kW/km,管道压力损失减少 17.9%左右。旋转补偿器最高耐温可达 600 ℃,常温耐压达到 40 MPa,密封性能优越,长期运行免维护。旋转补偿器补偿量大,可达方型补偿器的 10 倍。旋转补偿器不产生由输送介质内压造成的盲板力或方型补偿器产生的弹性力,所以固定支架可做得比较小。旋转补偿器布置形式多样化,可根据自然地形及管道强度确定敷设方式。

旋转补偿器的结构如图 9-1-2 所示,它主要由整体密封座、密封压盖、大小头、减摩定心轴承、密封材料、旋转筒体、螺栓等构件组成。

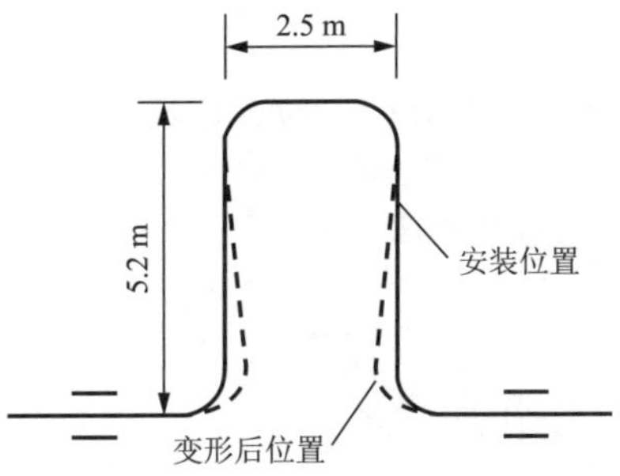

图 9-1-1　方形补偿器工作原理图

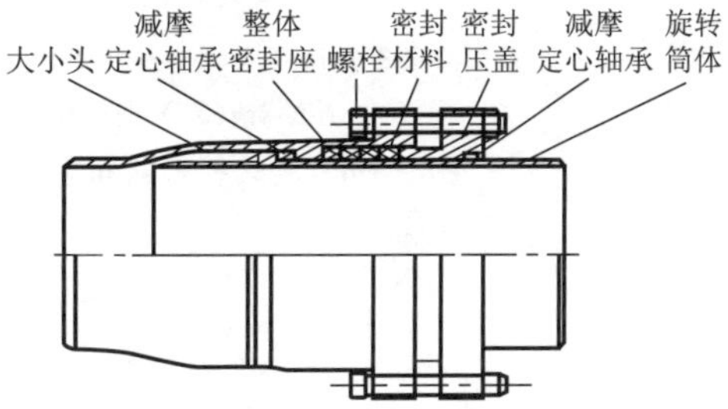

图 9-1-2　旋转补偿器结构图

旋转补偿器安装方式如图 9-1-3 所示。此类补偿器的安装与球形补偿器类似,在热力管道上旋转补偿器需两个以上组对安装,形成相对旋转以吸收管道热膨胀量,从而减小管道应力。

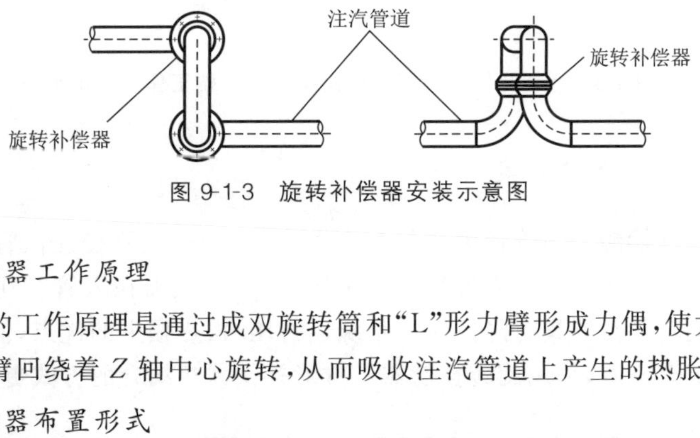

图 9-1-3　旋转补偿器安装示意图

1) 旋转补偿器工作原理

旋转补偿器的工作原理是通过成双旋转筒和"L"形力臂形成力偶,使大小相等、方向相反的一对力由力臂回绕着 Z 轴中心旋转,从而吸收注汽管道上产生的热胀量。

2) 旋转补偿器布置形式

旋转补偿器可布置于两固定支架中心,也可偏向注汽管道一端。当旋转补偿器布置于两固定支架中心时,注汽管道运行过程中补偿器的两端有相同的膨胀量和膨胀推力,力偶绕着中心 O 旋转了角 θ,以吸收两端方向相对、大小相等的膨胀量 Δ,如图 9-1-4 所示。当补偿器不布置在两固定支架中心,而是偏向注汽管道一端时,膨胀时"L"形力臂绕离固定端较近的旋转筒旋转,以吸收管道膨胀量,如图 9-1-5 所示。

旋转补偿器的布置与球形补偿器类似,当吸收热膨胀量时,力偶臂旋转 $\theta/2$,管道发生最大摆动。一般来说,根据自然地形、补偿量的大小,在安装条件许可的情况下 L_2 应尽量选择大一点。

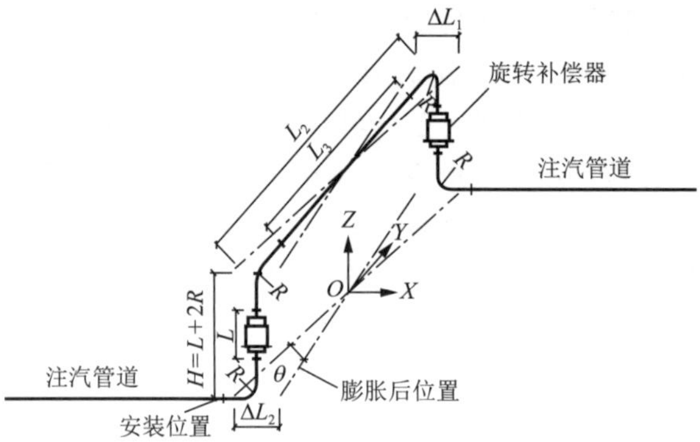

H—补偿器安装 Z 向高度；L—补偿器长度；R—弯头弯曲半径；ΔL_1，ΔL_2—管道膨胀量；L_2—补偿器安装 Y 向总长度；L_3—补偿器安装 Y 向直管长度。

图 9-1-4　旋转补偿器布置于两固定支架中心工作原理示意图

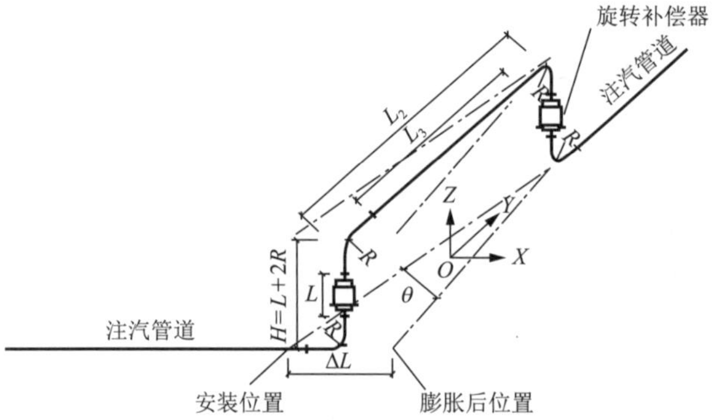

ΔL—管道膨胀量。

图 9-1-5　旋转补偿器布置于两固定支架一端工作原理示意图

3. 旋转补偿器的应用效果

旋转补偿器的补偿能力与管径关系不大。表 9-1-1 为不同管径注汽管道采用方形补偿器与旋转补偿器效果对比表。与方形补偿器相比，旋转补偿器在大管径注汽管道上的应用优势更加明显。旋转补偿器具有降低注汽系统运行压力、热损失的优点，但对地形复杂的油区适应性较差。综合来看，采用旋转补偿器与方形补偿器相结合的方式更符合油田实际。

表 9-1-1　不同管径注汽管道采用方形补偿器与旋转补偿器效果对比表

管线规格	输送蒸汽量 /($t \cdot h^{-1}$)	补偿器类型	管道长度 /($m \cdot km^{-1}$)	投资 /(万元 · km^{-1})	压力损失 /($MPa \cdot km^{-1}$)	年平均热损失 /($kW \cdot km^{-1}$)
DN100	22.5	方形补偿器	1 187	122.77	2.79	128.20
		旋转补偿器	1 030	124.66	2.29	111.24
DN150	45	方形补偿器	1 207	189.20	2.85	178.81
		旋转补偿器	1 030	191.84	2.32	155.15

续表

管线规格	输送蒸汽量 /(t·h⁻¹)	补偿器类型	管道长度 /(m·km⁻¹)	投资 /(万元·km⁻¹)	压力损失 /(MPa·km⁻¹)	年平均热损失 /(kW·km⁻¹)
DN300	130	方形补偿器	1 307	553.83	1.98	365.48
		旋转补偿器	1 030	527.40	1.23	317.13

二、注汽计量技术

当前稠油产区广泛使用的热力采油技术有蒸汽吞吐、蒸汽驱以及 SAGD 等。新疆油田目前最常用的技术是蒸汽吞吐与蒸汽驱，采用的热媒为干度小于 80％的湿蒸汽。近年为提高采收率，开始将 SAGD 技术用于稠油、超稠油开发。提高稠油热采采收率的一项关键技术为测量质量流量。随着稠油产量的增大，新建油田的年注汽量递增，合理控制注入油藏的热量，减少无效注汽，降低稠油开发的能耗，对油田的可持续发展十分重要。

1. 不同干度蒸汽计量的特点

1）湿蒸汽

在实际生产中遇到的饱和蒸汽基本上都是湿蒸汽。湿蒸汽中夹带的饱和水有两个来源：一是在饱和蒸汽生产过程中产生，二是在蒸汽输送过程中释放汽化潜热产生。湿蒸汽的载热率与质量流量和干度有关，运行条件的不确定使湿蒸汽中含有的饱和水量不能准确确定，即湿蒸汽干度不能准确确定。湿蒸汽中含有的饱和水虽然体积很小，但其质量却很大，它对湿蒸汽实际密度的影响很大。因此，实际湿蒸汽含水量部分的密度补偿和修正因有别于温度、压力变化引起的干饱和蒸汽密度的补偿和修正而不能实现。在这样的情况下，产生的流量测量偏差不能通过简单的方法消除。目前国内外针对蒸汽的两相流分配与计量技术普遍存在着分配不均、测量精度不准、操作繁杂、维护不方便等问题，尚未形成成熟的湿蒸汽计量技术。

2）高干度蒸汽

在新疆油田，高干度蒸汽主要用于 SAGD 开发。根据 SAGD 工艺原理，高干度注汽是 SAGD 成功的关键。因为原油加热依靠蒸汽的汽化潜热，所以蒸汽中的饱和水不能与原油进行热交换，对 SAGD 生产无帮助。因此，SAGD 开发要求井底蒸汽干度达到 70％以上，锅炉出口蒸汽干度应在 95％以上。

高干度蒸汽属于湿蒸汽的范畴，但由于其中饱和水的含量少，所以蒸汽计量的难度相对较小。一般认为，蒸汽干度较高(≥95％)时流体表现为均相流动，温压补偿可按通常方法进行。由于高干度蒸汽密度比蒸汽临界饱和态大，质量流量会出现一定的负偏差，干度越小偏差越大。随着输送过程中热损失量的增多，管道内蒸汽的干度也在下降，当蒸汽干度小于 95％时，管道中的流体出现分层流动，产生的误差更大。

3）过热蒸汽

过热蒸汽是一种单一的蒸汽形式，过热蒸汽中不存在饱和水，测量其流量相对来说比较容易，只要进行温度、压力在线密度补偿和修正就可准确测量。

2. 油田常用蒸汽流量计量装置

蒸汽流量测量方法按工作原理细分，可分为直接式质量流量计和推导式质量流量计两大类。目前广泛使用的蒸汽质量流量计为推导式流量计，其中差压式流量计和涡街流量计为主流，这两种方法有各自的优点和缺点，而且具有良好的互补性。

1）差压式流量计

（1）孔板流量计。

孔板流量计是利用流体的缩放原理产生差压，以流动连续性方程和伯努利方程为基础的一种流量计，由于结构简单、牢固、性能稳定、价格低廉等优点，其应用最为广泛。

（2）弯管流量计。

弯管流量计与传统的孔板流量计一样，同属于差压式流量计的范畴，但弯管传感器是利用流体的惯性原理产生差压。弯管流量计既继承了差压式流量计结构简单、性能稳定、测量精确的优点，又克服了差压式流量计压力损失大、容易堵塞、维护困难等缺点。

2）涡街流量计

涡街流量计是在流体前进方向上放置一线形物体，形成频率与流速成一定比例的旋涡列，通过测量旋涡列的频率来实现对流体体积的测量。涡街流量计可以用于高干度及过热蒸汽的计量，而在湿蒸汽计量中，测量误差大。另外，涡街流量计的价格相对较高，不适合油田单井的蒸汽计量。

3. 燃煤注汽系统的蒸汽计量系统

一台 130 t/h 燃煤注汽锅炉的蒸汽量可负责 200 多口直井或 20 多口 SAGD 井的注汽任务，由于蒸汽量较大，需要设置中间计量系统。

在锅炉出口设置一套蒸汽流量、温度、压力测量系统，同时油区的蒸汽干线设置一套蒸汽计量装置。该装置将一条 DN300 干线分为 4～5 条支线，在干线及支线上均设置蒸汽流量计、电动调节阀及温度、压力测量系统，可测量或计算出每条注汽分支管线蒸汽出口处的蒸汽干度、质量流量、体积流量、蒸汽压力和蒸汽温度等参数。通过电动调节阀，可实现每条注汽分支管道蒸汽流量的自动调节及控制，并完成对每条注汽分支管道注汽量的跟踪累计。以上所有参数可以远传到中心控制室。

三、蒸汽流量计量装置的现场应用

1. 油田蒸汽计量现状

蒸汽的计量问题一直困扰着稠油生产。目前，生产井注汽的主要方式是一台锅炉给多口单井注汽。在稠油注汽系统的注汽流程中，对于同时注汽的生产井，其流量采用平均法估算，干度采用井口估算法估算，无法得到准确的干度和流量值。由于单井吸汽能力不同，且没有单井蒸汽计量设备，注入井内的蒸汽无法计量和控制，可能造成单井计划蒸汽注入量与实际注入量不符的情况，从而导致生产井产能下降或汽窜等，影响生产井生产效果。为解决此问题，需要安装蒸汽流量计量装置，实现对单井注入蒸汽流量的计量与控制，确保单井按需按量注汽，避免出现偏注、汽窜等现象，实现精细化注汽，从而提高注蒸汽的热效率，改善稠油开发效果。

2. 蒸汽流量计量装置的计量原理

蒸汽流量计量装置如图 9-1-6 所示，它是差压式流量计的一种，原理为流体流经一个收缩截面，测量通过此截面的压差，由压差数据计算通过孔板流量计的流体流量。计算公式为：

$$q_m = \frac{C}{\sqrt{1-\beta^4}}\varepsilon\ \frac{\pi}{4}d^2\sqrt{2\Delta p\rho} \tag{9-1-1}$$

式中　q_m——流经孔板流体的质量流量，kg/s；

C——流出系数；

β——孔板开孔孔径与管道内径比；

ε——热膨胀系数；

d——孔板内径，mm；

Δp——孔板前后压差，MPa；

ρ——工况下的流体密度，g/cm³。

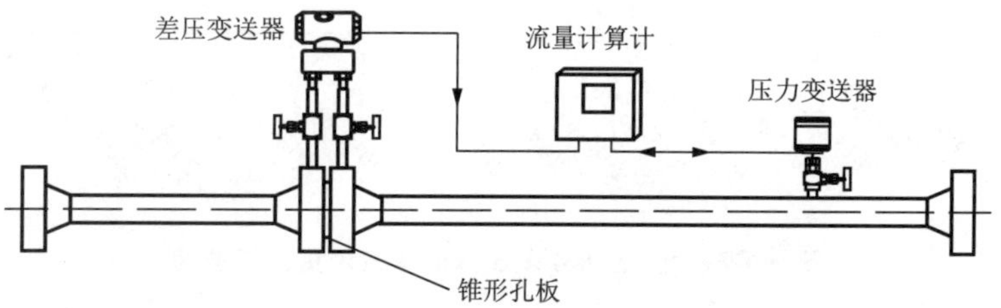

图 9-1-6　蒸汽孔板流量计

蒸汽是一种特殊的两相流体，而孔板在两相流中存在差压噪声，这是两相流的固有特征，也是两相流流动状态信息的载体。差压噪声与两相流的质量流量、含汽率、密度相关，因而可以用于两相流测量。可利用单一孔板实现两相流双参数测量，获取蒸汽中气相与液相的含量，更加精准地计量和控制注入蒸汽流量。

为减小气体对孔板流量计的冲蚀，延长使用寿命，将蒸汽孔板流量计配套迷宫阀使用。迷宫阀是一种渐进减压式最小流量调节阀，包括阀体、减压总成、阀杆、阀芯、阀垫、填料阀套和支架。阀杆下端的阀芯为锥形，其与阀腔内的凡尔线构成密封配合；减压总成通过支架和支架下端的阀垫紧压在阀腔内的凡尔平面上。通过锥形阀芯与凡尔线的密封配合，实现流道的关断严密；通过锥形阀芯与凡尔线之间的通径变化以及减压总成中的交错直角流道，使高压流体中高速流动的分子产生撞击和摩擦，从而消耗能量，最终实现减压、防止阀内空化气蚀的目的。

3. 蒸汽计量装置的现场应用情况

截至 2013 年 12 月，重油辖区注汽井口共安装蒸汽孔板流量计 58 套。现场应用发现，一台锅炉带两口井混注时，吸汽量差值可达 3 倍以上，通过迷宫阀调整流量，最终实现均衡注汽。在多通阀管汇点混注推广应用后发现，部分井由于注汽阀门不严，锅炉所产的一半蒸汽通过阀门流失进计量站后大罐，造成大量高质量蒸汽浪费。这些问题通过蒸汽流量计量装置发现后，都得到了及时整改，确保了新井的注汽质量，推广应用效果非常显著。图 9-1-7 所示为九$_8$区 8-4 多通阀的蒸汽流量计量曲线。图中黑色曲线表示 T98153 井和 T98163 井瞬时蒸汽流量的合值（锅炉瞬时流量），上下红色虚线表示±8%的误差曲线，锅炉给水量为 18 t/h 不变。从曲线中可以看出，刚开始投注时瞬时流量误差比较大，这是由其他连通流程的闸门没关紧所导致的；2013 年 3 月 25 日整改后，锅炉瞬时流量慢慢回到误差范围以内。在多通阀管汇点单炉单注时，流量计计量的误差基本保持在±8%以内，能实现流量的精确计量，满足生产需求。

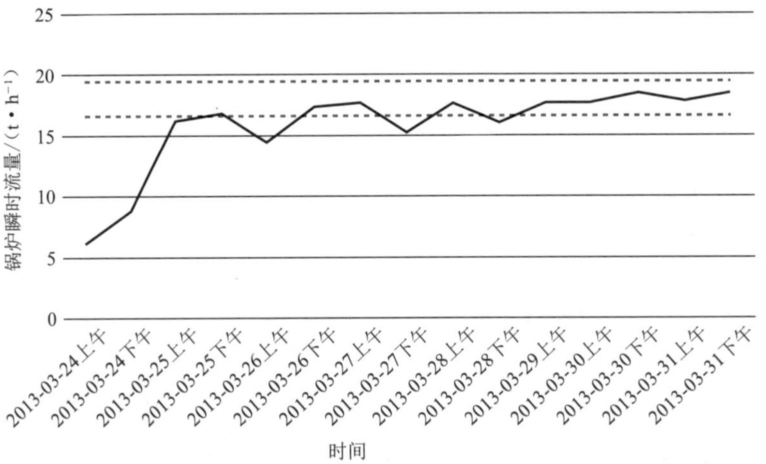

图 9-1-7　九$_8$区 8-4 多通阀的蒸汽流量计量曲线

安装蒸汽流量计新井与未安装蒸汽流量计新井的生产效果对比见表 9-1-2，其中 T98153 井与 T98163 井已安装蒸汽流量计量装置，其余单井未安装蒸汽流量计量装置。由表可以看出，安装蒸汽流量计量装置的固定锅炉注汽的 T98163 井和 T98153 井生产效果更好。

表 9-1-2　安装蒸汽流量计新井与未安装蒸汽流量计新井生产效果表对比

注汽方式	井号	有效厚度/m	周期注汽/t	注汽干度/%	井口压力/MPa	产油/t	生产天数/d	日产油量/(t·d^{-1})	油汽比
采用蒸汽流量计 2 井同注	T98153	12.0	1 152	79.2	2.66	390	144.0	2.71	0.34
	T98163	7.5	688	79.2	5.03	107	89.2	1.20	0.16
大锅炉 4 井同注	T98029	3.5	1 200	76.7	4.16	57	158.9	0.36	0.05
	T98171	6.0	1 200	76.7	4.21	12	173.9	0.07	0.01
	T98172	9.5	1 200	76.7	4.19	135	141.4	0.95	0.11
	T98173	2.5	1 200	76.7	4.23	48	141.2	0.34	0.04

蒸汽流量计量装置的应用使得注入每口井的蒸汽流量成为已知量，并可以按照需求进行流量调节。注汽精度的提高大大提升了蒸汽利用率，降低了注汽成本。蒸汽流量计量装

置的应用与推广大大提高了注汽系统的自动化水平，实现了远程管理与控制，使蒸汽流量偏差控制在 8%以内，改善了注汽效果。

第二节　稠油注蒸汽产出水回用技术

随着稠油开采区块的不断扩大，开采方式由蒸汽吞吐逐步转向面积驱，这使得稠油废水量大幅度增加，虽然已进行污水处理达标排放，但仍对环境造成一定污染。因而，稠油热采面临两个难题：一方面，采出废水量大幅度增加，大量污水外排污染环境；另一方面，稠油热采大量使用清水，生产和生活用水量与日俱增，供水压力日益增大，尤其是对克拉玛依这样一个缺水城市来说，随着工业、农业的发展，水资源的供需矛盾将日益突出。同时，由于稠油采用注蒸汽开采，成本较高，仅注汽站能耗就占稠油能耗的 2/3 左右，因此实现节能降耗是降低稠油开采成本的必由之路。

一、注汽锅炉水质标准和要求

1. 注汽锅炉给水水质标准

通过调研国内外资料，有关注汽锅炉的给水水质标准见表 9-2-1。

表 9-2-1　各国注汽锅炉给水水质标准

项　目	中国(SY/T 0027—2014)	加拿大	美国石油协会
溶解氧/(mg·L^{-1})	≤0.05	0.005	0.1
总硬度(以 $CaCO_3$ 计)/(mg·L^{-1})	≤0.1	0.1	1.0
总铁/(mg·L^{-1})	≤0.05	0.05	0.1
二氧化硅/(mg·L^{-1})	≤50	100	150
悬浮物/(mg·L^{-1})	≤2	1	5
总碱度(以 $CaCO_3$ 计)/(mg·L^{-1})	≤2 000		≤2 000
油和脂/(mg·L^{-1})	≤2	1	1
可溶性固体/(mg·L^{-1})	≤7 000	10 000	≤7 000
pH	7.5～11.0	8.5～9.5	7～12
进炉前是否处理	不处理	不处理	不处理

由表 9-2-1 可以看出，国内外标准对锅炉给水要求除个别指标有一些差异外，绝大部分规定值大同小异。此外，各标准对氯离子含量均未提出要求，这可能是在一般情况下，氯离子含量都不会太高的缘故。各标准对给水的 COD(化学需氧量)、溶解性石油类物质等原水中含量不高的成分均未做规定。

2. 热采直流锅炉给水水质要求

热采直流锅炉的工作原理是水一次流过它的炉管后就变为符合一定要求的湿蒸汽。直流锅炉的水汽系统可分为过冷水、饱和水、湿蒸汽三大部分。给水依靠给水泵产生的压力顺序流经换热面，逐步完成水的加热、蒸发阶段，最后变成符合一定要求的湿蒸汽送出锅炉。水质对锅炉的主要影响是结垢和腐蚀，为防止给水中杂质在直流锅炉炉管内沉积，影响锅炉的安全、经济运行，直流锅炉对给水水质有严格的要求：

(1) 硬度。因为随给水带入的钙盐几乎完全沉积于直流锅炉的炉管中并生成钙镁水垢，所以给水的硬度应接近零。

(2) 硅含量。直流锅炉给水中的硅酸化合物几乎能全部被蒸汽溶解(硅酸化合物在蒸汽中的溶解度很大)，随后带出锅炉进入蒸汽输送管道中，并在管道中形成水垢或水渣，所以应对给水硅含量有一定的限值。

(3) 溶解氧量。由于 O_2 是一种去极化剂，所以在一般情况下，水中 O_2 含量愈多，钢铁的腐蚀愈严重。

(4) pH。水的 pH 对金属腐蚀速度有很大影响。当水中溶解氧引起钢铁腐蚀时，pH 对腐蚀产生一定的影响。当 pH 很低时，pH 越低腐蚀速度越大；当 pH 在中性点附近时，pH 的变化对腐蚀速度影响很小；当 pH 大于 8 以后，随着 pH 的增大，腐蚀速度降低。

(5) 盐类的含量和成分。一般情况下，水的含盐量愈多，腐蚀速度愈快。因为水的含盐量愈多，水的电阻愈小，腐蚀电池的电流愈大。但是，当水中含有能与腐蚀产物形成难溶化合物的盐类时，这些难溶物覆盖在金属表面，会降低腐蚀速度。钠盐对锅炉的影响主要是其绝大部分能被蒸汽溶解而带出锅炉进入后续管道，部分溶解度很小的钠化合物(Na_2SO_4)会沉积在锅炉内。因此，热采直流锅炉给水中钠含量指标需低于工业锅炉和电厂锅炉的标准。

(6) 碱度。给水中含有的碳酸化合物主要是 CO_3^{2-} 和 HCO_3^-，它们进入锅炉内后会全部分解，放出 CO_2，生成的 CO_2 被蒸汽带出锅炉，随蒸汽一起流经饱和蒸汽管道、过热蒸汽管道。当水中有游离 CO_2 存在时，水呈酸性，产生氢去极化腐蚀。CO_2 溶于水虽然只显弱酸性，但当它溶在很纯的水中时，还是会显著地降低其 pH。游离 CO_2 腐蚀受温度的影响较大，当温度升高时，碳酸的电离度增大，会大大促进腐蚀。钢材受游离 CO_2 腐蚀而生成的腐蚀产物都是易溶的，在金属表面不易形成保护膜，所以其腐蚀特征表现为金属均匀地变薄。这种腐蚀虽然不一定会很快引起金属的严重损伤，但大量铁的腐蚀产物被带入锅炉内，往往会引起锅炉炉管结垢和腐蚀等许多严重问题。

(7) 有机物含量。石油开采过程中产生的废水含有较多有机物，主要是油类物质。将含有较多有机物的再生水用作锅炉给水，油类物质进入锅炉后会附着在炉管管壁上并受热分解生成一种导热性很小的附着物，影响锅炉的安全使用，如油类物质被带到过热器中，会生成附着物而导致过热器管的过热损坏。

(8) 总铁和铜含量。铁和铜的氧化物在中、高压锅炉中会沉积于炉内，是造成热力系统金属腐蚀的因素之一。

(9) 总溶解固体含量。水的溶解固体含量高会给锅炉带来水垢、水渣及金属腐蚀等潜在危害，因此必须控制锅炉给水的总溶解固体含量。给水中的总溶解固体会在锅炉和管道内壁形成水垢和水渣，当金属表面附着水垢或水渣时，其下面会发生严重的腐蚀，称为沉积物下腐蚀，这是高压锅炉内常见的一种腐蚀。正常运行条件下，锅炉内金属表面上常覆盖一层 Fe_3O_4 膜，当锅炉水的 pH 保持在 9～12 之间时，锅炉金属表面的保护膜是稳定的，不会发生腐蚀。

二、污水回用锅炉可行性分析

1. 六、九区污水水质特点

表 9-2-2、表 9-2-3 为 2001 年 10 月六、九区污水处理站外排污水的测定数据。根据这些资料，六、九区污水具有下述特点：

(1) 水质变化大。六、九区油田含油污水来自不同区块，各区块水质成分有较大差异，来液量波动很大，因而水质变化大。稠油污水 COD 最低质量浓度为 307 mg/L，最高质量浓度为 4 790 mg/L，二者约相差 15.6 倍；石油类的含量在 75.1～180.0 mg/L 之间变化，二者相差 2.4 倍。

(2) 有机物含量高。稠油污水的有机物含量较高，两个时段的 COD 平均质量浓度分别为 1 305.7 mg/L 和 555.8 mg/L。石油类有机物主要由烷烃、环烷烃、芳香烃、不饱和烃等组成，较难完全从污水中去除。

(3) 矿化度和氯离子含量高。稠油污水的矿化度和氯离子含量较高，对排放水体和一般的污水处理工艺无明显影响，但若要将其再生回用锅炉，则应考虑它们可能带来的危害。

(4) 含油量高且乳化严重。稠油污水含油量高，经现有污水处理设施处理后，废水中的浮油和粗分散性油珠基本被去除（根据油田公司提供的水质资料估算，稠油废水中的浮油和粗分散性油珠占总含油量的 99%以上），剩余的主要是细小的分散性油珠、乳化油和溶解性油，其中乳化油和溶解性油一般较难完全去除。

(5) 污水温度高（>50 ℃）。去除污水中有机物最常用的方法是生物处理法。稠油污水属有机工业废水，但一般不采用生物处理工艺。其原因除生物处理构筑物较大，不够经济外，还因为污水温度较高，采用生物处理法需要冷却，这将增加工程投资和运行费用。

表 9-2-2　六、九区污水处理站外排污水水质分析结果表

项　目	91# 污水处理站	92# 污水处理站	93# 污水处理站	61# 污水处理站
$CO_3^{2-}/(mg\cdot L^{-1})$	187.6	/	304.45	155.26
$HCO_3^-/(mg\cdot L^{-1})$	763.73	822.60	812.38	1 013.01
$Cl^-/(mg\cdot L^{-1})$	848.95	1 232.52	2 195.19	685.55
$SO_4^{2-}/(mg\cdot L^{-1})$	65.85	91.37	46.51	67.09
$Ca^{2+}/(mg\cdot L^{-1})$	36.79	23.01	33.55	43.29
$Mg^{2+}/(mg\cdot L^{-1})$	8.533	10.36	6.23	11.81
$Na^++K^+/(mg\cdot L^{-1})$	945.76	1 107.45	1 935.41	905.72
矿化度/$(mg\cdot L^{-1})$	2 829.91	2 876.01	5 333.32	2 881.72
总硬度/$(mg\cdot L^{-1})$	57.11	55.6	56.12	78.77
暂硬度/$(mg\cdot L^{-1})$	7.11	5.6	6.12	8.77
负硬度/$(mg\cdot L^{-1})$	26.7	32.14	31.15	37.71
pH	8.52	8.10	8.67	

续表

项　目	91#污水处理站	92#污水处理站	93#污水处理站	61#污水处理站
水　型	$NaHCO_3$	$NaHCO_3$	$NaHCO_3$	$NaHCO_3$
溶解氧/($mg \cdot L^{-1}$)	0.5	0.7	0.5	0.2
硫化物/($mg \cdot L^{-1}$)	0.1	4.5	0.1	2～3
总铁/($mg \cdot L^{-1}$)	0.0	0.3	0	0
悬浮物/($mg \cdot L^{-1}$)	40.0	超标测不出	145.0	21.5
含油量/($mg \cdot L^{-1}$)	512.2	1 000	828.0	322.5
TGB/(个$\cdot mL^{-1}$)		25		
SRB/(个$\cdot mL^{-1}$)		6		
二氧化硅/($mg \cdot L^{-1}$)	26.87	21	20.33	27.38

表 9-2-3　六、九区污水处理前后的水质化验数据(油田分析)

项　目		时间(2001-10)									
		12.20	13.0	13.4	13.8	13.12	13.16	13.20	14.0	14.4	平均值
COD	来　水	387.0	381.0	307.0	314.0	354.0	528.0	3 410.0	4 790.0	1 280.0	1 305.7
	总出口	115.0	60.9	67.7	54.1	60.9	60.9	76.6	83.5	104.0	76.0
石油类	来　水	78.1	103.0	79.4	75.1	91.6	109.0	169.0	180.0	131.0	112.9
	总出口	0.01		0.50	0.71	0.11	0.05	1.06	0.67	2.00	0.64
挥发酚	来　水	0.077	0.092	0.065	0.092	0.074	0.075	0.071	0.071	0.064	0.076
	总出口	0.015	0.021	0.015	0.015	0.016	0.016	0.015	0.014	0.012	0.015
项　目		时间(2001-10)									
		14.8	14.12	14.16	14.20	15.0	15.4	15.8	15.12	15.16	平均值
COD	来　水	307.0	948.0	915.0	568.0	367.0	715.0	247.0	434.0	501.0	555.8
	总出口	69.6	83.5	95.9	89.1	103.0	89.1	103.0	89.1	90.8	90.3
石油类	来　水	82.1	105.0	95.6	96.1	93.8	102.0	81.9	83.5	109.0	94.3
	总出口	0.57	0.78	<0.0	<0.05	<0.05	<0.05	<0.05	<0.05	<0.05	0.15
挥发酚	来　水	0.080	0.074	0.068	0.061	0.062	0.075	0.103	0.060	0.069	0.072
	总出口	0.015	0.017	0.009	0.011	0.011	0.008	0.009	0.010	0.010	0.011

注:表格中的时间,前项表示日,后项表示时间,如 12.20,表示 12 日 20 时,下同。

2. 六、九区污水处理工艺和特点

六、九区污水处理工艺采用的是油田污水水质高效净化与稳定技术,其主要机理是通过重力沉降、混凝沉降、化学反应、压力过滤等手段除油,除悬浮物,除水中引起结垢、腐蚀的因子,并抑制细菌的繁殖。六、九区污水处理厂处理规模为 35 000 m^3/d,设计处理能力为 1 750 m^3/h;每天加药量为 6.276 t,其中 A 剂 3.658 t,B 剂 2.368 t,C 剂 0.25 t;每天污泥

产量为 8～9 t。该套工程设施采用两种流程，其中 1.5×10⁴ m³/d 的污水经处理达到注水水质标准后用于注入水，其余 2.0×10⁴ m³/d 的污水经处理达到国家污水综合排放标准后外排。污水处理的工艺流程如图 9-2-1 所示。

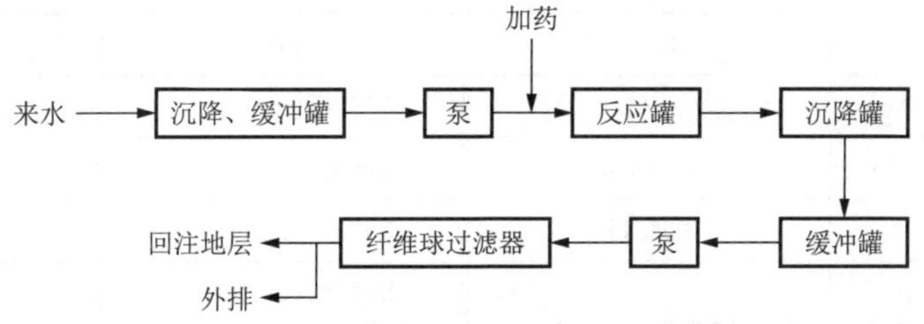

图 9-2-1　六、九区污水处理工艺流程示意图

3. 六、九区污水处理效果

六、九区处理设施于 2001 年 9 月投产以来，虽然来水的水量、水质变化较大，但整个系统运行较稳定，处理效果好（表 9-2-4～表 9-2-7），其 COD、石油类、挥发酚和悬浮物的去除率分别可达 83.8%，99.8%，84.7%和 94.5%以上，出水水质达到石油废水排放标准和国家污水综合排放标准的要求。到 2002 年 5 月 31 日，累计处理六、九区油田含油污水 596.26 ×10⁴ m³，累计回注水量 176.34×10⁴ m³，回注率 29.6%，累计外排水量 419.92×10⁴ m³。六、九区污水处理站整体生产运行比较平稳，其中药剂投加系统运行基本稳定，药剂实际投加量与设定值基本吻合。处理后水质基本达到回注和外排指标。

4. 六、九区污水回用锅炉的可行性分析

由于注汽锅炉是高温、高压运行设备，因此对水质要求非常严格。污水水质与注汽锅炉原用的地表水和地下水水质有较大差别，因此处理后的污水能否回用锅炉主要取决于给水水质能否达标、污水处理设施能否平稳运行、污水再生工艺是否经济合理。

表 9-2-4　六、九区污水处理前后的水质化验数据(油田分析)

项　目		时间（2001-12）									
		10.11	10.12	10.13	10.14	10.15	10.17	10.19	10.20	10.21	平均值
含油量 /(mg·L⁻¹)	来　水	210.3	244.2	185.0	182.5	210.2	265.8	240.3	336.2	317.4	243.5
	反应后	1.3	10.7	3.5	5.7	0.4	7.6	3.2	7.3	7.7	5.3
	滤　前	0.2	2.3	0.9	0.2	0.2	6.4	2.0	0.7	2.1	1.7
	滤　后	0	1.2	0	0.2	0	0	0.9	0	0.2	0.4
悬浮固体 /(mg·L⁻¹)	来　水	29.9	20.4	15.0	21.3			39.1		27.3	25.5
	反应后	10.1	10.0	8.1	5.1						8.3
	滤　前	4.5	5.5	5.3	5.3	5.8	5.8	7.4	4.4	5.2	5.5
	滤　后		1.5	0.6	2.2	2.0	1.3	1.4	1.0	1.4	1.4

表 9-2-5 六、九区 9 000 m^3 罐(处理前污水)的水质分析表

室内编号:水-97748 取样时间:2001-12-04		样品编号:2 取样位置:六、九区(9 000 m^3 方罐)	
项 目	结 果	项 目	结 果
Ca^{2+}/(mg·L^{-1})	32.60	pH	7.94
Mg^{2+}/(mg·L^{-1})	7.52	总硬度/(mg·L^{-1})	6.29
$K^{+}+Na^{+}$/(mg·L^{-1})	1 009.43	暂硬度/(mg·L^{-1})	6.29
HCO_3^-/(mg·L^{-1})	806.11	负硬度/(mg·L^{-1})	30.70
CO_3^{2-}/(mg·L^{-1})	0.00	永硬度/(mg·L^{-1})	0.00
Cl^-/(mg·L^{-1})	1 110.46	水 型	$NaHCO_3$ 型
SO_4^{2-}/(mg·L^{-1})	76.85	水 级	一 级
OH^-/(mg·L^{-1})	0.00		
总矿化度/(mg·L^{-1})	3 042.97		

表 9-2-6 六、九区污水处理外排水的水质全分析表

室内编号:水-97747 取样时间:2001-12-04		样品编号:1 取样位置:六、九区(外排出口)	
项 目	结 果	项 目	结 果
Ca^{2+}/(mg·L^{-1})	21.61	pH	7.90
Mg^{2+}/(mg·L^{-1})	13.11	总硬度/(mg·L^{-1})	6.04
$K^{+}+Na^{+}$/(mg·L^{-1})	1 009.02	暂硬度/(mg·L^{-1})	6.04
HCO_3^-/(mg·L^{-1})	746.40	负硬度/(mg·L^{-1})	28.21
CO_3^{2-}/(mg·L^{-1})	0.00	永硬度/(mg·L^{-1})	0.00
Cl^-/(mg·L^{-1})	1 096.23	水 型	$NaHCO_3$ 型
SO_4^{2-}/(mg·L^{-1})	137.99	水 级	一 级
OH^-/(mg·L^{-1})	0.00	COD/(mg·L^{-1})	90.3～112.9
		含油量/(mg·L^{-1})	0.15～0.64
总矿化度/(mg·L^{-1})	3 024.35	挥发酚/(mg·L^{-1})	0.011～0.015
备 注	COD、油、挥发酚的测定时间为 2001-12—2002-01		

表 9-2-7 自来水及六、九区污水处理站处理出水水质分析结果(2002-03-21)

项 目	自来水	处理出水
浊度(度)	0.80	1.30
总硬度(以碳酸钙计)/(mg·L^{-1})	207.00	100.67
矿化度(TDS 法)/(mg·L^{-1})	572.00	2 420.00
硫酸盐/(mg·L^{-1})	49.77	110.62

续表

项　目	自来水	处理出水
氯化物/(mg·L^{-1})	38.50	1 195.10
硝酸盐(以 N 计)/(mg·L^{-1})	0.60	3.00
亚硝酸盐(以 N 计)/(mg·L^{-1})	—	5.17
氨氮(以 N 计)/(mg·L^{-1})	0.77	0.95
COD(以 O_2 计)/(mg·L^{-1})	4.03	20.67
电导率/(μS·cm^{-1})	634.00	4 770.00
总碱度(以 CaO 计)/(mg·L^{-1})	79.21	367.55
OH^-(以 CaO 计)/(mg·L^{-1})	—	—
碳酸盐(以 CaO 计)/(mg·L^{-1})	—	—
碳酸氢盐(以 CaO 计)/(mg·L^{-1})	79.21	367.55
F^-/(mg·L^{-1})	—	0.002
矿物油/(mg·L^{-1})	0.029	0.788
二氧化硅/(mg·L^{-1})	6.45	5.43
S^{2-}/(mg·L^{-1})	0.032	—
PO_4^{2-}/(mg·L^{-1})	—	—
铝/(mg·L^{-1})	—	0.54
铁/(mg·L^{-1})	—	0.041
锰/(mg·L^{-1})	0.008	0.011
钾/(mg·L^{-1})	1.78	11.40
钠/(mg·L^{-1})	48.60	515.00
铜/(mg·L^{-1})	—	0.003
钙/(mg·L^{-1})	16.69	66.20
镁/(mg·L^{-1})	1.03	10.30
悬浮固体/(mg·L^{-1})	1.0	4.0
总溶解固体/(mg·L^{-1})	532.70	1 981.00

注:表中"—"表示未检出。

1) 稠油废水的水质分类及回用评估

根据国内外的分类标准,按 TDS(总溶解固体)含量和硬度把稠油废水分为 6 种类型(表 9-2-8)。由表 9-2-5～表 9-2-7 的实测数据可知,六、九区污水属低含盐、低硬度污水,有利于处理后回用。

不同种类稠油废水的回用评估见表 9-2-8。

表 9-2-8 稠油废水种类和不同种类稠油废水的回用评估

废水类型	TDS/(mg·L^{-1})	硬度/(mg·L^{-1})	回用评估
低含盐、低硬度	≤5 000	≤300	易软化,不需预软化,处理成本低,宜作为锅炉回用水
低含盐、中等硬度	≤5 000	300~800	易软化,需预软化,处理成本较低,宜作为锅炉回用水
低含盐、高硬度	≤5 000	≥800	需特殊预软化,处理成本较高,可作为锅炉回用水
中含盐、低硬度	5 000~7 000	≤300	较难软化,需脱盐,处理成本较高,稀释后可作为锅炉回用水
中含盐、中等硬度	5 000~7 000	300~800	较难软化,需脱盐,处理成本较高,稀释后可作为锅炉回用水
高含盐、高硬度	≥7 000	≥800	很难软化,需脱盐,处理成本很高,不宜作为锅炉回用水
其他性质稠油废水	含较高氯离子、二氧化硅和硫化物		

注:① 含盐指可溶性固体物;② 硬度以 $CaCO_3$ 计;③ 含盐高低分类是相对于废水而言。

2)污水处理设施评估

注汽锅炉对水质要求比较严格,因此稠油污水能否回用锅炉与污水处理设施能否平稳运行关系密切。由于污水水质变化波动较大,污水处理装置平稳运行是保证污水回用锅炉的必要条件。

六、九区污水处理厂投产以来,污水处理站整体生产运行比较平稳,其中药剂投加系统运行基本稳定,药剂实际投加量与设定值基本吻合。处理后水质达到回注和外排指标。回注水量和外排水量如图 9-2-2 所示。

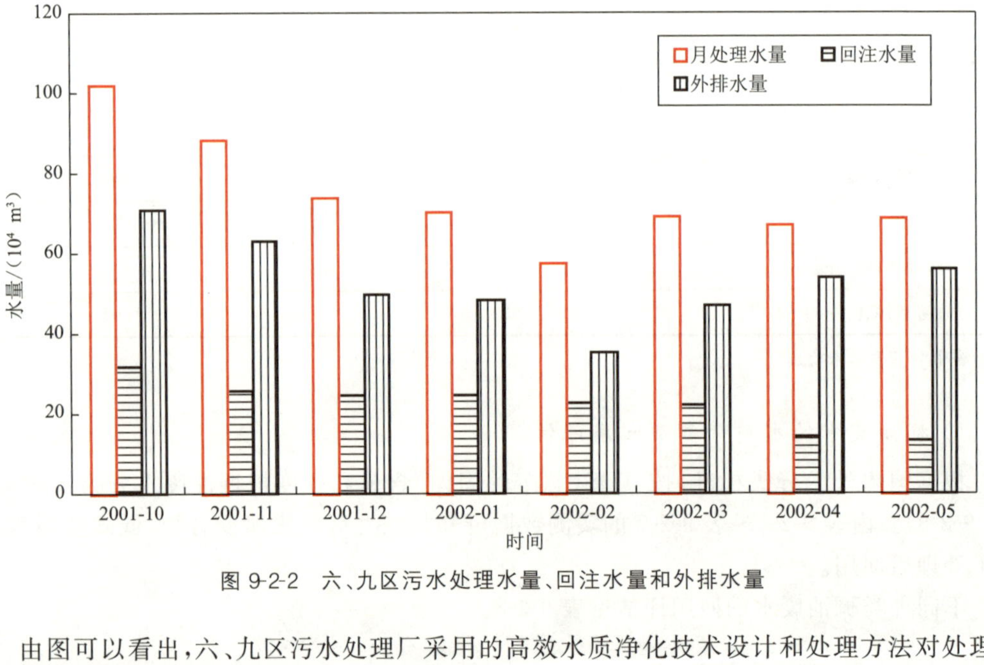

图 9-2-2 六、九区污水处理水量、回注水量和外排水量

由图可以看出,六、九区污水处理厂采用的高效水质净化技术设计和处理方法对处理稠油废水切实可行。同时,六、九区污水处理站采用 DCS 集散控制系统,对整个处理过程集中监控,对关键处理过程自动加药,从而确保污水处理装置平稳运行。

3) 处理后污水水质分析

对比处理前后污水水质结果(表 9-2-9、表 9-2-10)可以发现,处理后污水除总矿化度、电导率、总溶解固体、氯化物、碱度增大外,其余成分变化不大且都在注汽锅炉水质标准之内。另外,一些成分如硫酸盐、硝酸盐、COD 等虽有差异,但注汽锅炉水质标准未做规定。

从以上分析可知,稠油废水再生后用于注汽锅炉是可行的,但由于稠油废水成分复杂,有许多不同于清水之处,因此稠油废水回用锅炉需要解决的关键技术问题是确定稠油废水再生的合理工艺、污水回用的最优工艺,以确保注汽锅炉的安全、经济运行。

表 9-2-9　清水、处理后污水、水处理进口水质标准比较

项　目	清　水	处理后污水	水处理进口标准 Q/XJ 0516—1996
溶解氧/($mg \cdot L^{-1}$)	>5	≤0.05	/
总硬度(以 $CaCO_3$ 计)/($mg \cdot L^{-1}$)	207	120.7	≤300
总铁/($mg \cdot L^{-1}$)	0.1	0.15	≤0.3
二氧化硅/($mg \cdot L^{-1}$)	6.45	5.42	≤50
悬浮物/($mg \cdot L^{-1}$)	1	1	≤5
总碱度(以 $CaCO_3$ 计)/($mg \cdot L^{-1}$)	172	673	≤2 000
含油量/($mg \cdot L^{-1}$)	≤2	1	≤1
总矿化度/($mg \cdot L^{-1}$)	352	2 042	≤7 000
pH	7	7.5	7～12

注:“/”表示未规定。

表 9-2-10　自来水、处理后污水、水处理进口水质标准比较

项　目	自来水	处理后污水	水处理进口标准 Q/XJ 0516—1996
浊度/NTU	0.80	1.30	/
总硬度(以碳酸钙计)/($mg \cdot L^{-1}$)	207.00	100.67	≤300
总矿化度/($mg \cdot L^{-1}$)	572.00	2 420.00	≤6 000
硫酸盐/($mg \cdot L^{-1}$)	49.77	110.62	/
氯化物/($mg \cdot L^{-1}$)	38.50	1 195.10	/
硝酸盐(以 N 计)/($mg \cdot L^{-1}$)	0.60	3.00	/
亚硝酸盐(以 N 计)/($mg \cdot L^{-1}$)	—	5.17	/
氨氮(以 N 计)/($mg \cdot L^{-1}$)	0.77	0.95	/
COD(以 O_2 计)/($mg \cdot L^{-1}$)	4.03	20.67	/
电导率/($\mu S \cdot cm^{-1}$)	634.00	4 770.00	/
总碱度(以 CaO 计)/($mg \cdot L^{-1}$)	79.21	367.55	≤2 000
碳酸氢盐(以 CaO 计)/($mg \cdot L^{-1}$)	79.21	367.55	/

续表

项　目	自来水	处理后污水	水处理进口标准 Q/XJ 0516—1996
矿物油/(mg·L^{-1})	0.029	0.788	/
SiO_2/(mg·L^{-1})	6.45	5.43	≤50
S^{2-}/(mg·L^{-1})	0.032	—	/
铝/(mg·L^{-1})	—	0.54	/
铁/(mg·L^{-1})	—	0.041	≤0.3
锰/(mg·L^{-1})	0.008	0.011	/
钠/(mg·L^{-1})	48.60	515.00	/
铜/(mg·L^{-1})	—	0.003	/
钙/(mg·L^{-1})	16.69	66.20	/
镁/(mg·L^{-1})	1.03	10.30	/
悬浮固体/(mg·L^{-1})	1.0	4.0	≤5.0
总溶解固体/(mg·L^{-1})	532.70	1 981.00	≤6 000

注:① 表中“—”表示未检出,“/”表示未规定;② 由于水样存放时间较长,COD 和 S^{2-} 指标测定值存在误差。

三、稠油污水回用锅炉再生技术

选择何种稠油污水回用锅炉再生技术取决于下列因素:锅炉给水标准、废水 TDS、硬度、硬度与碱度之比、锅炉给水标准中未作规定而污水中有的潜在污染物和其他有害物质、投资费用、运行费用等。

1. 六、九区污水回用锅炉再生技术方案优选

1) 国内外稠油污水再生处理工艺

国外热采稠油油田将产出水处理后用作蒸汽发生器给水的技术已有多年历史,在工艺流程、设备、自动控制等方面都已拥有完整的配套技术、成套的设计软件以及成熟的运行经验。生产实践证明了它的可靠性、实用性和良好的经济效益。

美国麦基特里克、猫峡谷、克恩河等油田建成了能满足热采注汽锅炉给水要求的采出水处理站,其工艺流程如图 9-2-3 所示。

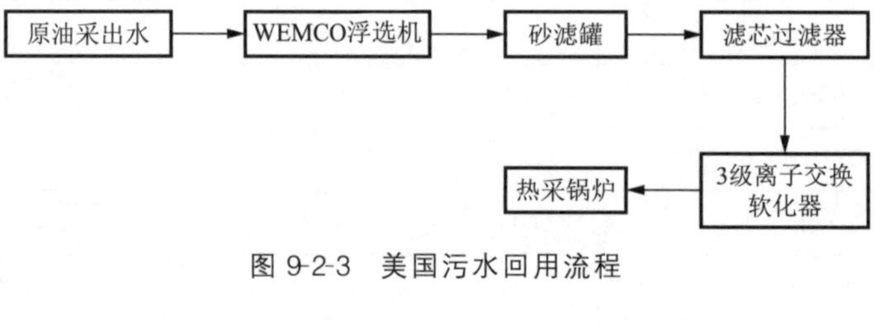

图 9-2-3　美国污水回用流程

加拿大冷湖油田也建成了能满足热采注汽锅炉给水要求的污水处理站,其工艺流程如

图 9-2-4 所示。

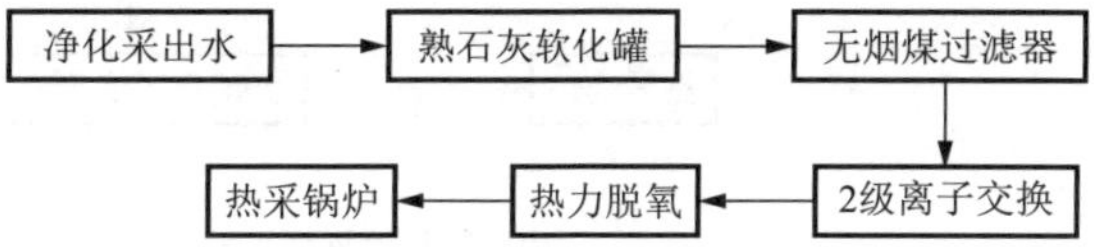

图 9-2-4 加拿大污水回用流程

我国胜利乐安稠油油田引进美国技术，建成了能满足锅炉给水要求、处理能力为 $2\times10^4\ m^3/d$ 的污水处理站，其工艺流程如图 9-2-5 所示。

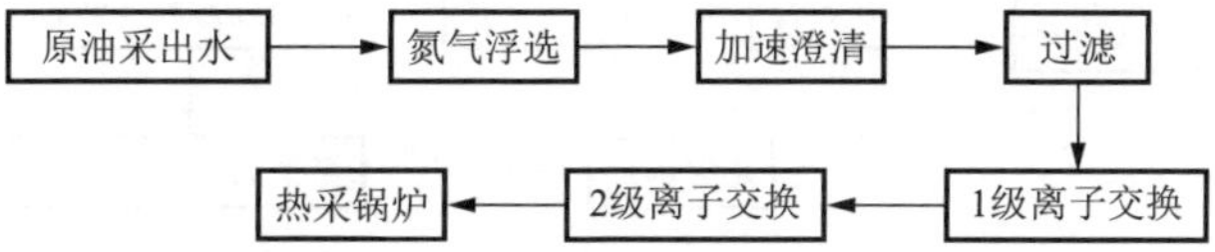

图 9-2-5 胜利油田污水回用流程

辽河油田曙四联建成了以国内技术为主、能满足注汽锅炉给水要求、处理能力为 8 000 m^3/d 的污水处理站，其工艺流程如图 9-2-6 所示。

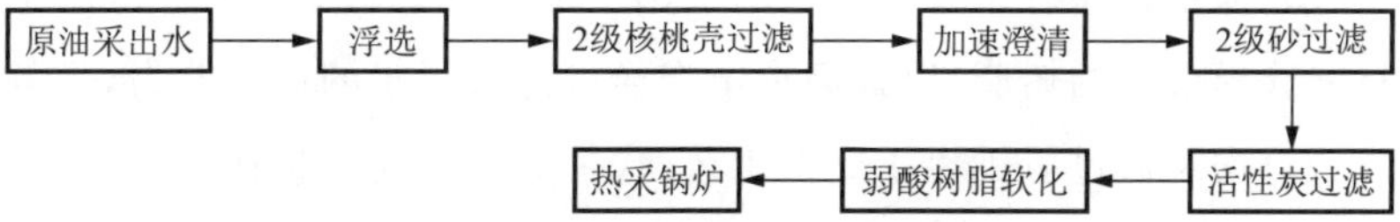

图 9-2-6 辽河油田污水回用流程

2）稠油污水回用锅炉再生技术方案

国内外虽然有热采稠油油田将产出水处理后用作蒸汽发生器给水的技术，且在工艺流程、设备、自动控制等方面都已拥有较为完整的配套技术、成套的设计软件以及成熟的运行经验，但由于各稠油油田污水水质不同、污水处理工艺不同及投资因素和运行费用的影响，所以应根据实际情况确定再生方案。

目前有 4 种稠油污水处理站出水的再生技术方案可供选择，各方案的基本特点如下。

（1）方案一（图 9-2-7）。

图 9-2-7 污水回用再生技术工艺流程——方案一

该方案基于现污水处理设施和工艺与注汽站水处理软化工艺，结合污水特点，通过选择合适的离子交换树脂来达到除硬的目的。

（2）方案二（图 9-2-8）。

该方案增设了气浮装置以进一步提升有机物去除效果，同时还增设了氢离子交换器以降低水中的 HCO_3^-，使再生水回用锅炉后锅炉水的 pH 不大于 12，避免锅炉炉管和管道接头苛性脆化。此外，为防止产生水垢和水渣，处理水还投加了阻垢剂。

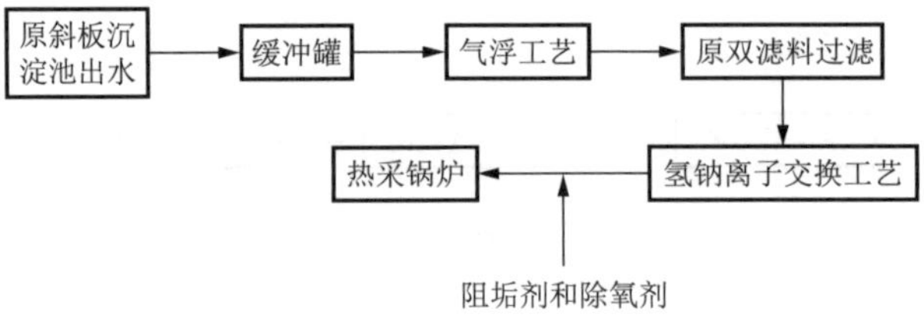

图 9-2-8 污水回用再生技术工艺流程——方案二

(3) 方案三(图 9-2-9)。

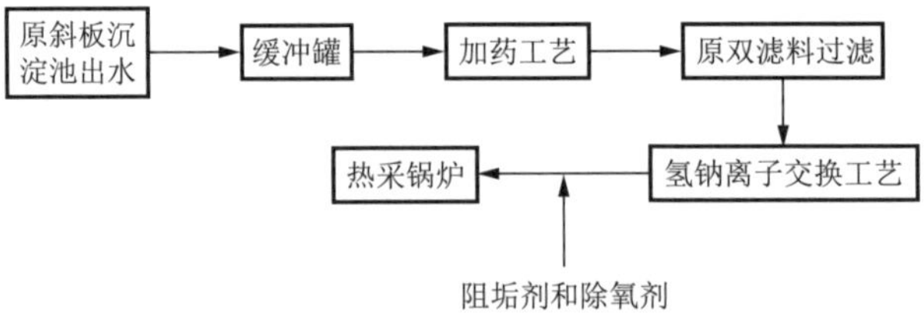

图 9-2-9 污水回用再生技术工艺流程——方案三

该方案是以加药工艺代替方案二的气浮工艺,其余与方案二相同。

方案一、二、三都是在原有水处理工艺的基础上适当加以改进,因此具有投资较少的特点。方案一只需选择合适的树脂,以提高离子交换工艺对污水的适应能力,只考虑去除硬度和含氧;方案二、三均是通过氢钠离子交换工艺(代替 2 级钠离子交换工艺)来解决再生水中 HCO_3^- 含量高造成锅炉水 pH 上升,从而引起苛性脆化的问题,同时采用气浮或加药工艺来降低再生水中的 COD,改善锅炉结垢状况。但是这 3 种方案存在的最大问题是它们都无法去除再生水中会引起锅炉水垢或水渣的高含量总溶解固体。后两种方案均需采用酸再生,还可能产生一些酸性废水。

(4) 方案四(图 9-2-10)。

图 9-2-10 污水回用再生技术工艺流程——方案四

该方案采用膜技术(反渗透工艺,即 RO 系统)来替代氢钠离子交换工艺。RO 工艺的特点是:在去除再生水硬度(Ca^{2+},Mg^{2+})的同时还可以除盐(Na^+,Cl^- 等),并去除部分有机物(包括油类)、二氧化硅等,即可以大幅度降低再生水的总溶解固体含量,获得高质量的锅炉给水,且可以不加阻垢剂。该工艺操作简单,但存在下述问题:① 投资较大;② 再生水中的有机物对 RO 系统有一定的影响,会造成膜清洗周期缩短;③ 再生水的水温较高(50~70 ℃),而一般膜的水温要求低于 55 ℃。

4 种污水再生工艺方案比较详见表 9-2-11。

表 9-2-11　污水再生工艺方案比较

名　称	方案特点	增添主要设备及投资估算	增添主要工艺的运行费
方案一	对原有污水处理和给水再生工艺不做改动，通过筛选合适的离子交换树脂来达到降低硬度的目的。该方法工程改造容易且投资较少；存在的问题是无法降低再生水中的碱度、总溶解固体含量，锅炉长期运行存在苛性脆化、结垢问题	更换树脂 80 万元	约 1.5 元/m^3
方案二	在原有污水处理工艺中增设气浮或加药工艺，以降低污水的 COD 等；在原有再生水处理工艺中增设氢离子交换器，以降低再生水中的 HCO_3^-。该方案工程改造容易且投资较少。存在的问题是无法降低再生水中的总溶解固体含量，锅炉长期运行仍会结垢；氢钠离子交换采用酸再生，因此可能产生酸性废水；运行费较高；操作管理较复杂	气浮装置、 氢离子交换器 740 万元	约 4.5 元/m^3
方案三		加药装置、 氢离子交换器 900 万元	约 4.5 元/m^3
方案四	膜技术工艺可以去除污水中的硬度、除盐（Na^+，Cl^- 等），并去除部分有机物（包括油类）、二氧化硅等，即可以大幅度降低再生水的总溶解固体含量，获得高质量的锅炉给水。该方案运行费较低、操作管理简单；存在的问题是工程投资较大。	气浮装置、膜设备 2 800 万元	约 2.5 元/m^3

综合比较以上 4 个方案的优缺点和工程投资，并分析六、九区污水水质，最终选择方案一。

2. 六、九区稠油污水回用锅炉工业性实验

由于六、九区污水处理站污水处理机理是向污水中投加特定的离子调整剂，通过离子调整来达到去除有害物质的目的，因此处理水水质良好。六、九区污水处理站在经历水质、水量波动大等多种不利因素的情况下，仍保持正常运行，保证外排和回注污水达标。为将外排污水全部回用，实现环境工程向效益工程的转变，在 5#，9#，10#，11# 共 4 个注汽站 28 台锅炉上进行大规模工业性试验，为将全部外排污水回用锅炉做准备。

1）工业性试验方案

为节省投资和保证试验效果，利用 PE 管（改性聚乙烯管）内穿插技术对 93#—92# 站 DN250 污水线、92#—污水站 DN300 污水线进行改造，以保证管线的安全性并利用 PE 管防止污水输送过程中产生二次污染；同时，新铺设 93# 至 9#，10#，11# 注汽站钢骨架复合管输水线 4 km。受供水量限制，先期选择在 5#，9#，11# 注汽站投用污水，而将 10# 注汽站作为调节站。污水回用供水工艺如图 9-2-11 所示。

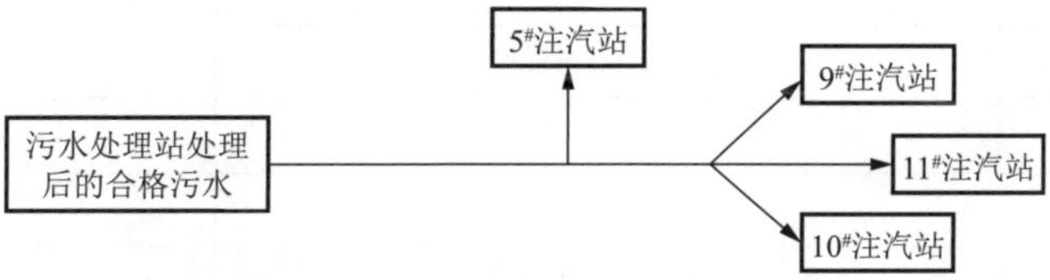

图 9-2-11　污水回用供水工艺示意图

污水站将处理合格的污水通过外排泵增压后供给注汽站。为确保水压稳定，污水站外

排泵安装恒压供水装置，即通过变频调速技术来实现恒压供水。由于来水温度较高和污水处理的各项工艺措施的影响，污水溶解氧量很小，用比色法和两瓶法在污水厂外排出口和注汽站水处理进口测得溶解氧量均在 0.05 mg/L 以下，因此注汽站可取消脱氧塔，只需加 Na_2SO_3 即可满足注汽锅炉给水除氧要求。综上，对注汽站工艺流程少做改动，投运污水时取消高位真空除氧，通过加药方式实现化学除氧，其回用工艺如图 9-2-12 所示。

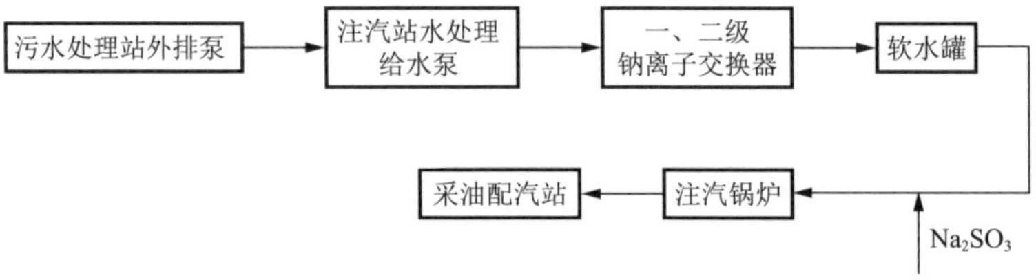

图 9-2-12 污水回用工艺流程示意图

2）污水回用再生工艺

根据试验情况和再生污水水质状况，经过反复筛选，将易受 COD 污染的阳离子交换树脂 R—COOH 更换为耐温、耐油型 SST-60 强酸性钠离子交换树脂，水处理仍采用两级钠离子交换工艺。原离子交换器工艺流程不变，离子交换器根据来水压力大小选择启泵运行和不启泵运行。从污水处理站来的污水直接进入钠离子交换器，经两级钠离子交换树脂软化后将合格再生水存储在软水罐，经加药除氧后供给注汽锅炉。

3）污水回用效果评估

（1）水处理设备运行情况。

从污水回用注汽锅炉以来，水处理运行基本正常，处理水质主要指标均达到注汽锅炉进口水质标准。到目前为止，尚未发现树脂被污染和交换能力下降的现象。由于来水硬度由使用百口泉水源时的 300 mg/L 左右降为目前的 150 mg/L 左右，且 SST-60 强酸性钠离子交换树脂比弱酸性阳离子交换树脂 R—COOH 的交换能力大 20%以上，因此水处理再生周期明显延长。污水回用锅炉后水质情况见表 9-2-12。

表 9-2-12 污水回用锅炉后水质情况

项　目	再生水（经离子交换处理后的锅炉给水）	锅炉饱和水
pH	7.0	10～14
含油量/($mg \cdot L^{-1}$)	0	0
溶解/($mg \cdot L^{-1}$)	0	0
氯离子/($mg \cdot L^{-1}$)	1 120	3 640
总碱度/($mg \cdot L^{-1}$)	756	1 800～3 050
总矿化度/($mg \cdot L^{-1}$)	2 036	7 590
总硬度/($mg \cdot L^{-1}$)	0	0

（2）注汽锅炉运行情况。

污水回用锅炉自 2003 年 1 月 14 日在 5# 注汽站投用，2003 年 1 月 20 日在 9#，11# 注汽站投用以来，已生产平均注汽干度为 75% 的合格蒸汽 365 938 t。污水回用后注汽情况如图 9-2-13 所示。

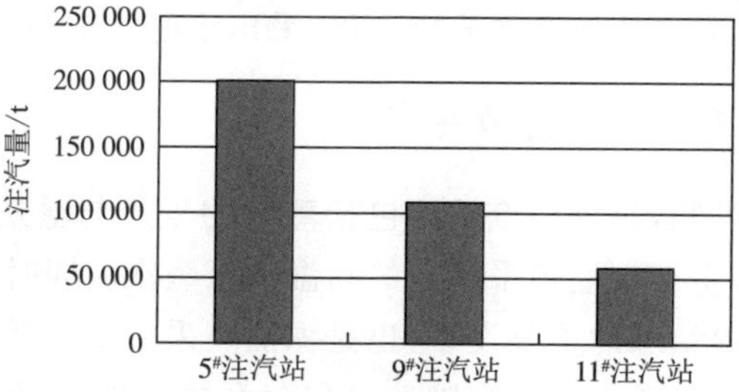

图 9-2-13　污水回用后各站注汽量

从投用以来的情况看，注汽锅炉运行正常，较好地满足了稠油热采注汽的需要。因污水温度较清水温度有较大提高，附属设备维修周期有所缩短，但可以满足生产需求，未发现因使用污水而影响注汽生产的现象。

第三节　注汽系统节能技术

稠油的黏温性及其开采方式决定了稠油开采的高能耗，2010 年新疆油田稠油产量约占原油总产量的 34%，能源消耗量达 262×10^4 t 标煤，占新疆油田石油生产总能耗的 70%。新疆油田稠油的主要生产区块进入稠油开采的中后期及特超稠油区块的开发导致油汽比有所下降，因此，如果稠油生产能耗没有有效降低，将直接制约稠油油藏的高效开发。

一、稠油热采能耗及节能潜力分析

1. 稠油热采能耗分析

稠油热采需要高温高压蒸汽，而生产蒸汽则需要大量的燃料、水、电等资源，故热采能耗非常大，是普通原油开采的 4～5 倍。随着市场经济的发展与油田开发进程的加快，热采成本会越来越大。在稠油热采生产模式下，注汽成本占总成本的 70%，采油成本占总成本的 20%，集输成本占总成本的 8%，其他成本占总成本的 2%。这些成本能耗具体体现在燃料、电费、水费、产能建设等方面。从注蒸汽热力采油生产工艺与流程入手，分析热采各环节的能耗成本，其中燃料约占总能耗的 60%，电能约占总能耗的 20%，水耗约占总能耗的 10%，其他能耗约占总能耗的 10%。

对于稠油开发来说，由于稠油的黏温特性，决定稠油开采最有效的手段是注蒸汽热采，在开采稠油时，需将大量的热量注入油层。从水的经济及物理特性角度考虑，采用水作为携带热量的介质，大量的热量以蒸汽的形式注入地层后将油层加热升温，由于油层温度升高，原油具有了流动性，与注入地层换热后的水混合一同被采出。从能量流动的角度考虑，首先是燃料的化学能转化为热能的过程，即燃料的燃烧过程，同时是水的汽化吸热过程，即热能的转移，燃料燃烧后释放的热量传递给了水；其次是吸热后的蒸汽携带大量的热量注入地层、加热地层的过程，蒸汽携带的热量传递给了地层即加热地层，同时原油被加热，具有了流动性；最后部分换热后的水与加热后的油携带热量被同时采出，其余热量则滞留在地层中。因此，稠油的生产过程包括高温高压蒸汽的生产与输送过程、蒸汽注入井底后的换热过程、油水混合物的采出过程、采出液的油水分离过程、采出水的处理循环利用过程。

2. 稠油热采注汽系统节能潜力分析

由稠油的生产过程可知，热采注汽系统包括蒸汽的生产与输送过程。油田注汽锅炉作为稠油热采的首要设备，生产稠油热采所需的高温高压蒸汽。同时，油田注汽锅炉是燃料的化学能转化为热能并传递给水的重要设备，也是稠油热采主要的耗能设备，其运行的经济性直接制约稠油开发水平。由于高温蒸汽输送过程存在热损失，导致注入井底的蒸汽干度较低，对稠油开采的经济性有所影响。

1）注汽锅炉节能降耗分析

注汽锅炉在设计时有比较合适的运行参数，但受地质需求等各种因素的制约，注汽锅炉一般不在额定参数下运行。由于对注汽锅炉运行参数对注汽系统经济性的影响缺乏足够的认识与研究，设备运行效率并不高。同时，由于缺乏氧含量自动分析检测仪器，过量空气系数一般不在 1.05～1.20 之间，锅炉运行工况往往不理想。原有注汽锅炉在设计上没有余热回收装置，使排烟温度过高，一般在 160 ℃～180 ℃之间，这是注汽锅炉热效率提高的最大障碍。除此之外，设备运行时间长，注汽锅炉的技术状况普遍下降，炉体表面温度增高，达到 75 ℃以上，使散热损失增加；在注汽锅炉燃油、燃气过程中，灰垢、烟尘及其他杂质在高温环境下填充于对流段翅片管凹槽，不仅严重影响翅片管换热效果，而且会使排烟温度升高。

2）降低排烟热损失节能潜力分析

新疆油田公司在用油田注汽锅炉大多燃用天然气，由于天然气中硫含量很低，烟气尾部低温腐蚀可忽略。下面对油田注汽锅炉燃气时的排烟热损失进行分析。当空气过量系数为 1.1 时，水蒸气占烟气的容积份额达到 18.2%，烟气的热力学平衡水露点温度为 58 ℃。烟气中水蒸气的汽化潜热为 4 386.7 kJ，以低位发热量计算，约占燃料热能的 12.2%。为回收烟气中水蒸气的潜热，必须把烟温降到露点温度以下。因此在回收利用潜热前，先通过换热器吸收烟气显热，降低烟气温度。可以通过优化空气过量系数与增加烟气尾部换热面的方法降低排烟热损失，从技术上考虑，可同时采用天然气燃烧新技术与烟气余热利用技术，达到降低排烟热损失的目的。

3）降低油田注汽锅炉散热损失潜力分析

油田注汽锅炉燃料燃烧过程在辐射段中完成。燃料燃烧时释放的大量热量在辐射段中主要以辐射换热的方式向辐射段炉管传递热量，形成的高温烟气通过过渡段进入对流段，在对流段中冲刷管束，以对流形式向对流段炉管传递热量，油田注汽锅炉采用矿砂棉铺覆形式为炉体保温。由油田注汽锅炉热效率测试结果可知，炉体散热损失占系统热损失的 20%，因此降低散热损失是必要的。降低锅炉散热损失的方法有两种：一是采用强化换热技术，提高注汽锅炉炉管的吸热能力，间接降低散热损失；二是提高注汽锅炉炉体的保温效果，减少无效散热损失。

4）注汽管网节能潜力分析

油田上热力管道很多，有注汽管道、集输管道以及供水管道等，热力管网系统的能耗与管线防腐保温有很大关系。据测算，从注汽锅炉出口到井口的热能利用率为 88.76%，热损失为 11.24%，管网散热损失是主要的影响因素，高达 9.66%。由测试结果可知，相同规格的注汽管道，保温效果好管道的热损失可降低到 106.4 W/m^2，而保温效果较差管道的热损失高达 479.1 W/m^2，相差 4.5 倍。根据标准中规定的常年运行保温管道最大热损失可知，输送介质温度在 250～300 ℃时，最大热损失为 163～186 W/m^2，保温效果差管道的热损失可达到标准管道热损失的 2～3 倍。另外，从管道热损失的构成来看，管道热损失与保温层的保温效果和保温管道的长度有关。因此，可通过提高保温层的保温效果、优化简化注汽管网来解决热损失高的问题。

二、注汽锅炉节能技术

1. 烟气余热回收利用

燃气注汽锅炉排烟温度一般为 160～180 ℃，烟气中的水蒸气处于过热状态。油田在早期使用了热管换热器，取得了一定的节能效果。热管换热器的基本工作原理如图 9-3-1 所示，由管壳、吸液芯和端盖等组成，管内被抽成 1.3×10^{-4}～1.3×10^{-1} Pa 的负压后充入适量工作液，待贴近热管内壁的吸液芯充满液体后，再对热管加以密封。热管的一端称为蒸发段即吸热端，另一端称为冷凝段即放热端，蒸发段和冷凝段中间可以布置绝热段。吸液芯中的液体在吸热端受热时蒸发汽化，在微小压差的作用下，蒸汽流向放热端放出热量并再次冷凝成液体，液体再沿吸液芯中的多孔材料依靠毛细力的作用流回吸热端。如此循环，热量不断从热管的吸热端传到放热端。

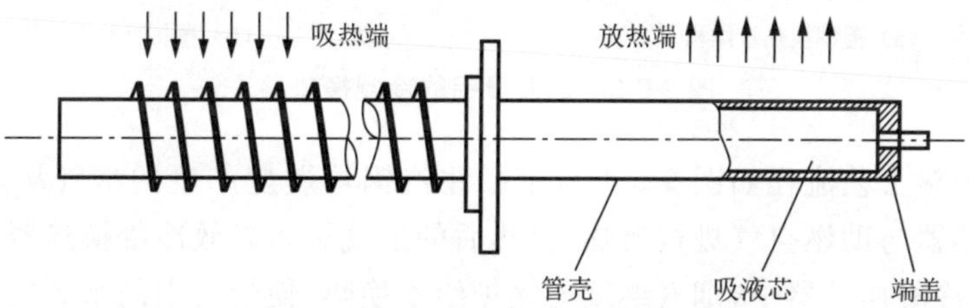

图 9-3-1 热管换热器原理图

当烟气温度降至水蒸气露点温度以下时，烟气中部分水蒸气会逐渐凝结成液态水，释放出大量潜热。水蒸气凝结量越大，释放热量也越多，烟气冷凝技术正是利用这一现象回收利用余热。应用烟气冷凝技术，烟温最低降到 50 ℃，提高锅炉热效率 8%以上（图 9-3-2）。以 23 t/h 注汽锅炉 70%运行时率计算，年可节约天然气 73.3×10^4 m^3。

在选用冷源时，冷却介质的温度是影响冷凝换热平均温差的主要因素之一，冷凝换热的平均温差越大，冷却介质的温度越低，冷凝效果就越好。采用助燃空气与锅炉给水双冷源模式，将注汽锅炉的给水作为冷凝换热的冷却介质，助燃空气作为烟气显热回收的冷却介质。需要注意的是，在注汽锅炉上应用烟气冷凝技术，由于烟温会降低至水蒸气露点温度以下，烟气中的酸性气体会溶解在水中，造成酸性腐蚀。

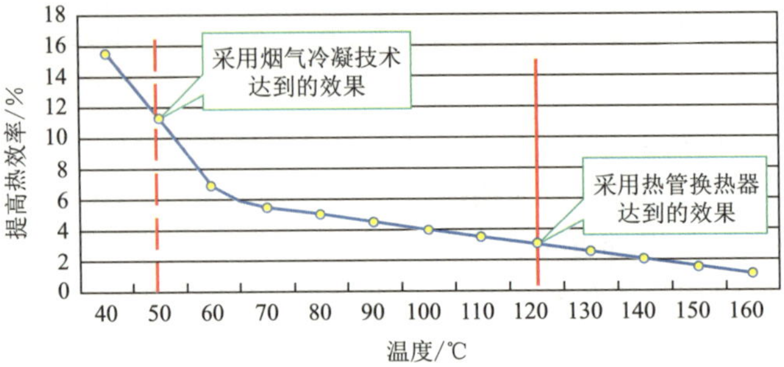

图 9-3-2　应用烟气冷凝技术提高注汽锅炉热效率图

要保证烟气冷凝技术在注汽锅炉上的安全应用，必须解决酸性腐蚀问题。目前的技术方法一是通过腐蚀数值模拟，确定酸性腐蚀重点区域，对该区域进行重点防腐；二是冷凝换热器采用表面覆铝方式（图 9-3-3），在保证烟气冷凝效果的同时，延长换热器的使用寿命。

（a）覆铝换热管结构

（b）覆铝换热器

图 9-3-3　表面覆铝的冷凝换热器

烟气冷凝换热工艺流程如图 9-3-4 所示。注汽锅炉燃烧产生的烟气从炉膛排出，先经过空气复合换热器与助燃空气进行换热，换热后的烟气进入高效冷凝换热器，助燃空气送入燃烧器；在高效冷凝换热器中，烟气继续与锅炉给水换热，使烟气中的水蒸气发生冷凝，回收冷凝潜热；两次换热后烟气温度由 160～180 ℃降至 40～50 ℃，最终烟气排到大气中，冷凝水通过冷凝水箱收集回收。

油田注汽锅炉烟气余热回收装置如图 9-3-5 所示。改造后使用以清水为介质的燃气注汽锅炉，锅炉给水平均温度上升 33 ℃，助燃空气平均温度上升 67 ℃，锅炉给水温度的提升降低了给水预热所需热量，助燃空气温度的提升在降低燃料消耗量的同时，保证了更好的燃烧效果，使锅炉效率明显提升，节能率达到 4%～8%。现场上 SGR-IIK 冷凝换热器对烟气余热回收利用的测试表明，当锅炉负荷为 19.5 t/h 时，烟气温度从 230 ℃下降至 68 ℃。

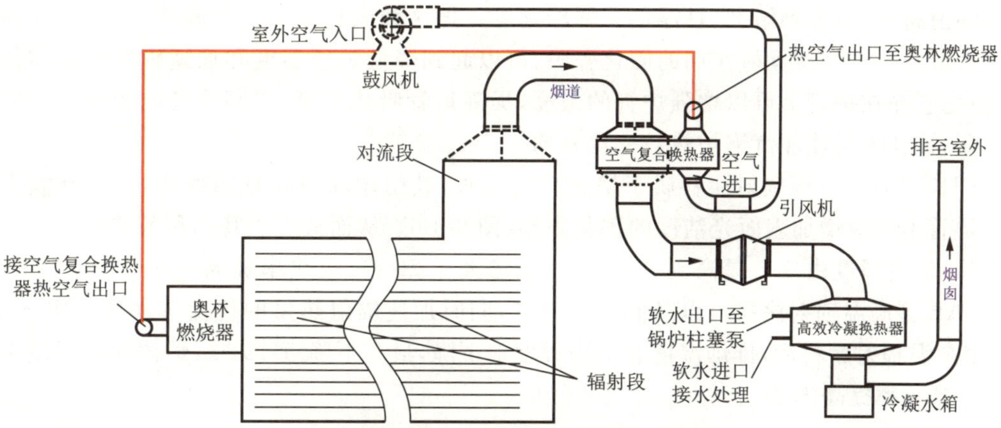

图 9-3-4　注汽锅炉烟气余热回收示意图

图 9-3-5　油田注汽锅炉烟气余热回收装置

新疆油田采用烟气冷凝（双冷源）技术改造注汽锅炉 63 台，测试平均热效率达到 101.5%，达到了预期效果(表 9-3-1)。

表 9-3-1　烟气冷凝(双冷源)技术应用效果情况

序　号	项　目	风城重检 3 号站 1# 炉		四$_2$ 区 1 号站 2# 炉	
		安装(调整)前	安装(调整)后	安装(调整)前	安装(调整)后
1	锅炉给水温度/℃	14.5	44.5	20	56
2	对流段进口温度/℃	90	60	90	60
3	助燃空气温度/℃	17	76	36.7	110.4
4	对流段出口温度/℃	183	139	195	149
5	排烟温度/℃	139	49	149	47
6	锅炉热效率/%	91.2	100.9	92.6	102.1
7	节气量/($m^3 \cdot h^{-1}$)	122.3		135.6	

2. 高温红外辐射涂料

高温辐射涂料节能技术采用一种红外辐射节能高效涂料，它由很多液剂构成，主要包括高温辐射材料、高温黏结剂、悬浮剂和稀释剂等。把这种涂料涂抹在炉膛内衬表面，经高温烘烤后形成一种具有反射作用的固化瓷膜，可以起到降低炉壁温度和加速辐射热量传播的目的；把它涂在炉管上可以增强炉管的黑度，提高炉管吸热程度，提高设备的辐射率。经现场应用，该技术可使注汽锅炉热效率提升约 1.5%。

FHC-AB 型高温辐射涂料属于增透膜的一种，其耐超高温度且辐射率较高，高温下能够在炉管上形成增加表面光洁度的固化瓷膜（图 9-3-6），从而减缓炉管的积灰速率。使用该涂料后，炉管黑度由 0.7 提高到 0.9，吸收率增大 1.29 倍，吸热率提高 5%～10%。因此，FHC-AB 型高温辐射涂料可以降低炉壁温度，同时加速辐射热量的传播。现场采用 FHC-AB 型高温辐射涂料后，排烟温度有不同程度地下降，最高下降近 18 ℃，炉体表面温度下降 18 ℃，热效率提高 1.2%。

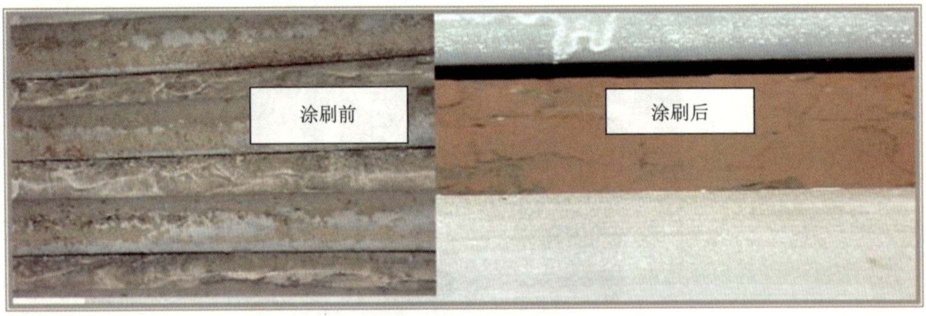

图 9-3-6　FHC-AB 型高温辐射涂料涂刷前后炉管对比图

HTEE-E 型红外辐射涂料属于半透膜，涂刷在炉膛内衬表面上，经高温烘烤后也形成一种具有反射作用的固化瓷膜（图 9-3-7），锅炉内壁表面反射率由 0.6 上升到 0.94，反射率增大 1.57 倍。根据玻尔兹曼定律，辐射换热量与炉管黑度及温度的 4 次方成正比，HTEE-E 型红外反射涂料可显著提高辐射段换热强度，降低通过炉壁的散热损失，延缓积灰速度，降低灰垢硬度，从而降低由散热造成的热损失，节气率为 2%。现场采用 HTEE-E 型红外辐射涂料后，排烟温度下降近 20 ℃，锅炉外壁的表面温度降低近 25 ℃，热效率相应提高 2.6%。

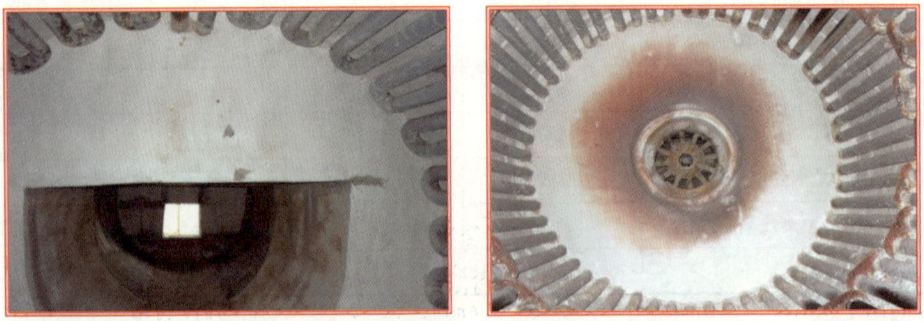

图 9-3-7　HTEE-E 型红外辐射涂料涂刷后炉膛内衬图

对两座供热站 12 台锅炉改造前后的 4 次单项测试数据进行计算转换，得出 12 台锅炉的平均结果，见表 9-3-2。由表可知，综合应用上述技术对注汽锅炉进行改造后，排烟温度有较大降低，节能效果显著。

表 9-3-2　注汽锅炉节能改造前后测试结果对比

项　目	总体平均结果				
	红外＋O_2 自控＋换热器	红外＋换热器	红外＋O_2 自控	红　外	改造前
排烟处 O_2 含量/%	3.6	4.5	3.9	4.7	4.4
排烟温度/℃	132.4	139.4	179.8	188.2	228.0
排烟处过量空气系数	1.2	1.3	1.2	1.3	1.24
气体未完全燃烧热损失/%	0.1	0.1	0.0	0.1	0.02
排烟热损失/%	4.6	5.0	6.6	7.3	9.4
辐射段外表面温度/℃	60.1	62.7	66.2	66.1	73.0
散热损失/%	3.6	3.8	4.2	4.2	4.5
换热器进水温度/℃	12.5	12.2	—	—	—
换热器出水温度/℃	32.1	33.3	—	—	—
反平衡效率/%	91.7	91.1	89.2	88.5	86.1
正平衡效率/%	92.5	90.6	90.0	88.7	86.7
反平衡节能率/%	6.1	5.4	3.5	2.7	—
正平衡节能率/%	6.2	4.3	3.7	2.2	—

注：① 红外指高温红外辐射涂料，O_2 自控指烟气含氧量自动控制，换热器指热管换热器；② 表中“—”表示未检出。

三、锅炉节能燃烧技术

1. 运行工况监控与调整

在注汽锅炉的普通控制系统下，由于有热惯性存在，当监测到蒸汽干度发生变化时，锅炉的运行人员通常是根据积累的一些经验进行调整，很难对其进行精确地调整，这使得蒸汽干度波动较大，造成注汽锅炉燃料的消耗量过大。运用蒸汽干度在线监控系统，可实现蒸汽干度在线测量过程与 PLC(可编程逻辑控制器）自动控制地有机结合。在线监控系统对蒸汽干度的测量误差可控制在 3%左右，而对蒸汽干度调整时的波动范围可控制在 2%～4%之内，最大限度地避免燃料浪费，蒸汽质量显著提升，使注汽锅炉的热效率得到有效提高。

2. 蒸汽发生器空气过量控制

过量空气系数过大是造成排烟热损失过大的主要原因之一。为防止过量空气带走过多热量，增大热损失，注汽锅炉的过量空气系数应小于 1.2，即在满足燃烧工况的条件下尽量降低过量空气系数。实际运行中由于缺乏必要的监测仪器，过量空气系数多在 1.2 以上，从而造成锅炉热效率下降。过量空气控制技术是采用氧化锆测量烟道气中的含氧量，由含氧量确定所需燃料量，再给定火量控制信号，测量烟道气的含氧量算出过量空气系数，分析前后两次测出的含氧量的线性关系，若误差小于 10%，则为合格，反之需进一步调整。通过智能仪表转换运算后计算结果输入控制器，控制器根据内部控制模型，用含氧量信号控制燃料量或空气量的比例，使烟道气的含氧量处于一个最佳恒定值(图 9-3-8)。该技术的应用降低了锅炉排烟热损失，减少了大气排放污染量，使燃烧效率提高 2%～3%。

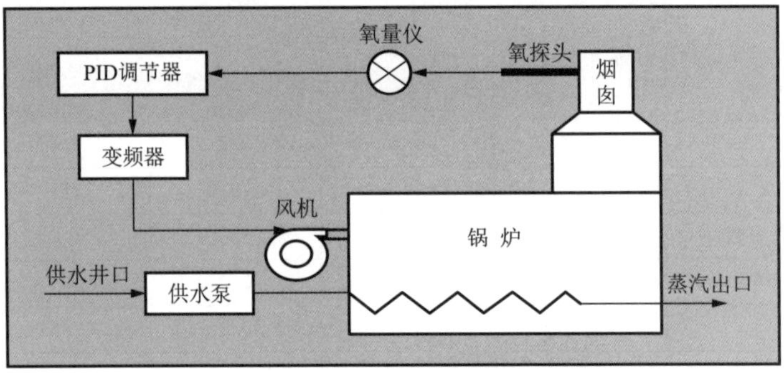

图 9-3-8　注汽锅炉烟气含氧量自动控制示意图

3. 合理调配锅炉运行中的压力、流量与干度

在生产作业过程中，注汽锅炉干度值需要维持稳定，过低会产生较多的油层积水，影响稠油的开采效率，过高则会导致注汽锅炉热效率下降，油田蒸汽干度通常要求控制在 80%左右。目前，国内注汽锅炉蒸汽干度控制系统多采用传统的仪表监控或手动控制的方法，工作效率低下。此外，由于注汽锅炉具有延时大、非线性和强耦合的特点，采用传统 PID 控制方法的效果并不理想。因此，对蒸汽干度控制系统的改进研究一直处于探讨中。目前国内控制方法主要包括模糊-PID 双模控制器、多变量预测控制与串级 PID 控制。通过测量蒸汽压力、流量等参数，经过大量实验分析，揭示它们与蒸汽干度之间的变化关联，在此基础上开发的智能控制系统用于注汽锅炉，实现注汽锅炉蒸汽干度等重要参数自动、连续、实时测量及显示，从而准确调节火量等信号，使锅炉蒸汽稳定地维持在设定干度范围内，保证注汽质量。

四、注汽管道保温节能技术

截至 2014 年，新疆油田已建注汽管道约 826.1 km，其中单层复合硅酸盐瓦保温 44.5 km，纳米气凝胶复合保温 75.4 km，复合硅酸盐毡保温 16 km，其余为双层复合硅酸盐瓦保温。纳米气凝胶复合保温属于试用阶段，大多采用钢制固定支墩和滑动隔热支墩，建设跨度时间长，运行环境恶劣。针对注汽管网设计、运行参数等，注汽管道的节能措施主要包括保温材料优选、保温结构优化和支架保温优选等。

1. 保温材料优选

在保温材料选择上，优选导热系数低、绝热性能好、高温下不变形、弹性形变较大、防水性能好的材料。稠油注汽管道地处野外，不但经受冬冷夏热、风吹雨打、大气腐蚀、外力冲击及火烧等侵袭，而且管道振动、膨胀伸缩频繁。保温材料滑移、下沉严重，弯头、膨胀弯等部位破损严重，保温效果差。

目前注汽管道常用保温材料为气凝胶毡、复合硅酸盐毡和复合硅酸盐瓦。其中气凝胶毡是一种轻质二氧化硅非晶态材料，常温下导热系数小于 0.025 W/(m·K)，适用温度范围为 −200～650 ℃，具有"透气不透水"特性，憎水性好，阻燃性能优良，质地柔软，弹性好；而复合硅酸盐毡为柔性保温材料，具有良好的弹性、耐温性(800 ℃)，70 ℃时导热系数低至 0.044 W/(m·K)，复合硅酸盐瓦为成型的硬质保温材料。实践表明，采用气凝胶毡及复合硅酸盐毡作为保温材料的油田注汽管道在直管段未发现漏热点，在弯头处仅存在少量漏热点，保温效果较好。

气凝胶材料中孔隙的大小在纳米数量级，故又称纳米气凝胶。其孔洞粒径一般在 10～20 nm，气孔率高达 80.0%～99.8%，密度低至 3 kg/m³，分子图及气凝胶毡如图 9-3-9 所示。与传统保温材料相比，气凝胶具有以下特性：① 超低导热系数，隔热性能是传统材料的 3～8 倍；② 机械性能良好，抗拉耐高温，寿命长；③ 防火防潮疏水，防火性能为 A1 级；④ 超薄超轻，易割易折，施工方便。气凝胶与传统保温材料导热系数对比如图 9-3-10 所示。

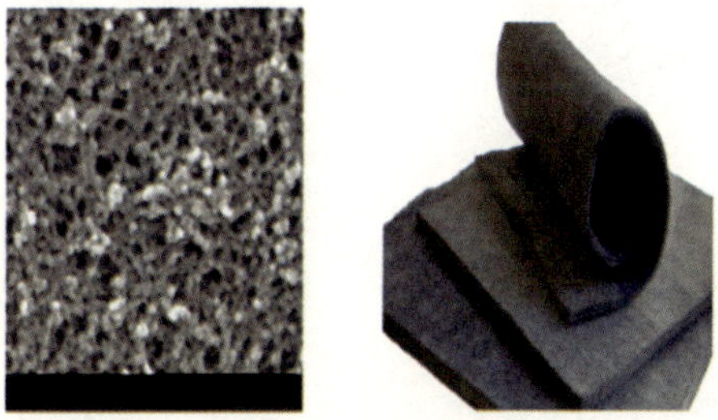

图 9-3-9　气凝胶分子及气凝胶毡

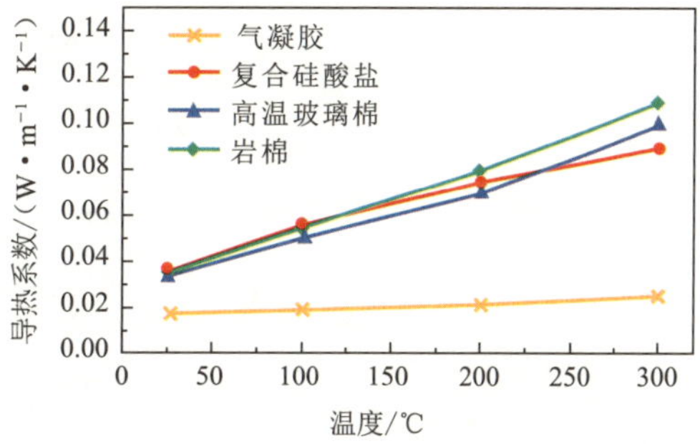

图 9-3-10　气凝胶与传统保温材料导热系数对比

2. 保温结构优化

保温结构不合理也是注汽管道热损失的主要原因之一。目前大多采用复合反射式保温结构，以复合硅酸盐或气凝胶为主体保温材料，复合铝箔为热反射层，外包镀锌铁皮为保护层。通过优选保温材料和优化保温工艺可最大限度地确保保温结构的完整和密封性能，有效隔绝热能传递。同时，新材料对弯头、三通等异型件保温的薄弱环节也有较好的适应性。

1) 保温结构选择

在保温结构优化方面，采用主体保温材料为气凝胶毡＋复合硅酸盐毡的方式，最大限度地提高保温结构的密封性能。同时，内层用具有反射能力的复合铝箔来减小热辐射传热。具体保温结构如图 9-3-11 所示。

2) 保温结构厚度计算

忽略管道辐射和蒸汽流速，只考虑导热和对流，注汽管道散热可视为通过 n 层不同材料组成的无内热源的多层圆管稳态传热过程。以 D325 注汽管道为例，管内介质为 13.5 MPa 过热蒸汽，介质温度 350 ℃，环境温度 8.4 ℃，风速 1 m/s；气凝胶导热系数取 0.026 W/(m·K)，复合硅酸盐导热系数取 0.082 W/(m·K)，钢管导热系数取 43.2 W/(m·K)。在保证管道热损失相同、保温外表面温度小于 50 ℃的情况下，取单位长度计算 3 种保温形式(气凝胶毡、气凝胶毡+复合硅酸盐毡、复合硅酸盐瓦)的保温厚度。

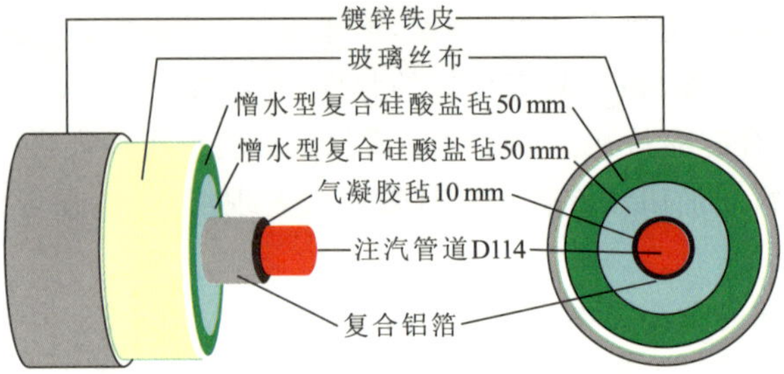

图 9-3-11　气凝胶复合反射式保温结构

对于裸管：

$$Q=\frac{T_0-T_2}{\frac{1}{2\pi\lambda_1}\ln\frac{d_2}{d_1}+\frac{1}{\pi d_2 h}}$$

$$\Delta T=T_0-T_1=\frac{Q}{2\pi\lambda_1}\ln\frac{d_2}{d_1} \tag{9-3-1}$$

对于包覆有多种保温材料的管道：

$$Q=\frac{T_0-T_2}{\sum_{i=1}^{n}\frac{1}{2\pi\lambda_i}\ln\frac{d_{i+1}}{d_i}}+\frac{1}{\pi d_{n+1}h}$$

$$\Delta T=T_0-T_1=Q\frac{1}{2\pi\lambda_i}\sum_{i=1}^{n}\ln\frac{d_{i+1}}{d_i} \tag{9-3-2}$$

$$T_1=T_2+\frac{Q}{\pi d_i h}$$

式中　T_0——管道内壁温度，与蒸汽初始温度相同，℃；

T_1，T_2——管道外壁和环境温度，℃；

ΔT——管道内外壁温度之差，℃；

h——管道外壁与环境对流的换热系数，取 10 W/(m^2·K)；

Q——单位长度管道热流量，W/m；

n——包覆多层保温材料；

λ_1，λ_i——管壁和保温材料的导热系数，W/(m·K)；

d_1，d_2，d_i——裸管内径、外径以及包覆 i 层保温层后的外径，m。

3）现场测试结果

中国石油天然气集团公司西北油田节能监测中心对克拉玛依油田浅层稠油油藏注汽管道进行检测（图 9-3-12），部分采用气凝胶毡+复合硅酸盐毡保温结构的测试数据见表 9-3-3。从表中可以看出，采用气凝胶+复合硅酸盐毡的保温管道综合散热损失远远低于 240 W/m 的标准，能够满足保温要求。

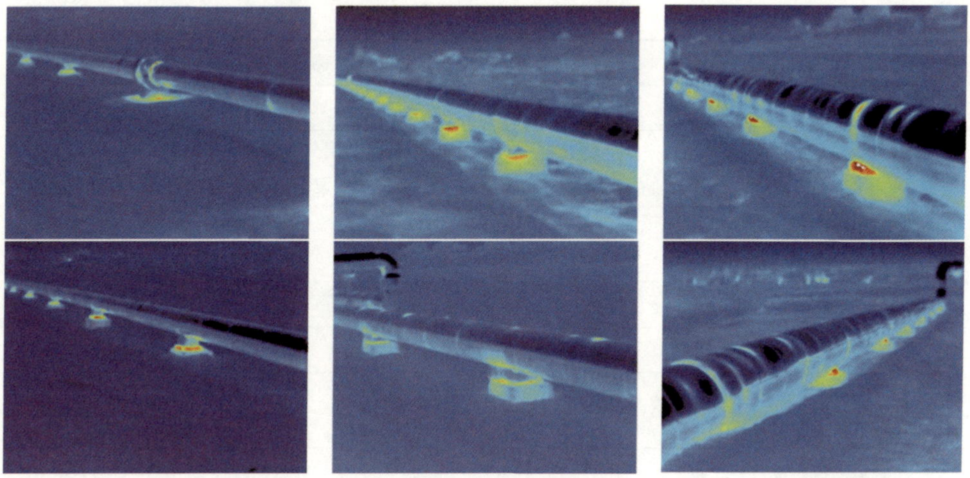

（a）气凝胶毡　　（b）气凝胶毡+复合硅酸盐毡　　（c）复合硅酸盐瓦

图 9-3-12　不同保温材料和结构的热成像测试结果

表 9-3-3　气凝胶毡+复合硅酸盐毡保温结构现场应用采集数据

测试地点	蒸汽温度/℃	保温厚度/mm	最高/最低表面温度/℃		平均表面温度/℃	环境温度/℃	温差/℃	平均/最大散热损失				综合散热损失	
			直管	弯头				直管		弯头			
								热流密度/($W \cdot m^{-2}$)	线热流密度/($W \cdot m^{-1}$)	热流密度/($W \cdot m^{-2}$)	线热流密度/($W \cdot m^{-1}$)	热流密度/($W \cdot m^{-2}$)	线热流密度/($W \cdot m^{-1}$)
15#站 02#炉 注汽管道	286	81.5	25.1/6.2	32.0/10.3	15.0	1.0	14.0	97.6/180.5	84.9/157.1	123.5/243.4	107.4/211.8	103.6	90.1
15#站 03#炉 注汽管道	288	79.9	9.9/−4.2	26.4/3.3	1.8	−10.0	11.8	93.3/166.7	80.3/143.4	171.7/330.4	147.3/284.1	111.4	95.8
15#站 05#炉 注汽管道	299	81.9	13.4/−2.1	22.3/−2.8	2.6	−9.0	11.6	87.3/183.7	76.2/160.3	103.8/268.4	90.5/234.1	91.1	79.5
7#站 04#炉 注汽管道	271	102.0	17.5/2.2	18.9/0.8	5.3	−5.0	10.3	82.8/199.4	82.8/199.4	84.9/213.5	84.9/213.5	83.3	83.3
16#站 06#炉 注汽管道	290	103.0	14.1/2.6	17.6/2.2	4.4	−6.0	10.4	78.6/163.3	79.0/164.2	88.2/195.8	88.6/196.7	80.8	81.2

3 种保温结构中，4 层气凝胶毡散热损失最小（表 9-3-4），管道线热流密度为 263 W/m，且热成像图显示保温层接缝处无开裂、漏热，使用寿命长，保温效果良好；双层复合硅酸盐瓦保温结构散热损失最大，线热流密度达到 430.0 W/m，且热像图显示管道经一定拉伸作用后出现破碎开缝、漏热情况，随运行年限增加，材质不断老化，保温效果逐年变差；2 层气凝胶毡＋1 层复合硅酸盐毡的复合结构散热损失居中。

表 9-3-4　散热损失对比

序　号	项　目	测算结果	测算结果	测算结果
1	测试管段	$A—B$	$B—C$	$C—D$
2	保温结构	4 层气凝胶毡	2 层气凝胶毡＋ 1 层复合硅酸盐毡	双层复合 硅酸盐瓦
3	管道平均 外表面温度/℃	4.2	5.8	4.0
4	管道外径/mm	438.9	585.7	792.6
5	管道长度/m	521	521	528
6	外表面与 环境温度之差/℃	14.4	16.0	14.2
7	管道热流密度/(W・m^{-2})	190.7	201.8	172.7
8	管道线热流密度/(W・m^{-1})	263.0	371.3	430.0
9	推算导热系数/(W・m^{-1}・K^{-1})	0.025	0.086	0.161

注：环境温度为－10.2 ℃，风速为 1.76 m/s，保护层为镀锌铁皮，选取直管段测试。

3. 支架保温优选

支架是注汽管道的重要组成部分，目前油田在注汽管道上使用的支架大部分是普通支架，散热损失较大。当管道输送高温介质时，管道的表面温度很高，热量会很快传递到与高温管道连接的支架和地面支墩，由于支架存在热桥效应，致使其散热损失严重，因此支架的保温隔热效果对于减少管道总体散热、降低管道能耗具有重要作用(表 9-3-5)。简单保温的管道支架未采用保温结构设计，仅仅是将保温材料包覆在钢制管道支架的外表面。从表中数据可以看出，简单保温的管道支架虽然相比未保温的钢制支架有着明显的保温效果，但还是不能达到国家标准允许的最大散热损失要求。

表 9-3-5　不同保温状态管线支架的散热损失对比

项　目	1# 支架	2# 支架	3# 支架	4# 支架
支架保温情况	简单保温	简单保温	未保温	未保温
管道内部介质温度/℃	280	237	280	237
支架外表面温度/℃	15.5	12.4	108.6	90.0
环境温度/℃	5.8	5.8	5.8	5.8
平均热流密度/(W・m^{-2})	209.6	139.9	3 028.4	2 318.5

支架通常分为固定式和活动式。对于固定式支架，由于受结构强度要求的限制，目前均采取与管道相同的保温方式，基本可以满足保温设计要求。对于活动式支架，由于需要考虑热胀冷缩导致的管道拉伸和移动，所以无法像固定式支架一样，采取和管道相同的保温方式，而必须采取专门的保温结构或保温方式。

采用不同的保温方式或保温结构，支架的保温效果差别很大。从现有各类保温支架产品的保温隔热原理来看，主要分为 3 种类型，即穿靴式、隔断式、复合式。穿靴式保温支架的基本结构原理是给活动式支架“穿”上一个保温靴。通过隔断钢制支架与环境和地面支墩的接触，实现隔热保温的效果，该结构同时还具有一定的结构强度。保温靴内衬为绝热材料，外部为钢制外套，具体结构如图 9-3-13 所示。

隔断式保温支架的基本结构原理是将支架分割为上、中、下 3 个部分，上部可焊接管道，下部连接地面支墩，中间是高强度隔热材料。上、下两部分为钢制结构，分别通过螺栓或铆钉与中间的高强度隔热材料连接，这样焊接管道的上部钢制部分与支撑地面支墩的下部钢制部分被完全隔断。上部钢制部分可以被管道的保温结构完全包覆，减少了散热损失，中间的高强度隔热材料阻断上部钢制部分的高温继续向下传递，因此下部钢制部分的表面温度和散热损失都比较小，支架总体的散热损失也比较小。隔断式保温支架具体结构如图 9-3-14所示。

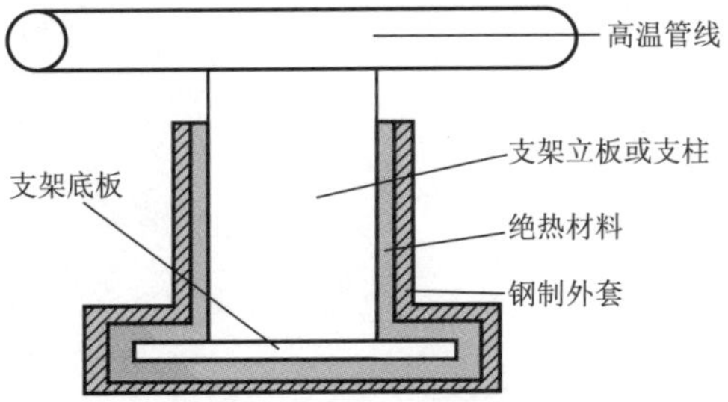

图 9-3-13　穿靴式保温支架

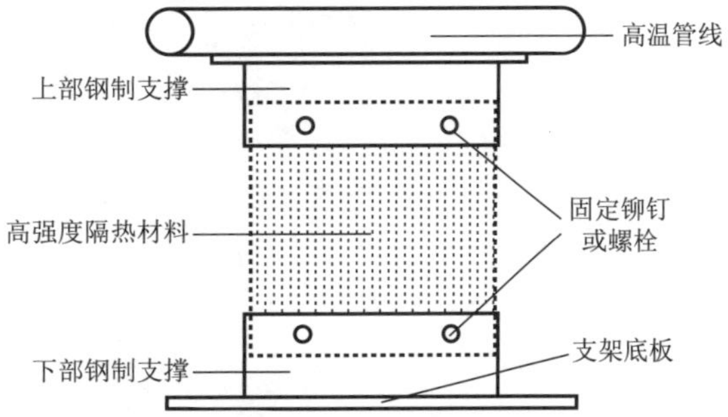

图 9-3-14　隔断式保温支架

复合式保温支架的原理是将穿靴式和隔断式两种保温支架的结构整合起来，内部采用隔断式结构，外部再包覆保温靴。这种结构可极大地降低支架的表面温度，减少散热损失。

在实验室内，保证相近的测试条件，根据 GB/T 17357—2008《设备及管道绝热层表面热损失现场测定热流计法和表面温度法》中规定的方法测试各种类型保温支架的散热损失（热流密度），见表 9-3-6。

表 9-3-6　各种类型保温支架的隔热保温效果

保温支架类型	穿靴式		隔断式	复合式
	1#	2#	3#	4#
支架外表面与环境温度平均温差/℃	32.4	29.9	23.6	7.1
散热面积/m²	0.177	0.222	0.085	0.130
支架热流密度/(W·m⁻²)	63.2	64.4	29.1	11.2

经现场试验，穿靴式保温支架能够应用于油田生产现有主要规格的高温管道，管道最高温度可以达到 450 ℃；受结构及材料影响，隔断式和复合式保温支架最高管道温度为 300 ℃，最大应用管径为 250 mm，见表 9-3-7。

表 9-3-7 保温支架最高使用温度

管线规格	最高使用温度/℃		
	穿靴式	隔断式	复合式
DN100	450	300	300
DN150	450	300	300
DN200	450	300	300
DN250	450	300	300
DN300	450		

第十章
蒸汽驱提高采收率技术应用实例

结合克拉玛依油田九区齐古组重点区块蒸汽驱提高采收率矿场实践，本章从技术机理、参数优化、应用效果及影响因素分析等方面着手，重点研究探讨氮气辅助蒸汽驱、二氧化碳辅助蒸汽驱、整体深部调剖和多元多相协同注蒸汽开发等技术应用情况，为同类型稠油油藏蒸汽驱提高采收率实践提供技术参考。

第一节　典型区块氮气辅助蒸汽驱技术

一、氮气泡沫调剖影响因素分析

大量研究证实，含油饱和度、油藏渗透率、油层厚度和原油黏度是影响氮气泡沫调剖效果的主要因素。利用油藏数值模拟和正交试验方法，分析上述因素对九$_8$区齐古组氮气泡沫调剖效果的影响程度。选取与采出程度有关的4个因素作为变化因子，每个因子选取5个水平，采用正交表形式设计实验方案（表10-1-1），依据方案中的参数分别进行数值模拟计算。根据计算结果（表10-1-2），按各因素对采出程度增量的影响进行排序，结果为：含油饱和度＞渗透率级差＞油层厚度＞原油黏度。综合以上研究，确定九$_8$区齐古组氮气泡沫调剖的实施界限参数为：① 含油饱和度＜40%；② 渗透率级差＜4；③ 油层厚度4～10 m；④ 原油黏度＜15 000 mPa・s。

表10-1-1　氮气泡沫调剖实验因素水平表

水　平	影响因素			
	原油黏度/(mPa・s)	油层厚度/m	渗透率级差	含油饱和度/%
Ⅰ	5 000	2	1	25
Ⅱ	10 000	4	2	30
Ⅲ	15 000	6	3	35
Ⅳ	20 000	8	4	40
Ⅴ	25 000	10	5	45

表 10-1-2　氮气泡沫调剖实验数据分析表

水　平	不同因素下采出程度增量/%			
	原油黏度	油层厚度	渗透率级差	含油饱和度
Ⅰ	5.86	0.29	7.16	9.80
Ⅱ	4.59	4.02	8.85	8.10
Ⅲ	2.43	7.21	9.46	6.62
Ⅳ	0.97	7.82	6.20	3.77
Ⅴ	0.06	6.62	0.56	0.57

根据投入和产出平衡原理，可以确定氮气泡沫调剖措施极限增油量的经济界限值，进而建立油价、操作成本与措施极限增油量之间的关系图版，如图 10-1-1 所示。

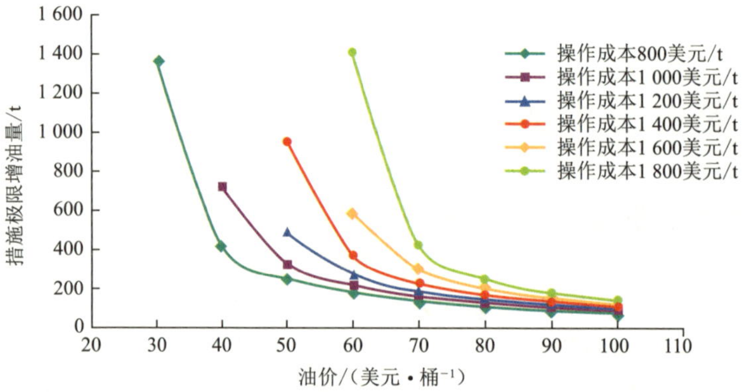

图 10-1-1　氮气泡沫调剖油价、操作成本与措施极限增油量关系图版

二、氮气泡沫调剖优化设计

1. 注入时机

研究表明，井组采出程度越高，主力驱替层位含油饱和度越低，泡沫封堵效果越好；非主力驱替层位蒸汽腔越发育，温度场越高，调剖效果越明显。因此，蒸汽驱中后期适合实施氮气泡沫调剖。但是当采出程度大于 45%时，井组剩余潜力小，油汽比降低，见表 10-1-3。

表 10-1-3　井组不同注入时机生产数据对比表

调剖时机	累产油/t	采注比	油汽比	采出程度/%
采出程度 25%	42 721	1.28	0.13	56.01
采出程度 35%	45 683	1.27	0.13	59.89
采出程度 45%	47 561	1.27	0.13	62.36
采出程度 55%	49 890	1.26	0.12	63.50

2. 注入方式

数值模拟研究结果表明，段塞式注入可以有效降低氮气对油藏的冷伤害，提高泡沫阻力因子，有效缓解主力层汽窜，提高油藏温度，扩大波及体积，从而提高井组产量，改善开发效果，如图 10-1-2 所示。

段塞频率越高，阻力因子越大，泡沫封堵效果越好。不同段塞频率会影响泡沫封堵有效期，井组净产油也会不同：当间隔时间为 6 个月时，净产油最高；超过 6 个月后，净产油略有降低（图 10-1-3）。

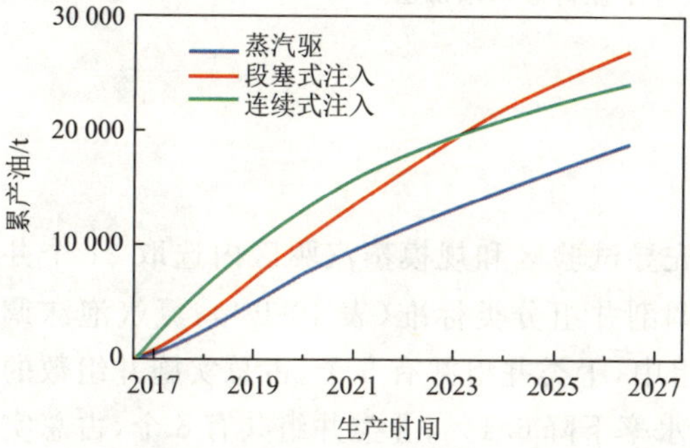

图 10-1-2 不同注入方式下的产油曲线

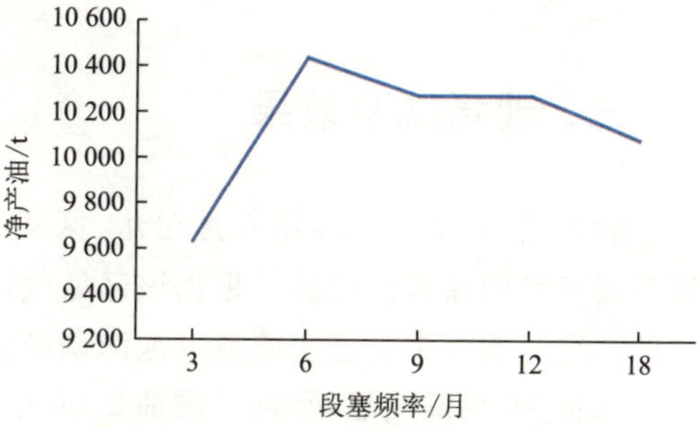

图 10-1-3 不同段塞频率下净产油量

3. 气汽比设计

气汽比过大或过小都不利于泡沫稳定产生，根据不同气汽比与对应阻力因子系数确定最佳气汽比，如图 10-1-4 所示。根据现场实际条件，氮气压缩体积为 20∶1，地面条件下气汽比为（20～30）∶1。数值模拟研究结果表明，气汽比越大，井组净产油越高，但大于 30∶1 后，净产油变化量不大，如图 10-1-5 所示。

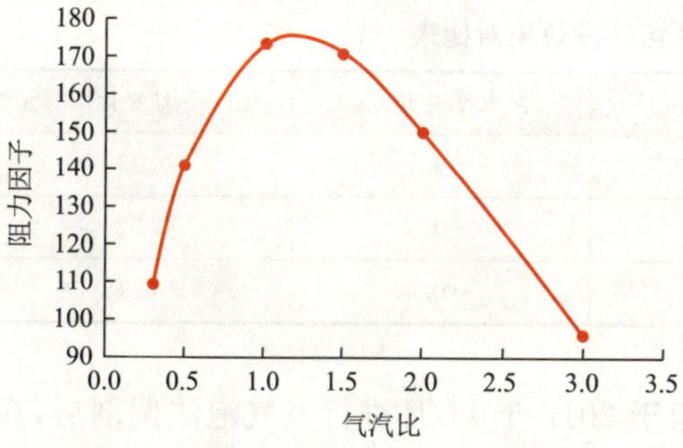

图 10-1-4 不同气汽比下阻力因子对比

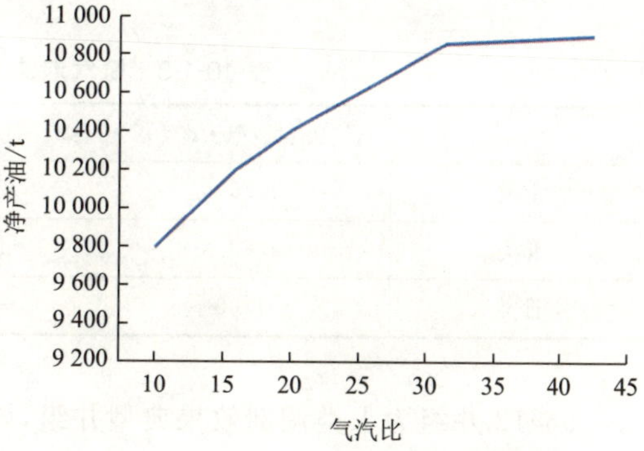

图 10-1-5 不同气汽比下净产油对比

4. 段塞尺寸设计

通过室内连续驱替实验，在最佳发泡剂浓度、气汽比条件下改变泡沫段塞尺寸（用注入量表示），测定驱替效率增加值，最终确定最佳段塞尺寸为 0.1 PV，如图 10-1-6 所示。

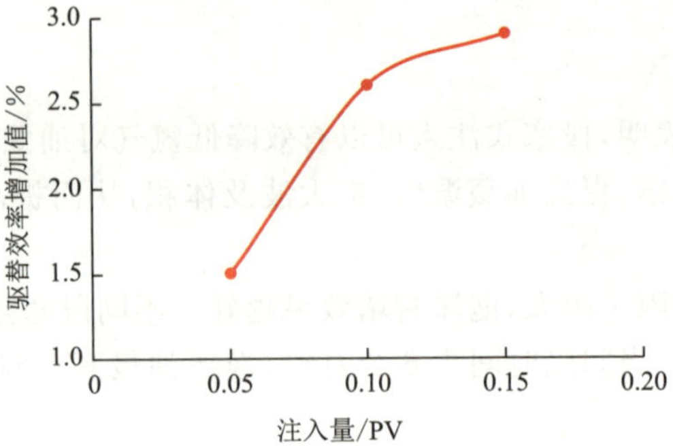

图 10-1-6　井组不同段塞尺寸下驱替效率增加值

三、现场试验效果

2012 年 9 月—2016 年 6 月在九$_8$区蒸汽驱先导试验区和规模蒸汽驱区内选取 21 个井组开展氮气泡沫调剖试验。根据该区氮气泡沫调剖井组分类标准(表 10-1-4),氮气泡沫调剖的井组分为 3 类。已实施氮气泡沫调剖的井组中,Ⅰ类井组共有 5 个,占总实施井组数的 24%,措施效果最明显,平均日增油 2.00 t/d,含水率下降 6.1%;Ⅱ类井组共有 8 个,占总实施井组数的 38%,平均日增油 1.10 t/d,含水率下降 0.9%;Ⅲ类井组共有 8 个,占总实施井组数的 38%,日增油量与含水率未见明显变化,措施效果不明显,见表 10-1-5。

表 10-1-4　氮气泡沫调剖井组分类标准

分　类	日增油量/($t \cdot d^{-1}$)	含水率变化/%	井口压力变化	有效时间/月
Ⅰ类	>1.5	<−5	提　高	>6
Ⅱ类	0～1.5	−5～0	提　高	<6
Ⅲ类	≤0	≤0	降　低	0

表 10-1-5　氮气泡沫调剖井组开发效果对比表

井　组	日增液量/($t \cdot d^{-1}$)	日增油量/($t \cdot d^{-1}$)	含水率变化/%	井口压力变化/MPa
Ⅰ类	1.76	2.00	−6.1	0.33
Ⅱ类	4.83	1.10	−0.9	0.32
Ⅲ类	−1.00	−0.05	−0.4	−0.18

98612 井组为Ⅰ类调剖效果典型井组,该井组于 2012 年 11 月进行氮气泡沫调剖后,在日注汽略有下降的情况下,井口压力呈上升特点,日产油、日产液均出现一定程度下降后逐渐上升,说明原汽窜层被有效封堵,低渗层吸汽受效,封堵成功(图 10-1-7 和图 10-1-8);主力吸汽层位吸汽比例由 2%上升至 100%(图 10-1-9),动用比例降低,日产油下降,说明调剖失效,措施有效时间 1.5 a。

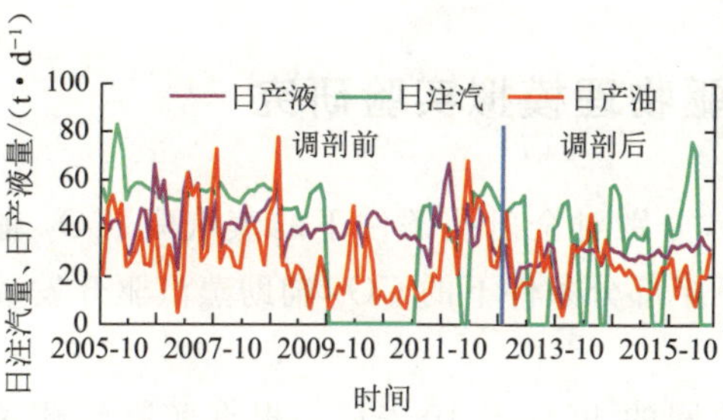

图 10-1-7　98612 井组调剖前后生产曲线

图 10-1-8　98612 井组调剖前后井口压力曲线

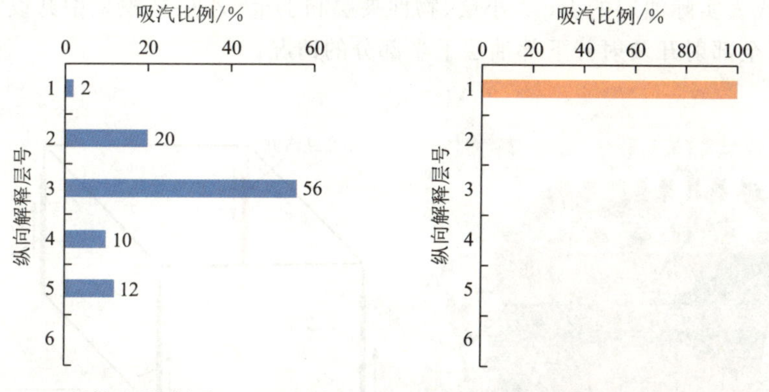

（a）调剖后吸汽剖面（2014-06测试）　　（b）调剖后吸汽剖面（2015-04测试）

图 10-1-9　98612 井组调剖后 2 次吸汽剖面对比

第二节　典型区块二氧化碳辅助蒸汽驱技术

一、二氧化碳基本驱油机理

CO_2 驱油机理为：① 调整注汽剖面。在注入 CO_2 过程中，气体首先进入超覆层段，占据井筒附近蒸汽驱超覆孔隙体积，在连续注入高温蒸汽后，CO_2 遇热体积迅速膨胀，形成相对高压腔，有利于注入的蒸汽向低渗层段扩展。② 改善流度比。CO_2 易溶于原油，实验结果表明，在压力为 2～8 MPa、温度为 100 ℃情况下，CO_2 在普通稠油中的溶解度达到 10～23 m^3/m^3，原油黏度下降 25%～50%，同时 CO_2 溶于水后，起到油水间的传质作用，能明显改善油水相渗。③ 原油体积膨胀。CO_2 溶于原油，当压力为 3 MPa 时，原油体积膨胀率为 8.5%～11.7%。原油体积膨胀使其易于摆脱毛管力的束缚，使不动油变成可动油，从而达到提高采收率的目的。④ 溶解气驱作用。在原油生产过程中，溶于原油中的 CO_2 在低于饱和压力以后从原油中脱出，CO_2 气体体积膨胀，占据一定的孔隙空间，同时液体内产生气体驱动力，从而提高驱油效果。⑤ 酸化解堵。CO_2 溶于水后，呈现弱酸性，能与油藏中的碳酸盐反应，使注入井周围的渗透率得到提高，同时在一定程度上解除储层无机垢堵塞，疏通油流通道。⑥ 提高热效率。CO_2 注入后占据蒸汽驱超覆空间，减少热量向上部地层的扩散，扩大蒸汽驱波及体积，使热量用于加热油层。

二、蒸汽驱后期二氧化碳辅助蒸汽驱物理模拟实验研究

针对九$_6$区蒸汽驱后期汽窜、油汽比低等问题，分别对全射孔条件下的蒸汽驱、CO_2辅助蒸汽驱、CO_2泡沫辅助蒸汽驱和射开下部油层下半部分条件下的CO_2辅助蒸汽驱开发效果进行实验研究。

三维物理模拟实验模型井网取反九点面积井网的1/4(图10-2-1)。根据实际油藏条件，按相似比例方法设计模型参数。模型纵向上分为上部油层、中部物性夹层、下部油层3个单元，分别代表实际油层的$J_3q_2^{2-1}$小层、物性夹层和$J_3q_2^{2-2}$小层。模型中共设置8口井，分别考虑油层段全部射开及射开下部油层下半部分的情况。

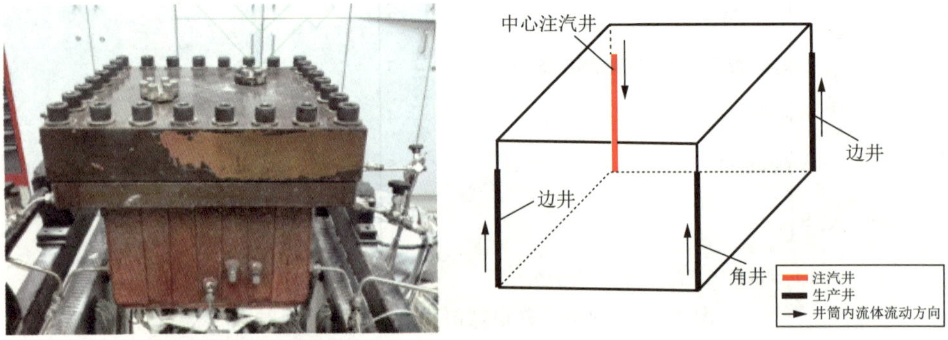

(a) 三维填砂模型外观图　　(b) 物理模型井网示意图

图 10-2-1　三维物理模拟实验填砂模型外观和井网示意图

1. 全射开油层物理模拟实验

全射开油层物理模拟实验过程主要分为蒸汽驱、CO_2辅助蒸汽驱、CO_2泡沫辅助蒸汽驱3个阶段，实验过程中注汽井和生产井都采用全井段射孔方式，实验结果见表10-2-1。实验结果显示，在注采井全井段射孔方式下，CO_2辅助蒸汽驱和CO_2泡沫辅助蒸汽驱能够在一定范围内改善蒸汽驱汽窜后的油层波及体积，但是对于油层纵向厚度较大的油藏，CO_2辅助蒸汽驱和CO_2泡沫辅助蒸汽驱并不能从根本上解决油层纵向波及体积问题，下部油层不能靠该技术实现有效动用。

表 10-2-1　油层全射开蒸汽驱和复合蒸汽驱开采效果

驱替方式	阶段采出程度/%	阶段结束时含水率/%	蒸汽注入孔隙体积倍数/PV	CO_2(泡沫)注入孔隙体积倍数/PV	阶段油汽比
蒸汽驱	22.5	95.53	1.25	0	0.11
CO_2辅助蒸汽驱	7.2	94.28	0.26	0.07	0.12
CO_2泡沫辅助蒸汽驱	10.1	95.10	0.75	0.30	0.09
合　计	39.8		2.26	0.37	

2. 蒸汽驱后期进行射孔调整的物理模拟实验

蒸汽驱后期进行射孔调整的物理模拟实验过程主要分为蒸汽驱、射孔调整后 CO_2 辅助蒸汽驱 2 个阶段。蒸汽驱阶段注汽井和生产井采用全井段射开的方式，蒸汽汽窜后，含水率达 95%时，蒸汽驱阶段结束；然后对注汽井和生产井进行射孔调整，仅射开下部油层下半部分，进行 CO_2 辅助蒸汽驱。蒸汽驱和射孔调整后 CO_2 辅助蒸汽驱开采效果见表 10-2-2。

表 10-2-2 蒸汽驱和射孔调整后 CO_2 辅助蒸汽驱开采效果

驱替方式	阶段采出程度/%	阶段结束时含水率/%	蒸汽注入孔隙体积倍数/PV	CO_2 注入孔隙体积倍数/PV	阶段油汽比
蒸汽驱	20.1	95.2	1.10	0	0.12
CO_2 辅助蒸汽驱	61.0	75.1	1.62	0.66	0.32
合　计	81.1		2.72	0.66	

从表 10-2-1、表 10-2-2 中可以看出，蒸汽驱阶段由于油层条件、实验条件基本一致，生产动态和生产效果也基本一致；当射孔段调整为下部油层下半部分后，CO_2 辅助蒸汽驱能够平稳进行，没有汽(气)窜现象，不需要泡沫剂进行调剖，可以保持长时间稳定生产，阶段采出程度高达 61%，阶段油汽比达到 0.32。温度场变化(图 10-2-2)表明，整个实验过程中蒸汽腔从生产井上部逐渐向下扩展，采收率从 20.1%提高到 81.1%，形成高效开发模式。

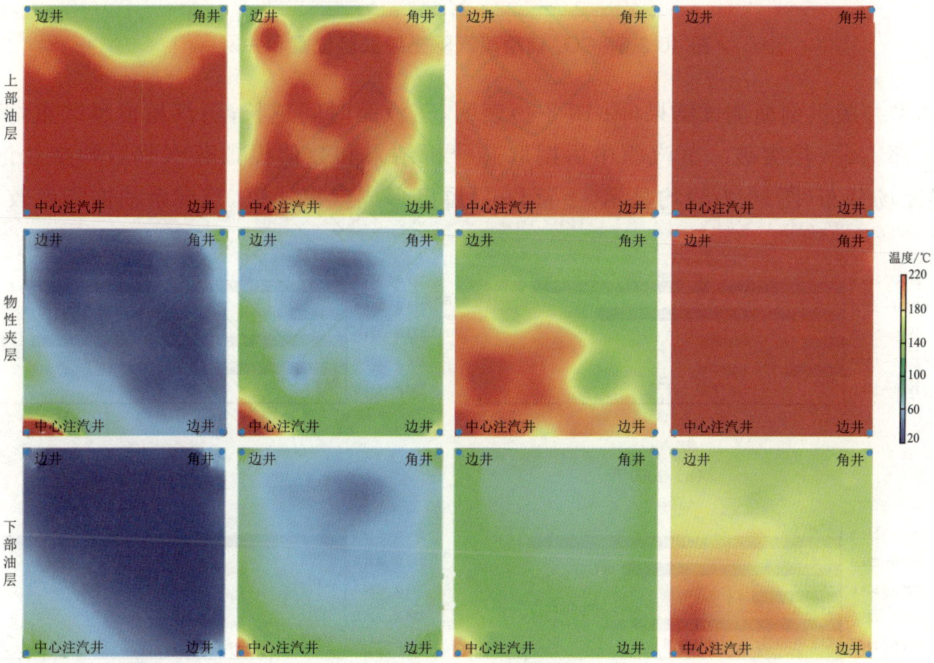

(a) 蒸汽驱结束　(b) CO_2辅助蒸汽驱初期　(c) CO_2辅助蒸汽驱稳定期　(d) CO_2辅助蒸汽驱结束

图 10-2-2 蒸汽驱和射孔调整后 CO_2 辅助蒸汽驱温度场

三、先导试验层位和井网优化

选择九$_6$区 9 个典型蒸汽驱后期井组作为 CO_2 辅助蒸汽驱先导试验区，试验区位置和井网如图 10-2-3 所示。试验区蒸汽驱开发层系为齐古组 $J_3q_2^{2-1}$，$J_3q_2^{2-2}$ 层，地层倾角 4°，平均油层中部深度 220 m，孔隙度 29.2%，渗透率 2 014.9×10^{-3} μm^2，平面和剖面上非均质性较强，原油黏度 7 302 mPa · s。截至 2015 年底，试验区累计注汽 229.5×10^4 t，累计产油 32.1×10^4 t，综合含水率 90.2%，累积油汽比 0.14，采出程度 47.6%。其中吞吐阶段产油 16.0×10^4 t，含水率 73.0%，油汽比 0.26，阶段采出程度 23.7%；蒸汽驱阶段产油 16.1×10^4 t，含水率 94.0%，油汽比 0.10，采出程度 23.9%。

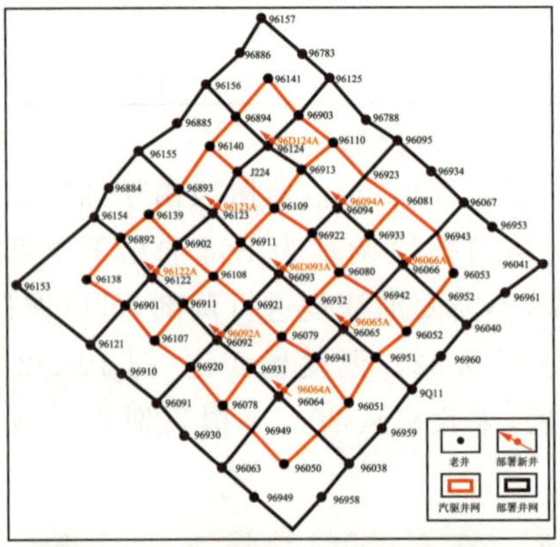

图 10-2-3 CO_2 辅助蒸汽驱先导试验位置和井网

典型井吸汽剖面测试结果（图 10-2-4）表明，蒸汽驱时间越长，蒸汽超覆越严重，蒸汽主要沿上部 $J_3q_2^{2-1}$ 层突破。蒸汽驱中后期取芯分析结果和数值模拟蒸汽驱后剩余油饱和度场、温度场分布（图10-2-5）均显示，上部$J_3q_2^{2-1}$层已形成汽窜通道，且剩余油饱和度较低，下

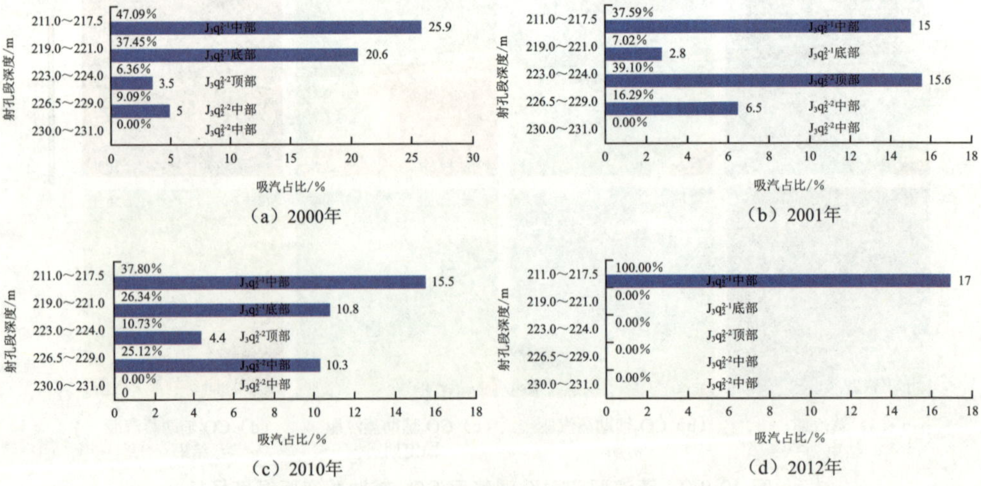

图 10-2-4 96112 井历年吸汽剖面测试结果

部 $J_3q_2^{2-2}$ 层尚未形成汽窜通道，动用程度较低。结合物理模拟实验结果，确定 CO_2 辅助蒸汽驱目的层为下部 $J_3q_2^{2-2}$ 层，封堵上部 $J_3q_2^{2-1}$ 层。

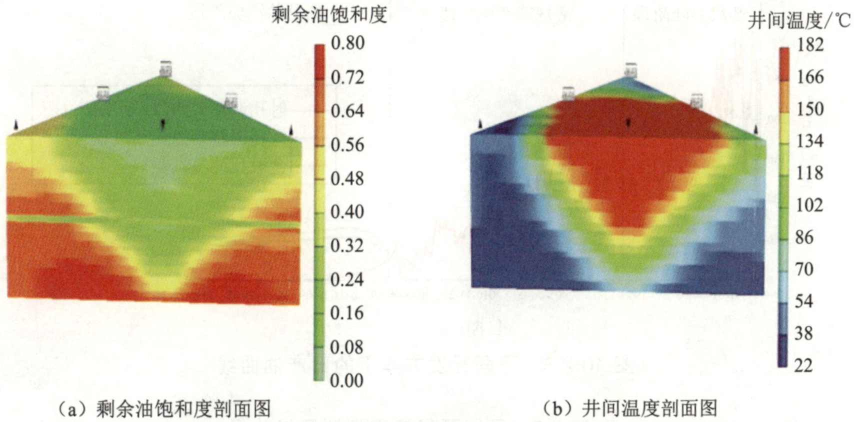

（a）剩余油饱和度剖面图　　（b）井间温度剖面图

图 10-2-5　典型井组数值模拟蒸汽驱末期井间剩余油饱和度场、温度场剖面图

根据数值模拟预测结果，注采井进行转换后形成新的反九点井网时，CO_2 辅助蒸汽驱效果最好。因此，推荐注采井网转换后采用反九点井网（图 10-2-3）。

四、注入参数设计和效果预测

原注汽井蒸汽注入速度为 50～59 t/d，从注汽速度与累积井组产量关系图（图 10-2-6）中可以看出，50～52 t/d 时累积井组产量最高，因此确定 CO_2 辅助蒸汽驱注汽速度为 50 t/d，后期蒸汽突破后，适当降低注汽速度。

在小剂量连续注入 CO_2 的情况下，设计的注入方式为：初期采用小剂量 CO_2＋蒸汽，后期采用泡沫剂＋小剂量 CO_2＋蒸汽，每天连续注入。从 CO_2 注入速度与累积产油量关系图（图 10-2-7）可以看出，随着 CO_2 注入速度增加，累积产油量逐渐增加，但当 CO_2 注入速度大于 500 m^3/d 时，累积产油量增加幅度逐渐降低，CO_2 注入速度在 500～600 m^3/d（约 1 t/d）时，效果最好。

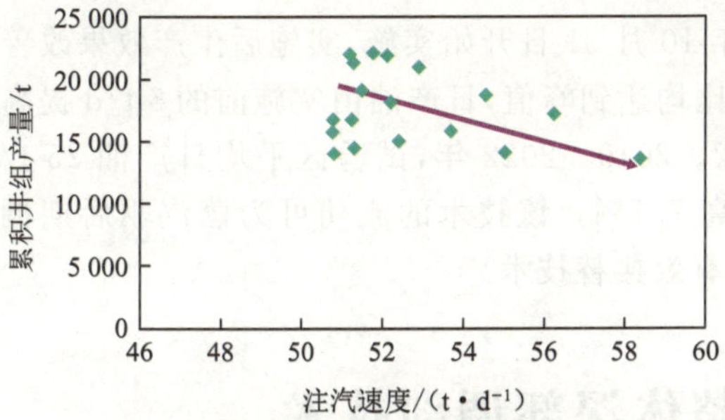

图 10-2-6　注汽速度与累积井组产量关系图

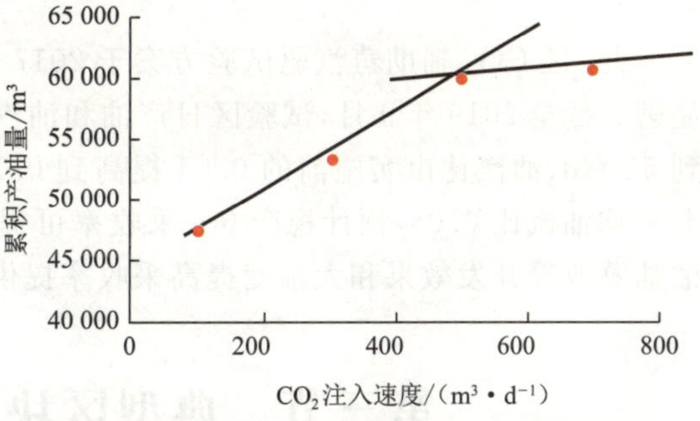

图 10-2-7　CO_2 注入速度与累积产油量关系图

对以下 3 组方案进行对比：① 全井段射孔条件下的纯蒸汽驱，注入速度为 50 t/d；② 射

孔调整后的纯蒸汽驱，注入速度为 50 t/d；③ 射孔调整后的 CO_2 辅助蒸汽驱。不同开发方案预测开发效果如图 10-2-8 所示、见表 10-2-3。

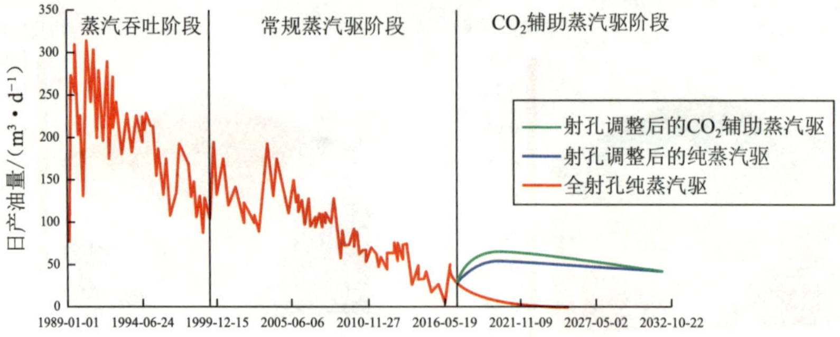

图 10-2-8　不同开发方案下的日产油曲线

表 10-2-3　不同开发方案预测开发效果

方　案	累积注汽量 /(10^4 t)	累积注 CO_2 量 /(10^4 t)	累积产油量 /(10^4 m^3)	累积油汽比	采出程度 /%
全射孔纯蒸汽驱	112.06	0	3.92	0.035	4.7
射孔调整后的纯蒸汽驱	112.06	0	13.40	0.119	16.1
射孔调整后的 CO_2 辅助蒸汽驱	112.06	267	16.68	0.160	21.5

由图 10-2-8 和表 10-2-3 可以看出，全射孔纯蒸汽驱方案不可行；射孔调整后，CO_2 辅助蒸汽驱开发相对注纯蒸汽开发生产效果显著提升，油汽比从 0.119 提高到 0.160，提高了 34.5%，采出程度从 16.1%提高到 21.5%，最终采收率达 66.5%。数值模拟结果证明，射孔调整后的 CO_2 辅助蒸汽驱形成了注汽井中下部蒸汽腔侧向扩展、生产井顶层蒸汽腔超覆重力泄油的开发模式，高温水、油、CO_2 能够形成稳定的乳化拟单相流体；CO_2 在蒸汽腔顶部起到隔热作用，在蒸汽腔内部降低蒸汽分压，有效提高注入蒸汽热效率，实现蒸汽腔的充分扩展，因此可大幅度提高采收率。

五、现场试验效果

九$_6$ 区 CO_2 辅助蒸汽驱试验方案于 2017 年 10 月 31 日开始实施，实施后生产效果改善显著。截至 2019 年 9 月，试验区日产油和油汽比均达到峰值，日产油由实施前的 6 t/d 提高到 53 t/d，油汽比由实施前的 0.04 提高到 0.12。2019—2022 年，试验区平均日产油 25 t/d，平均油汽比 0.08，预计稳产 6 a 采收率可提高 7.7%。该技术的成功可为蒸汽驱后期稠油油藏改善开发效果和大幅度提高采收率提供有效接替技术。

第三节　典型区块整体深部调剖技术

根据对九$_6$ 区 5 口井 17 块铸体薄片的鉴定统计，齐古组储层的储集空间类型主要为原生粒间孔隙，占 26.4%，其次为次生粒间溶蚀孔、粒内孔及界面孔；镜下观察孔隙基本呈网状连通，连通性较好，孔隙发育，平均孔喉半径变化区间为 37～120 μm，平均为 64.6 μm，最大孔喉半径变化区间为 100～300 μm，平均为 171.4 μm，面孔率变化区间为 0.25%～15.00%，平均为 3.85%，孔喉配位数一般为 0～2，见表 10-3-1。

表 10-3-1 九$_6$ 区齐古组铸体薄片资料统计表

层位		$J_3q_2^{2-1}$	$J_3q_2^{2-2}$	$J_3q_2^{2-3}$	J_3q^3
样品数		5	6	4	2
平均孔喉半径	范围/μm	37～94	42～120	48～84	53～56
	平均值/μm	60.20	72.67	69.25	54.50
最大孔径	范围/μm	100～250	100～300	150～200	150
	平均值/μm	175	179.17	181.25	150
面孔率	范围/%	1.5～6.0	2～15	2.95	0.25～3.00
	平均值/%	3.20	5.75	2.95	1.625
孔喉配位数		0～2	0～2	0～2	0～1

目前，国内在稠油堵剂方面大多使用悬浮颗粒堵剂以实现深调，注入性就成为进入地层深部的关键。根据国内在颗粒注入性方面的研究成果，要实现颗粒顺利进入地层深部，其颗粒粒径应小于平均孔喉半径的 1/9～1/5，即调堵体系中的颗粒平均粒径应至少小于15 μm，如根据最大孔喉计算，颗粒粒径也应小于 30 μm，方能保证颗粒顺利进入储层。根据颗粒顺利通过孔隙的分析，即使考虑长期蒸汽驱后孔喉的变化，目前能满足深部调剖的悬浮颗粒体系也屈指可数。因此，要实现深部调剖就必须对体系注入性进行深入研究。

据统计，九$_6$ 区蒸汽驱常用的稠油封堵体系有污泥-坂土调堵体系、无机凝胶调堵体系、体膨颗粒调堵体系等，主要的颗粒粒度中值见表 10-3-2 和表 10-3-3。根据对悬浮颗粒堵剂粒径的分析，目前所使用的体系注入性均存在一定问题，其通过能力直接制约了体系实现深度调剖的能力。从注入性考虑，需要在体系方面进行进一步优化，开发颗粒粒径更小的封堵体系，以满足深部调剖的需要。目前有两个主要的开发方向：

(1) 开发超细颗粒封堵体系，利用超细颗粒解决颗粒通过性问题。

(2) 开发类似热可逆凝胶的水基凝胶体系，利用其受热后物理化学性质的变化对地层孔隙进行封堵，利用其水溶液的性质解决通过性问题。

表 10-3-2 九$_6$ 区齐古组孔喉与体系颗粒粒径汇总表

项目	粒度中值/μm	颗粒能顺利通过的平均粒径/μm
九$_6$ 区平均孔喉半径	64.6	15
九$_6$ 区最大孔喉半径	171.4	30
无机凝胶调堵体系	35.2	60%能通过最大孔隙
污泥-坂土调堵体系	53.21	45%能通过最大孔隙，封堵半径有限
体膨颗粒调堵体系	2 000～5 000	体膨颗粒无法进入储层深部

注：由于无机凝胶受水的影响容易发生沉降，其通过性与储层中存水状况及施工工艺有关；体膨颗粒按照膨胀 50%计算。

表 10-3-3 目前调堵体系的颗粒粒径表

颗粒粒径/μm	无机凝胶累积粒度占比/%	坂土累积粒度占比/%	污泥(九区)占比/%
0～10	15.42	66.40	17.15
10～20	37.19	83.30	31.58
20～30	56.16	90.69	43.05
30～40	70.39	94.64	61.14
40～50	80.36	96.84	68.22
50～60	87.11	98.09	74.14
60～70	91.61	98.82	79.03
70～180	100.00	100.00	100.00
平均粒径/μm	35.2	11.55	53.21

注:该实验使用 MASTERSIZER2000 激光粒度仪进行测量,受现场配液条件的限制,测试数据应比现场配制数据偏小;污泥配制条件选择九区污泥磨细后与坂土 2∶1(质量比)混合。

根据以上实验分析,目前常用的污泥-坂土调堵体系及无机凝胶体系为悬浮颗粒堵剂,其通过性受储层孔喉的影响,注入通过性不同而效果不同,这是实现深部调剖的最大障碍。在九$_6$ 区齐古组的调堵中,无机凝胶体系通过率仅能达到 60%,尚不能满足深部调剖的需要。而要确保封堵体系进入蒸汽汽窜通道的深部,必须保证封堵体系能顺利地进入而不发生滞留。为此,开展热固型缓凝凝胶超细颗粒封堵体系深部调剖实验,该体系的主要优势主要有以下几方面(表 10-3-4):

(1) 可以形成有效封堵,封堵率可以达到 99%。

(2) 热固型缓凝凝胶体系为无机凝胶体系,抗温性能达到 250 ℃以上。

(3) 热水驱替实验表明,热固型缓凝凝胶体系可以对高渗层形成有效封堵,从而启动低渗透层。

(4) 热固型缓凝凝胶体系黏度低,注入过程中主要沿着高渗通道前进,有利于对低渗透层的保护。

表 10-3-4 热固型缓凝凝胶体系与常规体系对比(储层按照九$_6$ 区预计)

体　系	注入性	成胶时间/h	高渗层	低渗透层	封堵率/%	施工方法
热固型	100%通过	4～48	全部进入	不进入	99	注聚泵、泵车
污泥-坂土	45%通过		部分进入	少量进入	99	泵　车
无机凝胶	60%通过	2～12	部分进入	少量进入	99	泵　车

从试验结果来看,九$_6$ 区齐古组油藏蒸汽驱注汽井 96108 井实施热固型缓凝凝胶体系封堵试验后,注汽压力由措施前的 0.5 MPa 逐渐提升至措施后的 0.8 MPa,升幅达 0.3 MPa,日产液由措施前的 45.5 t/d 增加至措施后的 57.3 t/d,在不考虑递减的情况下累计增油121 t。

第四节　典型区块多元多相协同注蒸汽开发技术

一、多介质复合蒸汽驱机理

稠油多介质复合蒸汽驱指在原蒸汽驱基础之上，添加 CO_2 或者碳酰胺等气体（气源），配合高温气体调剖剂，形成蒸汽、气体、调剖剂为注入介质的驱替方式。碳酰胺复合驱与 CO_2 复合驱的区别在于，碳酰胺和水在一定温度条件下可生成 CO_2 和 NH_4^+。

多介质复合蒸汽驱机理囊括了气体辅助蒸汽驱、泡沫辅助蒸汽驱和驱油剂辅助蒸汽驱的机理，主要包括：① 泡沫具有“遇油消泡、遇水稳定”的性能，消泡后其黏度降低，不消泡时其黏度不降，从而起到“堵水不堵油”的作用；② 泡沫的黏度随剪切速率的增大而减小，在高渗透层（大孔道）中的黏度大，在低渗透层（小孔道）中的黏度小，具有“堵大不堵小”的作用；③ 泡沫流动需要较高的压力梯度，能克服岩石孔隙的毛管力，把小孔喉中的油驱出；④ 当泡沫黏度在一定范围内时，其黏度高于基液的黏度，能够改善驱替液与油的流度比，提高波及系数；⑤ 起泡剂本身是一种活性很强的阴离子型表面活性剂，能降低油水界面张力，改善岩石表面润湿性，使原来呈束缚状的油通过油水乳化、液膜置换等方式成为可流动的油；⑥ 降黏剂能够大幅降低原油黏度，起到洗油效果；等等。

二、多介质复合蒸汽驱方式

根据配方体系不同，多介质复合蒸汽驱的驱油机理也不同，主要有 6 种多介质复合蒸汽驱方式：

（1）补充能量辅助蒸汽驱——GCSD 技术（gas composite steam drive technology）。

（2）以补充能量为主、调剖为辅的 GPCSD 技术（gas-profile composite steam drive technology）。

（3）以调剖为主的 PGCSD 技术（profile-gas composite steam drive technology）。

（4）以补充能量为主、调剖降黏为辅的 GPVCSD 技术（gas-profile-viscosity composite steam drive technology）。

（5）以调剖为主、降黏为辅的 PVCSD 技术（profile-viscosity composite steam drive technology）。

（6）降黏辅助蒸汽驱——VCSD 技术（viscosity composite steam drive technology）。

不同多介质组合适用于不同的油藏条件：对于吞吐较长时间后转蒸汽驱初期的稠油油藏，采用以补充能量为主的多介质复合蒸汽驱，以提高这类油藏蒸汽驱初期采油速度；对于经过长期注蒸汽开发、已经形成窜流通道的普通稠油油藏蒸汽驱，由于轻质组分脱出、长期蒸汽绕流会在下部油层形成稠油富集区，或在流动通道附近形成次生流动障碍（油墙），在油墙附近的生产井注入降黏剂配合吞吐引效，采用调剖为主、降黏为辅的多介质复合蒸汽驱可有效改善其开发效果。

三、多介质复合蒸汽驱适宜条件筛选

正交试验表明，油层厚度、渗透率级差、净总厚度比、含油饱和度、原油黏度对采收率影响显著，多介质复合蒸汽驱适合油层厚度介于 6～22 m、渗透率级差大于 21、净总厚度比大于 0.41、含油饱和度大于 40%、原油黏度低于 18 000 mPa·s 的油藏（表 10-4-1）。

表 10-4-1　多介质复合蒸汽驱油藏地质筛选条件对比

参　数	多介质复合蒸汽驱适宜条件	九$_8$ 区蒸汽驱油藏条件	九$_6$ 区蒸汽驱油藏条件
油层厚度/m	6～22	15	15.6
渗透率级差	<21	19	18
净总厚度比	>0.41	0.53	0.6
含油饱和度/%	>40	45	41.5
20 ℃原油黏度/(mPa·s)	<18 000	22 627	15 360

九$_8$ 和九$_6$ 齐古组蒸汽驱区上部 $J_3q_2^{2-1}$ 层已经形成大量继承性窜流通道，受高黏油墙的影响，部分井间流度比已经大于 10 000。生产实践及数值模拟研究表明，井间流度比大于 10 000 的区域难以实现井间剩余油的有效驱替。受继承性窜流通道的影响，油藏平面、剖面剩余油富集，油藏具有进一步提高采收率潜力。结合多介质复合蒸汽驱油藏地质筛选条件，九$_6$ 区蒸汽驱、九$_8$ 区蒸汽驱（除原油黏度略高外）油藏储层条件基本满足开发需要，具备开发试验的可行性（表 10-4-1）。

四、多介质复合蒸汽驱试验设计

根据选井依据及油藏潜力，选择九$_6$ 区中区 9 个井组为多介质复合蒸汽驱先导试验区。试验区油层平均有效厚度 20.8 m，孔隙度 31%，渗透率 2 780×10^{-3} μm^2，平均含油饱和度 42.4%，油层连通性好，原油黏度 15 360 mPa·s，采出程度 46.4%。试验区满足多介质复合蒸汽驱对油藏条件的要求，平面非均质性严重，具有较好的代表性。

对比不同开发方式开发效果，采用尿素-泡沫剂-降黏剂复合蒸汽驱（多介质复合蒸汽驱），即在注入井添加尿素-泡沫剂辅助注蒸汽，在生产井添加降黏剂以破坏蒸汽绕流产生的次生流动障碍（油墙），可有效降低泡沫剂用量，进一步提高阶段油汽比，开发效果最好（表 10-4-2）。

表 10-4-2　多介质复合蒸汽驱先导试验区开发方式优化

开发方式	产油量/(10^4 t)	注汽量/(10^4 t)	尿素/t	泡沫剂/t	降黏剂/t	采出程度/%	油汽比	净产油量/(10^4 t)
继续现蒸汽驱	无经济效益							
高干度蒸汽驱	9.91	123.3	0	0	0	11.8	0.080	1.10

续表

开发方式	产油量/(10^4 t)	注汽量/(10^4 t)	尿素/t	泡沫剂/t	降黏剂/t	采出程度/%	油汽比	净产油量/(10^4 t)
尿素复合蒸汽驱	10.46	114.2	3 205	0	0	12.4	0.092	1.98
尿素-泡沫剂复合蒸汽驱	12.53	103.9	3 205	801	0	14.9	0.121	4.18
多介质复合蒸汽驱	14.45	112.9	3 205	801	1 145	17.2	0.128	5.29

根据数值模拟优化结果，多介质复合蒸汽驱先导试验区注汽井井底蒸汽干度下限为45%，最优采注比为1.12，最优注汽速度为80 t/d。

利用三维全试验区模型预测多介质复合蒸汽驱生产动态开发指标。以“大孔道深部封堵＋纵向射孔优化＋多介质辅助”组合技术开展多介质复合蒸汽驱试验，预计试验历时5.2 a，累产油 13.2×10^4 t，采出程度15.7%。

五、现场试验效果

自2018年开展多介质复合蒸汽驱试验以来，九$_6$区中区9个井组各项开发指标持续向好，日产油由试验前的5.4 t/d提高至目前的26.2 t/d，累产油 2.4×10^4 t，累增油 1.71×10^4 t，含水率由97%下降至94.3%(图10-4-1)。

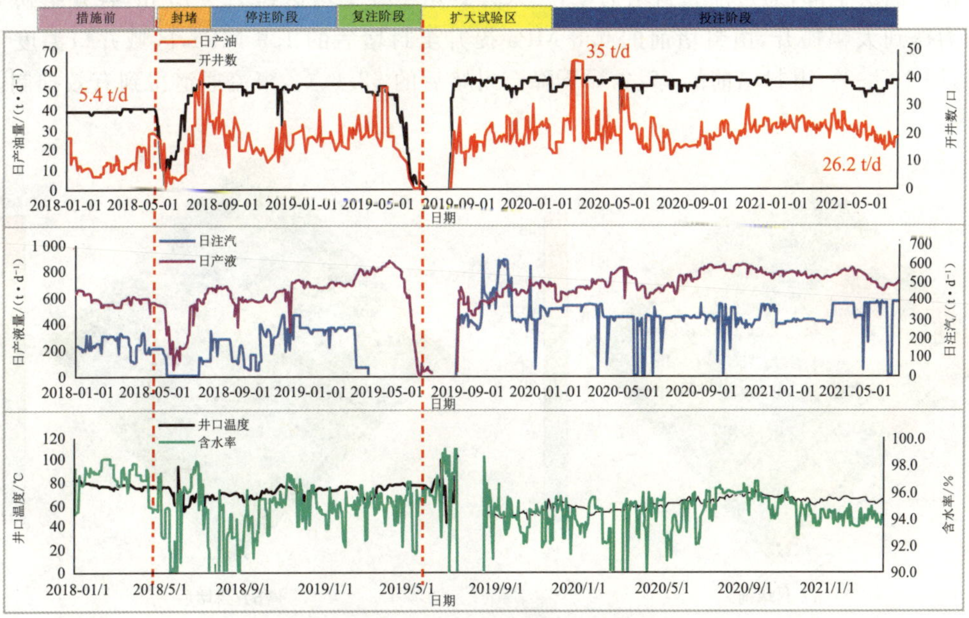

图10-4-1　多介质复合蒸汽驱试验综合开发曲线图

通过试验取得以下两点认识：

(1) 对上部高采出程度油层实施整体封堵，含水率下降明显，这进一步证实“双高”阶段蒸汽驱油藏的资源潜力。封堵后，平均单井组日产油由0.9 t/d上升至1.8 t/d，含水率下降

2.7%(表 10-4-3)。

表 10-4-3　试验区各井组试验前后生产指标对比

井　组	封堵前			封堵后		
	日产液量 /$(t \cdot d^{-1})$	日产油量 /$(t \cdot d^{-1})$	含水率 /%	日产液量 /$(t \cdot d^{-1})$	日产油量 /$(t \cdot d^{-1})$	含水率/%
96175	38.0	0.6	98.0	33.71	2.4	92.0
96176	33.0	0.6	98.0	36.50	2.2	93.7
96143	42.0	0.8	98.0	30.67	1.9	93.0
96144	23.0	0.6	97.0	35.20	2.0	94.5
96177	40.2	1.7	95.8	35.50	2.8	91.7
96145	17.0	0.5	97.1	28.34	1.1	95.7
9D6113A	29.7	0.8	97.4	34.90	1.0	97.1
96112	45.7	1.4	96.9	28.80	1.0	96.0
96114	42.0	1.3	97.0	41.00	1.4	96.6
平　均	34.5	0.9	97.2	33.85	1.8	94.5

(2) 继承性窜流通道深部封堵是重启相对低渗未动用段的技术关键。继承性窜流通道主要位于油层上部,通过加大封堵剂量,注采井封堵半径平均达到 12~15 m,各井组初期注汽压力得到大幅提升,由封堵前的 0.8 MPa 提升至封堵后的 1.9 MPa,区域井口温度下降明显(图 10-4-2),由封堵前的 77.2 ℃下降至封堵后的 52.6 ℃,窜流通道得到有效抑制。

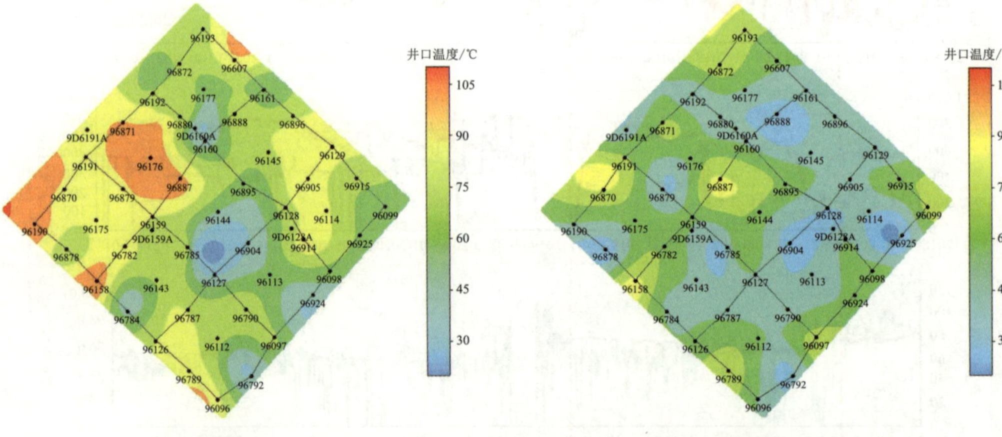

(a) 封堵前　　(b) 封堵后

图 10-4-2　封堵前后井口温度分布对比图

参考文献

[1] 曲文瀚. 稠油开采现状与相关技术研究[J]. 中国新技术新产品,2013(6):164.

[2] 崔正,朱永东. 稠油油田化学驱提高采收率技术的研究进展[J]. 内蒙古石油化工,2013(4):153-156.

[3] 杨乃群,常斌,程林松. 超常规稠油油藏改进的蒸汽辅助重力泄油方式应用研究[J]. 中国海上油气(地质),2003,17(2):123-127.

[4] 张小波. 辽河油区稠油采油工艺技术发展方向[J]. 特种油气藏,2005,12(5):9-13.

[5] 吕立华,李明华,苏岳丽. 稠油开采方法综述[J]. 内蒙古石油化工,2005,4(3):110-112.

[6] 王君,范毅. 稠油油藏的开采技术和方法[J]. 西部探矿工程,2006,4(7):84-85.

[7] 张勇,孙玉环,孙旭东. 杜 84 断块超稠油蒸汽吞吐汽窜机理分析及防窜措施初探[J]. 特种油气藏,2002,9(6):45-48.

[8] 李勇,王珊珊,王大钧. 改性脲醛树脂堵剂室内研究[J]. 精细石油化工进展,2007,8(10):15-18.

[9] 孟建勋.蒸汽驱用耐高温堵剂的研制[J]. 化学工程与装备,2016,4(2):47-48.

[10] 刘素敏. 耐高温调剖体系的研制及性能考察[D]. 大庆:东北石油大学,2012.

[11] 曲占庆,张杰,林姗姗,等. 改性落叶松栲胶防汽窜封堵体系及注入工艺[J]. 大庆石油地质与开发,2012,32(6):124-129.

[12] 宋向华,蒲春生,肖曾利,等. 稠油热/化学采油技术概述[J]. 特种油气藏,2004,11(1):1-3.

[13] LI W Q, MAMORA D, LI Y. Light- and heavy-solvent impacts on solvent-aided-SAGD process:A low-pressure experimental study[J]. Can. Pet. Technol.,2011,50(4):19-30.

[14] 吕西辉,田玉芹,刘军,等. 一种耐温抗盐的交联聚合物调驱体系[J]. 油田化学,2005,22(1):81-84.

[15] 张冲,李季,黄芬等. 耐温抗盐新型聚合物驱油剂性能评价[J]. 油田化学,2007,24(3):228-231.

[16] 葛稚新,刘卫东,黄延章. 复合驱油体系中碱对地层伤害的研究[J]. 油田化学,2006(4):362-364.

[17] 王庆,吕朝辉,康爱红. 单 56 块蒸汽驱热敏凝胶调驱影响因素分析[J]. 科学技术与工程,2015 (24):157-161.

[18] 冯岸洲，张贵才，葛际江，等. 表面活性剂体系改善稠油油藏注蒸汽开发效果研究进展[J]. 油田化学，2012，29(1)：122-127.

[19] 鹿腾，侯健，孙建芳，等. 化学辅助蒸汽驱受效剩余油分布特征研究[J]. 断块油气田，2011，18(6)：754-757.

[20] 范耀，刘易非，茹婷，等. 稠油高温气体辅助蒸汽驱的可行性研究[J]. 新疆石油地质，2010，31(5)：530-532.

[21] 李敬，张瑾，于剑飞. 氮气泡沫辅助蒸汽驱提高稠油采收率技术研究[J]. 油气藏评价与开发，2014，4(4)：47-52.

[22] 张龙力，王善堂，杨国华，等. 稠油二氧化碳降黏的化学机制研究[J]. 石油化工高等学校学报，2011，24(2)：1-5.

[23] 白杨，杨述，代星，等. 烟道气辅助蒸汽吞吐开采机理实验研究[J]. 石油化工应用，2011，30(11)：1-3.